高等职业教育系列教材

Altium Designer 原理图与 PCB 设计项目教程

主　编　高　锐

副主编　鲁子卉　宋　楠

参　编　林卓彬　王雪丽

机械工业出版社

为培养人才的专业技术能力、解决实际问题的能力，满足高等职业教育新时代高技术人才培养的新需求。本书介绍了在 Altium Designer 20 软件平台上进行电子、电气绘图与制板的方法。主要内容包括收音机电路原理图设计、稳压电源原理图设计、数字时钟显示器层次原理图设计、收音机单层电路板设计、稳压电源双层电路板设计、数字时钟显示器多层电路板设计。每个项目都融入原理图设计行业标准、电路板设计工艺标准并配有相应的实操项目。

本书可作为高等职业院校机电一体化、电气自动化、智能控制技术等相关专业“电子/电气 CAD”和“电子线路设计”课程教材，也可作为用 Altium Designer 软件进行电子/电气绘图与制板的工程技术人员的参考书。

本书配套电子资源包括微课视频、电子课件、习题解答、源程序等，需要的教师可登录 www.cmpedu.com 免费注册，审核通过后下载，或联系编辑索取（微信：13261377872，电话：010-88379739）。

图书在版编目（CIP）数据

Altium Designer 原理图与 PCB 设计项目教程 / 高锐主编. —北京：机械工业出版社，2023.8（2025.1 重印）

高等职业教育系列教材

ISBN 978-7-111-73646-2

Ⅰ. ①A… Ⅱ. ①高… Ⅲ. ①印刷电路-计算机辅助设计-应用软件-高等职业教育-教材 Ⅳ. ①TN410.2

中国国家版本馆 CIP 数据核字（2023）第 148990 号

机械工业出版社（北京市百万庄大街 22 号 邮政编码 100037）

策划编辑：李文轶　　　　责任编辑：李文轶

责任校对：韩佳欣　陈　越　　责任印制：郜　敏

北京富资园科技发展有限公司印刷

2025 年 1 月第 1 版・第 2 次印刷

184mm×260mm・16.75 印张・428 千字

标准书号：ISBN 978-7-111-73646-2

定价：65.00 元

电话服务　　　　网络服务

客服电话：010-88361066　　机　工　官　网：www.cmpbook.com

010-88379833　　机　工　官　博：weibo.com/cmp1952

010-68326294　　金　　书　　网：www.golden-book.com

机工教育服务网：www.cmpedu.com

Preface

前 言

党的二十大报告指出，坚持把发展经济的着力点放在实体经济上，推进新型工业化，加快建设制造强国、质量强国、航天强国、交通强国、网络强国、数字中国。实施产业基础再造工程和重大技术装备攻关工程，支持专精特新企业发展，推动制造业高端化、智能化、绿色化发展。

印制电路板技术的发展，极大地促进了电子产品的更新换代。随着信息和通信技术的迅猛发展，印制电路板产业已成为电子元件制造业的重要支柱。在我国，印制电路板已广泛地应用在电子产品的生产制造中，熟悉印制电路板的基本知识、掌握电子线路的原理图、印制电路板基本设计方法并了解其设计规范与工艺流程，是学习电子技术的基本要求。

本书结合现有高职教材的项目化的特点，探索新形态教材的编写，配有数字化资源，融入职业素养，提高综合能力。本书将电子电气绘图的设计和操作与真实的项目结合，在实践中完成对知识的掌握；本书以新形态形式呈现，配有工作手册，项目中的关键操作过程与知识点都配有微课视频；通过每个项目后的“职业素养小课堂”进行知识拓展；本书内容的安排由浅入深、循序渐进，注重学生职业素养的培养。

本书介绍了在 Altium Designer 20 软件平台上进行原理图和 PCB 设计的方法。内容包括收音机电路原理图设计、稳压电源原理图设计、数字时钟显示器层次原理图设计、收音机单层电路板设计、稳压电源双层电路板设计、数字时钟显示器多层电路板设计。各项目融入原理图设计行业标准、电路板设计工艺标准并配有相应的实操项目，着重介绍电路板设计过程中的关键知识点、技能点、易错点、设计标准和设计工艺等内容。

本书编写分工如下：高锐编写项目 1 和项目 4；鲁子卉编写项目 6；宋楠编写项目 3；林卓彬编写项目 2 和项目 5；王雪丽编写工作手册和附录。全书由高锐负责统稿。

本书中有些电路图保留了绘图软件中的电路符号，可能会与国标不符，在附录中给出了这些非国标符号与国标符号的对照表供读者参考。

由于编者水平有限，书中疏漏和不足之处在所难免，敬请广大读者批评指正。

编 者

目 录 Contents

项目 1 收音机电路原理图设计

本项目详细介绍了 Altium Designer 20 软件工作环境、原理图对象基本操作、编译原理图文件、生成原理图相关报表、绘制收音机电路原理图的知识和技能。通过学习，用户可掌握根据实际需求设计符合要求的电路原理图的方法。

【项目描述】

如今广播信号是靠无线电波向远处传送的，若将频率较低的语音信号传输到远方，需把语音信号装载到高频电波上后完成调制。调频或调幅信号经选择后，因其信号较调频或调幅信号小得多，需要先进入放大电路进行放大，然后进行变频、中放、音频检波、低放等。因此，放大电路是收音机电路中最基本的电路单元。调幅调频双波段收音机主要包括输入电路、变频电路、中频放大电路、检波及自动增益电路、音频功率放大电路。

本项目的具体要求是：使用 Altium Designer 20 软件新建项目文件“项目 1 收音机电路.PrjPcb”和原理图文件“收音机电路原理图.SchDoc”。原理图文件格式设置：原理图的图纸大小设为 A4；图纸方向设为横向放置；图纸底色设为白色；标题栏设为 Standard 形式；网格形式设为点状的且颜色设为 17 色号，边框颜色设为深绿。

绘制如图 1-1 所示的收音机电路原理图，使用软件提供的系统元件库中的元件，可对原理图中的元件进行简单修改。根据实际元件选择原理图元件封装。进行原理图编译并修改，保证原理图正确。生成原理图元件清单和网络标签文件。编译原理图文件并生成材料清单报表文件。

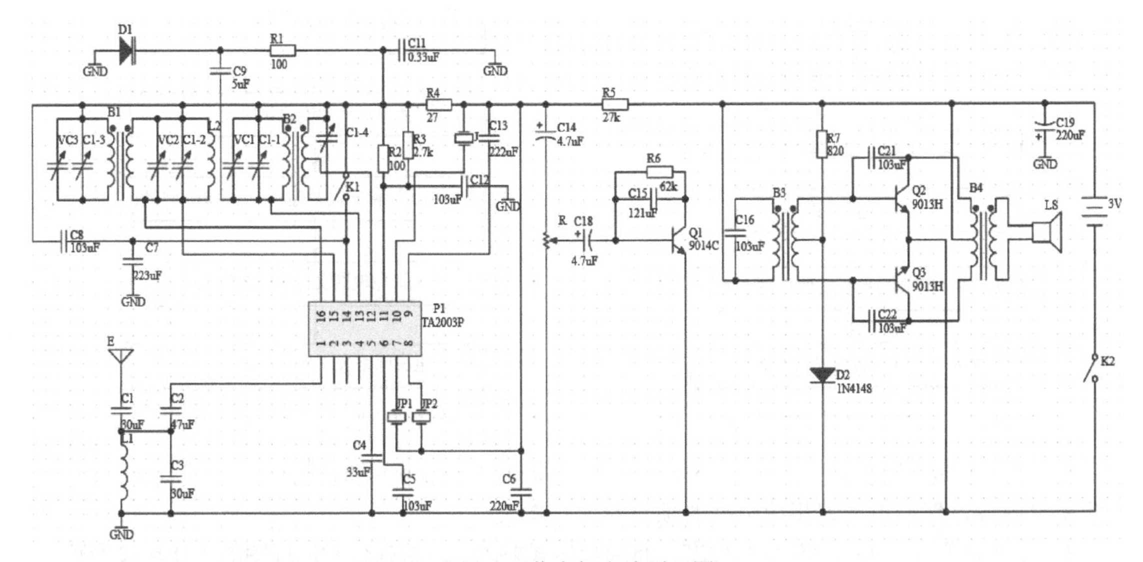

图 1-1　收音机电路原理图

【学习目标】

- 了解 Altium Designer 20 软件功能与操作方法；
- 能正确新建项目文件和原理图文件；
- 能设计符合项目需求的原理图；
- 能正确放置、修改原理图的元件并编辑属性；
- 能正确连接原理图中各对象；
- 能正确编译原理图文件；
- 能正确生成各种报表文件。

【相关知识】

1.1 项目设计流程

印制电路板（Printed Circuit Board，PCB）已广泛地应用在电子产品的生产制造中，熟悉印制电路板的基本知识、掌握电路原理图、印制电路板的基本设计方法并了解其设计规范与工艺流程，是学习电子技术的基本要求。

本书使用 Altium Designer 20 软件进行电路原理图与印制电路板的设计和绘制，此软件是一款性能优异的 3DPCB 设计软件。电子线路设计的总体流程如图 1-2 所示。

原理图文件设计流程如图 1-3 所示，包括如下 6 个步骤。

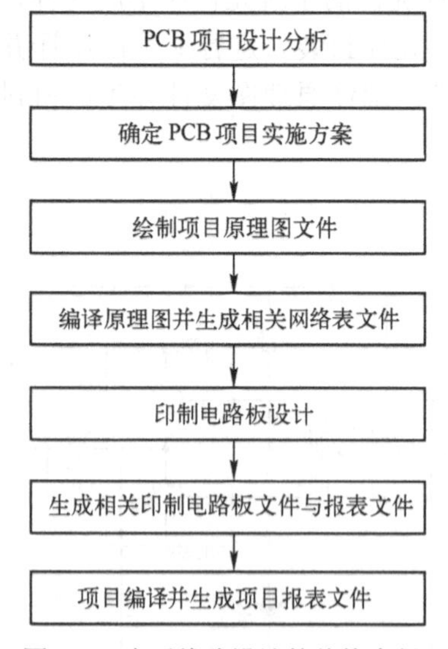

图 1-2　电子线路设计的总体流程

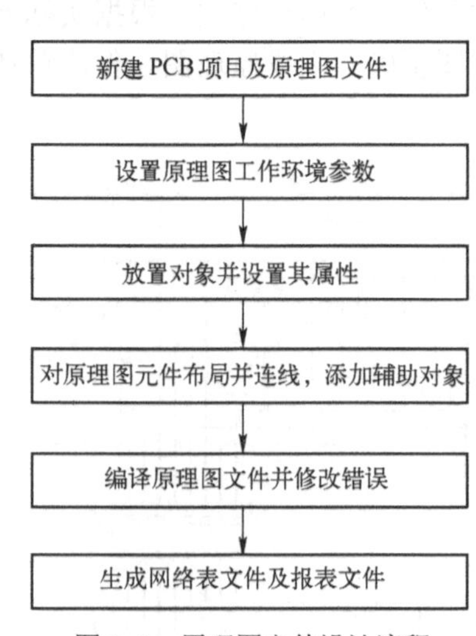

图 1-3　原理图文件设计流程

1）在绘制原理图文件前，需要系统地考虑此项目原理图由几部分构成，各部分原理图之间的联系等内容，然后再新建相应类型的项目及原理图文件。

2）根据此项目中实际电路复杂程度、布局和格式要求，设置软件和原理图的工作环境参数。

3）根据项目中的对象类型、数量或位置来放置对象，根据电路要求设置各个对象的属性。

4）根据项目要求和元件特点，合理进行原理图元件的布局，然后再用导线将各个元件引脚连接好，使整个原理图具有正确的电气连接特性。

5）对初步绘制的原理图进行电气检查，根据错误提示信息修改原理图中的错误。

6）使用菜单命令生成原理图网络表文件，将其作为原理图向 PCB 文件转化的连接文件。生成其他相关报表文件，为制作 PCB 文件做好准备。

1.2 Altium Designer 20 软件特点及工作环境

Altium Designer 使用户能够轻松高效地进行 PCB 的设计。该软件不仅功能强大且易用，已成为广泛应用的 PCB 设计软件。

1.2.1 Altium Designer 20 软件特点

Altium Designer 是一个功能强大的应用电子开发环境，包含了完成设计项目所需的所有设计工具。主要包括：通过网页浏览器捕获设计并讨论，以确保反馈信息得到有效记录和处理；电子协作。确保用户始终保持同步；制造商协作。发布个人的制造和装配数据；嵌入式查看器为用户提供完全交互式的设计体验；统一接口；全局编辑；多通道和分层设计，将任何复杂大型或多通道设计简化为可管理的逻辑块；交互式布线；3D 可视化；变体支持，而不必创建单独的项目或设计版本；实时 BOM 管理，提供元件信息进行自动化管理；多板装配；自动化项目。

Altium Designer 20 版本显著地提高了用户体验和工作效率，实现了在 PCB 设计中更优的稳定性、更快的速度和更强的功能。它的改进主要体现在如下几个方面。

（1）自动布线功能的改进

Active Route（自动布线）是一项基于高效多网络布线算法的自动交互式布线技术，并非自动布线器，添加的新功能如下。扩展 PCB 布线面板、线到线间距设置、Meander（曲度）控制、支持引脚交换。

（2）焊盘或过孔连接方式的改进

提供了个性化局部设置功能，可以方便地对局部的焊盘或过孔进行连接方式的单独设置。

（3）布线的改进

对布线功能进行了优化，大大提高了设计的效率和规范性。以防出现锐角及避免环路；对差分对的走线优化；布线跟随模式下可以跟随板框形状进行走线。

（4）机械层的改进

可以无限制地增加机械层，根据自己的设计需要来添加，还可附加在其他层上一起输出并显示。

（5）支持元件回溯功能

支持元件的回溯功能，在设计好的 PCB 上移动放置好的元件后，不必对它们重新布线，会自动跟随元件重新布线。

（6）具备多板 PCB 设计功能

可以将多个 PCB 设计项目结合到一个物理装配件系统中，确保多个板子的排列、功能都正常，以及板间相互配合时不会发生冲突。支持软硬结合板，可使用软硬结合板和用单板设计创建多板设计，确保外壳中多个板子之间有序排列和配合。

1.2.2 Altium Designer 20 工作环境

1. 运行环境

此软件运行环境与系统配置为：Windows 10（64 位）、Windows 11 操作系统；≥4GB 内存；≤10GB 硬盘空间；显卡支持 DirectX 10 及以上版本；显示屏最低分辨率为 1682×1050 像素或 1600×1200 像素。

2. 主窗口

成功安装 Altium Designer 20 后，在 Windows 操作系统的“开始”菜单中会显示其程序项，同时在桌面上会有软件的快捷方式图标。单击操作系统“开始”菜单中程序项“Altium Designer 20”或双击桌面此软件的快捷图标，都可以启动此软件。

启动后进入其主窗口，如图 1-4 所示。主窗口主要包括快速访问栏、菜单栏、工具栏、导航栏、状态栏、工作区面板。

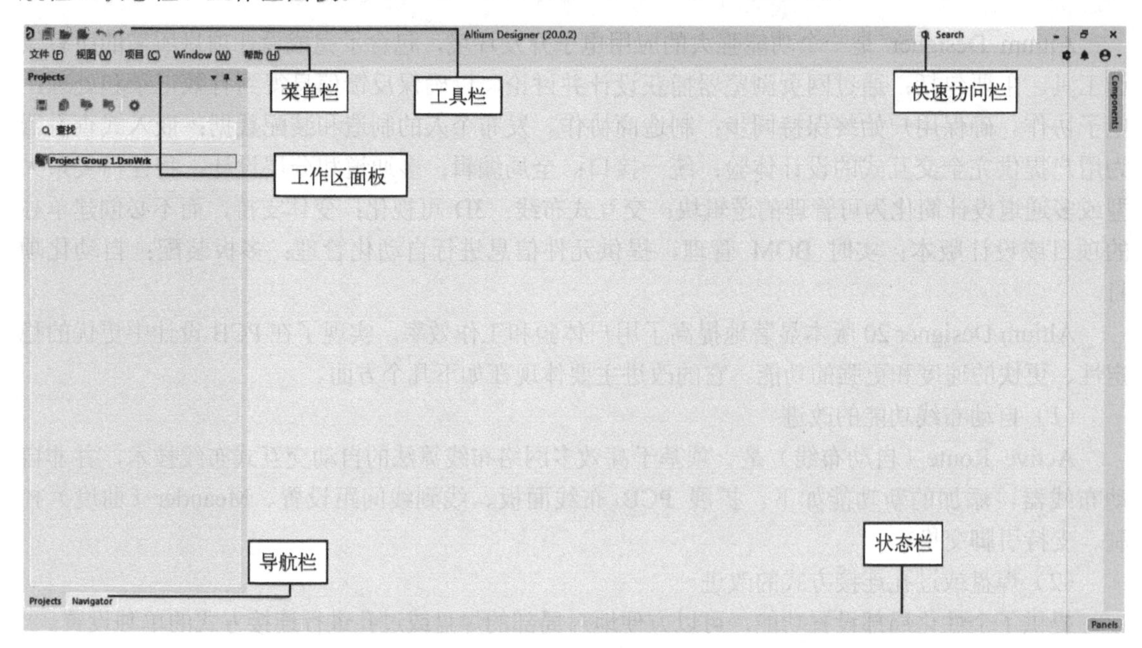

图 1-4 Altium Designer 20 主窗口

3. 主窗口菜单

（1）“文件”菜单

此菜单如图 1-5 所示，主要包括与文件操作相关的命令，如“新的”“打开”“保存”等，其中常用命令及功能如下。

1）“新的”命令：新建一个项目文件、原理图文件、PCB 文件、库文件等此软件支持的各种类型文件。

2）“打开”命令：打开此软件支持的各种类型文件。

3）“打开工程”命令：打开各种类型工程文件。

4）“打开设计工作区”命令：打开指定的设计工作区。

5）“保存工程”命令：保存当前项目工程文件。

6）“保存工程为”命令：将当前项目工程文件另存为一个新的项目工程文件。

7）“保存设计工作区”命令：保存当前的设计工作区。

8）“保存设计工作区为”命令：将当前的设计工作区保存为一个新的设计工作区。

9）“全部保存”命令：保存当前打开的所有文件。

10）“智能 PDF”命令：用 PDF 格式设计文件的向导。

（2）“视图”菜单

此菜单如图 1-6 所示，主要功能是显示或隐藏工具栏、工作区面板、命令行和状态栏。

1）“工具栏”命令：显示或隐藏相应的工具栏。

2）“面板”命令：打开或关闭多种工作区面板。

3）“状态栏”命令：显示或隐藏当前窗口下方的状态栏。

4）“命令状态”命令：显示或隐藏控制命令行。

（3）“项目”菜单

此菜单如图 1-7 所示，主要功能是管理项目文件，即项目文件的添加、删除、复制、编译、打包、版本等。

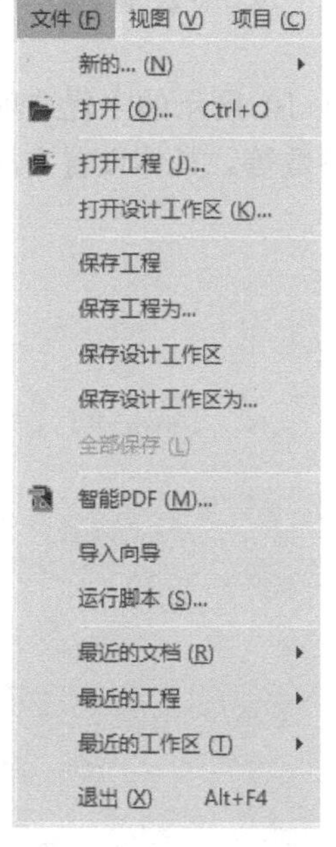

图 1-5 “文件”菜单

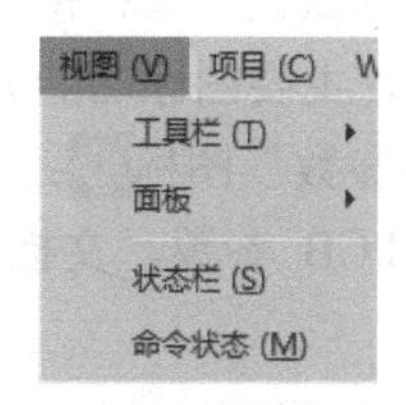

图 1-6 “视图”菜单

图 1-7 “项目”菜单

1）“Compile”（编译）命令：编译项目文件。

2）“显示差异”命令：选择与当前比较的文档。

3）“添加已有文档到工程”命令：添加已有文档至当前工程项目。

4）“从工程中移除”命令：删除当前工程中指定的文档。

5）“添加已有工程”命令：添加工程文件至项目中。

6）“工程文件”命令：打开指定的工程文件。

7）“版本控制”命令：查看当前文件版本信息。

8）“项目打包”命令：打包当前项目中相应的文档。

9）“工程选项”命令：在弹出的对话框中设置工程选项参数。

（4）“Window”菜单

此菜单如图 1-8 所示，主要功能是管理窗口的显示方式，即水平放置所有窗口、垂直放置所有窗口、关闭所有窗口。

（5）“帮助”菜单

此菜单如图 1-9 所示，主要功能是帮助用户查询命令执行方法，查询快捷键命令等。

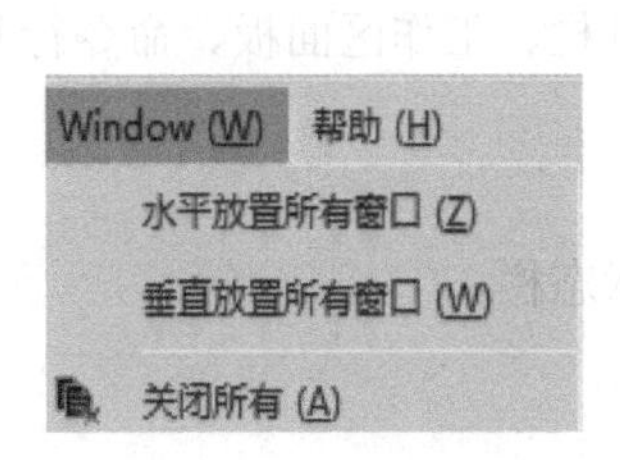

图 1-8 “Window”菜单

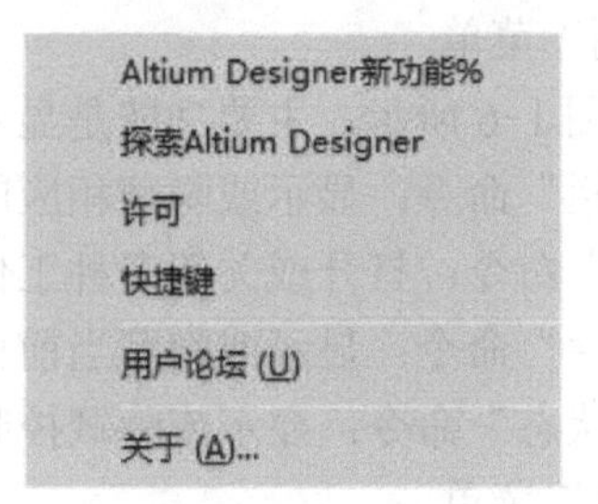

图 1-9 “帮助”菜单

4. 主窗口工具栏

软件主窗口中的默认工具栏位于主窗口右上角，即 3 个按钮，其主要功能是设置基本工作环境参数，主要图标功能如下。

1）“设置系统参数”图标：单击此按钮，弹出图 1-10 所示的“优选项”菜单，在此可设置原理图参数、PCB 参数、文档编辑参数、电路仿真参数等。具体设置方法在 1.4.2 节详细介绍。

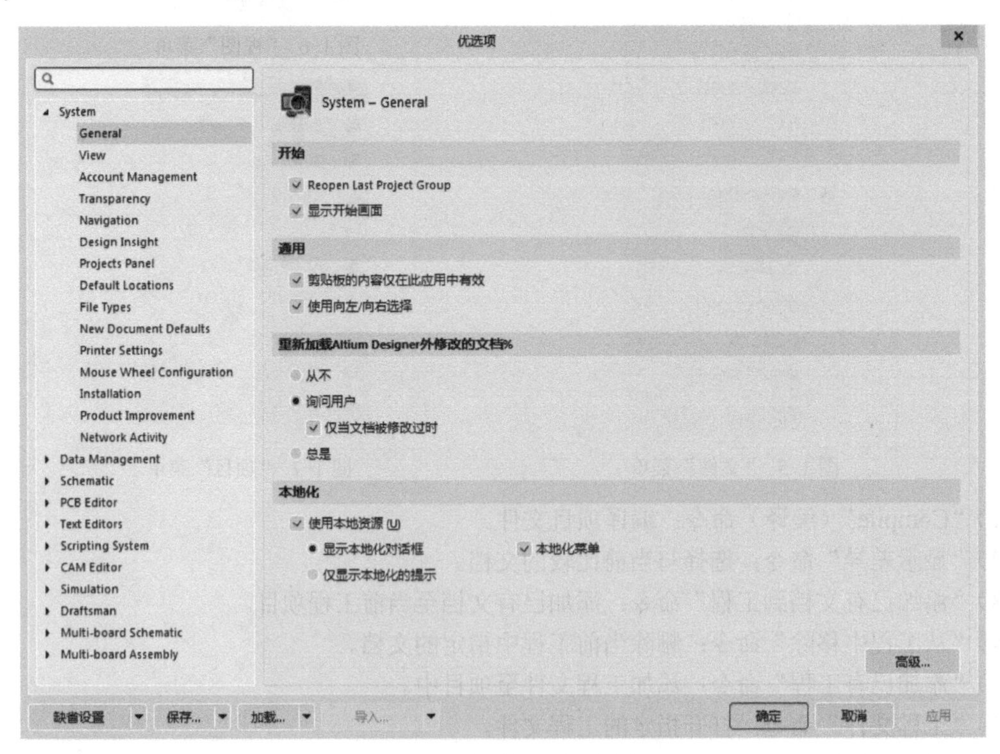

图 1-10 “优选项”菜单

2）“注意”图标：显示软件系统通知，若有通知，则在此按钮处显示相应数字。

3）“当前用户信息”图标：显示并设置当前用户信息，包括自定义窗口、用户登录等。

5. 主窗口工作区面板

系统默认的工作区（“Projects”）面板如图 1-11 所示，分为系统面板和编辑器面板。系统面板在所有工作环境中都可以打开，编辑器面板只有在处于相应编辑工作环境中时才可以使用。系统默认的工作区面板在面板的下方显示，包括“Projects”（工程）面板和“Navigator”（导航）面板，单击下方相应标签，即可切换到相应的面板，具体使用方法在后续内容中详细介绍。

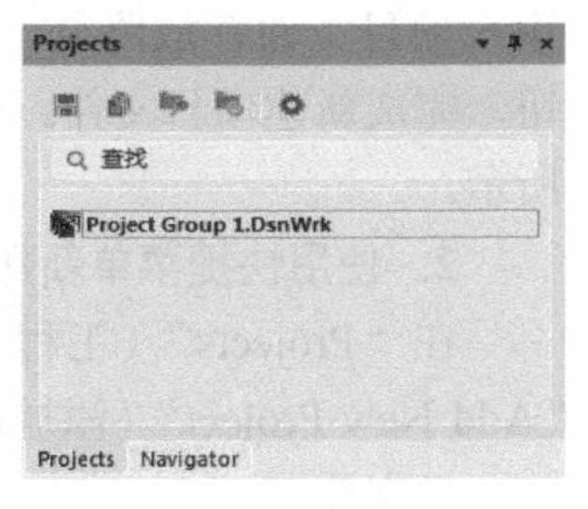

图 1-11 “Projects”面板

工作区面板右上角的 3 个按钮，从左至右的各个按钮功能分别是自动隐藏显示、浮动显示、锁定显示，共 3 种工作区面板显示方式。

1.3 新建并编辑项目文件

Altium Designer 20 执行项目级的文件管理，一个项目文件包括与此项目设计相关的所有类型的设计文件，即要将与此项目相关的各种类型文件都存放在当前项目文件中。没有存放在项目中的设计文件，称为自由文件。

项目文件中各种类型的文件，都可以被执行新建、复制、删除、打开、保存等操作；对项目中各种类型的文件可以同时进行编译操作。自由文件在“Projects”（工程）面板中的“Free Documents”（自由文件）中，对其可以单独执行新建、复制、删除、打开、保存等操作。常用文件类型包括 5 种：项目文件，其扩展名为“PrjPcb”；原理图文件，其扩展名为“SCHDOC”；PCB 文件，其扩展名为“PcbDoc”；原理图库文件，其扩展名为“SchLib”；PCB 库文件，其扩展名为“PcbLib”。

1.3.1 新建项目文件

1. 使用“文件”菜单新建项目文件

单击“文件”菜单，选择“新的”→“项目”命令，弹出如图 1-12 所示的“Create Project”（新建项目）对话框。软件默认选择“Local Projects”（本地工程）选项，再选择“Project Type”（工程类型）列表框中“PCB”（印制电路板）→“Default”（默认）选项。其中，列表框“PCB”中的其他内容是软件提供的成型 PCB 格式。

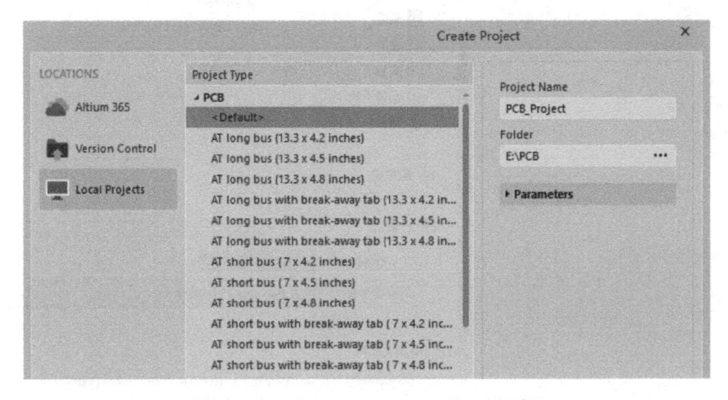

图 1-12 “Create Project”对话框

系统默认的项目文件名为 PCB_Project，可以在“Project Name”（项目名）文本框中输入新的项目文件名称。系统默认的项目存放路径在“Folder”（文件夹）文本框显示，可以在此重新输入项目文件存放路径。完成项目文件名与项目存放路径设置后，单击“Create”（创建）按钮，完成新建项目文件。此时在“Projects”（工程）面板中会显示新建的项目文件，如图 1-13 所示。

2．使用快捷菜单新建项目文件

在“Projects”（工程）面板中的空白处右击，在弹出如图 1-14 所示的快捷菜单中选择“Add New Project”（添加新工程）命令，同样出现如图 1-12 所示对话框，然后按上面方法来新建项目文件。

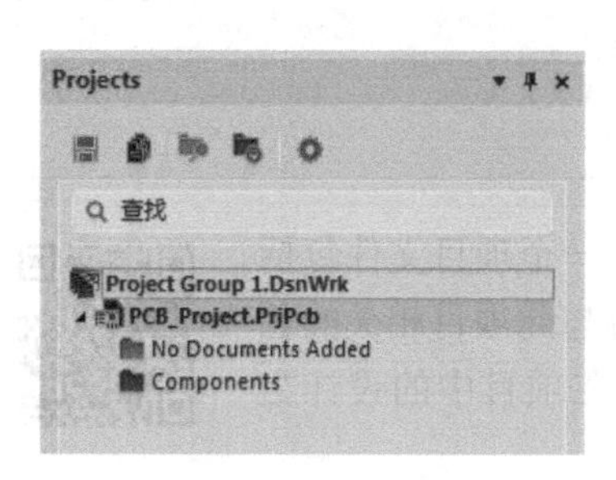

图 1-13 “Projects”面板中新建的项目文件

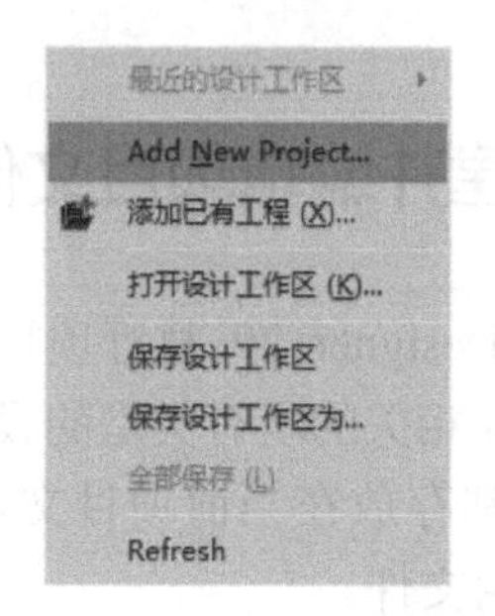

图 1-14 “Add New Project”命令

1.3.2 编辑项目文件

1．保存项目文件

单击“文件”菜单并选择“保存工程”命令，或单击“Projects”（工程）面板中的图标，或在新建项目文件名处右击，并从弹出的项目文件快捷菜单（见图 1-15）中选择“Save”（保存）命令，这 3 种方法都会以原名的形式保存当前项目文件。若从图 1-15 中选择“Save As”（保存为）命令，会弹出如图 1-16 所示的“Save As”（另存为）对话框，在相应文本框中输入文件路径和名称，也可以新文件名保存项目文件。

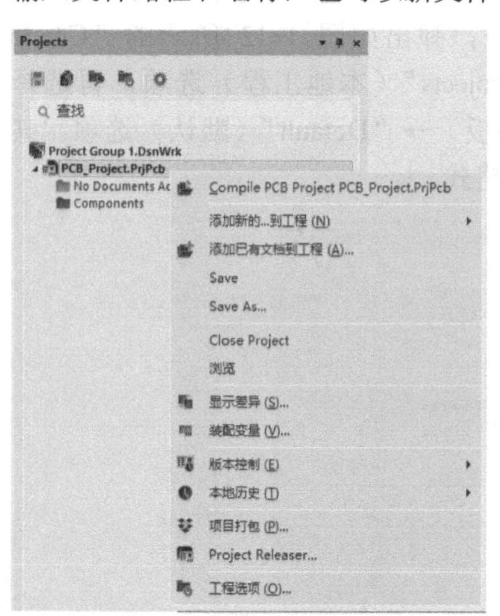

图 1-15 项目文件快捷菜单

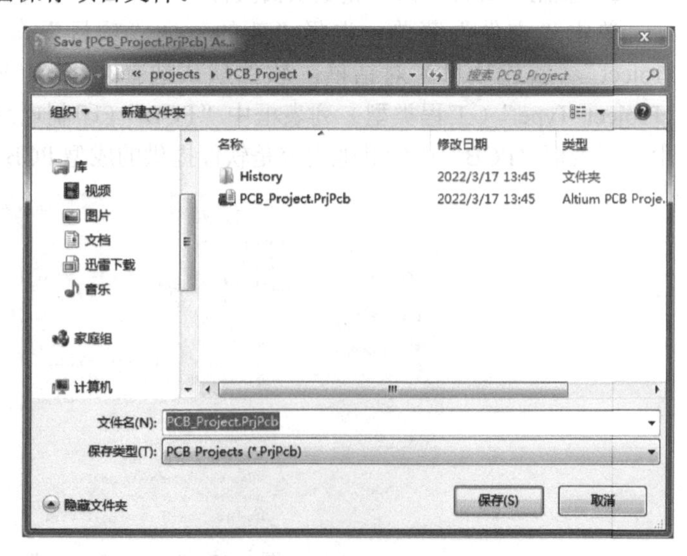

图 1-16 “Save As”对话框

2．添加项目中的文件

选择如图 1-15 所示项目文件快捷菜单中的“添加新的...到工程”命令，可以向当前项目文件中添加一个新的类型文件；若选择“添加已有文档到工程”命令，则会弹出一个选择文件的对话框，在其中选择需要的文件即可将其添加到当前项目文件中。

1.4　新建原理图文件

原理图文件是项目文件中一种常用的类型文件，如图 1-1 所示。原理图文件中是由具有电气特性的元件符号、连线和操作对象构成的功能电路图形结构，其中各个元件都与 PCB 中元件封装相对应，为后续 PCB 文件设计做好准备。注意，原理图中各符号与实物尺寸无关，而是为 PCB 设计提供元件与网络连线信息。

1-2
在项目中添加新文件

1.4.1　原理图编辑器窗口

1．新建并保存原理图文件

单击“文件”菜单，选择“新的”→“原理图”命令，或在图 1-15 所示项目文件快捷菜单中选择“添加新的...到工程”→“Schematic”（原理图）命令，这两种方式都可以新建一个原理图文件，同时打开了原理图编辑器进入原理图编辑环境，如图 1-17 所示。在软件中编辑不同类型文件时，软件都会根据文件类型启动对应类型的编辑器，相应的窗口内容也会发生变化。

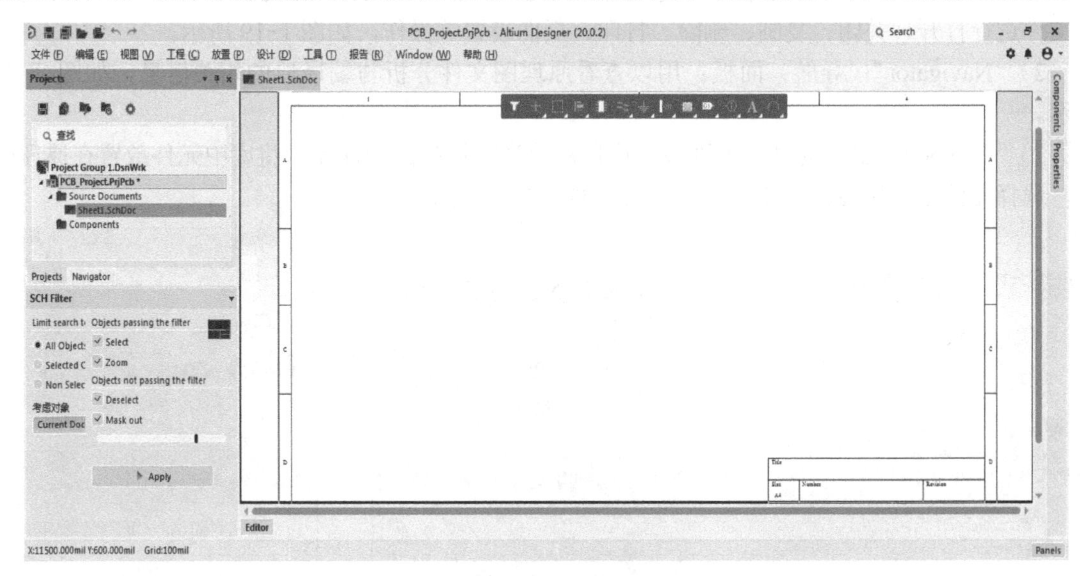

图 1-17　原理图编辑环境

单击“文件”菜单，选择“保存”命令，则以当前默认的原理图名保存；或单击“文件”菜单，选择“另存为”命令，扩展名为“SchDoc”，在弹出对话框中重新命名与更改保存路径。

2．原理图编辑器的菜单栏

原理图编辑器的菜单栏如图 1-18 所示，菜单中对应的命令会随着当前原理图编辑器的状态，在高亮显示与不可用间自动切换，各个菜单主要功能如下。

文件(F) 编辑(E) 视图(V) 工程(C) 放置(P) 设计(D) 工具(T) 报告(R) Window(W) 帮助(H)

图 1-18 原理图编辑器的菜单栏

1）“文件”菜单：原理图文件相关的操作命令，主要有新建、打开、保存、关闭、页面设置、导入、导出、打印等操作。

2）“编辑”菜单：用以实现对原理图中对象的选择、复制、粘贴、查找、移动、对齐等操作。

3）“视图”菜单：原理图文件视图的操作命令，包括窗口的缩放、网格设置、工具栏设置、状态栏设置、栅格与单位设置等操作。

4）“工程”菜单：与工程有关的操作命令，包括工程中文件的编译、添加、删除、关闭、打包、选项设置等操作。

5）“放置”菜单：用于放置总线、器件、端口、导线、字符、图纸入口等原理图对象。

6）“设计”菜单：进行原理图集成库、网络表、图纸生成器等操作。

7）“工具”菜单：进行参数管理器、封装管理器、条目管理器、原理图优先项等操作。

8）“报告”菜单：进行生成清单报表文件、测量距离、交叉参考等操作。

9）“Window”（窗口）菜单：设置当前各窗口的排布方式，进行打开或关闭文件等操作。

10）“帮助”菜单：有关软件及操作内容的帮助功能。

3．原理图工作面板

原理图编辑器启动后进入原理图工作环境，常用的工作面板有“Projects”（工程）面板、“Navigator”（导航）面板、“Components”（元件库）面板。

1）“Projects”（工程）面板：用以显示当前打开的项目文件列表及自由文件，可以对显示的文件进行打开、关闭、复制、删除、打印、页面设置等操作，如图 1-19 所示。

2）“Navigator”（导航）面板：用以查看原理图文件分析与编译后的相关信息，如图 1-20 所示。

3）“Components”（元件库）面板：用以浏览当前加载的元件库，将库中元件放置在原理图中，选择元件相应封装、元件厂商等参数，如图 1-21 所示。

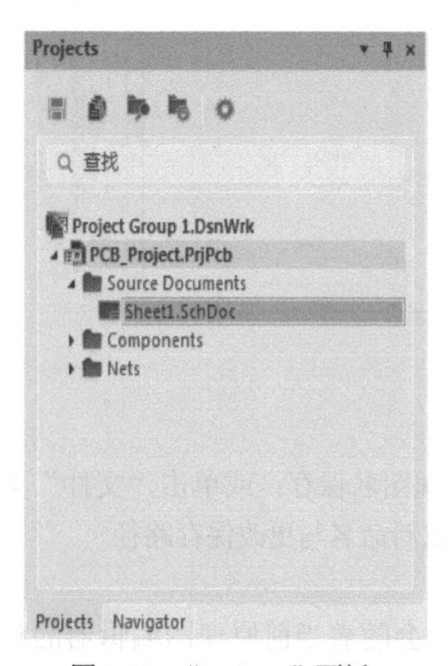

图 1-19 “Projects”面板

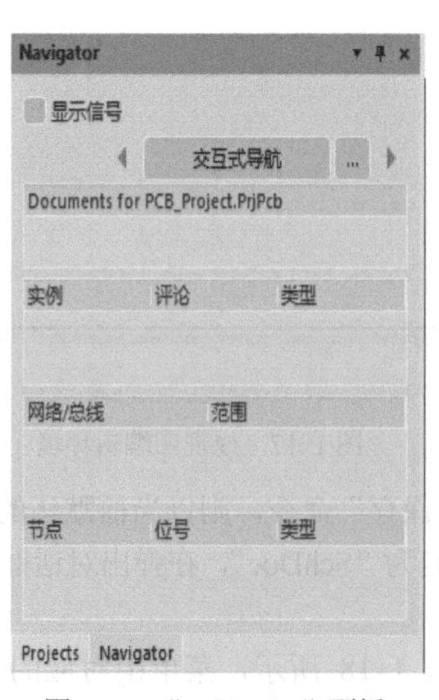

图 1-20 “Navigator”面板

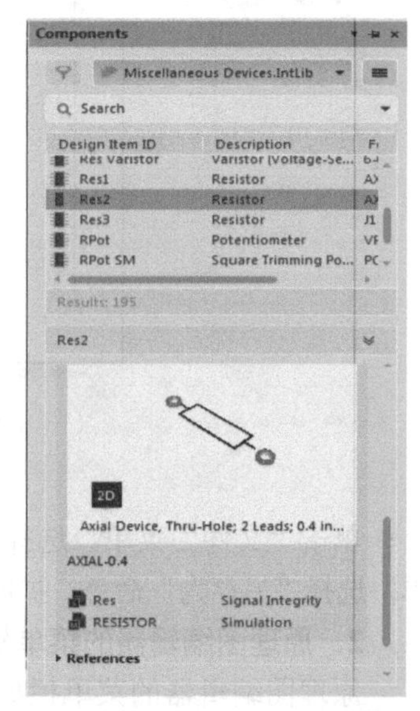

图 1-21 “Components”面板

4. 原理图工具栏

在原理图主窗口中，单击“视图”菜单，选择“工具栏”命令，弹出如图 1-22 所示“工具栏”菜单，其对应的工具栏就是在原理图中用到的工具栏。

1）“布线”工具栏：如图 1-23 所示，主要功能包括放置原理图中元件、导线、总线、接地、电源、网络标签、图纸符号与入口、网络颜色、未用引脚标识等对象。光标悬停在图标上方，会提示当前图标功能。

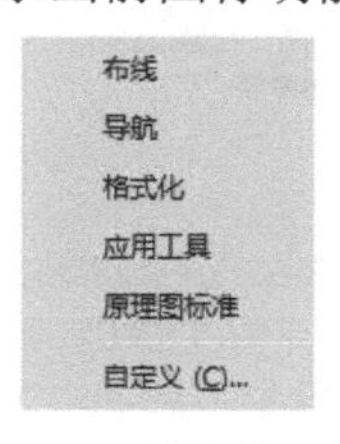

图 1-22 “工具栏”菜单

图 1-23 “布线”工具栏

2）“原理图标准”工具栏：如图 1-24 所示，主要功能包括文件打开、复制、粘贴、保存、查找、选择、撤销、打印、缩放等命令。

3）“应用工具”工具栏：如图 1-25 所示，主要功能包括绘图工具、对齐方式、电源样式、网格样式等操作。

图 1-24 “原理图标准”工具栏

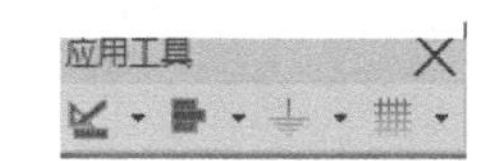

图 1-25 “应用工具”工具栏

4）快捷工具栏：如图 1-26 所示，是自定义时新加的工具栏，放置在原理图文件、PCB 文件、库文件等类型文件的工作区上方，会根据所处工作环境而相应变化。主要功能包括常用的放置命令与画线命令。

图 1-26 快捷工具栏

1.4.2 设置原理图工作环境

绘制原理图的效率和正确性与原理图工作环境参数的设置有密切联系，因此设置好原理图工作环境参数可以对原理图的绘制起到事半功倍的效果。设置原理图工作环境参数包括两个部分，一个是原理图工作环境设置，此参数适用于当前项目中包含的所有原理图文件；另一个是原理图图纸选项设置，在此设置的参数只适用于当前原理图图纸。

1. 原理图工作环境相关参数设置

单击“工具”菜单，选择“原理图优选项”命令，弹出如图 1-27 所示的“优选项”对话框。在“优选项”对话框中包含 11 个选项，在此详细介绍“Schematic”（原理图）选项中的 8 个标签（其他选项在后续相应内容中介绍），分别是“General”（常规）、“Graphical Editing”（图形编辑）、“Compiler”（编译器）、“AutoFocus”（自动聚集）、“Library AutoZoom”（元件自动缩放）、“Grids”（栅格）、“Break Wire”（切割导线）、“Defaults”（默认）。

（1）“General”（常规）标签

在此设置原理图的常规环境参数，如图 1-27 所示。

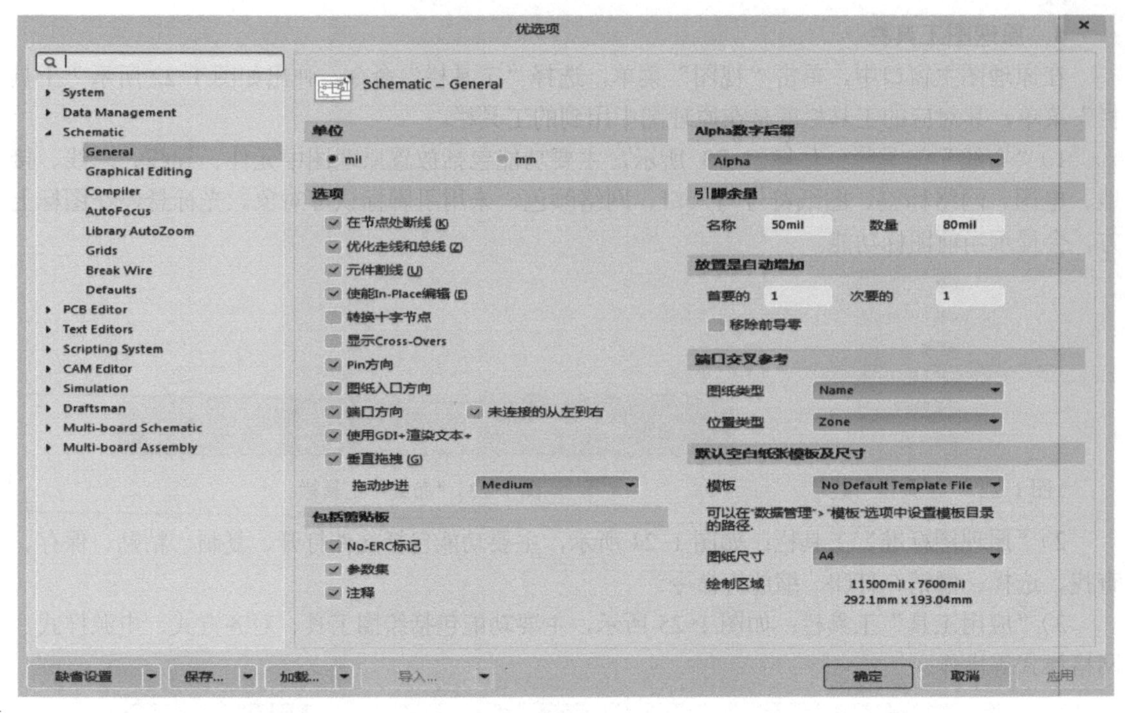

图 1-27 “优选项”对话框

1）“单位”选项组：设置图纸单位，包括公制单位（mm）和英制单位（mil），一般设置为英制单位。

2）“选项”选项组：设置原理图编辑操作过程中相关对象的属性，主要选项功能如下。

① 在节点处断线。在交叉导线处自动添加节点后，节点两侧导线被分成两段。

② 优化走线和总线。总线与导线连接时，系统自动择最优路径，避免各种电气连线和非电气连线相互重叠。此时“元件割线”复选框也为可选状态。若不选此复选框，则按用户实际走线进行布线路径的选择。

③ 元件割线。当放置一个元件时，若元件的两个引脚同时落在同一根导线上，则该导线将被分割成两段，两个端点分别自动与元件的两个引脚相连。

④ 使能 In-Place 编辑。对于原理图中的文本对象可以双击后直接进行编辑、修改，而不必打开相应的对话框。

⑤ 转换十字节点。绘制导线时会在重复的导线处自动连接并产生节点，同时结束本次画线操作。若不选此复选框，则绘制的导线可以随意覆盖已经存在的连线，并可以继续进行画线操作。

⑥ 显示 Cross-Overs（显示交叉点）。非电气连线的交叉处以半圆弧形式显示横跨状态。

⑦ Pin 方向（引脚说明）。单击元件某一引脚时，会自动显示此引脚的编号及输入/输出特性等信息。

⑧ 图纸入口方向。顶层原理图的图纸符号能够根据子图中设置的端口属性，显示输出端口、输入端口等端口属性。

⑨ 端口方向。根据用户设置的端口属性，显示端口的输出、输入或其他性质。

⑩ 使用 GDI+渲染文本+。使用 GDI 字体渲染功能，包括字体的粗细、大小等。

⑪ 垂直拖拽。拖动元件时，与元件相连接的线只能保持直角。若不选此复选框，则与元件相连接的导线呈现任意的角度。

3）“包括剪贴板”选项组：主要选项功能如下。

① “No-ERC 标记”表示忽略 ERC 符号。在复制、剪切到剪贴板或打印时，都包含图纸的忽略 ERC 符号。

② 参数集。进行复制操作或打印时，包含元件的参数信息。

③ 注释。使用剪贴板进行复制或打印时，包含注释的信息。

4）“Alpha 数字后缀”（字母和数字后缀）选项组。用以设置复合元件中子件的标识后缀，包括以下 3 个选项。

①“Alpha”（字母）选项，子件的后缀以字母表示，如 Q:A。

②“Numeric，separated by a dot(.)”（数字，用点间隔）选项，子件的后缀以数字表示，如 Q.1。

③“Numeric，separated by a colon(:)”（数字，用冒号间隔）选项，子件的后缀以数字表示，如 Q:1。

5）“引脚余量”选项组。

包括以下两个文本框。

①“名称”文本框，设置元件的引脚名称与元件符号边缘之间的距离，系统默认值为 50mil。

②“数量”文本框，设置元件引脚编号与元件符号边缘的距离，系统默认值为 80mil。

6）“放置是自动增加”选项组：设置元件标识序号及引脚号的自动增量数。

7）“端口交叉参考”选项组：设置图纸中端口类型和图纸中端口放置位置的参数。

8）“默认空白纸张模板及尺寸”选项组：设置默认的模板文件和图纸尺寸。

（2）“Graphical Editing”（图形编辑）标签

主要设置与绘制原理图相关的一些参数，如图 1-28 所示。

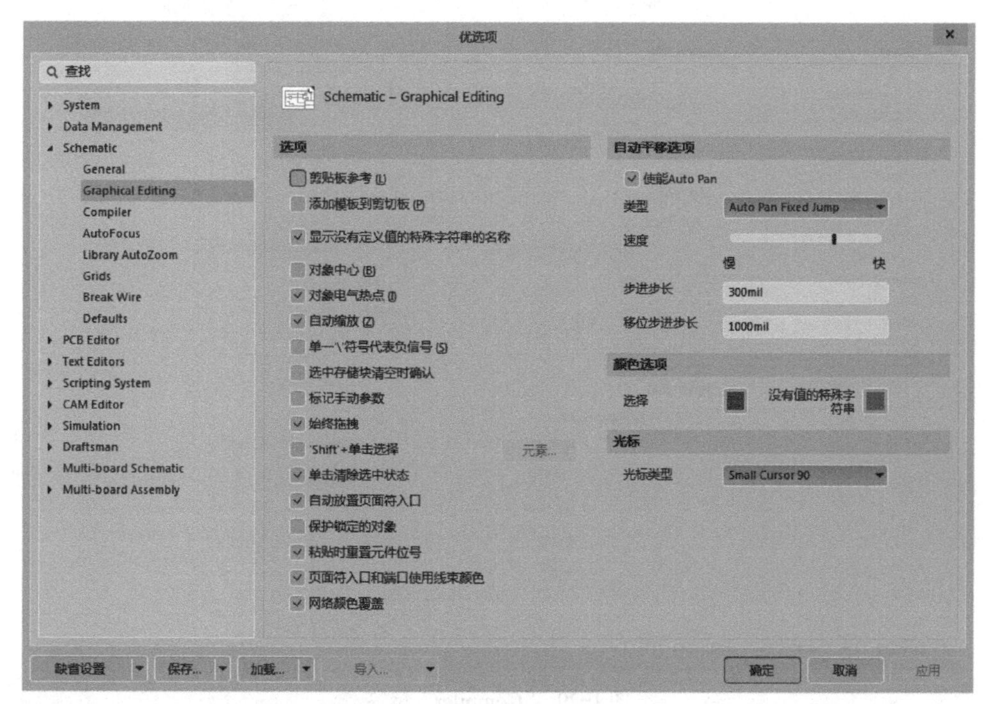

图 1-28　“Graphical Editing”标签

1）“选项”选项组：主要选项功能如下。

① 剪贴板参考。设置将选中的元件复制或剪切到剪贴板时是否要指定参考点。

② 添加模板到剪切板。复制或剪切时，系统会把模板文件添加到剪切板。

③ 显示没有定义值的特殊字符串的名称。设置在电路原理图中使用特殊字符串时将其转换成实际字符来显示，否则保持原样。

④ 对象中心。设置移动元件时指针捕捉的是元件的参考点还是元件中心。

⑤ 自动缩放。设置插入组件时可以自动调整视图显示比例来适合显示此组件。

⑥ 单一(\)符号代表负信号。在文字或网络名顶部加一条横线表示引脚低电平有效。

⑦ 标记手动参数。设置所显示参数自动定位被取消的标记点的相关参数。

⑧ 始终拖拽。移动某一选中的图元时，与其相连的导线也随之拖动。

⑨〈Shift〉+单击选择。只有在按下〈Shift〉键时单击才能选中元件，建议不选用。

⑩ 单击清除选中状态。单击原理图编辑窗口中的任意位置，可解除对某一对象的选中状态。

2）“自动平移选项”选项组。

设置系统自动摇景功能，即当光标处在元件上时，若光标移动至编辑区边界上，则图纸边界自动向窗口中心移动。在此可设置类型、速度、步进步长等参数。

3）“颜色选项”选项组：设置指定对象的颜色。

4）“光标”选项组：设置光标指针类型。

（3）“Compiler”（编译器）标签

编译器根据用户的设置，对电路图进行电气检查，生成各种报告和信息，以此为依据可修改原理图，如图 1-29 所示。主要选项功能如下。

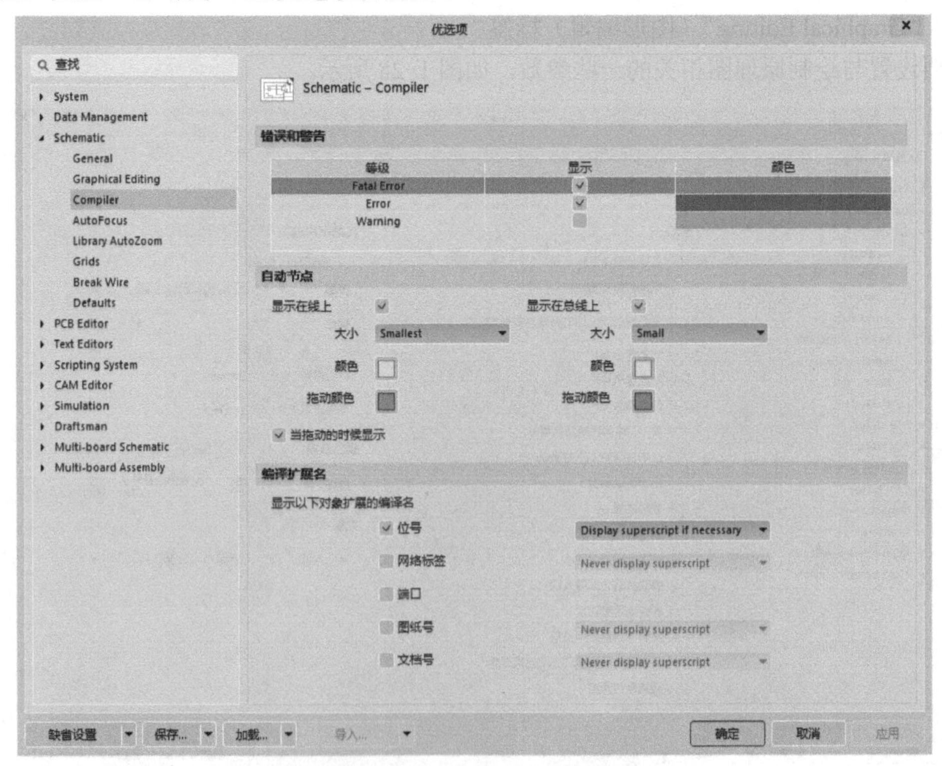

图 1-29 “Compiler”标签

1）“错误和警告”选项组：设置在编译过程中出现的错误是否显示并以相应颜色标记。系统提供 3 种错误，分别是“Fatal Error”（致命错误）、“Error”（错误）、“Warning”（警告）。

2）“自动节点”选项组：设置在原理图中连线时，在导线的 T 形连接处，系统自动添加节点的显示方式，包括“显示在线上”与“显示在总线上”两种方式。

3）“编译扩展名”选项组：设置显示对象的扩展名形式。

（4）“AutoFocus”（自动聚集）标签

根据原理图中对象所处状态分别进行显示，便于快捷地查询与修改。其包括 3 个选项组，即“未连接目标变暗”“使连接体变厚”“缩放连接目标”。

（5）“Library AutoZoom”（元件自动缩放）标签

设置元件自动缩放形式，包括 3 个选项：“切换元件时不进行缩放”“记录每个元件最近缩放值”“编辑器中每个元件居中”。

（6）“Grids”（栅格）标签

设置栅格数值大小、形状、颜色、单位等参数。

（7）“Break Wire”（切割导线）标签

对原理图中各种连线进行切割和修改，主要选项内容如下。

1）“切割长度”选项组：设置切割连线的长度。

① 捕捉段。光标所在的连线被整段切除。

② 捕捉格点尺寸倍增。设置每次切割连线的长度是网格的整数倍。

③ 固定长度。设置每次切割连线的长度是固定值。

2）“显示切刀”选项：设置是否显示切割框。

3）“显示末端标记”选项：设置是否显示导线的末端标记。

（8）“Defaults”（默认）标签

设置原理图中常用对象的系统默认值，如图 1-30 所示。主要选项功能如下。

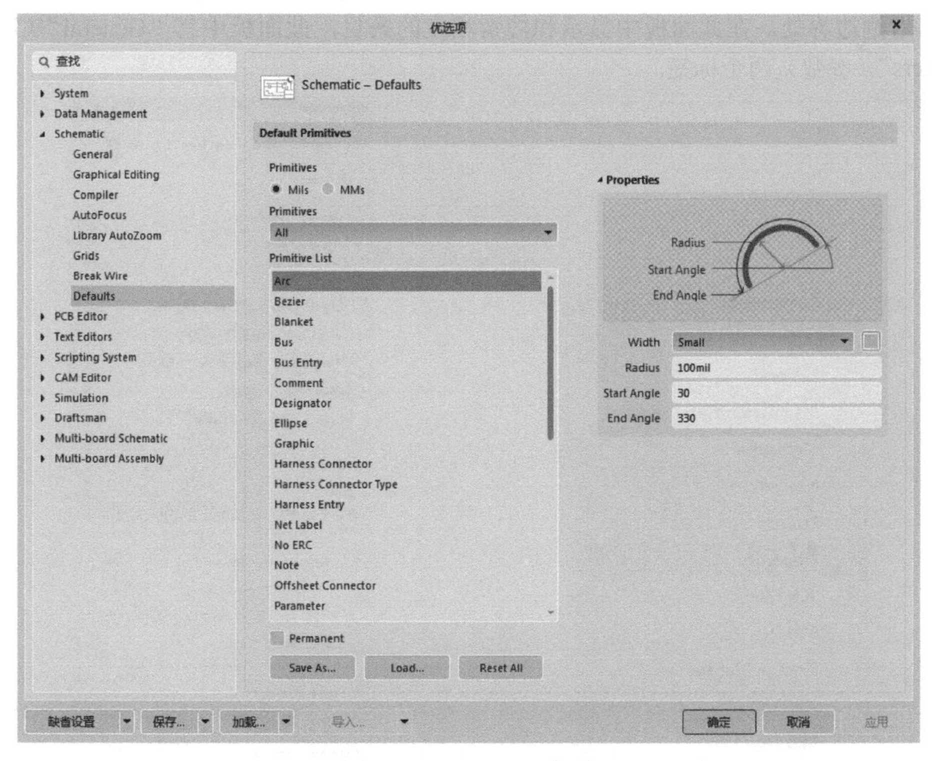

图 1-30　“Defaults”标签

1）“Primitives”（元件）选项：选择系统单位，包括英制单位和公制单位。

2）“Primitives”（元件）列表框：选中列表框中任一选项时，其所包括的对象会显示在“Primitives List”（元件列表）下拉列表框中。

1-4 “Properties”面板操作

①“All”（所有）。列出所有对象。

②“Drawing Tools”（绘图工具栏）。列出非原理图工具栏中的对象。

③“Wiring Objects”（编辑对象）。列出原理图工具栏中的全部对象。

④“Harness Objects”（线束对象）。列出原理图工具栏中的线束对象。

⑤“Library Objects”（库对象）。列出与元件库相关的对象。

⑥“Other”（其他）。列出上述类别中未包括的对象。

⑦“Sheet Symbol Objects”（原理图符号对象）。列出与层次原理图和子图相关的对象。

3）“Primitives List”（元件列表）列表框：从显示列表中任选某个对象后，可在右侧的基本信息显示文本框中修改对应参数。

4）功能按钮：包括如下 3 个常用按钮。

①“Save As”（另存为）。保存默认的原始设置。

②“Load”（编辑对象）。加载默认的原始设置。

③“Reset All”（全部复位）。恢复默认的原始设置。

2. 原理图图纸选项的设置

此部分主要设置图纸相关参数，因为绘制原理图先确定图纸大小、标题栏形式、边框格式、元件放置和线路连接等参数。

单击原理图窗口右下角的按钮 Panels （面板），在弹出的如图 1-31 所示快捷菜单中选择“Properties”（属性）命令，即打开如图 1-32 所示的“Properties”（属性）面板，此面板自动固定于窗口右侧边界处。在此面板中显示和搜索相应的条目，此面板中有“General”（通用）和“Parameters”（参数）两个标签。

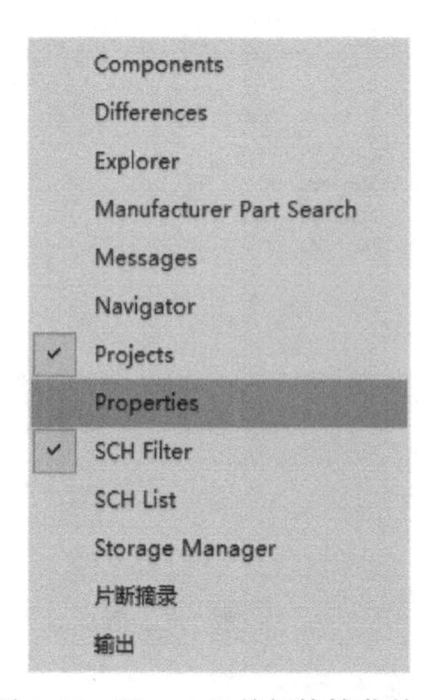

图 1-31 “Panels”按钮快捷菜单

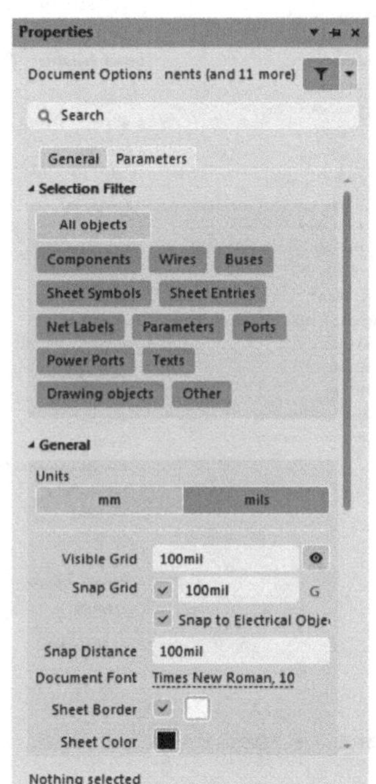

图 1-32 “Properties”面板

（1）“General”（通用）标签

此处包括 3 个选项组，常用选项的功能如下。

1）“Selection Filter”（对象筛选器）选项组：单击此选项组左侧按钮（图标变为▶），其下方出现如图 1-33 所示的选项组内容，可单击选中此图中相应的操作对象或所有对象。

2）“General”（常规）选项组：如图 1-34 所示，包括设置公制或英制单位、“Visible Grid”（可视栅格）、“Snap Grid”（捕获栅格）、“Snap to Electrical Object”（捕捉栅格数值）、“Sheet Color”（图纸边框颜色）等。

3）“Page Options”（页面选项）选项组：如图 1-35 所示，具体功能如下。

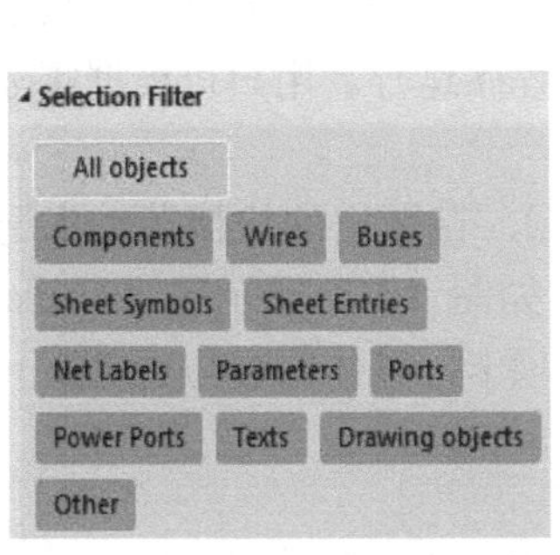

图 1-33 “Selection Filter”选项组

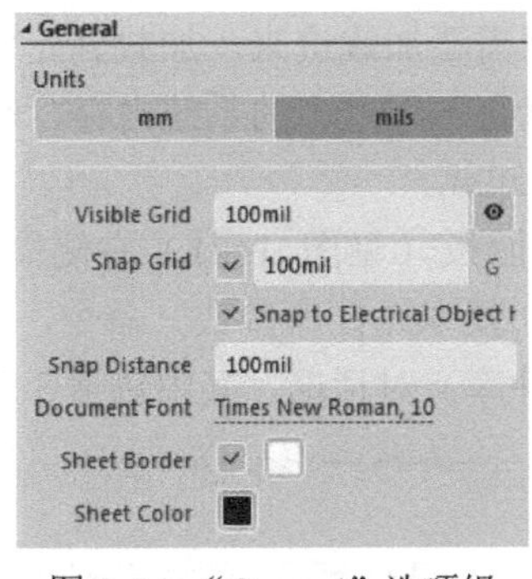

图 1-34 “General”选项组

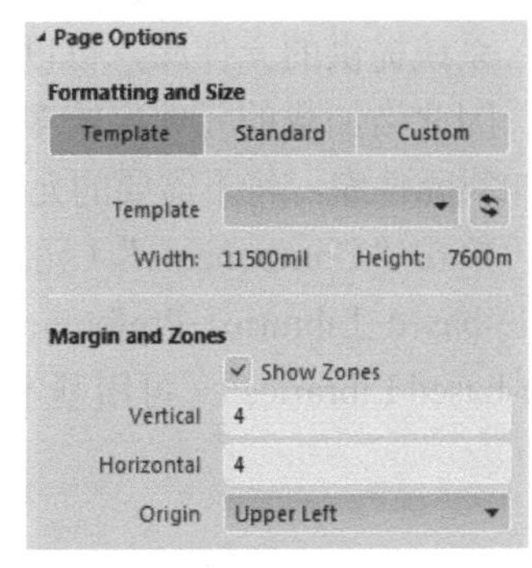

图 1-35 “Page Options”选项组

①“Template”（模板）。单击右侧下拉按钮Template，从中选择系统提供的图纸标准尺寸，包括模型图纸尺寸（A0_portrait～A4_portrait）、公制图纸尺寸（A0～A4）、英制图纸尺寸（A～E）、CAD 标准尺寸（A～E）、OrCAD 标准尺寸（Orcad_a～Orcad_e）、其他格式尺寸等，同时下方会显示被选中图纸的宽度与高度。

②“Standard”（标准）。设置图纸尺寸、图纸方向[Landscape（水平方向）、Portrait（垂直方向）]、标题栏格式[Standard（标准）、ANSI（美国国家标准学会）]、图纸边界和分区、图纸字体等参数。

③“Custom”（自定义）。设置自定义图纸格式。

（2）“Parameters”（参数）标签

用以记录原理图的参数信息和更新记录，便于管理图纸文件。其中包括“Parameters”（参数）和“Rules”（规则）两个选项组，如图 1-36 所示，具体功能如下。

1）“Parameters”（参数）选项组：在其下拉列表框中显示当前对象参数，可以单击按钮 Add 来添加相应参数属性，可以单击按钮🗑删除相应参数属性。

2）“Rules”（规则）选项组：如图 1-37 所示，设置图纸字体格式、节点格式、旋转等规则，可以添加或删除相应规则，也可以单击按钮✎来修改相应规则内容。

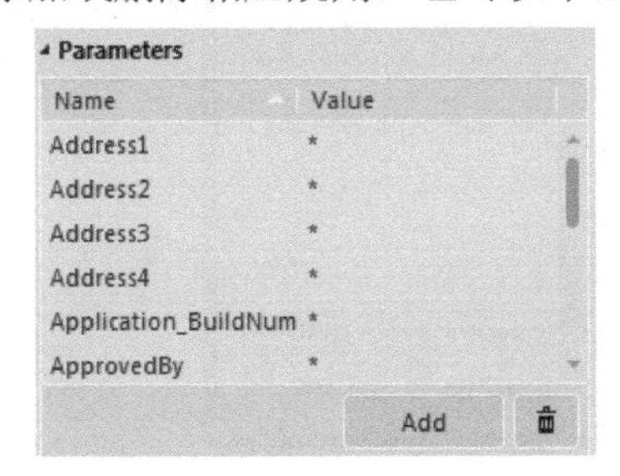

图 1-36 “Parameters”选项组

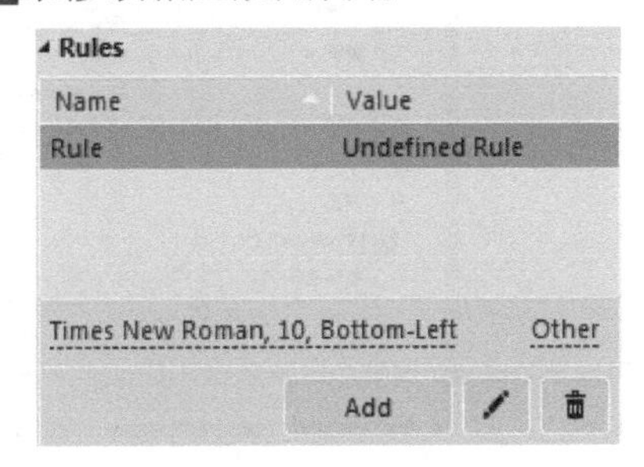

图 1-37 “Rules”选项组

1.5 编辑原理图文件

原理图设计的基本操作，主要包括管理元件库、查找和放置元件、编辑元件属性、调整元件位置、放置电源与接地符号、绘制导线、放置总线、总线入口和网络标签、绘制图形、标注原理图、查找与替换对象。

1.5.1 管理元件库

系统提供的元件库，可以根据需要加载进来。加载到元件库面板中的元件库会占用系统内存，因此当加载的元件库较多时就会占用过多的系统内存，影响程序运行。用户可根据实际需要加载元件库，将不需要的元件库卸载。

单击“Components”（元件）面板（见图 1-21）右侧图标▤，在弹出的快捷菜单中选择“File-based Libraries Preferences”（基本元件库参数）命令，弹出如图 1-38 所示的“Available File-based Libraries”（可用基本元件库）对话框。其中包括 3 个选项卡，具体内容与功能如下。

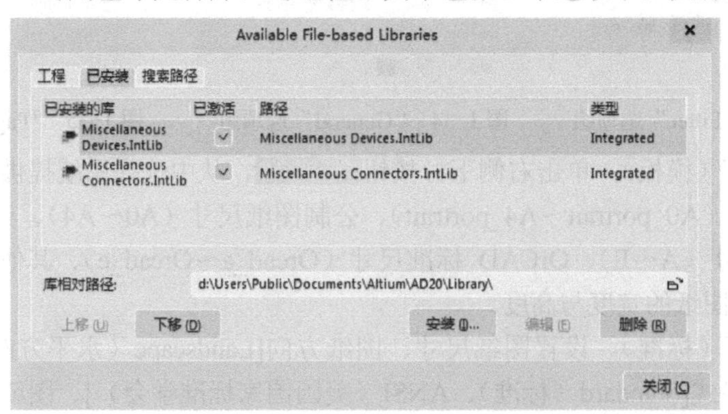

图 1-38 “Available File-based Libraries”对话框

（1）“工程”选项卡

单击“工程”选项卡后列出的是当前项目自己创建的库文件。从中可以添加库文件：单击按钮 添加库(A)...，弹出如图 1-39 所示的“打开”对话框，选择需要添加的库文件后单击“打开”按钮即可。

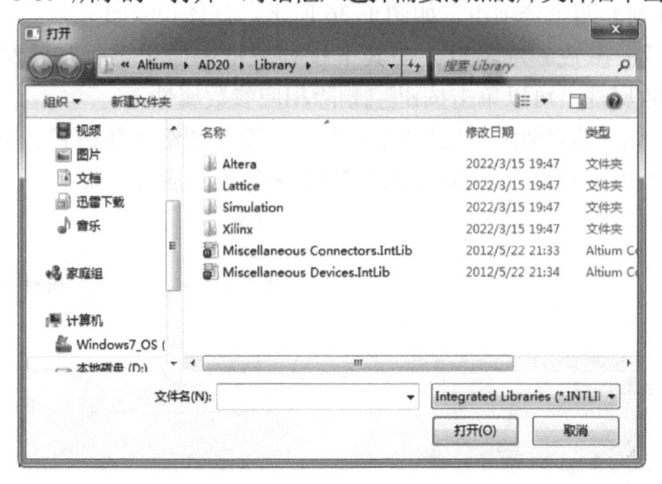

图 1-39 “打开”对话框

（2）“已安装”选项卡

在此列出了当前已安装的库文件，其中有两个系统自动添加的库文件“Miscellaneous Devices.IntLib”和“Miscellaneous Connectors.IntLib”，包含了常用的电子电气元件与连接器件。在此也可以用上面同样的方法安装其他元件库；若单击删除(R)按钮，可卸载当前列表中的元件库。

（3）“搜索路径”选项卡

设置安装元件库的路径，单击按钮路径(P)...，在出现的对话框中选择库文件所在路径即可。

1.5.2　查找和放置元件

绘制原理图过程中，常用的操作是查找并放置元件。在当前项目中加载元件库后，可从库中取出相应元件放置在原理图中。单击“放置”菜单，并选择“器件”命令，或单击原理图工作区中“快捷”工具栏中的按钮，或单击主窗口右下角的按钮Panels并从弹出的快捷菜单中选取“Components”（元件）命令，这 3 种操作方式都可以打开“Components”（元件）面板，以实现放置元件操作。

1．查找元件

单击“Components”（元件）面板右上角的按钮，在弹出的快捷菜单中选择“File-based Libraries Search”（基本元件库搜索）命令，会弹出如图 1-40 所示的“File-based Libraries Search”对话框，可在此查找元件。需要先设置好“范围”与“路径”选项组中相关参数后，再输入元件信息进行查询。

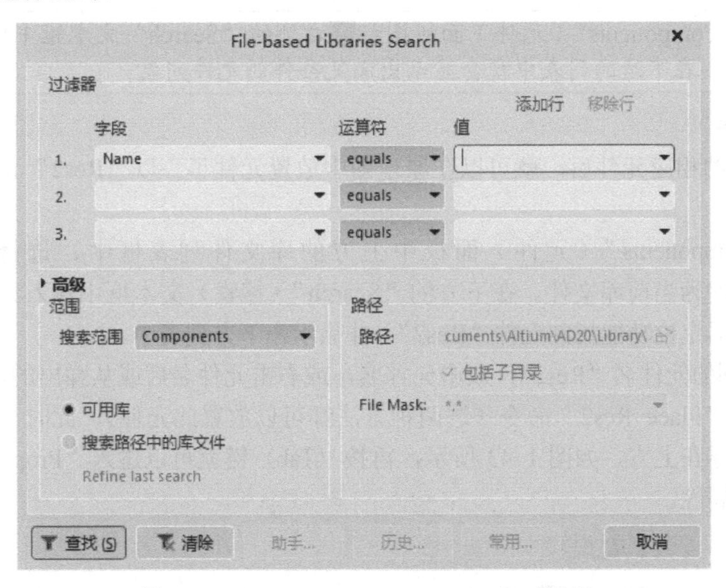

图 1-40　“File-based Libraries Search”对话框

（1）“范围”选项组

用于设置查找元件的范围，主要选项功能如下。

1）搜索范围：可选取包括“Components”（元件）、“Protel Footprints”（PCB 封装）、“3D Models”（3D 模型）、“Database Components”（数据库元件）的 4 种搜索对象类型。

2）可用库：在已加载至当前项目中的库文件中查找。

3）搜索路径中的库文件：在右侧“路径”选项中选定的路径中查找。

（2）“路径”选项组

用于指定元件查找路径，主要选项功能如下。

1）“路径”选项：单击选项右侧的按钮，在弹出的对话框中设置搜索路径。

2）“File Mask”（文件掩码）选项：在此设定查找元件的文件匹配符，“*”表示匹配任意字符。

（3）“高级”选项组

其中内容如图 1-41 所示。在上方的文本框中输入过滤语句表达式，可更准确地查找元件。

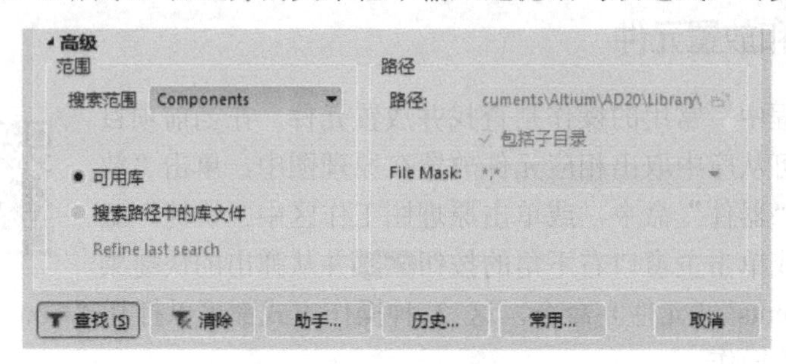

图 1-41 “高级”选项组

（4）“过滤器”选项组

具体参数设置为：在“字段”选项的下拉列表中选取所查找元件的属性；在“运算符”选项的下拉列表中选取运算符类型；在“值”选项的下拉框中选择相应元件。

对话框中相应选项内容设置完成后，单击按钮 查找(S)，即可查找到相应元件。

注意： 在“Components”（元件）面板图标右侧的“Search”文本框中输入所查找元件的匹配字符，在下边的列表中就会显示出满足条件的元件列表。

2. 放置元件

查找元件库的相应元件后，就可以在原理图中放置元件了。以“Res2”元件为例，放置元件步骤如下。

1）在“Components”（元件）面板中上方的库文件列表框中，选择“Miscellaneous Devices.IntLib”库为当前库文件。在下方的“Search”（搜索）文本框中输入元件名“Res2”或用面板上的过滤器定位功能找到元件“Res2”，并显示在下方列表中。

2）单击找到的元件名“Res2”，双击元件名，或右击元件名后或从弹出的如图 1-42 所示的快捷菜单中选择“Place Res2”命令（这两种方法都可以放置此元件），此时光标变为十字形且当前元件外形悬浮在上方，如图 1-43 所示，再按〈Tab〉键就可以进入“Properties”（属性）面板并编辑此元件属性。

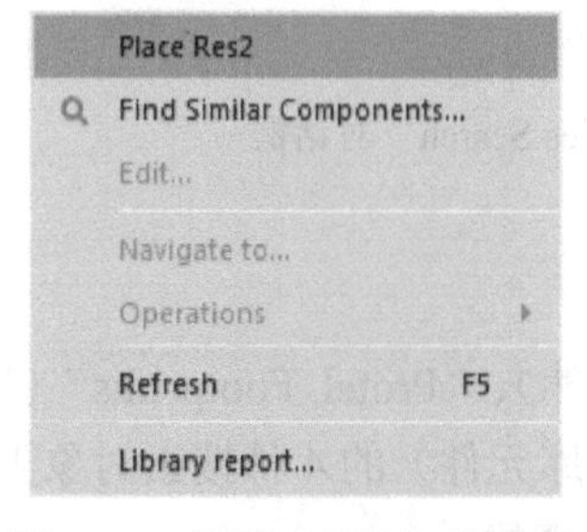

图 1-42 放置元件快捷菜单

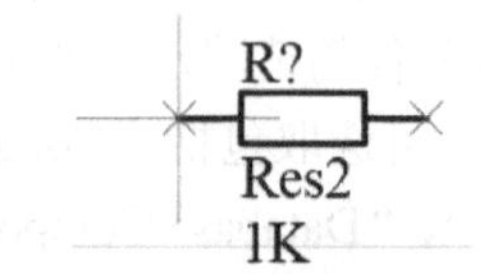

图 1-43 放置元件时光标状态

3）移动光标至原理图合适位置，同时可按〈PgUp〉键或〈PgDn〉键来实现原理图显示比例的缩放；或在十字光标状态下按〈Space〉键实现元件旋转，每按一次键旋转 90°，以调整好元件旋转方位。

4）调整好元件位置和方向后，单击即可放置好元件。此时光标仍处于十字形状态和元件外形浮动状态，仍可继续单击，实现放置多个相同元件。

5）若需结束元件放置，按〈Esc〉键或右击即可退出元件放置状态，此时光标变回箭头形状。

1.5.3 编辑元件属性

编辑原理图中已放置完元件后，可选中相应元件，再在窗口右侧的图 1-44 所示“Properties”（属性）面板中设置元件属性；也可右击原理图中元件，在弹出的图 1-45 所示的快捷菜单中选择“Properties”（属性）命令，进入“Properties”“属性”面板来设置元件属性。编辑处于放置状态的元件属性时，按〈Tab〉键，也可进入“Properties”（属性）面板来进行设置，包括“General”（常规）、“Parameters”（参数）、“Pins”（引脚）3 个选项卡。“General”选项卡的主要功能如下。

1. 设置元件标识符

在“Designator”（标识符）选项右侧的文本框中输入元件标识符，如 R1 等。其右侧的图标用于设置元件标识符在原理图上是否可见；图标用于设置是否锁定当前元件标识符。单击蓝色的“Designator”（标识符）选项名，进入如图 1-46 所示的“Designator”（标识符）选项组，可以设置当前标识符的精确定位、旋转角度、字体格式等内容。

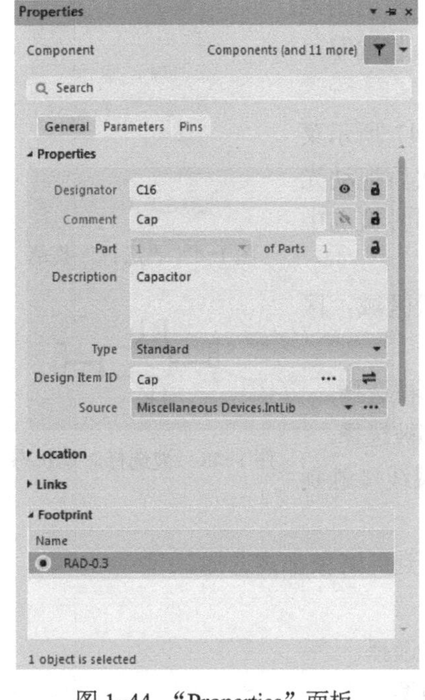

图 1-44 “Properties”面板

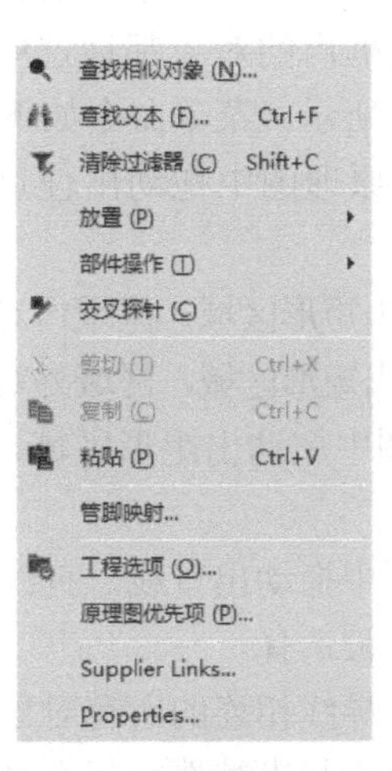

图 1-45 原理图快捷菜单

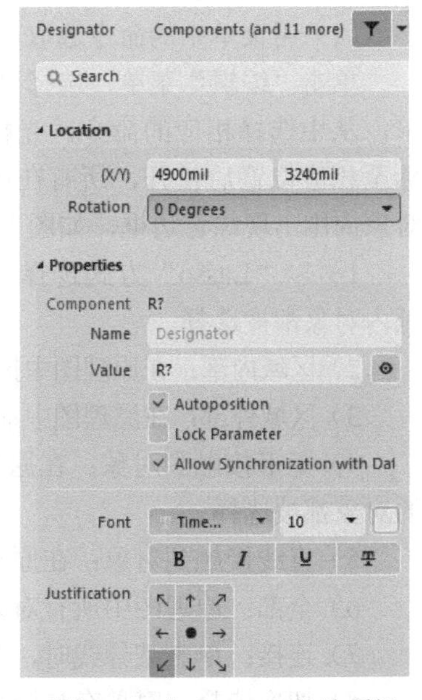

图 1-46 “Designator”选项组

2. 设置元件注释信息

在“Comment”（注释）选项中默认值为当前元件名，可以在文本框重新输入新的注释内容。单击蓝色的“Comment”（注释）选项名，也可以设置元件的类型、定位、旋转方向等。

3. 设置元件封装

在“FootPrint”（封装）选项中，设置当前元件封装的名称、显示方式等信息。可以为当前元件添加、编辑、删除封装。

4. 设置元件其他信息

元件其他信息包括的主要内容如下。

1）“Type”（类型）：元件符号类型包括七类，分别是“Standard”（标准电气属性元件）、“Mechanical”（无电气属性的元件）、“Graphical”（无电气属性的图形）、“Net Tie（In Bom）”（在 Bom 表中的网络节点）、“Net Tie（No Bom）”（不在 Bom 表中的网络节点元件）、“Standard（No Bom）”（标准电气属性且不在 Bom 表的中元件）、“Jumper”（跳线）。

2）“Part”（子件）：若当前元件是多片集成元件，此处的图标 Part 1 of Parts 1，显示当前元件是第几片子件，用户还可以单击其中的按钮来切换元件的不同子件。若当前元件不是多片集成元件，则此按钮以灰色显示。

3）“Description”（描述）：在此文本框中输入当前元件的简单描述。

4）“Rotation”（旋转）：设置元件或元件属性的旋转角度。

1.5.4 对象相关操作

在原理图中放置好元件后，为了使原理图布线美观和符合项目要求，通常要对原理图中元件和相关对象的位置和方向进行移动、旋转、复制、删除和剪切等操作。下面介绍几种常用操作。

1. 选择对象

在对原理图中的任何一个对象进行操作之前，都要选中相应的对象。常用的选择方法有三种，即用菜单选取、用工具栏选取、直接选取。

（1）用菜单中的命令选取对象

单击“编辑”菜单，选择“选择”命令，会出现如图 1-47 所示菜单，从中选择相应的命令。光标变为十字形，单击对象一次后拖动光标至相应位置后松开，所有在虚线框内的对象都被选中，同时被选中对象周围出现绿色边框，如图 1-48 所示。菜单命令如下。

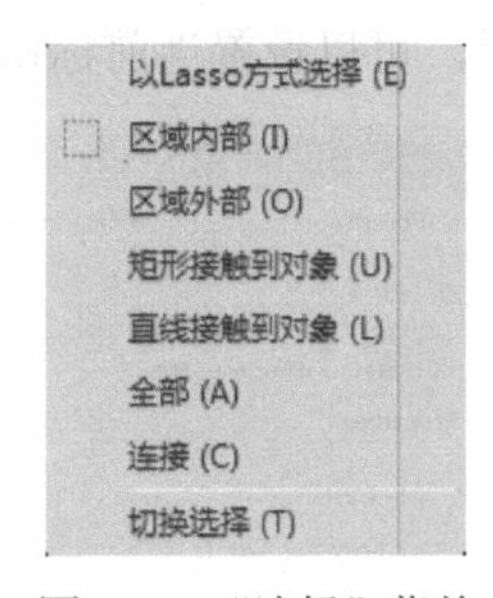

图 1-47 “选择”菜单

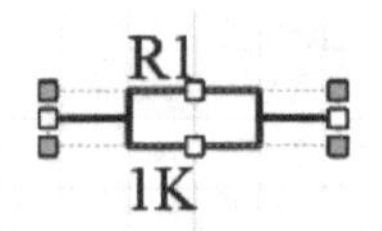

图 1-48 被选择对象状态

1）以“Lasso”方式选择：在原理图中拖动出任意形状区域，区域内对象都被选择。

2）区域内部：在原理图中拖动出矩形区域，区域内对象都被选择。

3）区域外部：在原理图中拖动出矩形区域，区域外对象都被选择。

4）矩形接触到对象：在原理图中拖动出矩形区域，区域线接触到的对象都被选择。

5）直线接触到对象：在原理图中拖动出直线，直线接触到的对象都被选择。

6）全部：原理图中所有对象都被选择。

7）连接：单击某导线时，与此导线相连的所有对象都被选择。

8）切换选择：对象在被选择状态与未被选择状态之间切换。

（2）用工具栏中的命令选取对象

单击“快捷”工具栏中的按钮，在出现的子菜单中选择合适的方式，操作方法如上。

（3）直接选取对象

在对象的接近中心位置单击即可选择单个对象；按住〈Shift〉键同时单击各个对象，可实现同时选择多个单独对象；单击并拖动光标到相应位置后松开，所有在虚线框内的对象都被选中。

2．取消选择对象

单击“编辑”菜单，选择“取消选择”命令，会出现如图 1-49 所示菜单，从中选择相应的命令即可。

3．移动对象

移动对象通常包括如下 3 种操作方法。

（1）用菜单中的命令移动对象

单击“编辑”菜单，选择“移动”命令，出现如图 1-50 所示菜单，主要命令功能如下。

1）拖动：不需先选中对象，在对象上单击，此时光标变为十字形，按住并移动光标至合适位置处再单击即可实现拖动，一次只对一个对象操作。按鼠标右键或按〈Esc〉键取消当前操作命令。

2）移动：不需先选中对象，在对象上单击，此时光标变为十字形，移动光标至合适位置再单击即可实现移动。一次只可对一个对象操作。

3）移动选中对象：先选中对象，再执行此命令即可。一次可对多个对象操作。

4）通过 X,Y 移动选中对象：先选中对象，再执行此命令，在出现的对话框中输入坐标值即可。

5）拖动选择：先选中对象，再执行此命令，单击选择区域即可同时拖动被选中对象。

（2）用工具栏中的命令移动对象

单击“快捷”工具栏中的按钮，在出现的子菜单中选择合适的方式。

（3）直接移动对象

光标指向元件并按住，拖动光标至合适位置后松开光标即可。可以同时移动多个对象。

4．旋转对象

旋转对象的主要选项功能如下。

1）在“Properties”（属性）面板中设置旋转：双击对象，在如图 1-51 所示“属性”面板中的“Rotation”（旋转）下拉列表框中选择旋转角度即可。

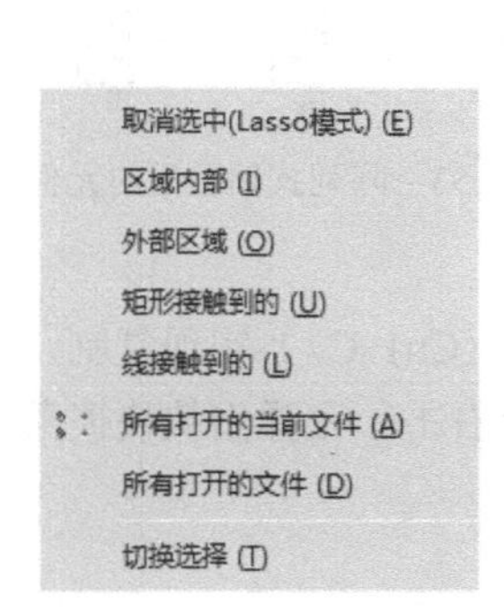

图 1-49 “取消选择”菜单

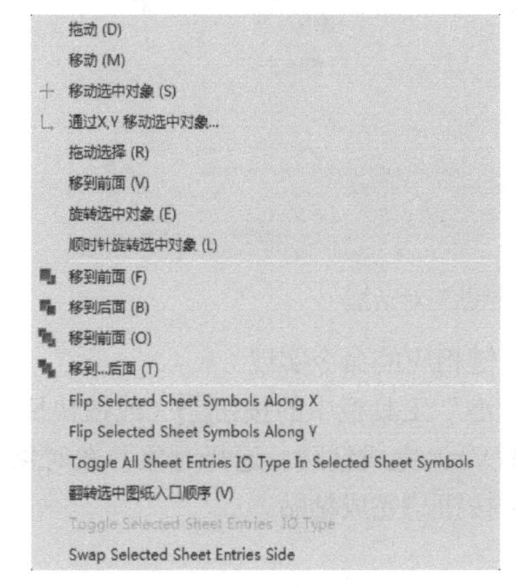

图 1-50 “移动”菜单

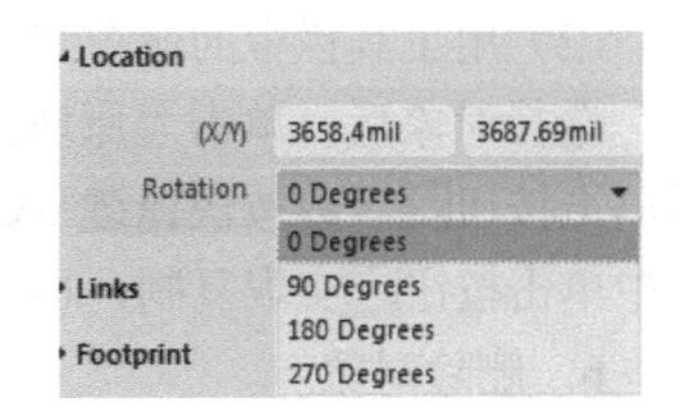

图 1-51 “Rotation”下拉列表框

2）用〈Space〉（空格）键旋转：选中对象后，按一次〈Space〉键，对象逆时针旋转 90°。

3）对象水平镜像：单击对象并按住鼠标，同时按〈X〉键，完成对象水平镜像后松开鼠标即可。

4）对象垂直翻转：单击对象并按住鼠标，同时按〈Y〉键，完成对象垂直翻转后松开鼠标即可。

5．复制并粘贴对象

复制并粘贴对象通常包括如下两种操作方法。

（1）用菜单中的命令实现

先选择对象，再执行此操作，两种复制并粘贴方法如下。

1）复制并粘贴：单击“编辑”菜单，选择“复制”→“粘贴”命令，此时光标处于十字形状态且元件外形浮动在光标上，在原理图上单击即可实现复制并粘贴操作。

2）阵列式粘贴：单击“编辑”菜单，选择“智能粘贴”命令，弹出如图 1-52 所示的“智能粘贴”对话框，选中右侧的复选框 使能粘贴阵列，按图 1-52 所示设置相关参数。阵列式粘贴后的元件如图 1-53 所示。

① 列。设置每列中要粘贴的元件个数、每列中相邻元件的垂直间距。

② 行。设置每行中要粘贴的元件个数、每行中相邻元件的水平间距。

③ 文本增量。设置元件标识中的文本增量数与方向。

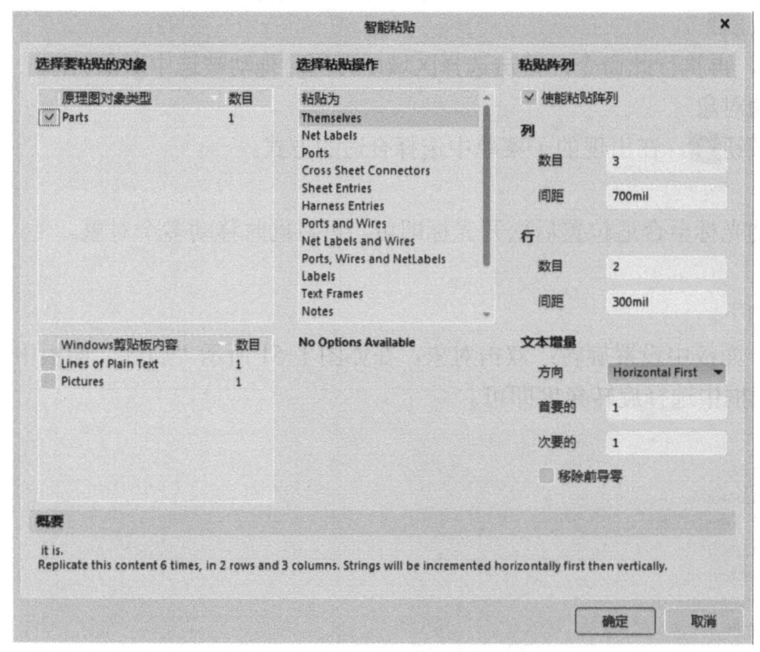

图 1-52 “智能粘贴”对话框

图 1-53 阵列式粘贴后的元件

（2）用工具栏中的命令和快捷键相应的命令实现

选择对象后，单击“原理图标准”工具栏中的按钮（或按快捷键〈Ctrl+C〉）实现复制，再单击按钮（或按快捷键〈Ctrl+V〉）完成粘贴；选择对象并在对象上右击，在弹出的快捷菜单中单击按钮实现复制，再单击按钮完成粘贴。

6．删除对象

单击“编辑”菜单，选择“删除”命令，光标变为十字形，在原理图中单击要删除的对象即可，可以一次删除多个元件，按右键结束当前操作。也可先选中对象再按〈Delete〉键实现删除对象的操作。

7. 排列和对齐对象

先选择需要排列和对齐的对象，单击“编辑”菜单，选择“对齐”命令，弹出如图 1-54 所示的“对齐”菜单。或单击“快捷”工具栏中按钮；或单击“应用工具”工具栏中按钮；或在原理图空白处右击，在弹出的快捷菜单中选择“对齐”命令，都可以出现图 1-54 所示的命令。主要命令的功能如下。

1）对齐：单击此命令会弹出如图 1-55 所示的“排列对象”对话框，在“水平排列”选项组和“垂直排列”选项组中设置如下相应参数。

2）左对齐：以已选对象中最左侧的元件为基准对齐其他元件。

3）右对齐：以已选对象中最右侧的元件为基准对齐其他元件。

4）水平中心对齐：以已选对象中最左侧与最右侧元件的中间位置为基准对齐其他元件。

5）水平分布：将已选对象在最左侧与最右侧元件之间等距离对齐分布排列。

6）顶对齐：以已选对象中最顶端的元件为基准对齐其他元件。

7）底对齐：以已选对象中最底端的元件为基准对齐其他元件。

8）垂直中心对齐：以已选对象中最上端与最下端元件的中间位置为基准对齐其他元件。

9）垂直分布：将已选对象在最上端与最下端元件之间等距离对齐分布排列。

10）对齐到栅格上：将元件移动至最近的网格上，便于连线时捕捉到元件电气节点。

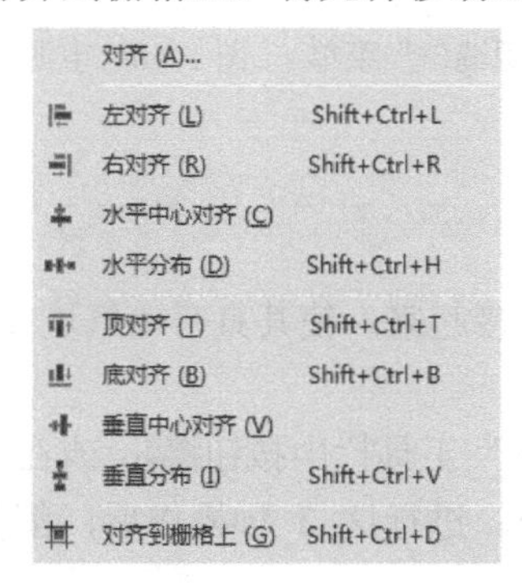

图 1-54 “对齐”菜单

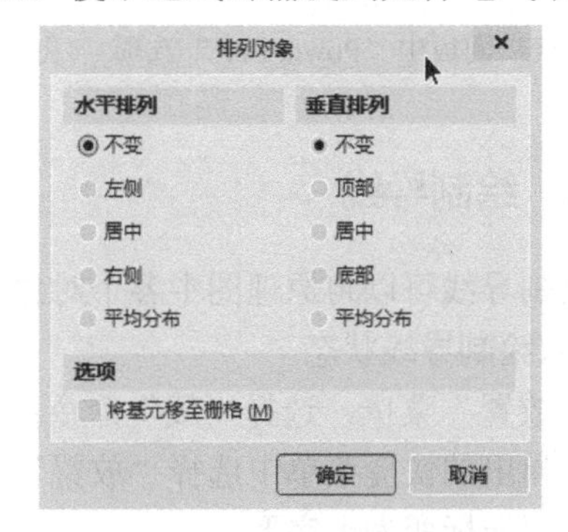

图 1-55 “排列对象”对话框

1.5.5 电源与接地符号相关操作

1. 放置电源与接地符号

常用菜单中的命令或工具栏中的按钮放置方法如下。

1）单击“放置”菜单，选择“电源端口”命令，光标变为十字形，此时可按〈Tab〉键进入如图 1-56 所示的“属性”面板中“Power Port”（电源端口）选项，在此设置其属性内容。

2）单击原理图“布线”工具栏中按钮可放置接地符号，单击按钮可放置电源符号；单击图 1-23 的“应用工具”工具栏按钮可放置接地符号；在原理图空白处右击，在弹出的快捷菜单中选择“放置”→“电源端口”命令，弹出图 1-57 所示的“GND/电源端口”菜单，选择相应命令可设置相关属性。

2. 设置电源与接地符号属性

双击电源与接地符号，进入图 1-56 中的面板，主要功能如下。

1）“Rotation”（旋转）：设置当前符号的旋转角度。

2）“Name”（名称）：设置当前符号的名称，如 VCC、GND 等。

3）“Style”（样式）：设置当前符号类型，如图 1-58 所示的类型。

4）“Font”（字体）：设置当前符号所用字体格式。

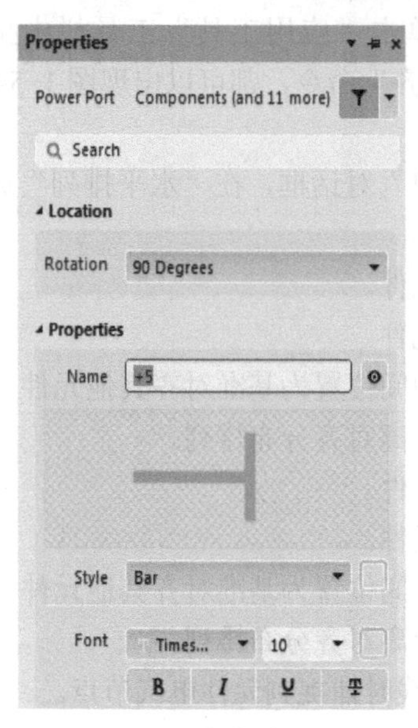

图 1-56 “属性”面板中“Power Port”选项

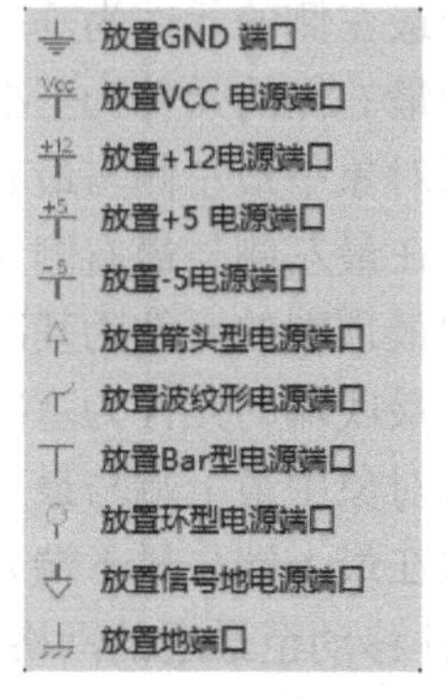

图 1-57 “GND/电源端口”菜单

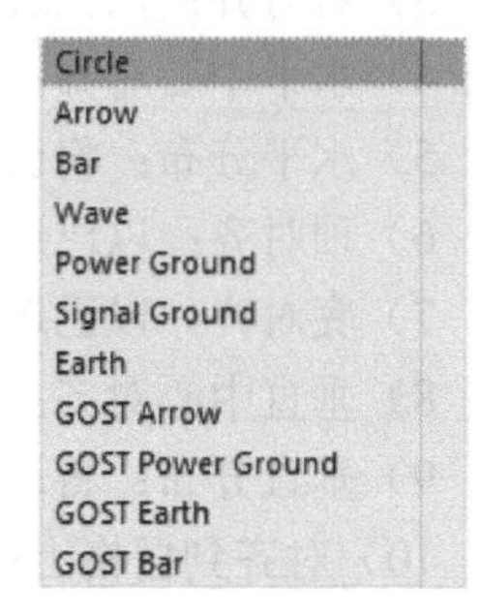

图 1-58 电源接地符号类型

1.5.6 绘制导线

通过绘制导线可以将原理图中各个对象的引脚按需连接起来，使其具有电气连接特性。

1．进入绘制导线状态

单击“放置”菜单，选择“线”命令；或单击“布线”工具栏中按钮；或在原理图空白处右击，在弹出的快捷菜单中选择“放置”→“线”命令。进行这 3 种操作后，都会进入绘制导线状态，即光标变为十字形。

2．绘制导线的操作过程

绘制导线的操作过程如下。

1）移动光标到要连接对象的一个引脚上，此时十字形光标变为蓝色米字形，说明系统自动捕捉到了电气节点，单击以确定导线的起点；也可以在原理图空白处单击以确定导线起点。

2）移动光标，同时有虚线随光标一同移动，在需要转折处单击，系统默认的拐角是 90°。若要改变导线转折角度，可以在移动光标同时按组合键〈Shift+Space〉，每按一次，就在直角、45°角、任意角这 3 种角度之间切换，如图 1-59 所示。

3）捕捉到其他对象的引脚上或在原理图空白处，单击结束本次导线绘制。

4）此时光标还是十字形，即仍处于绘制导线状态，还可以继续用同样的方法绘制导线，直到完成原理图中所有导线的绘制。右击或按〈Esc〉键退出绘制导线状态，光标变回箭头形。

3．设置导线属性

双击绘制完成的导线或在绘制导线过程中按〈Tab〉键，都会进入图 1-60 所示的“属性”面板中“Wire”（导线）选项，在此设置导线颜色与宽度，主要选项功能如下。

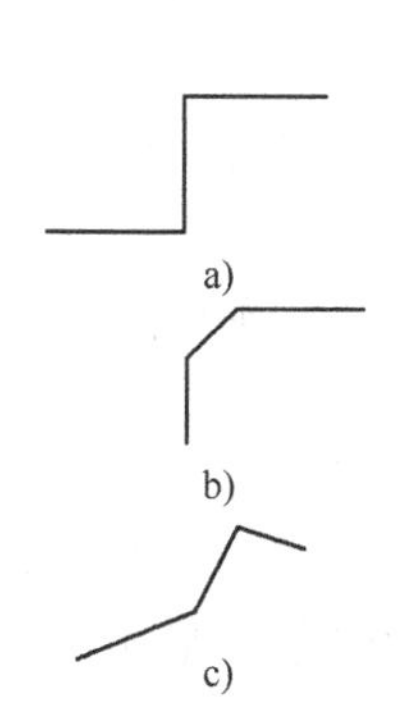

图 1-59　导线 3 种转折角度

a) 直角　b) 45°角　c) 任意角

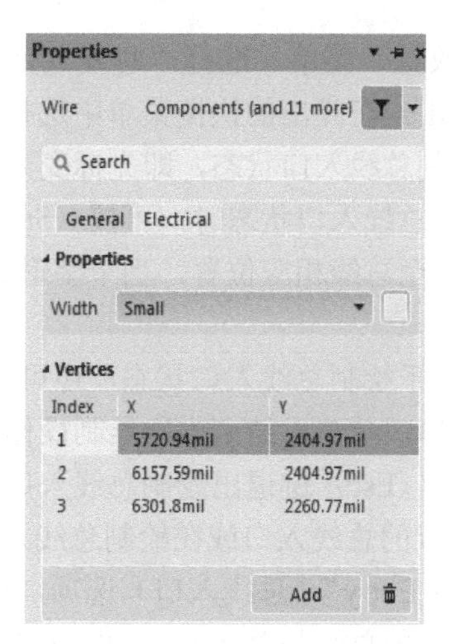

图 1-60　“属性”面板中“Wire”选项

1）Width（宽度）：包括四种宽度类型，为“Smallest”（最细）、“Small”（细）、“Medium”（中等）、“Large”（粗）。

2）按钮■（颜色）：单击此按钮后会弹出下拉列表框，从中选择所需颜色按钮即可重设导线颜色。

1.5.7　绘制总线、总线入口和网络标签

总线是一组功能相同的导线，与电路设计中经常要用到的数据总线、地址总线和控制总线相似。一般一条总线能够连接多条导线，被总线连接在一起的这些导线按照相应的网格标签实现电气连接。总线在默认状态下是一条粗线，通常用于连接原理图中引脚较多的对象以达到化简和美观的目的。总线自身没有实质的电气连接意义，需要在绘制原理图时将其总线入口和网络标签组合在一起构成相应的网络来实现电气连接。

单击“放置”菜单，选择“总线”命令；或单击“布线”工具栏中图标；或在原理图空白处右击，在弹出的快捷菜单中选择“放置”→“总线”命令。进行这 3 种操作后，都会进入绘制总线状态，即光标变为十字形状态。

1. 绘制总线

绘制总线与绘制导线方法相同，绘制总线完成后右击或按〈Esc〉键退出绘制总线状态，光标变回箭头。

双击绘制完成的总线或在绘制总线过程中按〈Tab〉键，都会进入图 1-61 所示“属性”面板中的“Bus”（总线）选项，在此设置总线颜色与宽度，操作方法同导线设置。

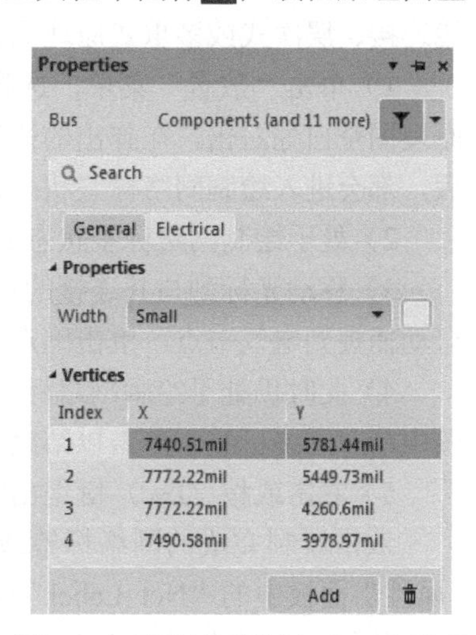

图 1-61　“属性”面板中“Bus”选项

2. 绘制总线入口

总线入口的功能是实现导线与总线的连接，其自身没有电气连接特性，需要与总线、网络标签配合地放在一起，才具有电气连接特性。绘制总线入口的操作如下。

1）单击“放置”菜单，选择“总线入口”命令；或单击“布线”工具栏中按钮；或在原理图空白处右击，在弹出的快捷菜单中选择“放置”→“总线入口”命令。进行这 3 种操作后，都会进入绘制总线入口状态，即光标变为十字形且有“/”分支线悬浮在光标上方。

2）处于绘制总线入口状态时，可按〈Space〉键改变分支线方向。

3）移动光标至总线相应位置，当十字形光标变为蓝色时，即自动捕捉到了电气节点，单击以确定位置。

4）此时仍处于绘制总线入口状态，还可以继续按同样的方法绘制总线入口，直到完成原理图中所有总线入口，单击以结束本次绘制操作。

5）右击或按〈Esc〉键退出绘制总线入口状态，光标变回箭头形。

双击绘制完成的总线入口或在绘制总线入口过程中按〈Tab〉键，会进入图 1-62 所示的属性面板中的“Bus Entry”（总线入口）选项，在此设置总线入口颜色与宽度，操作方法与导线设置相同。绘制完成的总线与总线入口如图 1-63 所示。

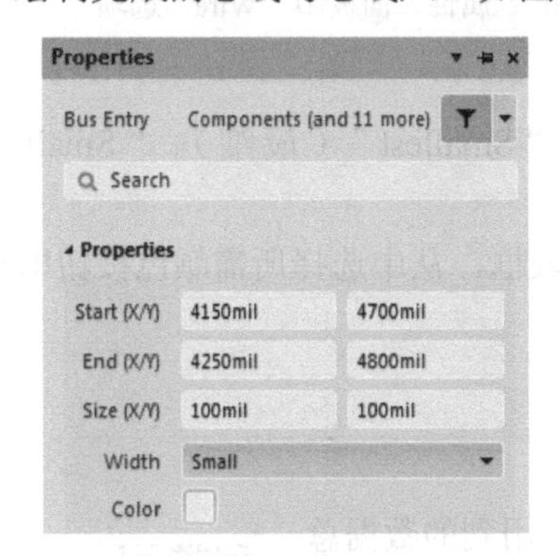

图 1-62 “属性”面板中“Bus Entry”选项

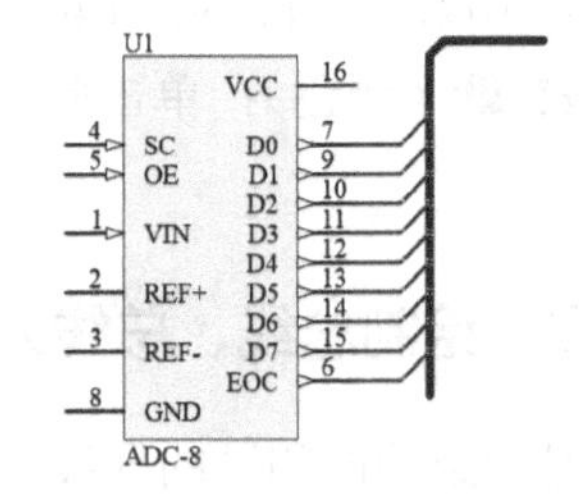

图 1-63 绘制完成的总线与总线入口

3. 绘制网络标签

原理图中的网络是指真正互相连接或通过网格标签连接在一起的一组引脚和导线，相同网络内的对象具有相同的电气连接特性，即被视为连接到同一导线上。原理图中的网络将多种原理图元件按不同的网格名称区分开，形成按电气节点连接的电路原理图，以便生成网格表，并为设计 PCB 做好准备。网络标签用于标识原理图中各个不同的网络，通常用在简化原理图、总线连接、层次式或多重式原理图的连接，主要操作过程如下。

1）单击“放置”菜单，选择“网络标签”命令；或单击“布线”工具栏中按钮；或在原理图空白处右击，在弹出的快捷菜单中选择“放置”→“网络标签”命令。进行这 3 种操作后，都会进入绘制网络标签状态，即光标变为十字形且有虚框悬浮在光标上方。

2）处于绘制网络标签状态后，可按〈Space〉键改变网络标签方向。

3）移动光标到与其连接的总线或导线相应位置处，当十字形光标变为蓝色米字形时，此时自动捕捉到电气节点，单击确定位置即可。

4）此时仍处于绘制网络标签状态，还可以继续用同样的方法绘制网络标签，直到完成原理图中所有网络标签，单击以结束本次绘制操作。

5）右击或按〈Esc〉键退出绘制网络标签状态，光标变回箭头形。

双击绘制完成的网络标签或在绘制网络标签过程中按〈Tab〉键，会进入图 1-64 所示的“属性”面板中的“Net Label”（网络标签）选项，在此设置其属性。“Net Name”（网络名）选项的系统默认值为“NetLabel1”，可以设置新的网络名，通常最后一位是数字。当连续放置网络标签时，网络名最后位的数字会自动增加。网络标签颜色与旋转的操作方法与总线入口的设置相同。包括总线、总线入口和网络标签的电路原理图如图 1-65 所示。

注意：设置总线网络名的格式通常为 NetLabel[0...9]（[]中的数字要求是零和正整数），其中的字符和数字可根据情况修改，但要求总线网络名的字符部分与总线入口网络名的字符一致。

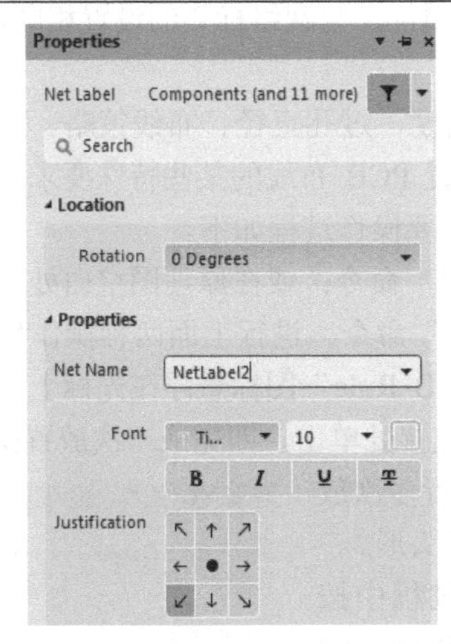

图 1-64　“属性”面板中“Net Label”选项

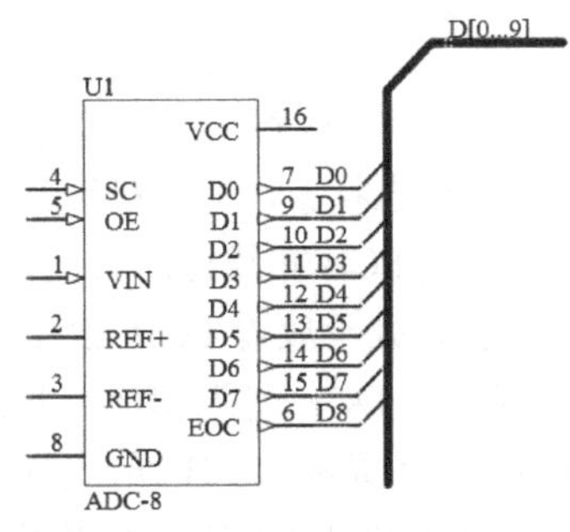

图 1-65　包括总线、总线入口和网络标签的电路原理图

1.5.8　放置端口、PCB 布线标志和 NO ERC 标号

1. 放置端口

有相同网络标签的原理图的输入/输出端口可以实现未实际连接的两个网络的电气连接，是设计层次原理图时需要的符号，放置端口的主要操作过程如下。

1）单击“放置”菜单，选择“端口”命令；或单击“布线”工具栏中图标；或在原理图空白处右击，在弹出的快捷菜单中选择“放置”→“端口”命令。进行这 3 种操作后，都会进入放置端口状态，即光标变为十字形且有端口图标悬浮在光标上方。

2）处于放置状态后，按〈Space〉键改变端口方向。

3）移动光标到与其连接的位置处，当十字形光标变为蓝色米字形时，此时自动捕捉到了电气节点，单击确定端口起点位置。

4）再移动光标至合适位置处单击，即确定端口的终点位置。

5）此时仍处于绘制网络标签状态，还可以继续用同样的方法绘制网络标签，直到完成原理图中所有网络标签。

6）再次单击结束本次绘制操作；在空白处右击或按〈Esc〉键退出放置端口状态，光标变回箭头形。

双击放置完成的端口或在放置端口过程中按〈Tab〉键，都会进入图 1-66 所示的“属性”面板中的“Port”（端口）选

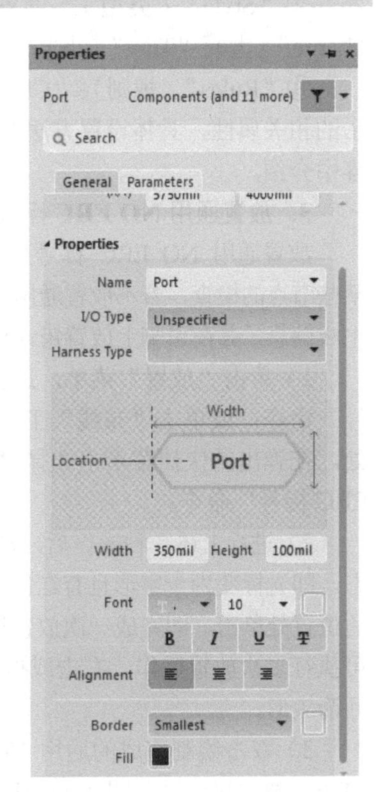

图 1-66　“属性”面板“Port”选项

项，其中参数功能如下。

1）“Name”（名称）。设置端口名称，具有相同名称的端口具有相同的电气连接特性。

2）“I/O Type”（输入/输出端口类型）。设置端口电气特性，包括“Unspecified”（未定义）、“Output”（输出）、“Input”（输入）、“Bidirectional”（双向）这 4 种类型。

3）“Harness Type”（线束类型）。根据具体提示设置线束类型。

还可以设置端口字体格式、边界格式、填充颜色等属性，与网络标签的设置相同。

2. 放置 PCB 布线标志

在原理图设计阶段，需要指定网络中铜膜导线的宽度、过孔直径、布线策略、布线优先权和布线板层等属性。若在绘制原理图过程中已对网络设置 PCB 布线的某些特殊要求，则在新建 PCB 过程中就会自动地在 PCB 中引入这些设计要求，主要操作过程如下。

1）单击“放置”菜单，选择“指示”→“参数设置”命令；或在原理图空白处右击，在弹出的快捷菜单中选择“放置”→“指示”→“参数设置”命令。进行上面两种操作后，都会进入放置 PCB 布线标志状态，即光标变为十字形且有“PCB Rule”图标悬浮在光标上方。此时可按〈Space〉键改变 PCB 布线标志方向，在原理图合适位置处单击，即完成一次放置操作。

2）此时光标仍处于放置 PCB 布线标志状态，可执行多次放置操作。右击或按〈Esc〉键退出放置状态，光标变回箭头形。

3）双击绘制完成的 PCB 布线标志或在其放置过程中按〈Tab〉键，都会进入图 1-67 所示的“属性”面板中的“Parameter Set”（参数设置）选项，在此设置其属性。

①“Label”（名称）。设置 PCB 布线标志的名称。

②“Style”（类型）。设置 PCB 布线标志的类型，包括“Large”（大）、“Tiny”（小）。

③“Rules”（规则）、“Classes”（级别）。设置 PCB 布线指示的相关属性，具体设置方法在后续 4.3.8 节的 PCB 布线规则内容中介绍。

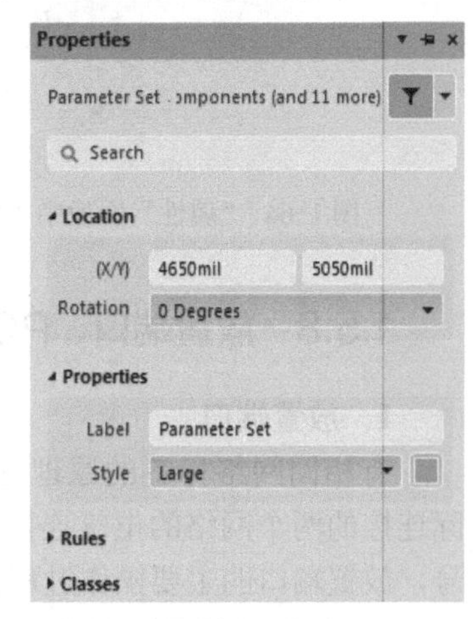

图 1-67 “属性”面板“Parameter Set”选项

3. 放置通用 NO ERC 标号

放置通用 NO ERC 标号是让系统进行电气规则检查时忽略对某些节点的检查，若不放置通用 NO ERC 标号，则系统在编译时会生成信息，并在引脚上放置错误标记，主要操作过程如下。

1）单击“放置”菜单，选择“指示”→“通用 NO ERC 标号”命令；或单击“布线”工具栏中图标；或右击原理图空白处，在弹出的快捷菜单中选择“放置”→“指示”→“通用 NO ERC 标号”命令。

2）进行上述 3 种操作后，都会进入放置通用 NO ERC 标号状态，即光标变为十字形且有红色十字悬浮在光标上方，在原理图合适位置处单击，即完成一次放置操作。此时光标仍处于放置状态，可执行多次放置操作。右击或按〈Esc〉键退出放置状态，光标变回箭头形。

3）双击绘制完成的通用 NO ERC 标号或在其绘制过程中按〈Tab〉键，都会进入图 1-68 所示的“属性”面板中“NO ERC”

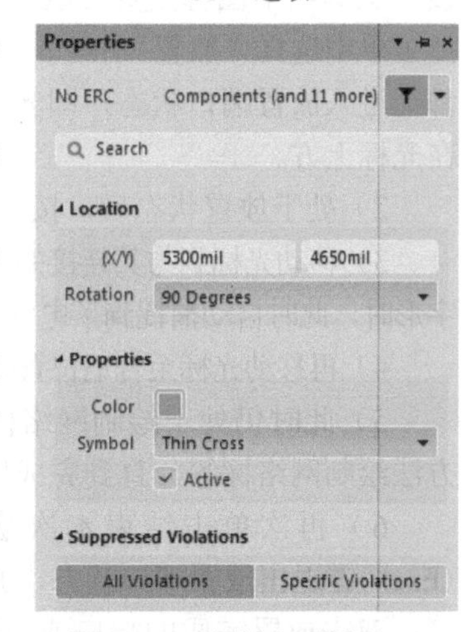

图 1-68 “属性”面板“NO ERC”选项

（忽略 ERC）选项，在此设置其颜色与位置等属性。

1.5.9　绘制图像

电路原理图中，除了电路元件和常用对象之外，还需要添加一些说明性的文字或图像对原理图进行辅助说明。原理图的绘图工具栏提供了常用形状的绘制图标和标注，这些图形对象不具备电气特性，所以不会对原理图中其他具有电气特性的对象产生影响，也不会附加在网络表数据中。

单击“放置”菜单，选择“绘图工具”命令；右击原理图空白处，在弹出的快捷菜单中选择“放置”→“绘图工具”命令，都会出现如图 1-69 所示“绘图”工具命令。单击“应用工具”工具栏中按钮，出现如图 1-70 所示的应用工具下拉列表。利用图 1-69 和图 1-70 中的命令都可以实现绘制图形功能。

1. 绘制直线

在原理图中绘制直线并设置其属性的操作过程如下。

1）单击“放置”菜单，选择“绘图工具”→“线”命令，或单击“应用工具”工具栏中按钮的下拉列表中的按钮；在原理图空白处右击，在弹出的快捷菜单中选择“放置”→“绘图工具”→“线”命令，此时光标变为十字形。

2）在原理图中相应位置单击确定直线起点，每单击一次确定一个直线的拐点，在此过程中可随时按〈Space〉键来切换直线拐角模式（90°、45°、任意角度）。

3）绘制直线完成后，右击或按〈Esc〉键一次，仍处于画线状态。再右击或按〈Esc〉键一次则退出画线状态，光标变回箭头形。

4）设置直线属性：双击绘制完成的直线或在其绘制过程中按〈Tab〉键，会进入如图 1-71 所示的“属性”面板中“Polyline”（线）选项，具体属性内容如下。

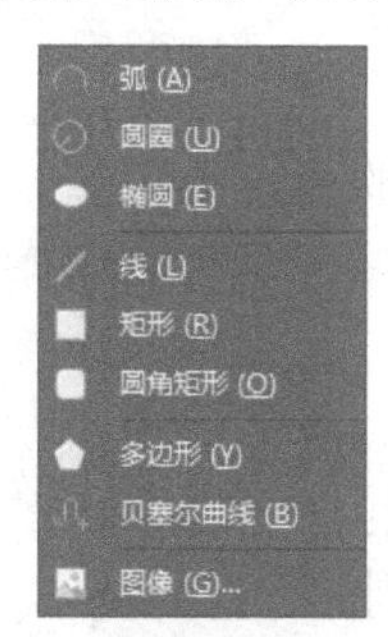

图 1-69　“绘图”工具命令

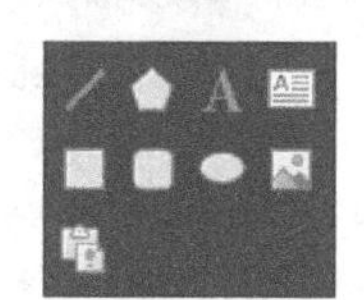

图 1-70　应用工具下拉列表

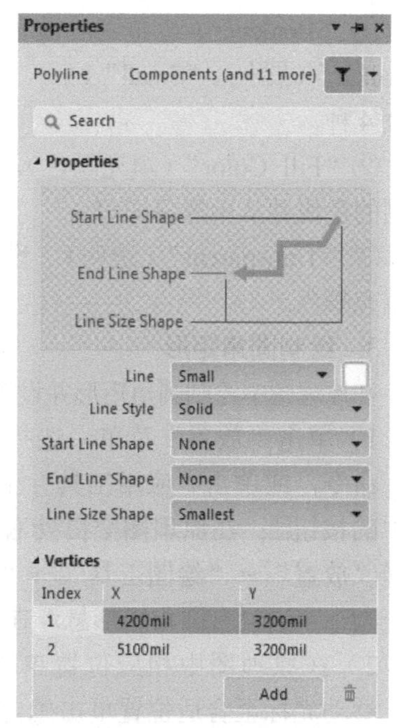

图 1-71　“属性”面板“Polyline”选项

①“Line”（线宽）。设置线宽，包括“Smallest”（最小）、“Small”（小）、“Medium”（中等）、“Large”（大）四种线宽。

②“Line Style”（线型）。设置线型，包括“Solid”（实线）、“Dashed”（虚线）、“Dotted”

（点线）三种线型。

③“Start Line Shape”（线起点外形）。设置直线起始端的形状，包括“None”（无）、“Arrow”（箭头）、“Solid Arrow”（实心箭头）、“Tail”（箭尾）、“Solid Tail”（实心箭尾）、“Circle”（圆）、“Square”（正方形）7 种。

④“End Line Shape”（线终点外形）。设置直线终止端的形状，包括内容同 Start Line Shape。

⑤“Line Size Shape”（线尺寸外形）。设置直线起点与终点外形的尺寸包括“Smallest”（最小）、“Small”（小）、“Medium”（中等）、“Large”（大）。

2．绘制矩形

在原理图中绘制矩形并设置其属性的操作过程如下。

1）单击“放置”菜单，选择“绘图工具”→“矩形”命令，或单击“应用工具”工具栏中图标 的下拉列表中的按钮 ；在原理图空白处右击，在弹出的快捷菜单中选择“放置”→“绘图工具”→“矩形”命令，此时光标变为十字形且有矩形悬浮在上方。

2）在原理图中相应位置单击确定矩形的一个顶点，移动光标至合适位置单击确定矩形另一个顶点，绘制完成一个矩形。

3）此时光标仍处于绘制矩形状态，右击或按〈Esc〉键一次则退出绘制状态，光标变回箭头形。

4）设置矩形属性：双击绘制完成的矩形或在其绘制过程中按〈Tab〉键，都会进入如图 1-72 所示的“属性”面板中“Rectangle”（矩形）选项，从中可以设置矩形的宽与高、颜色、位置等属性，主要属性内容如下。

①“Border”（边框）。设置矩形边框的属性，包括“Smallest”（最小）、“Small”（小）、“Medium”（中等）、“Large”（大）4 种。

②“Fill Color”（填充颜色）。设置矩形内部颜色，双击右侧的色块并从中选择即可。

③“Transparent”（透明）。设置矩形为透明色，即内部无填充颜色。

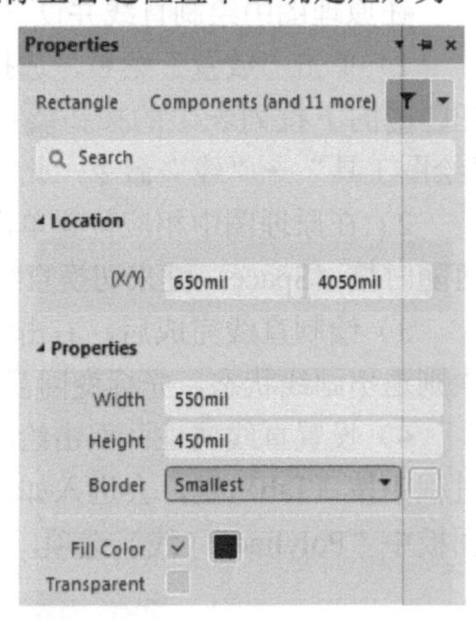

图 1-72 “属性”面板“Rectangle”选项

3．绘制圆角矩形

在原理图中绘制圆角矩形并设置其属性的操作过程如下。

1）单击“放置”菜单，选择“绘图工具”→“圆角矩形”命令，或单击“应用工具”工具栏中按钮 的下拉列表中的按钮 ；在原理图空白处右击，在弹出的快捷菜单中选择“放置”→“绘图工具”→“圆角矩形”命令，此时光标变为十字形且有圆角矩形悬浮在上方。

2）在原理图中相应位置单击确定圆角矩形的一个顶点，移动光标至合适位置单击确定圆矩形的另一个顶点，完成绘制一个圆角矩形。

3）此时光标仍处于绘制圆角矩形状态，右击或按〈Esc〉键一次则退出绘制状态，光标变回箭头。

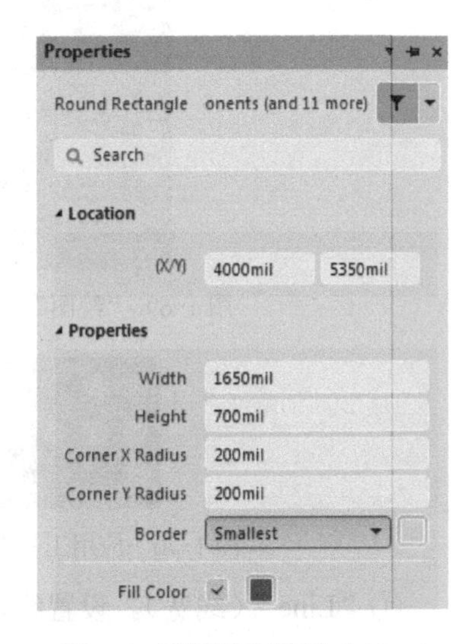

图 1-73 “属性”面板“Round Rectangle”选项

4）设置圆角矩形属性：双击绘制完成的圆角矩形或在

其绘制过程中按〈Tab〉键，会进入如图 1-73 所示的“属性”面板中“Round Rectangle”（圆角矩形）选项，从中可以设置圆角矩形的宽与高、颜色、位置等。主要属性内容如下，其他设置与矩形的设置方法相同。

①“Corner X Radius”（圆角水平半径）。设置圆角矩形的圆角水平方向半径。

②“Corner Y Radius”（圆角垂直半径）。设置圆角矩形的圆角垂直方向半径。

4．绘制椭圆

在原理图中绘制椭圆并设置其属性的操作过程如下。

1）单击“放置”菜单，选择“绘图工具”→“椭圆”命令，或单击“应用工具”工具栏中按钮的下拉列表中的按钮；在原理图空白处右击，在弹出的快捷菜单中选择“放置”→“绘图工具”→“椭圆”命令，此时光标变为十字形且有椭圆形悬浮在上方。

2）在原理图相应位置单击一次确定椭圆中心点，再次单击并移动光标至合适位置确定椭圆水平方向顶点，移动光标至合适位置第三次单击确定椭圆垂直方向顶点，完成绘制一个椭圆。

3）此时光标仍处于绘制椭圆状态，右击或按〈Esc〉键一次则退出绘制状态，光标变回箭头形。

4）设置椭圆属性：双击绘制完成的椭圆或在其绘制过程中按〈Tab〉键，会进入如图 1-74 所示的“属性”面板中“Ellipse”（椭圆）选项，从中可以设置椭圆的水平方向半径与垂直方向半径、颜色、位置等属性。

5．绘制多边形

在原理图中绘制多边形并设置其属性的操作过程如下。

1）单击“放置”菜单，选择“绘图工具”→“多边形”命令；单击“应用工具”工具栏中按钮的下拉列表中的按钮；在原理图空白处右击，在弹出的快捷菜单中选择“放置”→“绘图工具”→“多边形”命令，此时光标变为十字形。

2）在原理图中相应位置单击确定多边形的一个顶点，移动光标至合适位置单击确定多形其余顶点。确定多边形各个顶点后，右击结束绘制当前多边形。

3）此时光标仍处于绘制多边形状态，右击或按〈Esc〉键一次则退出绘制状态，光标变回箭头形。

4）设置多边形属性：双击绘制完成的多边形或在其绘制过程中按〈Tab〉键，会进入如图 1-75 所示的“属性”面板中“Region”选项，从中可以设置多边形的填充颜色、边框线型、位置等属性。其中“Vertices”（顶点）用来设置多边形各个顶点的坐标值。其他属性设置方法与矩形属性设置方法相同。

6．绘制弧

在原理图中绘制弧并设置其属性的操作过程如下。

1）单击“放置”菜单，选择“绘图工具”→“弧”命令；在原理图空白处右击，在弹出的快捷菜单中选择“放置”→“绘图工具”→“弧”命令，光标变为十字形且有弧形悬浮在上方。

2）在原理图中相应位置第一次单击确定弧的中心点，移动光标至合适位置第二次单击确定弧的半径，移动光标至合适位置第三次单击确定弧的起点，移动光标至合适位置第四次单击确定弧的终点，结束绘制当前弧。

3）此时光标仍处于绘制弧的状态，右击或按〈Esc〉键一次则退出绘制状态，光标变回箭头形。

4）设置弧属性：双击绘制完成的弧或在其绘制过程中按〈Tab〉键，会进入如图 1-76 所示的“属性”面板中“Arc”（弧）选项，从中可以设置弧的位置、线宽、半径等属性。主要属性内容如下。

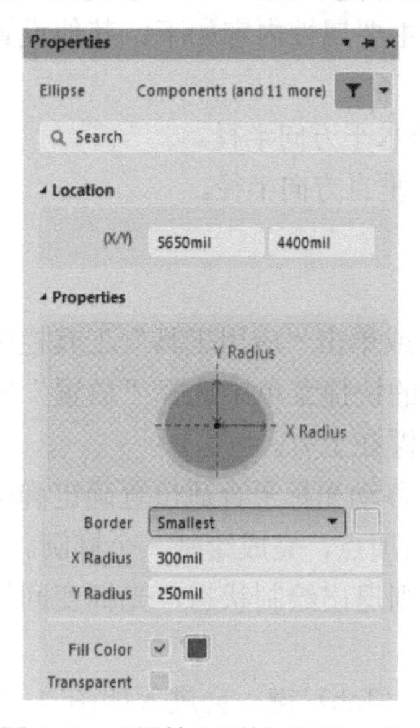

图 1-74 “属性”面板“Ellipse”选项

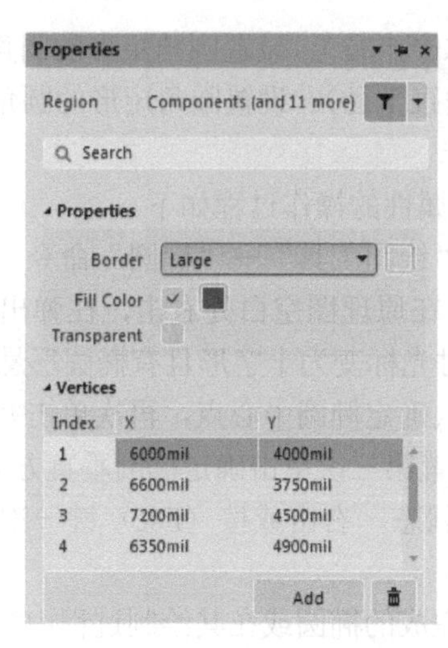

图 1-75 “属性”面板“Region”选项

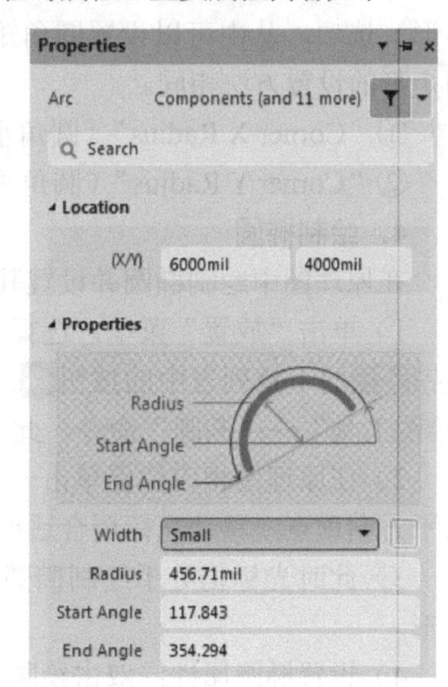

图 1-76 “属性”面板“Arc”选项

① “Start Angle”（起始角度）。设置弧的起始角度。

② “End Angle”（终止角度）。设置弧的终止角度。

7. 绘制圆圈

在原理图中绘制圆圈并设置其属性的操作过程如下。

1）单击“放置”菜单，选择“绘图工具”→“圆圈”命令；在原理图空白处右击，在弹出的快捷菜单中选择“放置”→“绘图工具”→“圆圈”命令，此时光标变为十字形且有圆圈悬浮在上方。

2）在原理图中相应位置第一次单击确定圆圈的中心点，移动光标至合适位置第二次单击确定圆圈的半径，结束绘制当前圆圈。

3）此时光标仍处于绘制圆圈的状态，右击或按〈Esc〉键一次则退出绘制状态，光标变回箭头形。

4）设置圆圈属性：双击绘制完成的圆圈或在其绘制过程中按〈Tab〉键，也会进入如图 1-76 所示的属性面板中“Arc”（圆圈）选项，从中可以设置圆圈的位置、线宽、半径等属性。

8. 绘制贝塞尔曲线

贝塞尔曲线是实现多点绘制多种类型曲线的命令，曲线的顶点最少为 4 个，最多为 50 个。在原理图中绘制贝塞尔曲线并设置其属性的操作过程如下。

1）单击“放置”菜单，选择“绘图工具”→“贝塞尔曲线”命令；在原理图空白处右击，在弹出的快捷菜单中选择“放置”→“绘图工具”→“贝塞尔曲线”命令，此时光标变为十字形。

2）在原理图中相应位置 4 次单击确定曲线的 4 个顶点，此时光标脱离已绘制的曲线。接着，若再单击则会在已绘制的曲线上继续绘制曲线；如果右击则退出当前曲线绘制。

3）此时光标仍处于绘制曲线状态，右击或按〈Esc〉键一次则退出绘制状态，光标变回箭头形。

4）选中绘制完成的曲线，在顶点处出现绿色方块标志，可拖动顶点改变曲线形状。

5）设置贝塞尔曲线属性：双击绘制完成的贝塞尔曲线或在其绘制过程中按〈Tab〉键，会进入图 1-77 所示的“属性”面板中“Bezier”（贝塞尔曲线）选项，从中可以设置贝塞尔曲线的线宽、颜色等属性。

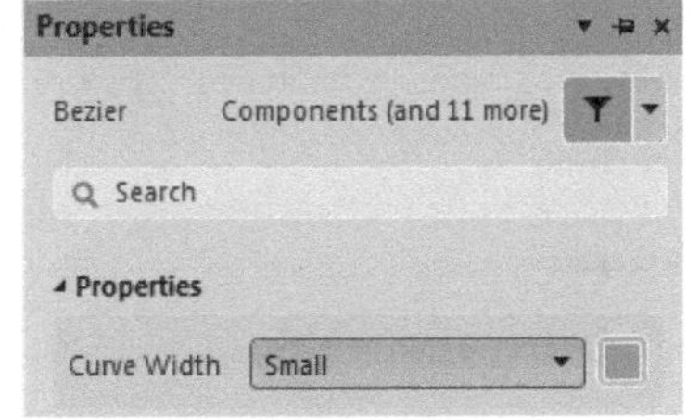

图 1-77 “属性”面板“Bezier”选项

9. 放置图像

在原理图中放置图像并设置其属性的操作过程如下。

1）单击“放置”菜单，选择“绘图工具”→“图像”命令；在原理图空白处右击，在弹出的快捷菜单中选择“放置”→“绘图工具”→“图像”命令；单击“应用工具”工具栏中按钮的下拉列表中的按钮，此时光标变为十字形且有虚框悬浮在上方。

2）在原理图中相应位置第一次单击确定图像一个顶点，移动光标至合适位置处第二次单击，会弹出“打开”对话框，从中选择图像文件后单击“打开”按钮；移动光标至空白处单击，当前图像绘制完成。

3）此时光标仍处于放置图像的状态，右击或按〈Esc〉键一次则退出放置状态，光标变回箭头形。

4）设置图像属性：双击放置完成的图像或在其放置过程中按〈Tab〉键，会进入如图 1-78 所示的“属性”面板中“Image”（图像）选项。可在此设置当前图像的位置、高度、宽度、边框线型等属性，其设置方法与设置矩形属性方法相同。

10. 放置文本字符串

在原理图中放置文本字符串并设置其属性的操作过程如下。

1）单击“放置”菜单，选择“绘图工具”→“文本字符串”命令；在原理图空白处右击，在弹出的快捷菜单中选择“放置”→“绘图工具”→“文本字符串”命令；单击“应用工具”工具栏中按钮的下拉列表中的按钮，此时光标变为十字形且有文字悬浮在上方。

2）在原理图中相应位置单击确定文本字符串位置。

3）此时光标仍处于放置文本字符串状态，右击或按〈Esc〉键会退出放置状态，光标变回箭头形。

4）设置文本字符串属性：双击绘制完成的文本字符串或在其放置过程中按〈Tab〉键，会进入图 1-79 所示的“属性”面板中“Text”（文字）选项。从中可设置文本字符串的值、位置、字体格式等属性，其中“Text”（文字）用来设置文本字符串的值。

11. 放置文本框

在原理图中放置文本框并设置其属性的操作过程如下。

1）单击“放置”菜单，选择“绘图工具”→“文本框”命令；在原理图空白处右击，在弹出的快捷菜单中选择“放置”→“绘图工具”→“文本框”命令；单击“应用工具”工具栏中按钮的下拉列表中的按钮，此时光标变为十字形且有文本框悬浮在上方。

2）在原理图中相应位置单击确定文本框位置。

3）此时光标仍处于放置文本框的状态，右击或按〈Esc〉键一次退出放置状态，光标变回箭头形。

4）设置文本框属性：双击放置完成的文本框或在其放置过程中按〈Tab〉键，都会进入如图 1-80 所示的“属性”面板中“Text Frame”（文本框）选项。从中可设置文本框的值、位置、字体格式、填充颜色、边框线型与颜色等属性。其中 Text Margin（文本边距）用来设置文本框边界与文字的间距。

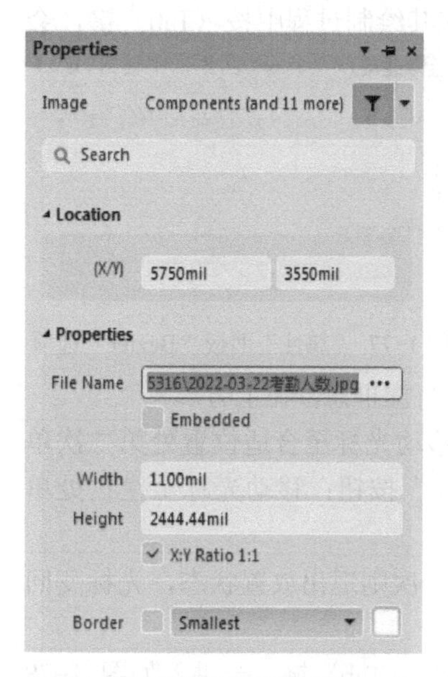

图 1-78 “属性”面板“Image”选项

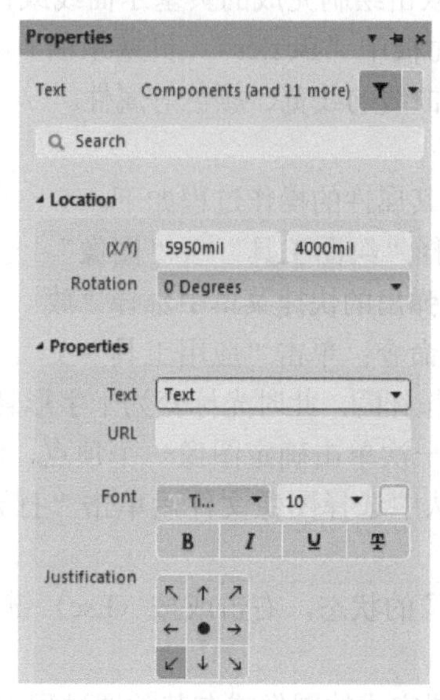

图 1-79 “属性”面板“Text”选项

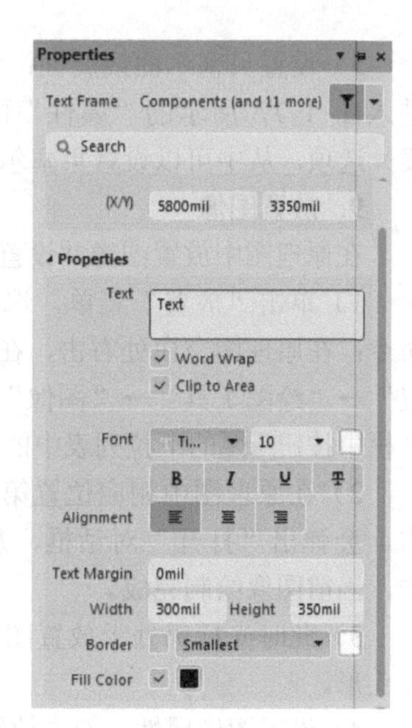

图 1-80 “属性”面板“Text Frame”选项

1.5.10 修改元件标识符

在编辑原理图过程中会根据实际情况修改原理图中元件标识符，如果单独修改每个元件的标识符，操作效率较低。系统提供了自动标注元件标识符的功能，可以一次实现原理图中所有满足条件的对象标识符的重新标注。

1. 设置原理图标注

单击“工具”菜单，选择“标注”→“原理图标注”命令，会弹出图 1-81 所示的“标注”对话框。其中包括两个选项区：“原理图标注配置”选项区和“建议更改列表”选项区，主要功能如下。

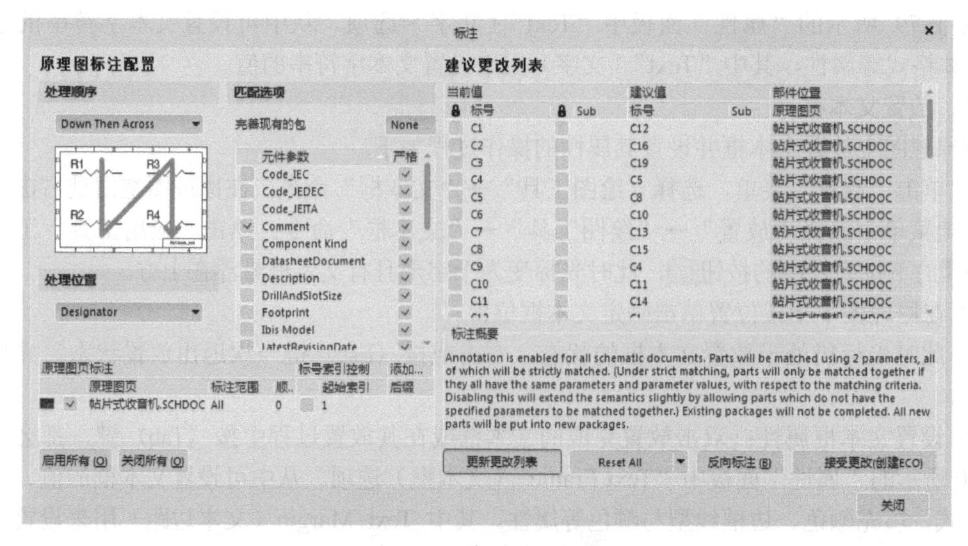

图 1-81 “标注”对话框

（1）“原理图标注配置”选项区

用于设置原理图标注的规则。

1）“处理顺序”选项：单击其下侧下拉框的按钮，有 4 种处理顺序：“Across Then Down”（先左右后向下）、“Across Then Up”（先左右后向上）、“Down Then Across”（先向下后左右）、“Up Then Across”（先向上后左右）。选择不同处理顺序时，其下方会显示对应顺序图形指示。

2）“处理位置”选项：单击其下侧下拉框的按钮，显示列表框中内容：“Designator”（标识符）、“Part”（子件）。表示按标识或子件进行排序。

3）“匹配选项”选项：在下拉列表中列出元件各种参数名称，可根据需要选中这些参数名称前的复选框。

（2）“建议更改列表”选项区

“当前值”选项下的列表显示当前的元件标识符，该列表显示重新编号后的元件标识符。

2. 标注原理图

在原理图中标注原理图的主要操作过程如下。

1）完成原理图标注配置后，单击右下角的“Reset All”（全部重设）按钮（见图 1-81），会弹出如图 1-82 所示的“Information”（信息）对话框，提示用户元件标识符发生的变化。单击按钮OK，原来元件标识符中数字部分会消失而用“？”代替。

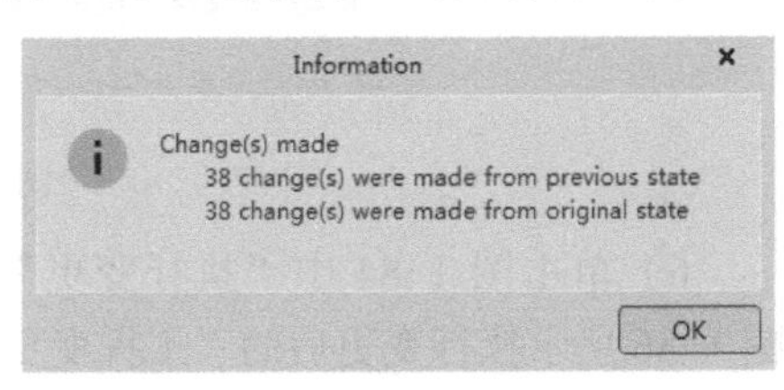

图 1-82 “Information”对话框

2）单击图 1-81 中下方的“更新更改列表”按钮，也会出现“Information”（信息）对话框，提示用户元件标识符的变化，单击按钮OK，使元件标识符的变化显示在上方的列表中。

3）若这种元件标识符的变化满足要求，则单击“接受更改（创建 ECO）”按钮，弹出如图 1-83 所示的“工程变更指令”对话框。

4）单击图 1-83 中的“验证变更”按钮，验证元件标识符变更的正确性，验证后弹出如图 1-84 所示的验证变更后的“工程变更指令”对话框。可以执行的元件标识符变更，会在其右侧出现图标，如图 1-84 所示。

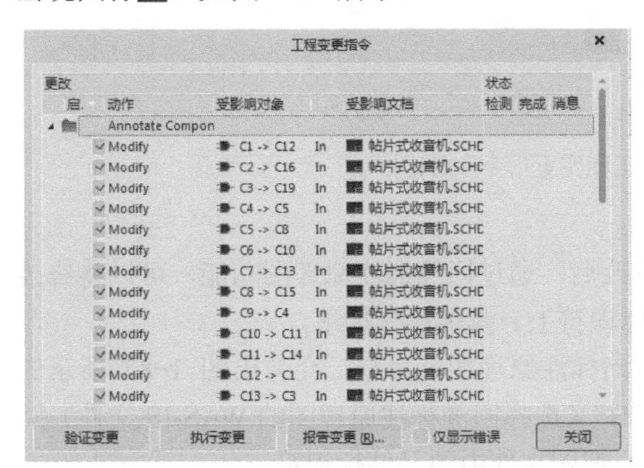

图 1-83 “工程变更指令”对话框

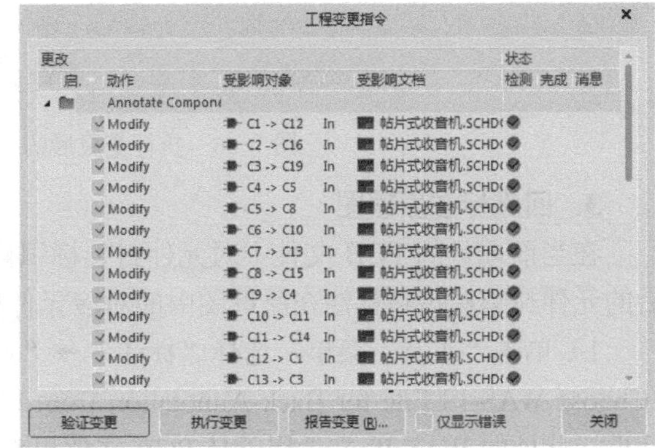

图 1-84 验证变更后的“工程变更指令”对话框

5）单击图 1-84 中的“报告变更”按钮，弹出如图 1-85 所示“报告预览”对话框，可以将修改后的元件标识符报表输出。单击“导出”按钮，可以 Excel 格式保存当前报表文件。单击“打印”按钮，可以打印输出此报表文档。单击“关闭”按钮，可关闭此报表预览对话框。

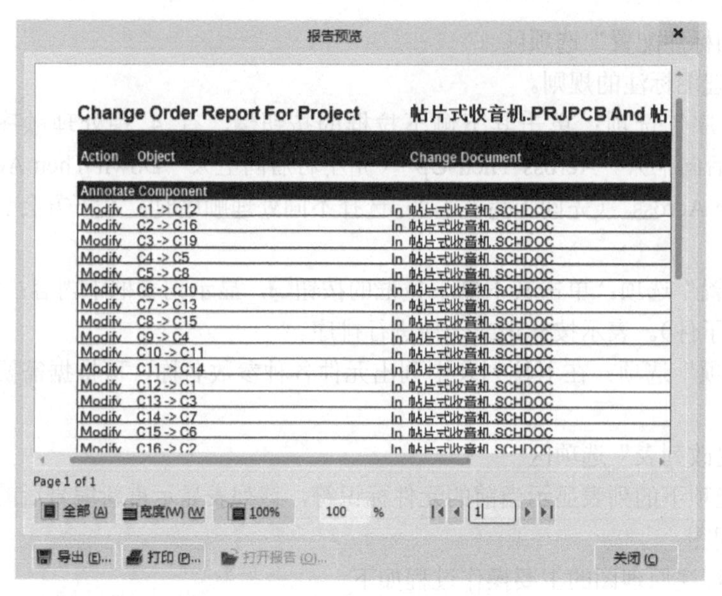

图 1-85 “报告预览”对话框

6）单击图 1-84 中“执行变更”按钮，执行对原理图元件标识符的重新标注，会弹出如图 1-86 所示执行变更后的“工程变更指令”对话框。

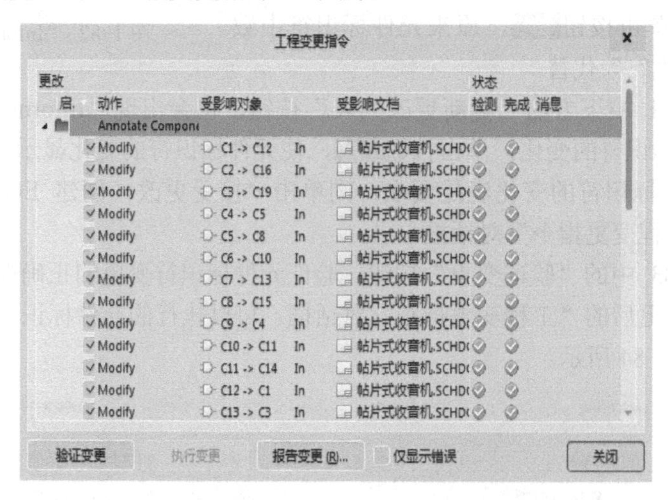

图 1-86 执行变更后的“工程变更指令”对话框

3. 回溯标注原理图

在当前项目的 PCB 文件中对元件封装标识修改后，通过回溯标注原理图功能，可以将修改后的元件封装标识符标注在原理图中的对应元件标识符上。具体操作如下。

1）单击“工具”菜单，选择“标注”→“反向标注原理图”命令，会弹出图 1-87 所示的“Choose WAS-IS File for Back-Annotation from PCB”（选择回溯标注原理图的 WAS-IS 文件）对话框，此处的 WAS-IS 文件用于从 PCB 文件更新原理图文件中的元件标识符。

2）WAS-IS 文件是在 PCB 文件中执行“重新标注”命令后生成的文件。选择此文件后，会弹出一个消息框，显示将被重新标注标识符的元件。单击“OK”按钮，弹出如图 1-88 所示的“标注”对话框，在此预览被重新标注的元件标识符，若要执行这个回溯操作，则单击“接受更改（创建 ECO）”按钮，完成回溯标注原理图操作。

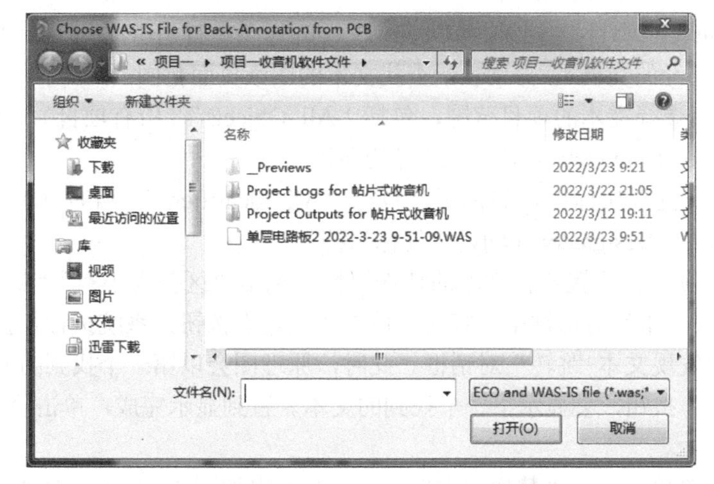

图 1-87 “Choose WAS-IS File for Back-Annotation from PCB”对话框

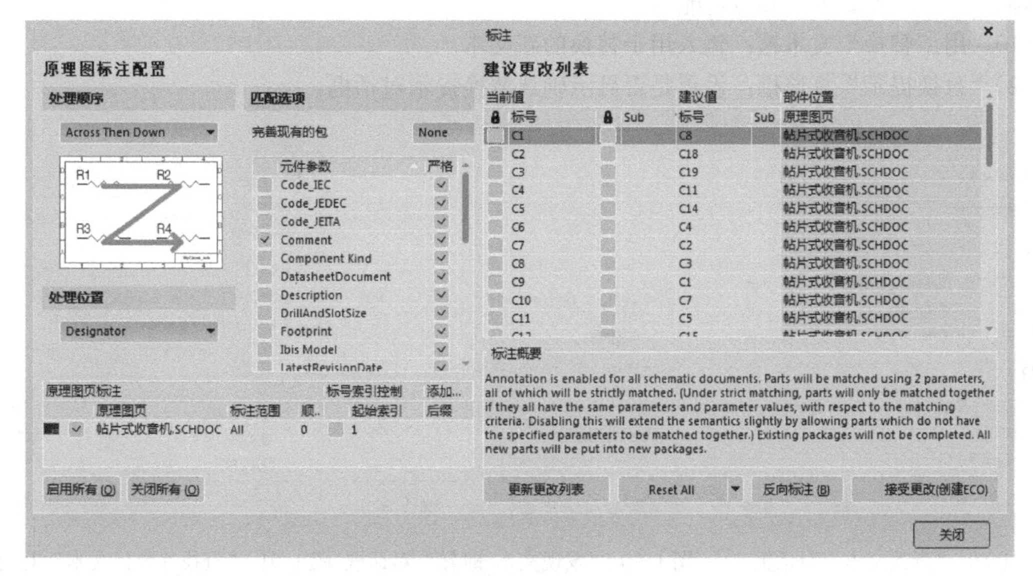

图 1-88 “标注”对话框

1.5.11　查找与替换对象

在编辑原理图文件时，需要成批地查找与替换相应文本的操作。“编辑”菜单除了具有对象复制粘贴、对象移动跳转等功能外，还包括查找与替换对象的功能。

1. 查找与替换文本

查找与替换文本操作及其属性设置方法如下。

（1）查找文本

单击“编辑”菜单，选择“查找文本”命令，会弹出如图 1-89 所示的“查找文本”对话框，具体功能如下。

1）“要查找的文本”选项组：在“查找的文本”文本框中输入需要查找的文本。

2）“Scope”（范围）选项组：设置查找当前文本的范围，选项功能如下。

① 图纸页面范围。其右侧下拉列表框中包括 4 个内容：“Current Document”（当前文档）、

“Project Document”（项目文档）、“Open Document”（打开的文档）、“Project Physical Document”（选定路径的文档），分别表示查找文本的图纸页面范围。

② 选择。设置选择文本的项目范围，包括“All Objects”（所有项目）、“Selected Objects”（选择的项目）、“Deselected Objects”（未选择的项目）。

③ 标识符。设置查找标识符的范围，包括“All Identifiers”（所有 ID）、“Net Identifiers Only”（仅网络 ID）、“Designators Only”（仅标识符）。

3）“选项”选项组：设置查找文本的特殊属性，包括“区分大小写”“整词匹配”“跳至结果”。设置好“查找文本”对话框中内容后，单击“确定”按钮，系统执行查找操作后会弹出如图 1-90 所示的“发现文本-跳转”对话框。此时，原理图会以第一个找到的文本为中心进行显示，单击“下一步”按钮，会显示下一个找到的文本。直到显示完成，单击“关闭”按钮。

（2）替换文本

单击“编辑”菜单，选择“替换文本”命令，会弹出如图 1-91 所示的“查找并替换文本”对话框。主要功能如下，其他功能同上。

1）“用…替换”文本框：输入用于替换的新文本。

2）“替换提示”复选框：设置是否显示确认替换提示对话框。

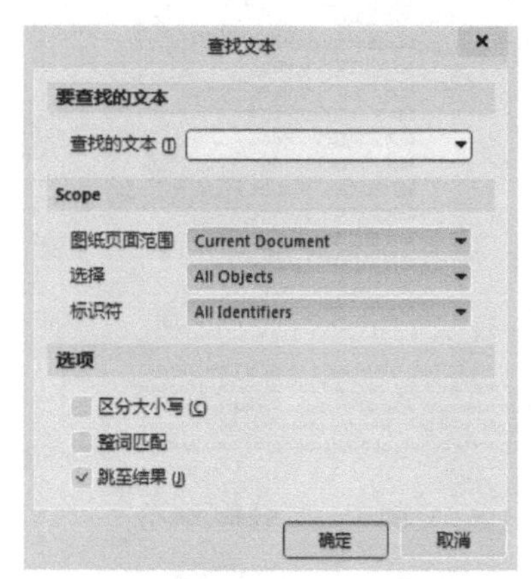

图 1-89 “查找文本”对话框

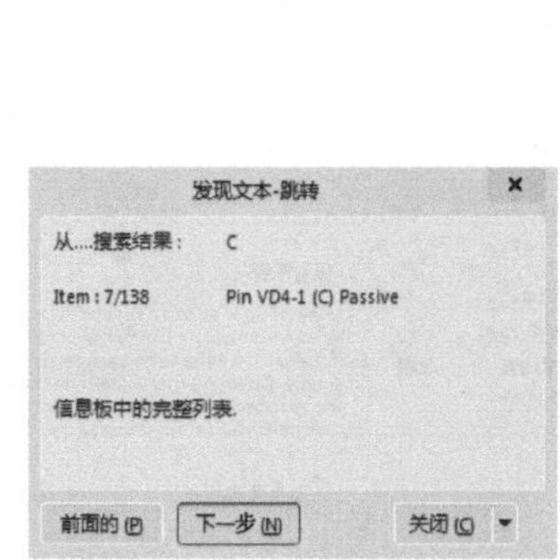

图 1-90 “发现文本-跳转”对话框

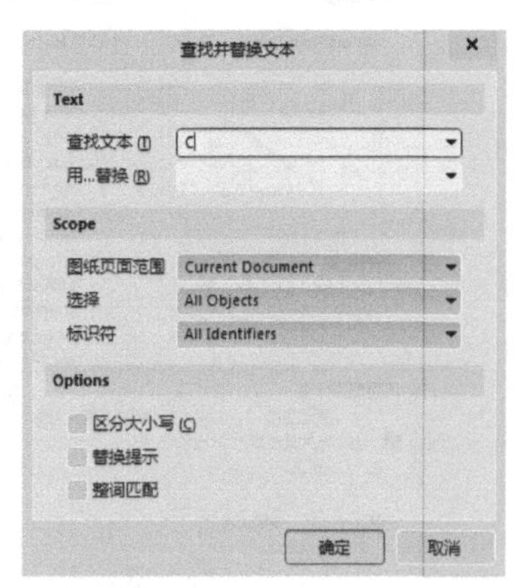

图 1-91 “查找并替换文本”对话框

2. 查找相似对象

在原理图中查找相似对象的主要操作方法如下。

1）单击“编辑”菜单，选择“查找相似对象”命令；或右击对象，在弹出的快捷菜单中选择“查找相似对象”命令，或在符合查找要求的某个对象上单击，会弹出图 1-92 所示的“查找相似对象”对话框。此对话框中显示对象的一系列属性，可以通过设置各项属性来寻找匹配程度的搜索结果。主要选项功能如下。

①“Kind”（种类）选项组。显示对象类型。

②“Design”（设计）选项组。显示对象所在的文档。

③“Graphical”（图形）选项组。显示对象图形属性，包括 Orientation（方向）、Mirrored（镜像）、Show Hidden Pins（显示隐藏引脚）、Show Designator（显示标号）。

④“Object Specific”（对象特性）选项组。选中对应复选框即可筛选对象特性，包括“Lock Part ID”（锁定元件 ID）、“Pins Locked”（引脚锁定）、“Library”（元件库）、“Symbol Reference”（符号参考）、“Component Designator”（组成标号）、“Current Part”（当前元件）、

“Comment”（元件注释）、“Current Footprint”（当前封装）、“Current Type”（当前类型）、“Database Table Name”（数据库表名称）、“Use Library Name”（所用元件库名称）、“Use Database Table Name”（所用数据库表名称）、“Design Item ID”（设计 ID 项目）。

⑤ 上述选项组右侧的属性下拉列表框。选择搜索时对象和被选择对象在该项属性上的匹配程度，包含以 3 个选项：“Same”（相同）、“Different”（不同）、“Any”（忽略）。

2）单击“应用”按钮，将屏蔽所有不符合搜索条件的对象，并跳转到最近一个符合要求的对象上。此时可以逐个查看这些相似的对象。

3. 过滤相似对象

在设计原理图文件或 PCB 文件时，经常需要查找并编辑一些满足相同属性的对象，可以通过过滤类似对象操作来实现。满足过滤条件的对象会呈半透明状态且可以被编辑，而未被过滤的对象同时变为不可操作状态。可用以下 3 个操作面板实现过滤类似对象功能，单击“视图”菜单，选择“面板”命令，或单击主窗口右下角的按钮 Panels，从弹出的命令中选择相应的面板即可调出所选面板。

1）“Navigator”（导航）面板：如图 1-93 所示，用以快速浏览原理图中元件、网络、违反设计规则的内容。双击“Net/Bus”（网络/总线）下拉列表框中任一网络名，就会在网络名下出现此网络中的元件引脚名，同时原理图会自动以此网络中元件为中心进行放大显示。

2）“SCH Filter”（SCH 过滤）面板：如图 1-94 所示，根据设置的过滤器内容，可显示原理图中元件、网络及违反设计规则的内容。主要选项功能如下。

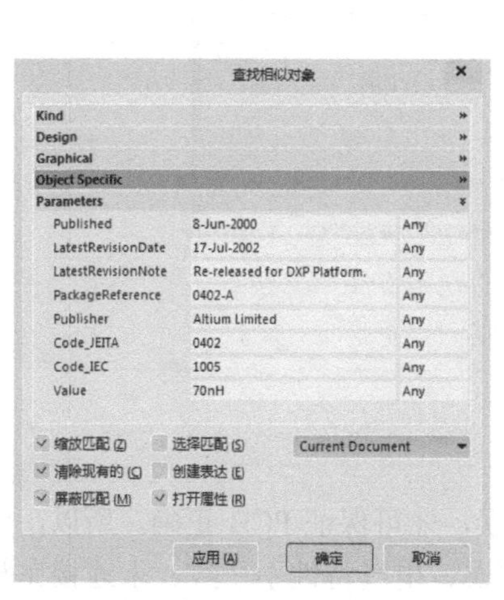

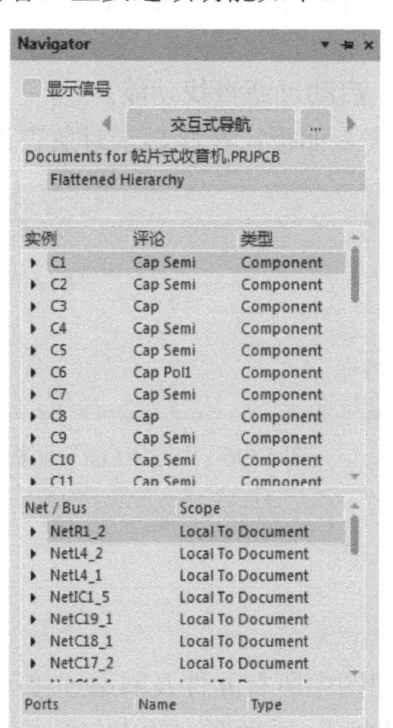

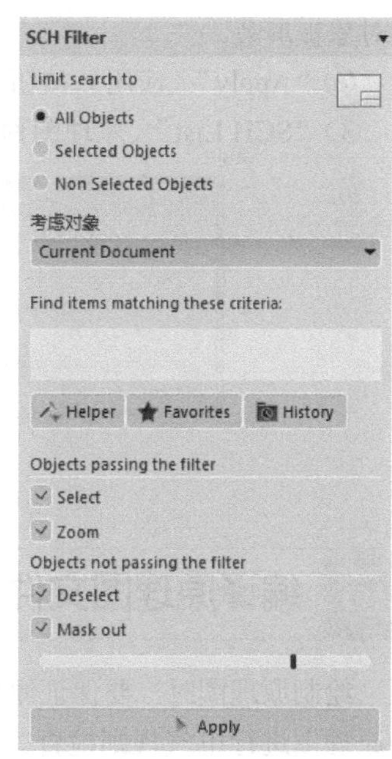

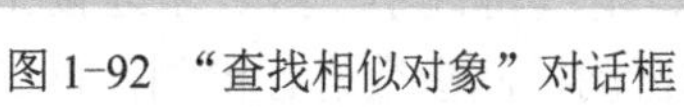
图 1-92 “查找相似对象”对话框

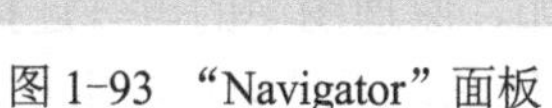
图 1-93 “Navigator”面板

图 1-94 “SCH Filter”面板

①“考虑对象”下拉列表框。设置查找范围，包括“Current Document”（当前文档）、“Open Document”（打开的文档）、“Open Document of the Same Project”（同一项目中打开的文档）。

②“Find items matching these criteria”（查找符合条件的内容）文本框。用以输入过滤器语句。

③“Helper”（帮助）按钮。单击此按钮会弹出如图 1-95 所示的“Query Helper”（疑问帮助）对话框，用于帮助输入过滤器的逻辑语句。

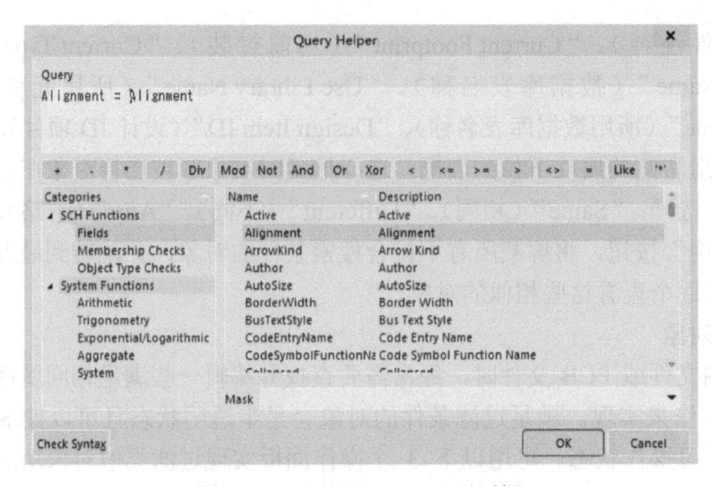

图 1-95 “Query Helper”对话框

④“Favorites”（收藏）按钮。显示已收藏的过滤条件。

⑤“History”（历史）按钮。显示并加载已设置的过滤条件。

⑥“Objects passing the filter”（符合过滤器的对象）选项组。主要功能为：Select（选中），即符合过滤器的对象处于选中状态；Zoom（缩放），即符合过滤器的对象进行缩放显示。

⑦“Objects not passing the filter”（不符合过滤器的对象）选项组。主要功能为：“Deselect”（取消选中），即不符合过滤器的对象处于取消选中状态；“Mask out”（屏蔽），即不符合过滤器的对象被屏蔽。

⑧“Apply”（应用）按钮。启动过滤查找功能。

3）“SCH List”（原理图列表）面板：在此显示对象查询结果，如图 1-96 所示。

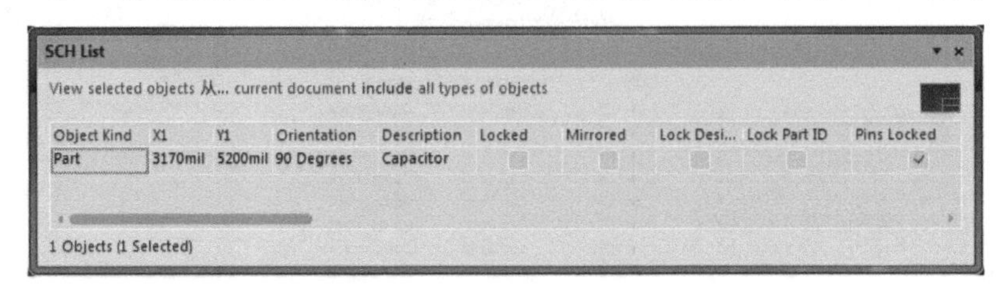

图 1-96 “SCH List”面板

1.6 编译原理图文件

绘制原理图时，要保证原理图中所有元件及网络连接无误，才可保证 PCB 正确。所以，要对原理图进行电气规则检查。例如，原理图中的电气连接错误、电气特性不一致、未连接完整的网络等，都会对 PCB 设计产生影响。系统会按照用户设置的自动检测参数进行检测，再参照检测后的信息对文件进行修改。

1.6.1 设置原理图自动检测

单击“工程”菜单，选择“工程选项”命令，弹出如图 1-97 所示的“Option for PCB Project”（PCB 项目选项）对话框，主要标签的功能如下。

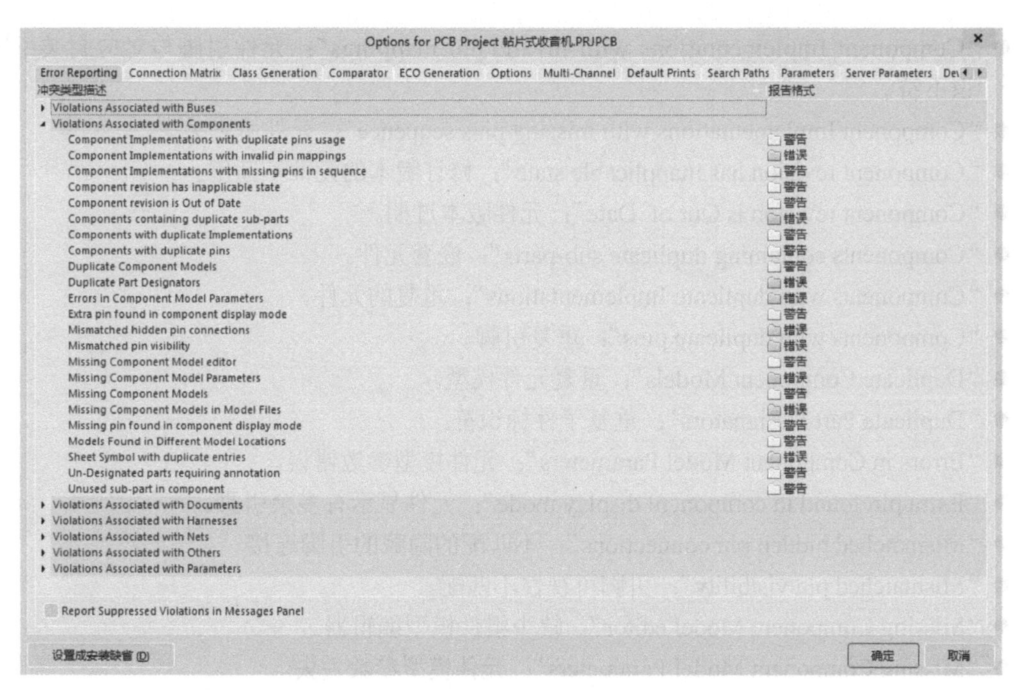

图 1-97 “Option for PCB Project”对话框

1. “Error Reporting”（错误报告）标签

“Error Reporting”（错误报告）标签如图 1-97 所示，其中“报告格式”的设置一般采用系统的默认值，包括“不报告”“警告”“错误”“致命错误”四个选项。也可以根据实际情况忽略一些设计规则的检测。

1）“Violations Associated with Buses”（违反总线错误）选项组：设置原理图元件和总线相关的选项。

- “Bus indices out of range”（超出总线编号索引范围）。总线入口的网络名数字部分不在与其相连的总线网络名数字部分的范围内。
- “Bus range syntax errors”：总线范围语法错误。
- “Illegal bus definitions”：违反总线定义。
- “Illegal bus range values”：违反总线范围值。
- “Mismatched bus label ordering”：总线标签顺序不匹配。
- “Mismatched bus widths”：总线宽度不匹配。
- “Mismatched Bus-Section index ordering”：不匹配的总线段索引顺序。
- “Mismatched Bus/Wire object on Wire/Bus”：导线/总线上的总线/导线对象不匹配。
- “Mismatched electrical types on bus”：总线上错误的电气类型。
- “Mismatched Generics on bus First Index”：总线第一索引上不匹配的泛型。
- “Mismatched Generics on bus Second Index”：总线第二索引上不匹配的泛型。
- “Mixed generic and numeric bus labeling”：混合通用和数字总线标记。

2）“Violations Associated with Components”（违反元件错误检测）选项组：设置原理图元件及其属性的错误检测信息。

- “Component Implementations with duplicate pins usage”：元件引脚被重复使用。

- “Component Implementations with invalid pin mappings”：元件引脚与对应封装引脚标识不符。
- “Component Implementations with missing pins sequence”：元件引脚丢失。
- “Component revision has inapplicable state”：修订版本的元件不适用。
- “Component revision is Out of Date”：元件版本过期。
- “Components containing duplicate sub-parts”：嵌套元件。
- “Components with duplicate Implementations”：重复的元件。
- “Components with duplicate pins”：重复引脚。
- “Duplicate Component Models”：重复元件模型。
- “Duplicate Part Designators”：重复子件标识符。
- “Errors in Component Model Parameters”：元件模型参数错误。
- “Extra pin found in component display mode”：元件显示有多余引脚。
- “Mismatched hidden pin connections”：不匹配的隐藏的引脚连接。
- “Mismatched pin visibility”：引脚可视性不匹配。
- “Missing Component Model editor”：缺少组件模型编辑器。
- “Missing Component Model Parameters”：元件模型参数丢失。
- “Missing Component Model”：缺少元件模型。
- “Missing Component Models in Model Files”：模型文件中缺少零部件模型。
- “Missing pin found in component display mode”：在组件显示模式中发现缺少引脚。
- “Models Found in Different Model Locations”：在不同的模型位置找到的模型。
- “Sheet symbol with duplicate entries”：具有重复条目的图纸符号。
- “Un-Designated parts requiring annotation”：需要注释的未指定零件。
- “Unused sub--part in component”：组件中未使用的子部件。

将未使用的部分引脚设置为不进行任何电气连接属性。

3）“Violations Associated with Documents”（违反与文件相关错误）选项组：与文档有关的错误，包括重复的图纸编号、重复的图纸符号名等。

- “Ambiguous Device Sheet Path Resolution”：设备工作表路径分辨率不明确。
- “Circular Document Dependency”：循环文档相关性。
- “Duplicate sheet numbers”：重复的原理图编号。
- “Duplicate Sheet Symbol Names”：重复的原理图符号名称。
- “Missing child sheet for sheet symbol”：缺少子图原理图符号文件。
- “Multiple Top-Level Documents”：顶层文件过多。
- “Port not linked to parent sheet symbol”：主图符号与子图端口未连接。
- “Sheet Entry not linked to child sheet”：子图与原理图端口未连接。
- “Sheet Name Clash”：工作表名称冲突。
- “Unique Identifiers Errors”：唯一标识符错误。

4）“Violations Associated with Harnesses”（违反与线束相关的错误）选项组。

5）“Violations Associated with Nets”（违反与网络相关的错误）选项组。

- “Adding hidden net to sheet”：添加隐藏网络到表单。
- “Adding Items from hidden net to net”：将隐藏网络中的项目添加网络。

- “Auto-Assigned Ports To Device Pins”：自动分配端口至元件引脚。
- “Bus Object on a Harness”：线束总线对象。
- “Differential Pair Net Connection Polarity Inversed”：差分对网络连接极性反转。
- “Differential Pair Unproperly Connected to Device”：差分对错误地连接到设备。
- “Duplicate Nets”：重复的网络。
- “Floating net labels”：浮动的网络标签。
- “Floating power objects”：浮动的电源符号。
- “Global Power-Object scope changes”：更改全局电源对象。
- “Net Parameters with no Name”：未命名的网络参数。
- “Net Parameters with no Value”：未赋值的网络参数。
- “Nets containing floating input pins”：网络有浮动的输入引脚。
- “Nets containing multiple similar objects”：多个相似的网络对象。
- “Nets with multiple name”：重复的网络名。
- “Nets with No driving source”：无驱动源的网络。
- “Nets with only one pin”：只有单个引脚的网络。
- “Nets with possible connection problems”：可能存在连接问题的网络。
- “Same Nets used in Multiple Differential Pair”：多重差分对中使用的相同网络。
- “Sheets containing duplicate ports”：包含重复端口的工作表。
- “Signals with multiple drivers”：具有多个驱动器的信号。
- “Signals with no driver”：没有驱动器的信号。
- “Signals with no load”：空载信号。
- “Unconnected objects in net”：网络中未连接的对象。
- “Unconnected wires”：未连接的导线。

6）“Violations Associated with Others”（违反其他规则）选项组。

- “Fail to add alternate item”：添加备用项目失败。
- “Incorrect link in project variant”：项目链接不正确。
- “Object not completely within sheet boundaries”：对象超出了原理图边界。
- “Off-grid object”：脱离网格对象。

7）“Violations Associated with Parameters”（违反参数相关的错误）选项组。

- “Same parameter containing different types”：包含不同类型的同一参数。
- “Same parameter containing different values”：包含不同值的同一参数。

2．“Connection Matrix”（电路连接检测矩阵）标签

单击“Connection Matrix”（电路连接检测矩阵）标签，出现如图 1-98 所示对话框。在此定义违反电气连接特性的错误等级，用图表描述原理图中不同类型连接点是否被允许、端口和方块电路图上端口的连接特性等，并将其作为电气自动检查的标准。若要修改任意一个选项的错误级别，只要在对应选项的小方块上单击即可。每单击一次，小方块颜色依次变化，对应的错误级别也在 4 种级别中依次切换。4 种错误等级是：“No Report”（不报告）、“Warning”（警告）“Error”（错误）和“Fatal Error”（致命错误）。

当编译项目时，此标签与“Error Reporting”标签中的内容是原理图电气特性检测的内容。所有违反规则的信息将以不同的错误等级在“Messages”面板中显示出来。单击按钮设置成安装缺省(D)即可恢复系统的默认设置。

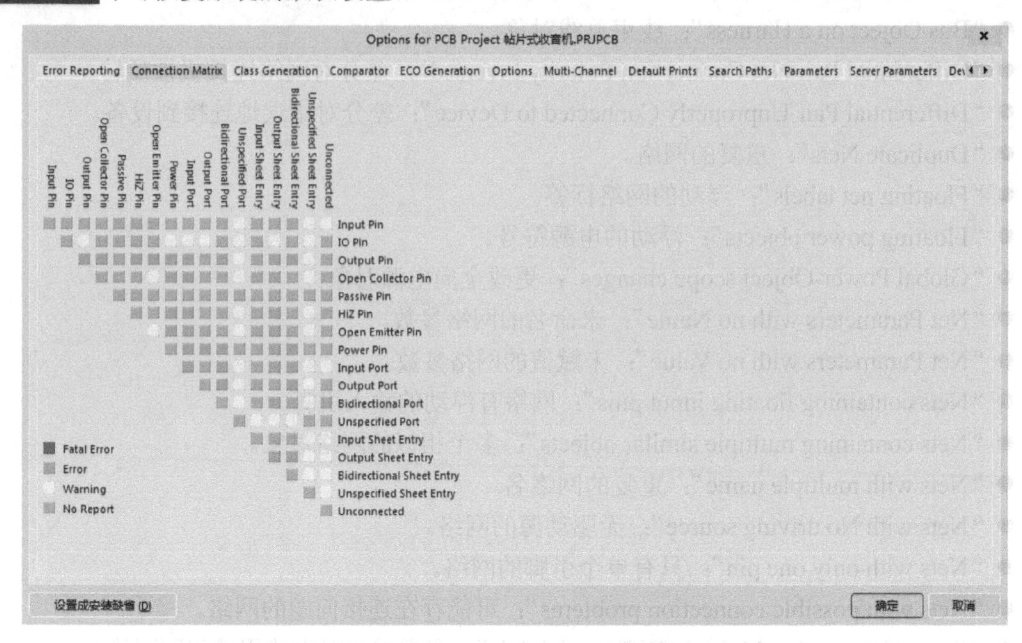

图 1-98 “Connection Matrix”标签

3. “Comparator”（比较器）标签

当文件需要修改时，利用此标签列出文件需要变更的地方。单击“比较类型描述”中需要设置的选项，再单击其右侧的“模式”下拉列表框，从中选择“Find Differences”（找出不同之处）或“Ignore Differences”（忽略不同点），如图 1-99 所示。设置后，单击“确定”按钮，可使设置生效。

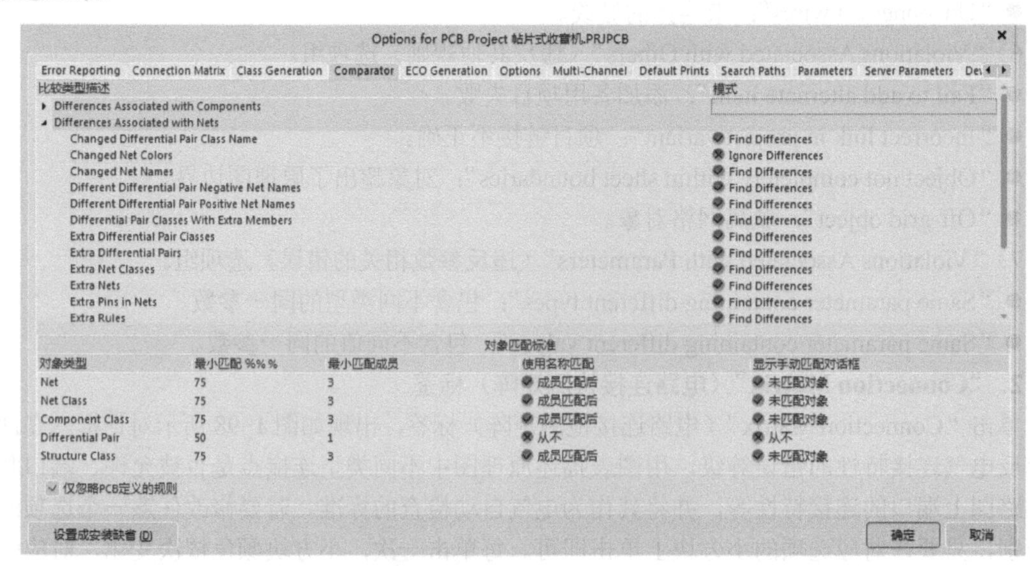

图 1-99 “Comparator”标签

4. “ECO Generation”（ECO 选项）标签

原理图中的对象和电气连接信息导入到 PCB 编辑时，主要设置该标签内容。单击“更改类型描述”中需要设置的选项，再单击其右侧的“模式”下拉列表，从中选择“Find Differences”（找出不同之处）或“Ignore Differences”（忽略不同点），单击“确定”按钮，完成此标签内容设置，如图 1-100 所示。

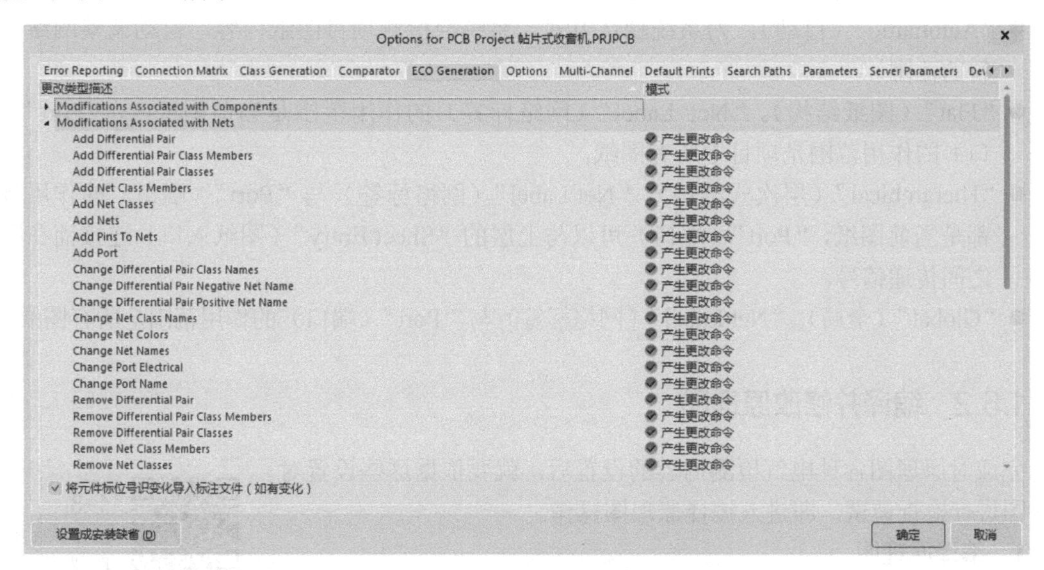

图 1-100　“ECO Generation”标签

5. “Options”（选项）标签

在此设置文件输出路径、网络表选项输出路径、与输出相关选项内容，如图 1-101 所示。主要选项功能如下。

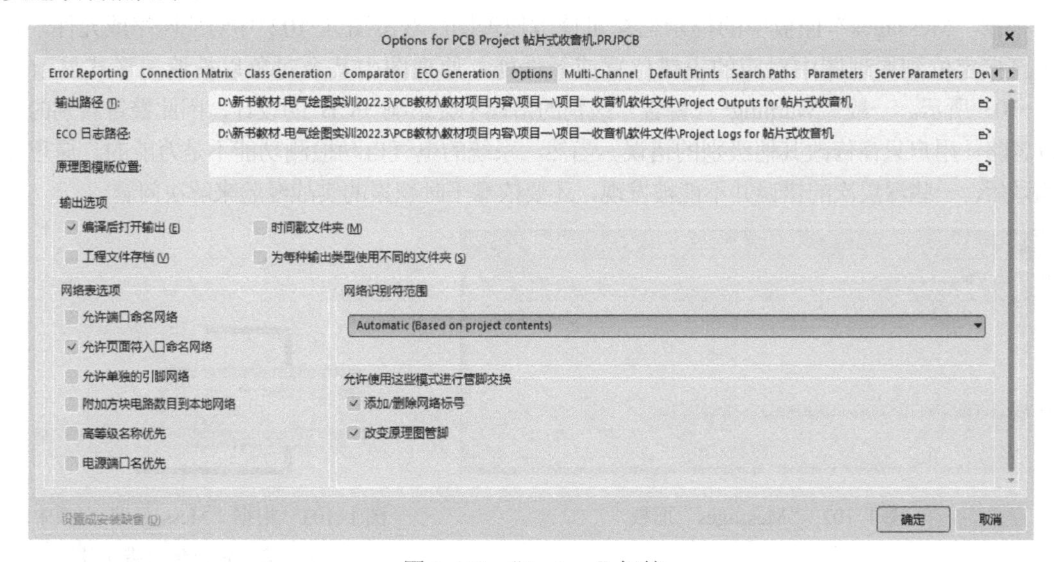

图 1-101　“Options”标签

1）“网络表选项”选项组：设置生成网络表的条件，主要内容如下。

- 允许端口命名网络。允许用系统产生的网络名替代与电路输入输出端口相连的网络名。
- 允许页面符入口命名网络。允许使用系统产生的网络名替代与图纸入口相连的网络名。
- 允许单独的引脚网络。允许系统自动将引脚号添加到网络名中。
- 附加方块电路数目到本地网络。允许系统自动将图纸号添加到网络名中。

- 高等级名称优先。按高等级名称优先顺序进行网络表的排序。
- 电源端口名优先。生成网络表以电源端口命名有最高优先权。

2）“网络识别符范围”选项组：包括以下四个选项内容。

- “Automatic”（自动）。为系统默认方式，系统会检测项目图纸内容，自动调整网络标识符的范围。
- “Flat”（图纸结构）。“Net Label”（网络标签）的作用范围是当前图纸内，“Port”（端口）的作用范围是项目中所有图纸。
- “Hierarchical”（层次式结构）。“Net Label”（网络标签）与“Port”（端口）的作用范围都是当前图纸，“Port”（端口）可以与上层的“Sheet Entry”（图纸入口）连接而在图纸之间传递信号。
- “Global”（全局）。“Net Label”（网络标签）与“Port”（端口）的作用范围是所有图纸。

1.6.2 编译并修改原理图

完成对原理图各种电气检测内容的设置后，就要依据这些设置对原理图进行检查调试，即进入编译原理图操作。

1-8 编译并修改原理图操作

1. 编译原理图

单击“工程”菜单，选择“Compile PCB Project”（编译PCB项目）命令，系统即会执行编译原理图操作，然后检测结果会出现在“Messages”（信息）面板中，单击主窗口右下角的按钮Panels，打开“Messages”面板，如图1-102所示。

2. 修改原理图

根据“Messages”面板中的提示信息可修改原理图。双击图1-102中对应网络或元件，光标即可直接定位到原理图中对应的出错位置或元件处，原理图中其余对象以被遮盖形式显示，如图1-103所示。一般“Warning”（警告）级别的错误不会影响PCB的设计，因此警告级别的错误可以忽略，用户只需修改其他级别的错误。当然，系统的电气自动检测功能不是万能的。原理图经过编译后，一些深层次的错误并不能被发现，还要依靠平时积累的实战经验来解决问题。

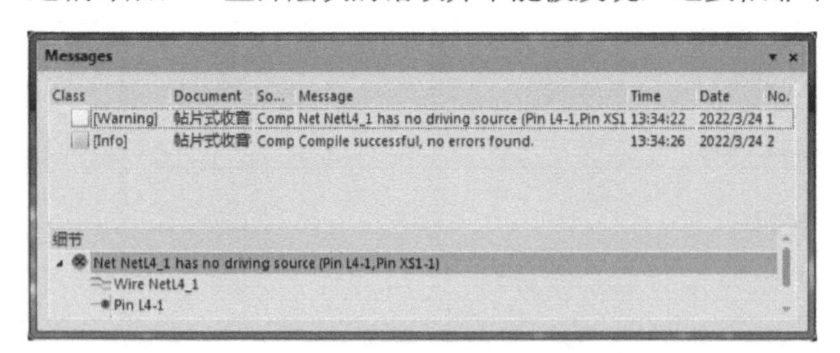

图1-102 “Messages”面板

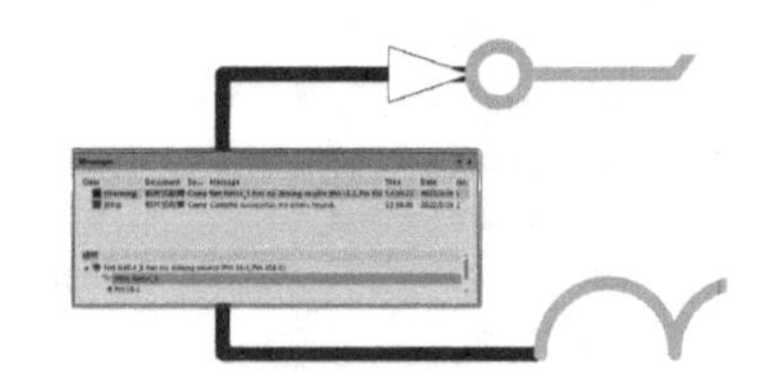

图1-103 根据“Messages”面板中的提示信息定位到出错元件

1.7 生成原理图相关报表

完成原理图设计后，编译原理图并根据提示信息进行修改后，需要生成并输出与原理图相关的报表文件。系统提供了多种不同类型的报表，用途各有不同。

1.7.1　网络表和元件报表

1. 网络表

网络表是一种包含原理图和 PCB 中各个对象的信息和这些对象间连接关系的文本文件，它是原理图编辑器和 PCB 编辑器之间的信息接口。绘制原理图的最终目的就是将原理图中信息转换成网络表，以供生成 PCB 和原理图模拟仿真时使用。

网络表可以从原理图中直接生成，或从已完成布线的 PCB 中生成，还可以使用一般的文本编辑程序自行建立。当用户使用手动方式建立网络表时，需要以纯文本格式来保存。

单击“设计”菜单，选择“文件的网络表”→“Protel”（封装）命令。此时在“Projects”（项目）面板的当前项目文件列表中自动添加了“Generated”（生成）文件夹与其下一级的“Netlist Files”（网络表文件）文件夹。此处存放当前原理图对应的网络表文件（.Net），双击此网络表文件后出现的对话框如图 1-104 所示。

注意：“设计”菜单中还包括“工程的网络表”命令，此命令是在当前项目的所有原理图文件的基础上创建网络表文件。在“设计”→“文件的网络表”子菜单中包括多种网络表文件类型。若是用于 PCB 设计的网络表，要选择“Protel”（封装）命令。

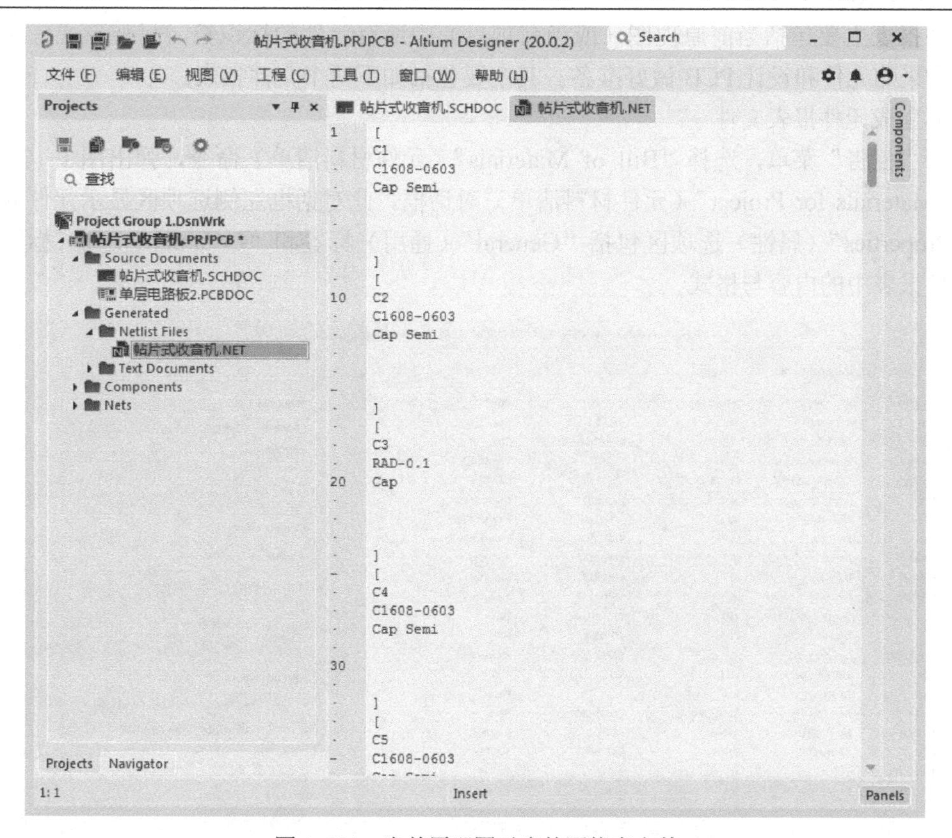

图 1-104　当前原理图对应的网络表文件

Protel（封装）网络表文件是一个标准的 ASCII 码文本文件，在结构上可分为对象信息和网络连接信息两部分。

（1）对象信息格式举例

[	对象声明开始
C1	对象标识符
C1608-0603	对象封装名称
Cap Semi	对象注释文字
	空行
	空行
]	对象声明结束

（2）网络连接信息格式举例

(	网络定义开始
GND	网络名称
C1-1	对象序号为 C1，引脚号为 1
IC-2	对象序号为 IC，引脚号为 2
R1-1	对象序号为 R1，引脚号为 1
RP-1	对象序号为 RP，引脚号为 1
)	网络定义结束

2．元件报表

元件报表主要包括当前原理图（或当前项目）中所有元件的标识符、封装形式、库参数等内容，为采购元件和设计 PCB 做好准备。其主要包括如下两个文件报表。

（1）生成元件报表文件

单击“报告”菜单，选择“Bill of Materials”（元件材料清单）命令，弹出图 1-105 所示的“Bill of Materials for Project”（元件材料清单）对话框。此对话框左侧选项区显示元件列表，右侧的“Properties”（属性）选项区包括“General”（通用）标签和“Columns”（列）标签，用于设置元件报表中的内容与格式。

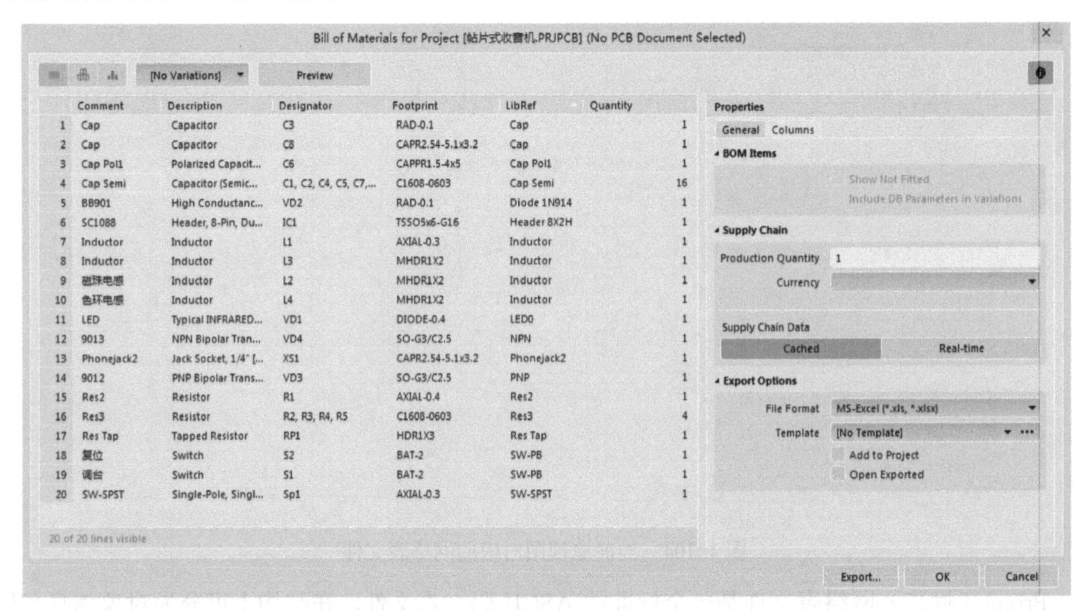

图 1-105 “Bill of Materials for Project”对话框

1）“General”（通用）标签：常用选项功能如下。

- “File Format”（文件格式）。设置报表文件输出格式，包括 CVS、XLS、PDF、HTML、TXT、XML 格式。
- “Add to Project”（添加到项目）。将生成的元件报表文件保存在当前项目中。
- “Open Exported”（打开输出报表）。生成元件报表后自动打开。
- “Template”（模板）。设置元件报表文件的模板，单击其右侧的按钮…，在弹出的对话框中选择相应的模板。

2）“Columns”（列）标签：设置需要显示的元件的属性，常用选项功能如下。

- “Drag a column to group”（拖动列进行分组）。设置元件的归类标准，将“Columns”（列）下拉列表中某属性拖至本选项的下拉列表框中，则系统以此属性为标准对元件进行归类。
- “Columns”（列）。设置需要显示在左侧列表中的列，单击此下拉列表中对应属性左侧的按钮，显示为图标时即可显示列的内容。

（2）输出元件报表文件

单击图 1-105 中“Export”（输出）按钮，弹出图 1-106 所示的“另存为”对话框。系统默认文件类型为“xls”或“xlsx”格式，输入文件名后单击按钮保存(S)。生成的元件报表文件将保存在已设置的输出路径中。

图 1-106 “另存为”对话框

1.7.2 打印原理图

打印原理图前需要进行页面设置，再设置打印机选项等内容。

1. 页面设置

单击“文件”菜单，选择“页面设置”命令，弹出图 1-107 所示的“Schematic Print Properties”（原理图打印属性）对话框，主要选项功能如下。

1）“打印纸”选项组：设置打印纸尺寸与方向。

2）“偏移”选项组：设置水平方向和垂直方向的页边距。

3）“缩放比例”选项组：包括如下两种缩放模式。

- “Fit Document On Page”（文档适合页面）。系统自动调整原理图比例，使其完整地打印到一张图纸上。
- “Scale Print”（按比例打印）。按自定义比例打印原理图。

4）“校正”选项组：修正打印比例。

5）“颜色设置”选项组：设置打印颜色，包括“单色”“颜色”“灰色”3 个选项。

6）“预览”按钮：可以预览原理图打印效果。

7）“打印设置”按钮：单击此按钮弹出图 1-108 所示的“Printer Configuration for”（打印机选项设置）对话框，可设置打印机的相关选项。

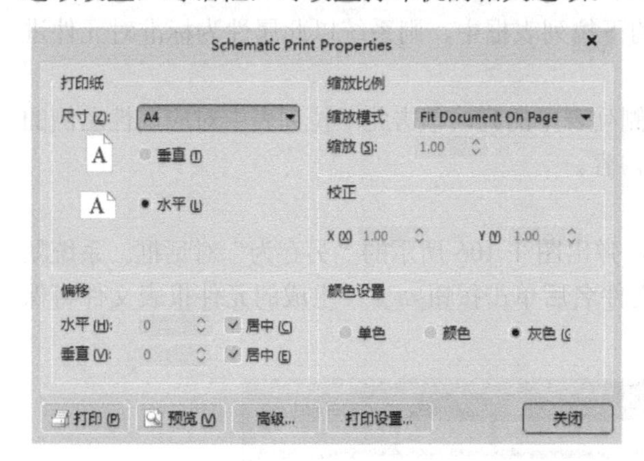

图 1-107 “Schematic Print Properties”对话框

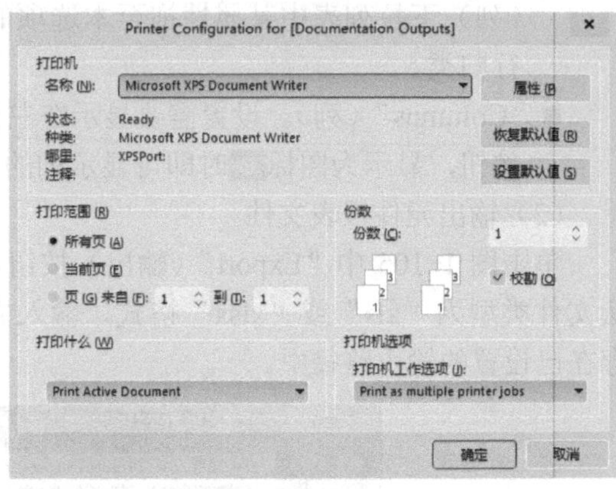

图 1-108 “Printer Configuration for”对话框

2. 打印原理图

单击图 1-107 中的“打印”按钮；或单击“文件”菜单，选择“打印”命令；或单击“原理图标准”工具栏中按钮，这 3 种操作都可打印输出原理图。

【项目实施】

1.8 绘制收音机电路原理图

启动 Altium Designer 20 软件，收音机电路原理图绘制过程如下（项目实施中主要采用菜单命令，常用快捷键参见附录）。

1.8.1 新建项目和原理图文件

1. 新建项目和原理图文件的步骤

新建项目和原理图文件的操作过程如下。

1）新建项目文件：单击“文件”菜单，选择“新的”→“项目”命令，在弹出的“Create Project”（新建项目）对话框中选择“Local Projects”（本地工程）选项，再选择“Project Type”（工程类型）列表框中“PCB”（印制电路板）→“Default”（默认）选项。在“Project Name”（项目名）文本框中输入项目文件名称“项目 1 收音机电路”，在“Folder”（文件夹）文本框中选择项目保存的目录，如图 1-109 所示。

2）新建并保存原理图文件：单击“文件”菜单，选择“新的”→“原理图”命令，进入原理图编辑器。单击“文件”菜单，选择“另存为”命令，在弹出的对话框中重新选择保存路径，并将文件命名为“收音机原理图”，此时“Projects”（工程）面板如图 1-110 所示。

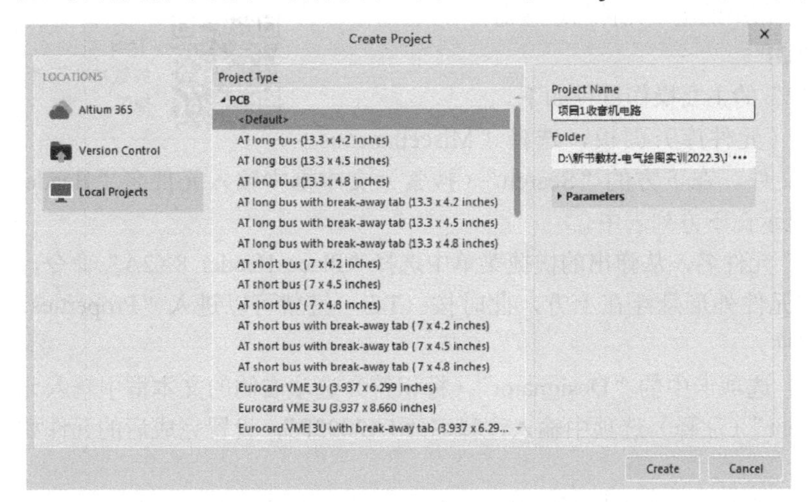

图 1-109 “Create Project”对话框

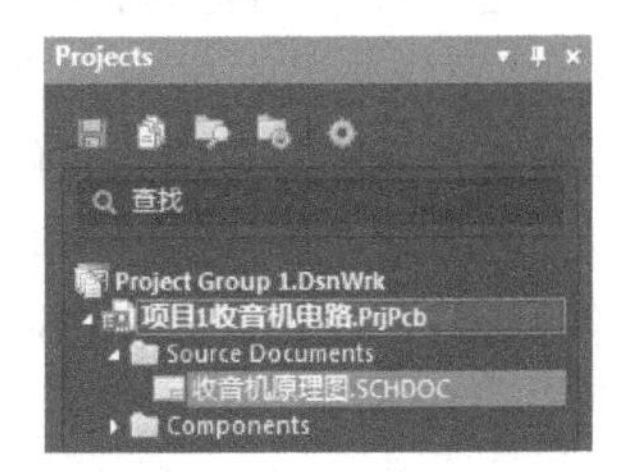

图 1-110 “Projects”面板

2．设置原理图工作环境

单击“工具”菜单，选择“原理图优先项”命令，在弹出的“优选项”对话框中单击“Grids”（栅格）标签，设置“栅格”选项为“Dot Grid”（点状栅格）且颜色值为 17 色号。

3．设置原理图图纸选项

单击原理图窗口右侧的“Properties”（属性）面板，主要操作方法如下。

1）在“General”（常规）选项组中，单击“Sheet Border”（图纸边框）右侧的色块，选择颜色为深绿。

2）在“Page Options”（页面选项）选项组中，在“Sheet Size”（图纸尺寸）的下拉列表中选择“A4”；在“Orientation”（方向）的下拉列表中选择“Landscape”（水平方向）；在“Title Block”（标题栏）的下拉列表中选择“Standard”（标准）。

新建项目与原理图文件，设置原理图工作环境与图纸选项后的收音机原理图.SCHDOC 窗口如图 1-111 所示。

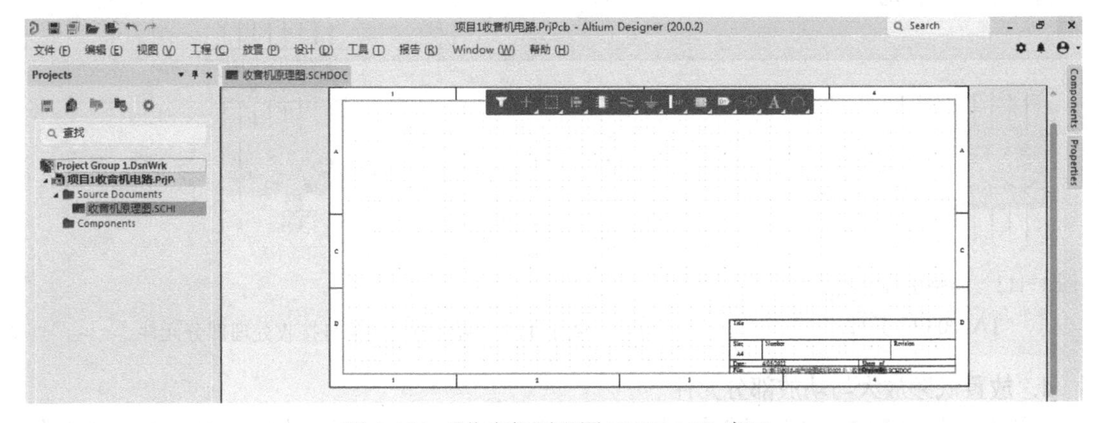

图 1-111 “收音机原理图.SCHDOC”窗口

1.8.2 编辑原理图

1．加载元件库

当前已安装的库文件是系统自动添加的库文件“Miscellaneous Devices.IntLib”“Miscellaneous Connectors.IntLib”，主要包含了常用的电气元件与连接器件。

1-9
放置核心元件操作

2．放置核心元件 TA2003P

放置核心元件“TA2003P”的主要操作过程如下。

1）单击“Components”（元件库）面板，选择“Miscellaneous Devices.IntLib”库为当前库文件。在下方的“Search”（搜索）文本框中输入元件名“Header 8X2A”，系统找到此元件后显示在下方列表中。

2）右击“Header 8X2A”元件名，从弹出的快捷菜单中选择“Place Header 8X2A”命令，此时光标变为十字形且当前元件外形悬浮在上方，此时按〈Tab〉键就可以进入“Properties”（属性）面板并编辑此元件属性。

3）在“General”（常规）选项卡中的“Designator”（标识符）选项右侧的文本框中输入元件标识符“P1”，在“Comment”（注释）选项中输入注释名“TA2003P”，设置完成后的元件如图 1-112 所示。

4）单击“Pin”（引脚）选项卡中下方按钮，此时图标变为，则表示当前元件引脚可以单独被选中和移动。单击并按住引脚 1，光标变为四角形，拖动光标至如图 1-113 中所示引脚 1 位置。用相同方法，将引脚 2 至引脚 8 移动至图 1-113 中所示引脚位置。

注意：在移动元件过程中，可以随时按〈PgUp〉键或〈PgDn〉键实现图纸比例的缩放，以配合设置元件属性。

3．放置调频与调频信号接收处理部分元件

用与放置“TA2003P”元件相同的方法，放置如图 1-114 所示的调频与调频信号接收处理部分元件。

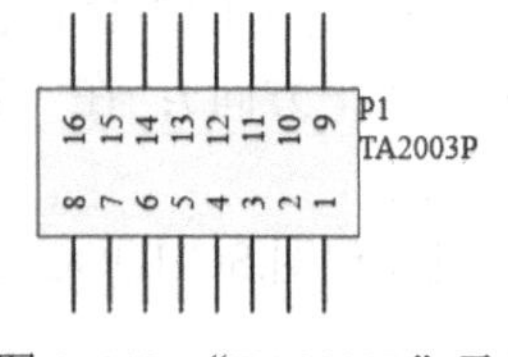

图 1-112 “TA2003P”元件

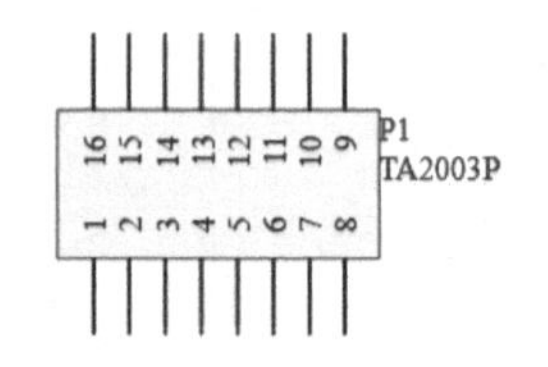

图 1-113 调整引脚位置后的“TA2003P”元件

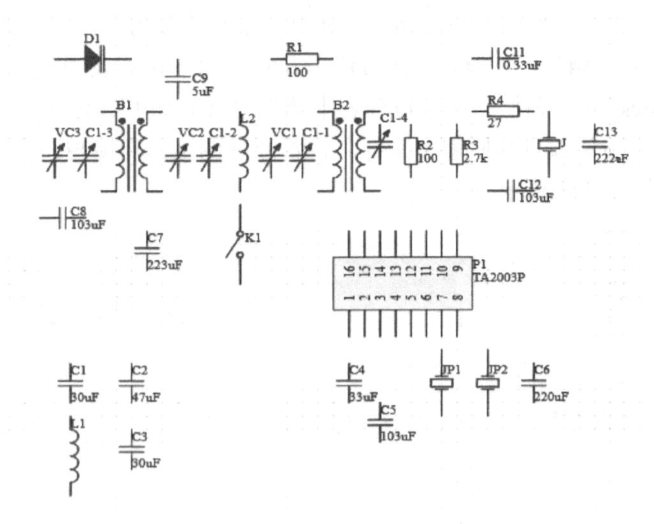

图 1-114 调频与调频信号接收处理部分元件

4．放置低频放大与功放部分元件

采用与放置“TA2003P”元件相同的方法，放置如图 1-115 所示的低频放大与功放部分元件。在放置元件过程中，可随时使用移动与对齐命令或光标来排列元件。元件布局后，可用鼠标拖动的方法调整每个元件文本信息内容，使元件文本信息尽量靠近元件以避免阻碍后面的元件布线操作。

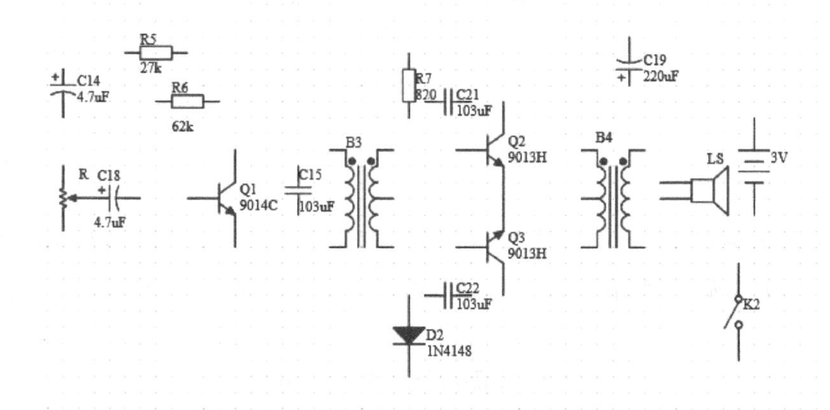

图 1-115　低频放大与功放部分元件

5. 放置原理图中其他对象

放置原理图中其他对象的主要操作过程如下。

1）单击“放置”菜单，选择“电源端口”命令，光标变为十字形，此时可按〈Tab〉键进入“属性”面板中“Power Port”（电源端口）选项。在“Properties”（属性）选项组中“Style”（样式）中选择“Bar”（直线）。

2）用同样的方法放置接地符号 GND，绘制完成的收音机原理图中的元件布局如图 1-116 所示。

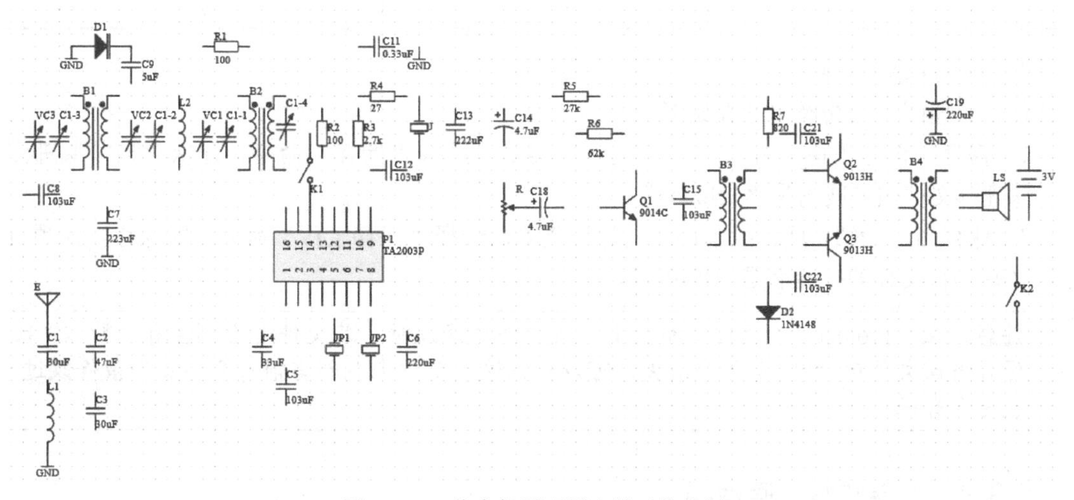

图 1-116　收音机原理图中的元件布局

6. 绘制导线

绘制导线的主要操作过程如下。

1）单击“放置”菜单，选择“线”命令，光标变为十字形，将光标放在 C8 的引脚 1 上，此时光标下方出现一个蓝色米字符号，即系统捕获到了电气节点，此时单击 C8 的引脚 1，确定此次绘制导线的起点，如图1-117所示。

2）拖动光标，此时有导线的预拉线随光标一起移动。向右沿水平方向拖动光标一小段距离后，单击确定导线第一个拐点，如图1-118所示。

3）向下方拖动光标，当与C7的引脚1连接时单击，确定此次绘制导线的终点，如图1-119所示。

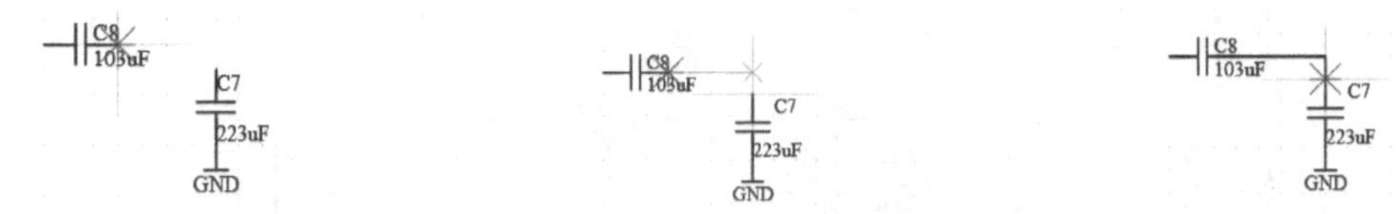

图1-117　确定导线起点　　图1-118　确定导线拐点　　图1-119　确定导线终点

用相同方法可连接好原理图中所有对象的导线，如图1-1所示。收音机原理图的元件清单如表1-1所示。

表1-1　收音机原理图的元件清单

元件标识符	元件名	元件封装	元件标识符	元件名	元件封装
Battery	3V	BAT-2	J, JP1, JP2	XTAL	R38
B1	Trans Cupl	TRF_4	K1, K2	SW-SPST	SPST-2
B2, B3, B4	Trans CT	TRF_5	L1, L2	Inductor	0402-A
C1, C2, C3, C4, C5, C6, C7, C8, C9,C11,C12, C13, C15, C16, C21, C22	Cap	RAD-0.3	R1, R2, R3, R4, R5, R6, R7	Res2	AXIAL-0.4
C14, C18, C19	Cap Pol1	RB7.6-15	LS	Speaker	PIN2
C1-1, C1-2, C1-3,C1-4,VC1,VC2, VC3	Cap Var	C1210_N	P1	TA2003P	HDR2X8_CEN
D1	D Varactor	SOT23_N	Q1	9014C	TO-226-AA
D2	1N4148	DO-35	Q2, Q3	9013H	TO-226-AA
E	Antenna	PIN1	R	RPot	VR5

7．保存原理图文件

保存原理图文件的操作过程如下。

1）保存当前原理图文件：单击“文件”菜单，选择“保存”命令，即保存当前原理图文件。原理图文件的扩展名是“SchDoc”。

2）保存当前PCB项目：单击“文件”菜单，选择“保存工程”命令，即保存当前项目文件。PCB项目文件的扩展名是“PrjPcb”。

注意：在“Projects”（项目）面板中，当文件被修改时，其文件名右侧会有“*”符号。保存当前文件后“*”符号会消失，可以根据这种变化来判断当前有哪些文件被修改过，或是没有保存。

1.8.3　编译并修改原理图

1．编译原理图文件

单击“工程”菜单，选择“Compile PCB Project 项目1收音机电路”命令，系统会执行编译原理图操作。若没有违反编译规则，则不会弹出“Messages”（信息）面板。若有违反编译规则的错误，则会自动弹出“Messages”（信息）面板，如图1-120所示。

Messages

Class	Document	Source	Message	Time	D..	No.
[Error]	收音机原理图.SchDoc	Compiler	Net NetP1_12 has only one pin (Pin P1-12)	20:19:36	202	1
[Error]	收音机原理图.SchDoc	Compiler	Net NetP1_13 has only one pin (Pin P1-13)	20:19:36	202	2

细节
Net NetP1_12 has only one pin (Pin P1-12)
Wire NetP1_12
Pin P1-12

图 1-120 “Messages”面板

2．修改原理图文件

“Messages”（信息）面板中显示有两个“Error”（错误）信息，因此需要修改原理图。这两个错误是：网络“NetP1-12”中 P1 元件的 12 号引脚没有连接到电气节点、“NetP1-13”中 P1 元件的 13 号引脚没有连接到电气节点，如图 1-120 所示。修改过程如下。

1）双击图 1-120 中第一条信息可快速定位至错误处，光标即可直接定位到原理图中对应的出错位置或元件处，如图 1-121 所示。发现 P1 元件的 12 号引脚没有连到元件 B2 引脚的电气节点处，修改导线连接后如图 1-122 所示。第二条提示信息使用相同的方法修改。

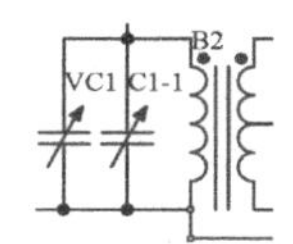

图 1-121　提示出错位置

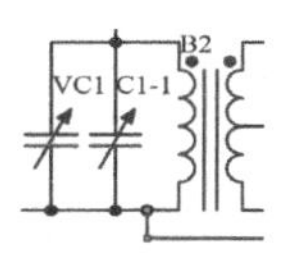

图 1-122　修改错误后的正确位置

2）保存修改后的原理图文件，单击“工程”菜单，选择“Compile PCB Project 项目 1 收音机电路”命令，再次编译当前原理图文件，“Messages”（信息）面板不再自动弹出。单击窗口右下角的按钮 Panels 并在列表中选择“Messages”（信息）面板，如图 1-123 所示，已无错误提示信息。

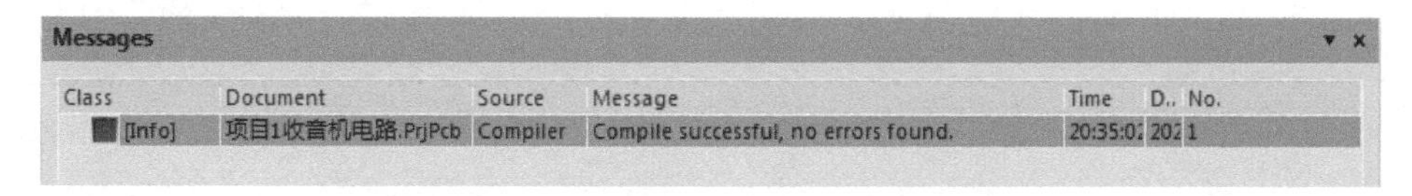

图 1-123　重新编译后的“Messages”面板

1.8.4　生成原理图报表与库文件

1．生成网络表文件

单击“设计”菜单，选择“文件的网络表”→“Protel”（封装）命令，双击左侧“Projects”面板中“Netlist Files”（网络列表文件）文件夹中的“收音机原理图.NET”文件名，则当前窗口如图 1-124 所示。

2．生成原理图清单报表文件

单击“报告”菜单，选择“Bill of Materials”（元件材料清单）命令，弹出图 1-125 所示的“Bill of Materials for Project”（项目材料清单）对话框，在此对话框中设置参数。单击“Export”（输出）按钮，在弹出的“保存”对话框中以默认文件名保存，再单击“OK”按钮即可。

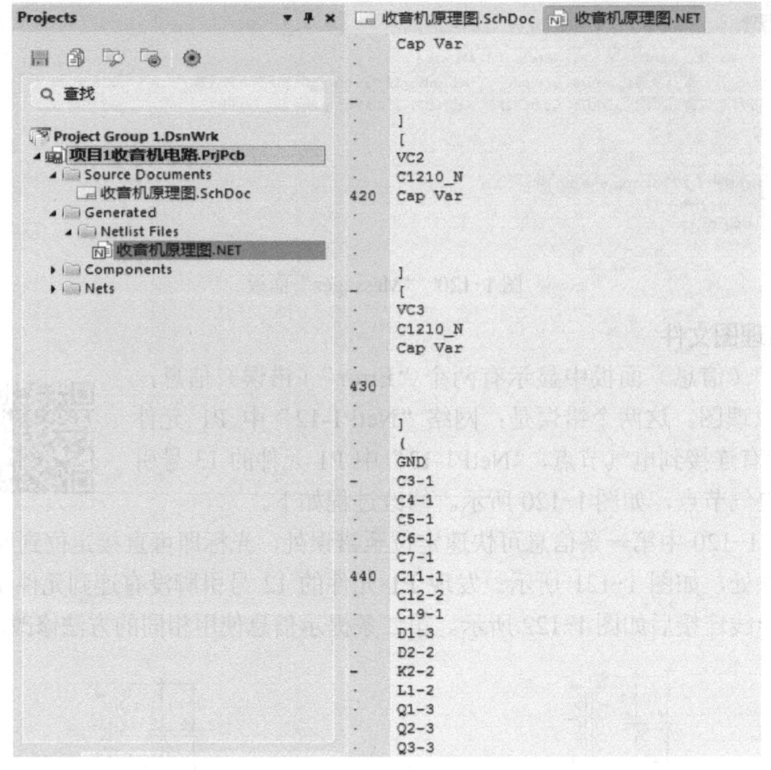

图 1-124 “收音机原理图.NET”文件窗口

Bill of Materials for Project [项目1收音机电路.PrjPcb] (No PCB Document Selected)

[No Variations]　Preview

	Comment	Description	Designator	Footprint	LibRef	Quantity
1	Battery	Multicell Battery	3V	BAT-2	Battery	1
2	Trans Cupl	Transformer (Cou...	B1	TRF_4	Trans Cupl	1
3	Trans CT	Center-Tapped Tr...	B2, B3, B4	TRF_5	Trans CT	3
4	Cap Var	Variable or Adjus...	C1-1, C1-2, C1-3,...	C1210_N	Cap Var	7
5	Cap	Capacitor	C1, C2, C3, C4, C5...	RAD-0.3	Cap	16
6	Cap Pol1	Polarized Capacit...	C14, C18, C19	RB7.6-15	Cap Pol1	3
7	D Varactor	Variable Capacita...	D1	SOT23_N	D Varactor	1
8	1N4148	High Conductanc...	D2	DO-35	Diode 1N4148	1
9	Antenna	Generic Antenna	E	PIN1	Antenna	1
10	XTAL	Crystal Oscillator	J, JP1, JP2	R38	XTAL	3
11	SW-SPST	Single-Pole, Singl...	K1, K2	SPST-2	SW-SPST	2
12	Inductor	Inductor	L1, L2	0402-A	Inductor	2
13	Speaker	Loudspeaker	LS	PIN2	Speaker	1
14	TA2003P	Header, 8-Pin, Du...	P1	HDR2X8_CEN	Header 8X2A	1
15	9014C	NPN Bipolar Tran...	Q1	TO-226-AA	NPN	1
16	9013H	NPN Bipolar Tran...	Q2, Q3	TO-226-AA	NPN	2
17	RPot	Potentiometer	R	VR5	RPot	1
18	Res2	Resistor	R1, R2, R3, R4, R5...	AXIAL-0.4	Res2	7

18 of 18 lines visible

Properties
General　Columns
BOM Items
Show Not Fitted
Include DB Parameters in Variations
Supply Chain
Production Quantity 1
Currency
Supply Chain Data
Cached　Real-time
Export Options
File Format　MS-Excel (*.xls, *.xlsx)
Template　[No Template]
Add to Project
Open Exported

Export...　OK　Cancel

图 1-125 “Bill of Materials for Project”对话框

在当前项目保存的目录中找到原理图清单报表文件“项目 1 收音机电路.xlsx”，双击此文件打开的电子表格内容如图 1-126 所示。

3. 生成原理图库文件

单击“设计”菜单，选择“生成原理图库”命令，弹出图 1-127 所示的“Component

Grouping”（元件群组）对话框，在此设置原理图库文件中元件需要携带的信息。单击“OK”按钮，原理图库文件当前窗口如图 1-128 所示，文件扩展名为“SchLib”且存放在“Schematic Library Documents”（原理图库文档）目录中，内容包括当前原理图中所有的元件信息。

1	Comment	Description	Designator	Footprint	LibRef	Quantity
2	Battery	Multicell Battery	3V	BAT-2	Battery	1
3	Trans Cupl	Transformer (Coupled Inductor Model)	B1	TRF_4	Trans Cupl	1
4	Trans CT	Center-Tapped Transformer (Coupled Inductor Model)	B2, B3, B4	TRF_5	Trans CT	3
5	Cap Var	Variable or Adjustable Capacitor	C1-1, C1-2, C1-3, C1-4, VC1, VC2, VC3	C1210_N	Cap Var	7
6	Cap	Capacitor	C1, C2, C3, C4, C5, C6, C7, C8, C9, C11, C12, C13, C15, C16, C21, C22	RAD-0.3	Cap	16
7	Cap Pol1	Polarized Capacitor (Radial)	C14, C18, C19	RB7.6-15	Cap Pol1	3
8	D Varactor	Variable Capacitance Diode	D1	SOT23_N	D Varactor	1
9	1N4148	High Conductance Fast Diode	D2	DO-35	Diode 1N4148	1
10	Antenna	Generic Antenna	E	PIN1	Antenna	1
11	XTAL	Crystal Oscillator	J, JP1, JP2	R38	XTAL	3
12	SW-SPST	Single-Pole, Single-Throw Switch	K1, K2	SPST-2	SW-SPST	2
13	Inductor	Inductor	L1, L2	0402-A	Inductor	2
14	Speaker	Loudspeaker	LS	PIN2	Speaker	1
15	TA2003P	Header, 8-Pin, Dual row	P1	HDR2X8_CEN	Header 8X2A	1
16	9014C	NPN Bipolar Transistor	Q1	TO-226-AA	NPN	1
17	9013H	NPN Bipolar Transistor	Q2, Q3	TO-226-AA	NPN	2
18	RPot	Potentiometer	R	VR5	RPot	1
19	Res2	Resistor	R1, R2, R3, R4, R5, R6, R7	AXIAL-0.4	Res2	7

图 1-126　“项目 1 收音机电路.xlsx”文件

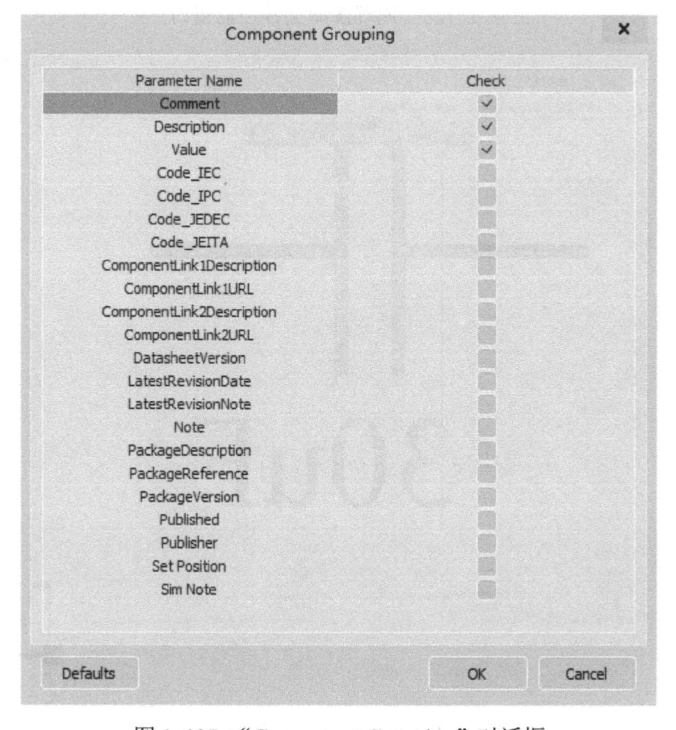

图 1-127　“Component Grouping”对话框

4．生成集成库文件

单击“设计”菜单，选择“生成集成库”命令，得到集成库文件窗口，如图 1-129 所示。此库文件扩展名为“IntLib”且存放在“Compiled Libraries”（集成库）目录，其中包括当前原理图中所有元件符号信息、元件封装信息、元件仿真模型信息等内容。

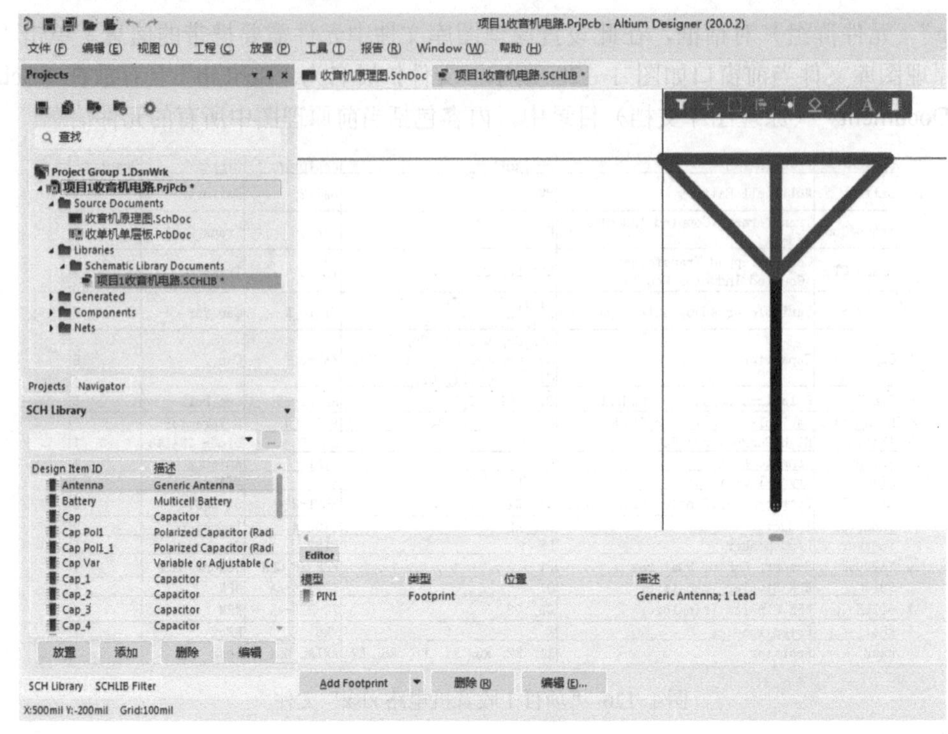

图 1-128 原理图库文件当前窗口

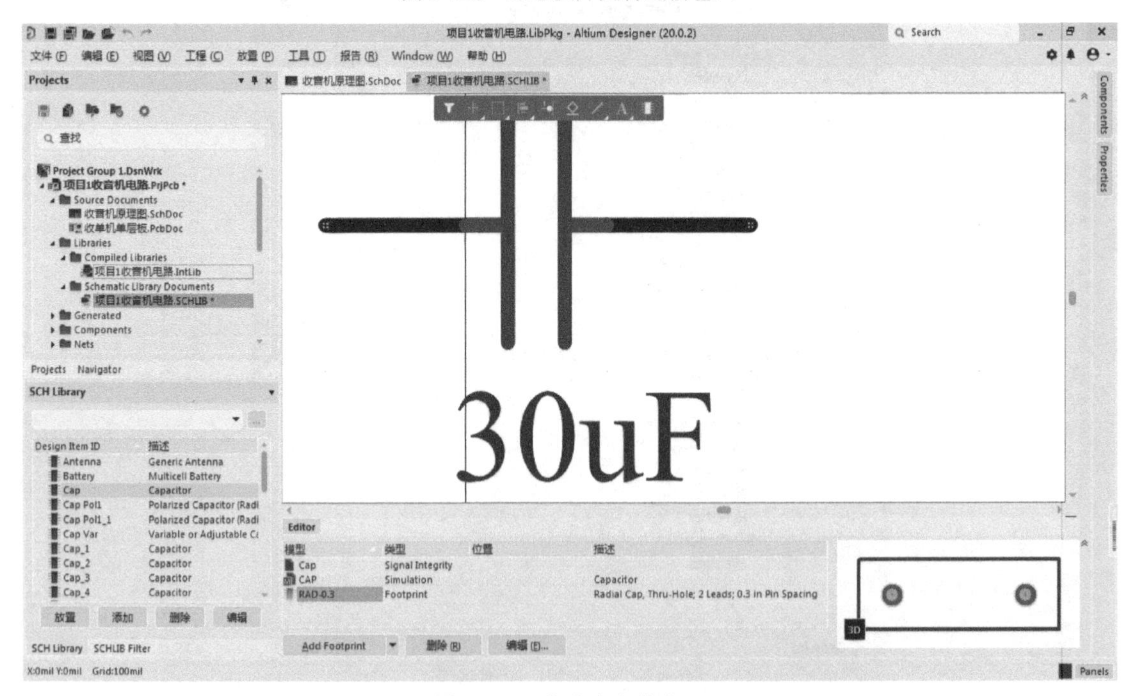

图 1-129 集成库文件窗口

1.9 思考与练习

【练习 1-1】使用 Altium Designer 20 软件新建项目文件“练习 1-1.PrjPcb”和原理图文件

“练习 1-1 原理图.SchDoc”。

原理图文件格式设置为：图纸大小设为 B4；图纸方向设为横向放置；图纸底色设为粉色；标题栏设为 ANSI 形式；网格形式设为点状且颜色设为 17 色号，边框颜色设为红色。

“练习 1-1 原理图.SchDoc”文件如图 1-130 所示。使用系统元件库中的元件，对原理图中元件进行简单修改；根据实际元件选择原理图元件封装；进行原理图编译并修改，保证原理图正确；生成原理图元件清单和网络表文件；　编译原理图文件并生成材料清单报表文件。

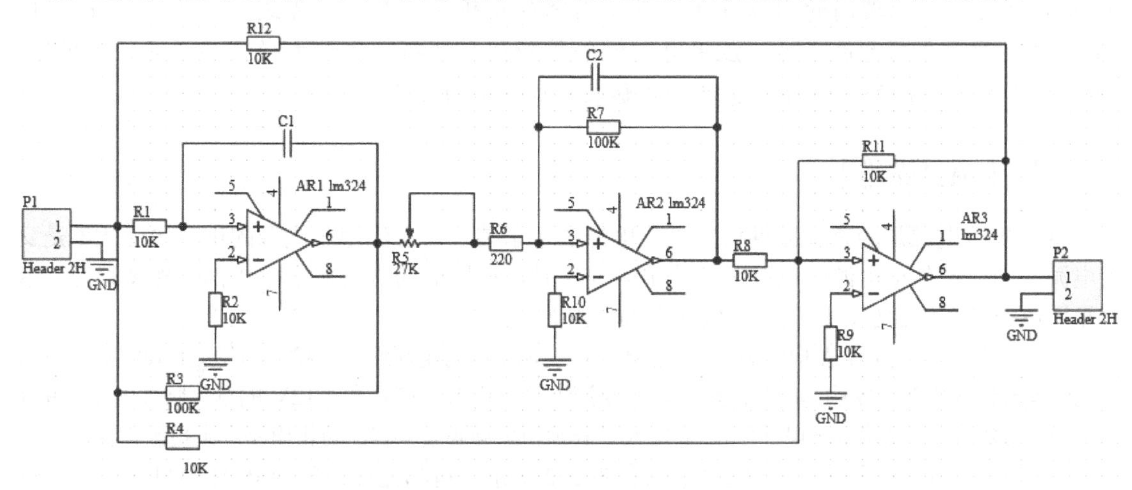

图 1-130　“练习 1-1 原理图.SchDoc”文件

【练习 1-2】使用 Altium Designer 20 软件新建项目文件“练习 1-2.PrjPcb”和原理图文件“练习 1-2 原理图.SchDoc”。原理图文件格式设置为：图纸大小设为 A4；图纸方向设为横向放置；图纸底色设为白色；不使用标题栏；网格形式设为线状且颜色设为 17 色号，边框颜色设为黑色。

“练习 1-2 原理图.SchDoc”文件如图 1-131 所示。使用系统元件库中的元件，可对原理图中元件进行简单修改；根据实际元件选择原理图元件封装；进行原理图编译并修改，保证原理图正确；生成原理图元件清单和网络表文件；编译原理图文件并生成材料清单报表文件。

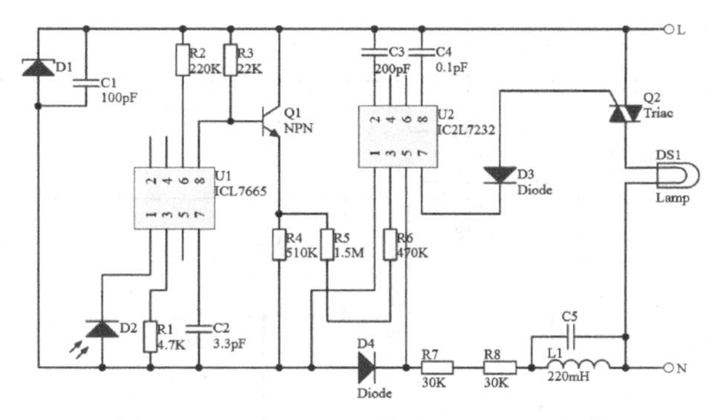

图 1-131　“练习 1-2 原理图.SchDoc”文件

【职业素养小课堂】

近年来，我国 PCB 产业保持着高速增长，电子产品的功能越来越强，集成度越来越高，信号传输的速率越来越快，产品的研发周期也越来越短。

由于电子产品的微小化、精密化、高速化，PCB 设计工程师需要了解最新 PCB 加工工艺和新材料。在国内无数科技人员前赴后继、艰苦卓绝的钻研和政府的大力支持下，我国才有了自主研发 PCB 的今天。目前国产 PCB 的市场占有量持续上升，虽与世界先进技术还有一定差距，这正是我们当代科技人的动力和责任，愿我们都能在社会中贡献自己的一份力量。

项目 2　稳压电源原理图设计

本项目通过直流稳压电源原理图的绘制，详细介绍使用 Altium Designer 20 软件绘制带有自制元件的原理图的操作方法。具体内容包括新建自制元件库文件、绘制原理图自制元件、设置自制元件属性、应用自制元件等知识和技巧。通过本项目的学习，可根据实际订单要求设计并制作符合电路功能要求的原理图的方法。

【项目描述】

直流稳压电源是为负载提供稳定直流电源的电子装置。直流稳压电源的供电电源大都是交流电源，当交流供电电源的电压或负载电阻变化时，稳压器的直流输出电压都会保持稳定。直流稳压电源具有体积小、重量轻、效率高等优点。

本项目以真实的直流稳压电源产品为载体，可实现电压与电流连续、稳压与稳流自动转换。该直流稳压电源接入由变压器输出的交流电压，经整流电路后输出±15V 和±12V 的直流脉冲电压，并在电路中三端集成稳压器件的输入和输出端接入了低频和高频滤波电容，防止电路产生自激振荡。

本项目中要根据图 2-1 所示的电路图和图 2-2 所示的自制元件，新建 PCB 项目文件“直流

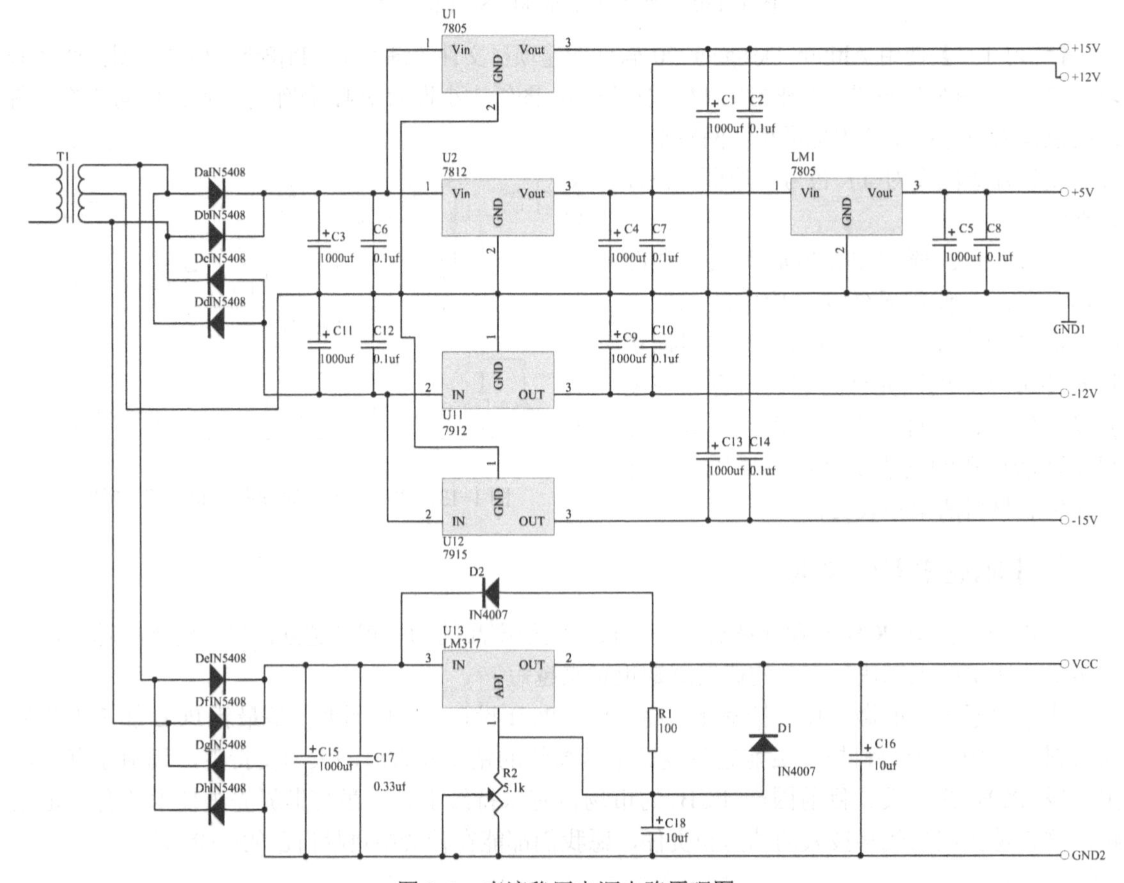

图 2-1　直流稳压电源电路原理图

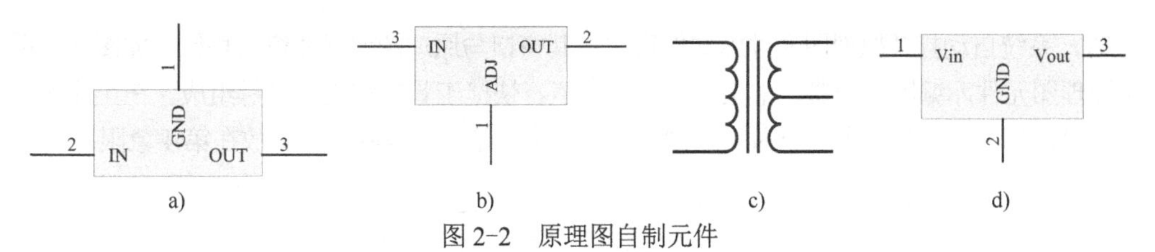

图 2-2　原理图自制元件

a) 7912　b) LM317　c) TRANS4　d) VLOTREG

稳压电源电路.PrjPcb”、原理图文件“原理图.SCHDOC”和原理图库文件“自制元件.SchLib”。具体的要求是：使用自定义图纸，尺寸为 381mm×254mm；图纸方向设为横向放置；图纸底色设为白色；标题栏设为 ANSI 形式；网格形式设为点状的且颜色设为 100 色号，边框颜色设为黑色；原理图中 7912、LM371、TRANS4 、VLOTREG 这四个元件为原理图自制元件，其余元件使用系统元件；根据实际元件选择合适的元件封装；进行原理图编译并修改，保证原理图正确；生成原理图元件清单和网络表文件。

【学习目标】

- 能正确新建原理图元件库文件；
- 能完成原理图元件库的管理操作；
- 能正确使用元件绘图工具新建自制原理图元件；
- 能绘制复合元件；
- 能设置自制原理图元件的属性；
- 能调用原理图自制元件；
- 能生成项目元件库；
- 能生成及打印原理图元件库的相关报表文件；
- 能根据项目编译的提示信息来修改当前原理图文件。

【相关知识】

本项目的直流稳压电源电路的核心是 LM317 即可调直流稳压器件，输入端接入由变压器输出的交流电压，经整流电路后输出直流脉动电压，再分别经元件 7805 和 7915、7812 和 7912，输出±15V、±12V 电压，其中+12V 电压再经 7805 稳压后输出+5V 电压。R2 为电压调整电位器，输出电压为：UO=1.25×(1+R2/R1)。在 R2 两端并接 10μF 的电容 C18，可有效地抑制输出端的纹波。当输入端发生短路时，输出滤波电容 C16 将通过稳压器放电，放电时的冲击电流很大，电压会通过稳压器内部的输出晶体管放电，可能造成输出晶体管发射结反向击穿。为此，在稳压器两端并接二极管 D2，输入端短路时 C16 通过 D2 放电，保护稳压器。

2.1 新建元件库文件

在 PCB 项目文件中新建原理图元件库文件“Schlib1.SchLib”：单击“文件”菜单，选择“新的”→“库”→“原理图库”命令。单击常用工具栏中的按钮，在弹出的保存文件对话框中文件名处输入“自制元件”，单击“OK”按钮，即新建了一个原理图元件库文件。

2-1
新建元件库

此时，系统自动打开原理图元件库文件窗口，其窗口与原理图编辑器窗口相似，如图2-3所示，主要由原理图元件库编辑管理器、主工具栏、菜单栏、快捷工具栏和工作区等组成。在工作区中有一个十字形坐标轴，将当前工作区分为4个象限。一般用户绘制的自制元件都放在第4象限。

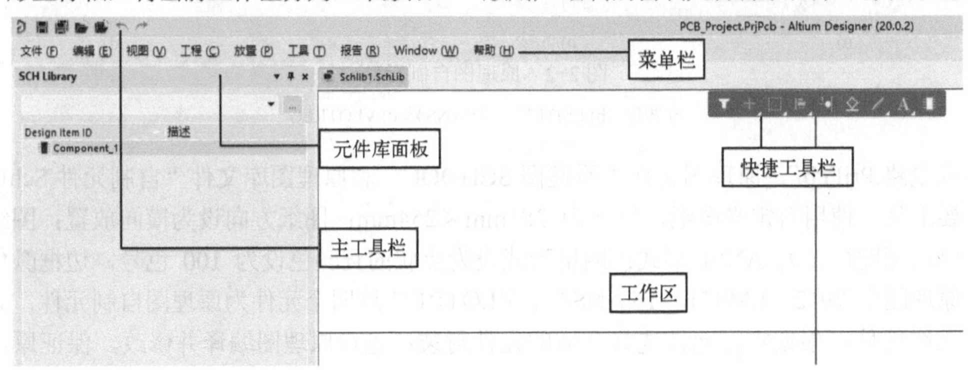

图2-3　原理图元件库文件窗口

1. 原理图元件库编辑管理器

新建原理图自制元件时必须在原理图元件库编辑器中进行，当新建了一个原理图元件库文件之后，原理图元件库编辑器会自动出现在当前窗口左侧的面板中。如果其没有出现，可以单击窗口右下角的“PANEL”按钮并从其下拉列表中选择“SCH Library”（原理图元件库）选项，即可调出“原理图元件库”面板，如图2-4所示。

“Design Item ID”选项区主要功能是对当前原理图元件库中的元件进行放置、添加、删除和编辑等操作。新建原理图元件库文件后，系统会自动新建一个自制元件，且以“Component-1”命名放在此选项区中，主要操作如下。

1）“放置”按钮：将已经绘制好的元件放置到项目中的原理图中。

2）“添加”按钮：添加新的原理图自制元件。单击此按钮后，在弹出的“新建元件名称”对话框中名称处输入元件名称，再单击“OK”按钮，即可使新建的自制元件自动出现在元件列表中。

3）“删除”按钮：删除当前原理图自制元件库中的指定元件。

4）“编辑”按钮：单击此按钮后弹出“元件属性”对话框，在此设置当前自制元件的属性。

2. “工具”菜单

原理图元件库文件窗口的主菜单功能和使用与原理图编辑环境一致，这里不再详细描述。下面主要介绍原理图元件库文件的“工具”菜单，如图2-5所示，其主要功能如下。

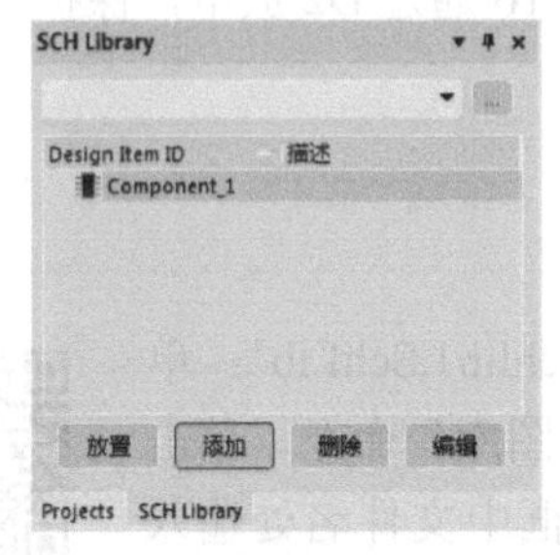

图2-4 “原理图元件库”面板

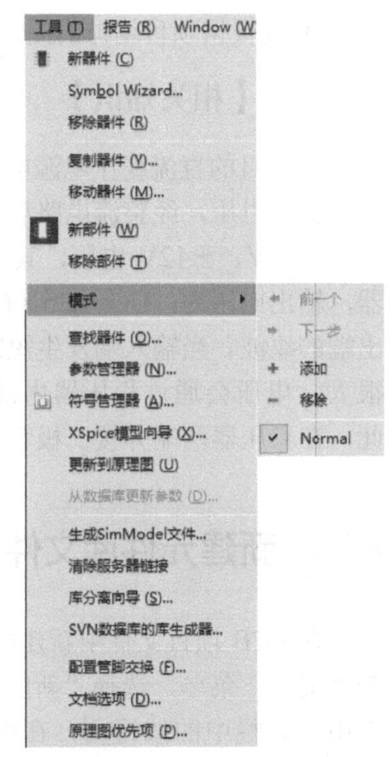

图2-5 “工具”菜单

（1）“Symbol Wizard”（符号向导）命令

用于创建多引脚集成块，单击此命令后弹出如图 2-6 所示的对话框，在此可观察元器件外形、查看引脚功能并进行批量修改。

Symbol Wizard

Number of Pins 8　Layout Style Quad side　Smart Paste: Ctrl+Shift+V

Position	Group	Display Name	Designator	Electrical Type	Description	Side
Group: (8 items)						
1			1	Input		Left
2			2	I/O		Left
3			3	Input		Bottom
4			4	Input		Bottom
5			5	Input		Right
6			6	Input		Right
7			7	Input		Top
8			8	Input		Top

图 2-6 “Symbol Wizard”对话框

（2）“模式”命令

选择“模式”命令后，弹出如图 2-7 所示的“模式”菜单，在此可为指定元件添加一个新的视图模式。在原理图元件库中选中一个自制元件，单击“工具”菜单后选择“模式”→“添加”命令，系统会自动进入一个新的自制元件窗口，在此绘制当前元件的新视图模式；再选择菜单“工具”→“模式”，弹出如图 2-8 所示的“模式”菜单，此时多了一个当前元件的视图模式；单击“添加”命令，可以再为当前元件添加一个新视图模型。单击“移除”命令可以删除新建的视图模式，单击“前一个”或“下一步”命令可以在当前元件的视图模式中前后切换。此子菜单的功能也可以用如图 2-9 所示的“模式”工具栏来实现，如果当前元件库文件中无此工具栏，可单击“视图”菜单，选择“工具栏”→“模式”命令来调出此工具栏。

（3）“文档选项”命令

选择“文档选项”命令后，弹出如图 2-10 所示的“Library Options”（元件库选项）对话框，其中主要选项的功能如下。

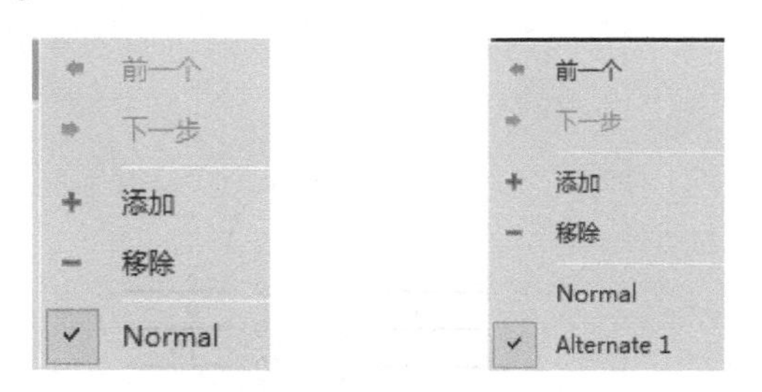

图 2-7 “模式”菜单 1　　图 2-8 “模式”菜单 2

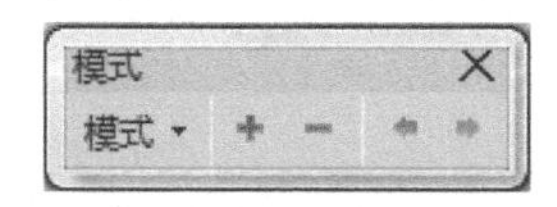

图 2-9 “模式”工具栏

图 2-10 “Library Options”对话框

1）“Selection Filter”（选择过滤器）选项组：可高效过滤具有相同性质的信息，其功能和绘图工具栏的选择过滤器图标一致，此功能将在下面的绘图工具栏中详细介绍。

2）“General”（常用）选项组：设置元件库常用的基本信息，主要选项内容如下。

- “Units”（单位）。设置当前图纸标注单位，mm 表示公制，mils 表示英制。
- “Visible Grid”（可视网格）。设置可见网格尺寸。
- “Snap Grid”（捕获网格）。设置捕获网格尺寸。
- “Sheet Border”（图纸边框）。设置图纸边界颜色。
- “Sheet Color”（图纸颜色）。设置当前图纸颜色。
- “Show Hidden Pins”（显示隐藏引脚）。显示隐藏引脚。
- “Show Comment/Designator”（显示注释/元件号）。显示注释/元件号。

3．绘图工具栏

打开原理图库文件系统会自动弹出绘图工具栏，如图 2-11 所示。其中各个工具按钮的功能说明如下。

图 2-11　绘图工具栏

1）（选择过滤器）。其功能是高效过滤具有相同性质的信息。选中选择过滤器，出现如图 2-12 所示的属性信息。在此可以选择编者需要编辑的信息，包括“Pins”（引脚）、“Texts”（文本）、“Parameters”（参数）、“Lines”（线）、“Arcs”（弧）、“Rectangles”（矩形）、“Regions”（层）、“Other”（其他）。选择过滤器可以搭配其余工具共同使用。

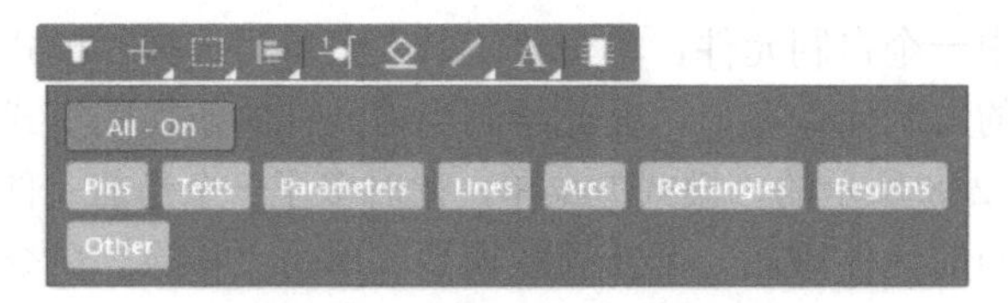

图 2-12　选择过滤器选项属性信息

2）（移动对象）。其功能是移动所选择的对象，右击该按钮出现其下级命令，如图 2-13 所示，其功能和原理图的移动功能相似。例如，在原理图编辑电路中绘制如图 2-14 所示元件：单击选择过滤器中的“Pins”按钮，选择过滤器图标显示绿点，表示此功能未被启动，如图 2-15 所示。选中已经编辑好的元件，则除了引脚外其余所有内容都被选中，如图 2-16 所示。此时可以使用移动对象功能进行编辑，在编辑的过程中不论怎样移动，元件的引脚都是不能操作的。

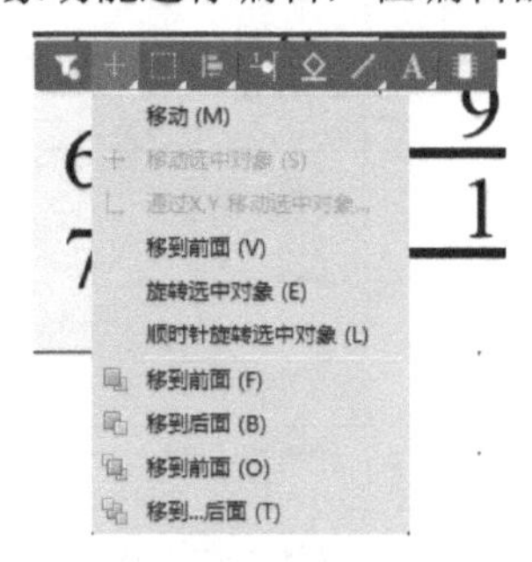

图 2-13　“移动对象”的下级命令

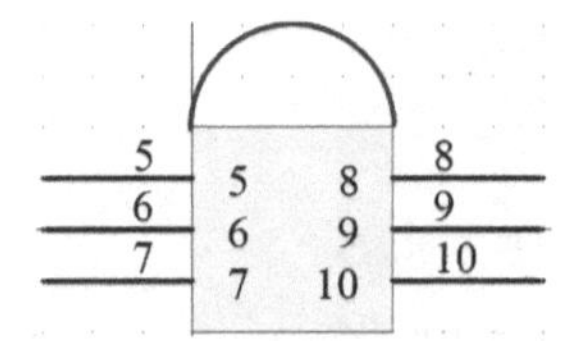

图 2-14　选择过滤器和移动对象功能绘制元件图

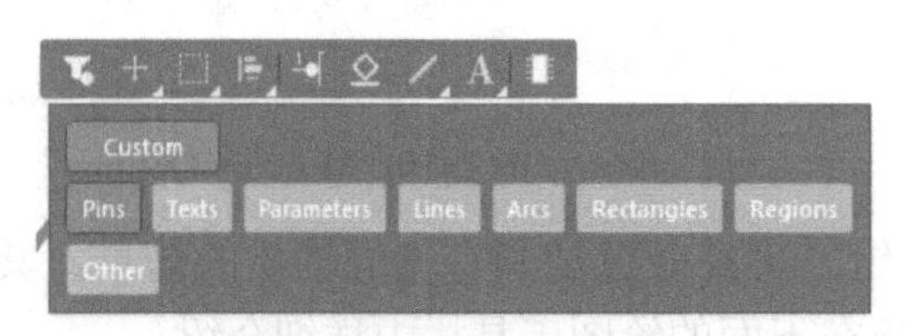

图 2-15　选择过滤器中未启用“Pins”功能

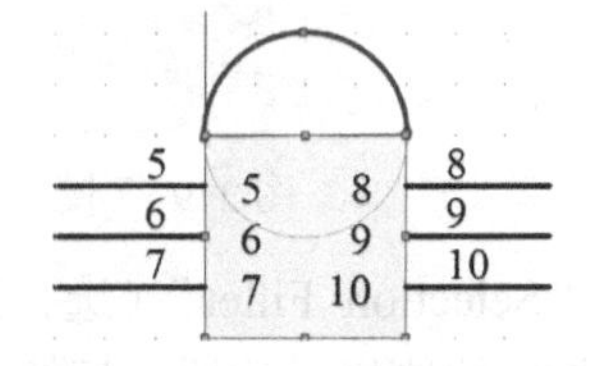

图 2-16　选中过滤器过滤引脚信息

3）（以 Lasso 方式选择）。用以按任意形状、任意角度选择需要编辑的内容，右击出现其下级命令，如图 2-17 所示，其功能和原理图编辑器的选择功能相似。

4）（排列对象）。以设定的方式排列需要编辑的内容，右击将其排列功能展开，如图 2-18 所示，其功能和原理图主菜单排列功能相似。

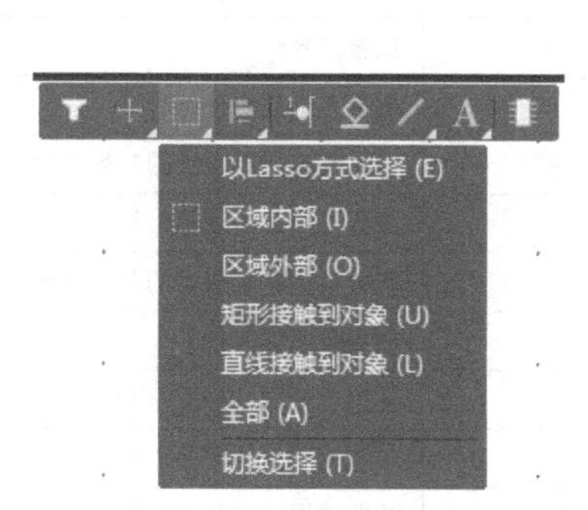

图 2-17 “以 Lasso 方式选择”的下级命令

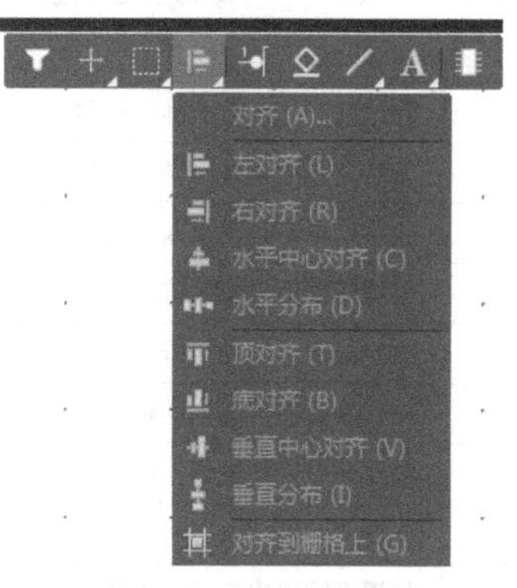

图 2-18　排列对象拓展功能

5）（放置引脚）。绘制元件的引脚，其引脚是具有电气功能的。

6）（放置 IEEE 符号）。单击此按钮，可添加 IEEE 符号。

7）（放置线）。绘制任意形状的线及元件的外形，其性质没有任何电气功能，右击出现其下级命令，如图 2-19 所示。其功能和原理图编辑器的“放置”功能相同，如图 2-20 所示。其中贝塞尔曲线是计算机图形图像造型的基本工具，是图形造型运用最多的基本线条之一，利用它可以方便绘制元件外形。它通过控制曲线上的 4 个点（起始点、终止点以及两个相互分离的中间点）来创建、编辑图形，绘制后选中该曲线可调整 4 个点进一步调整曲线的形状。

8）（放置字符串）。其功能是编辑字符或文本内容，右击出现其下级命令，如图 2-21 所示，其功能和原理图主菜单文本字符串功能相似。

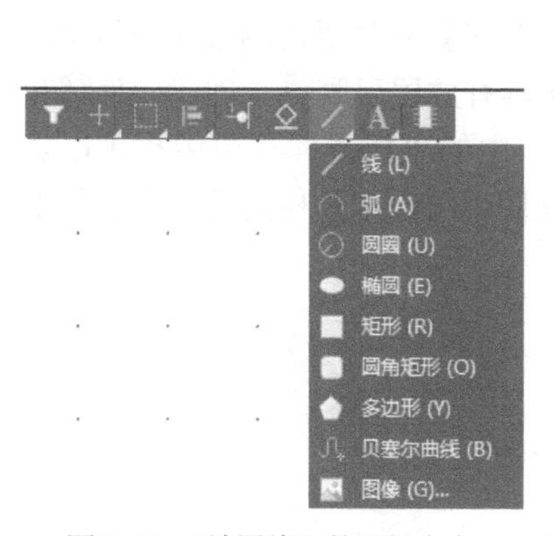

图 2-19 “放置线”的下级命令

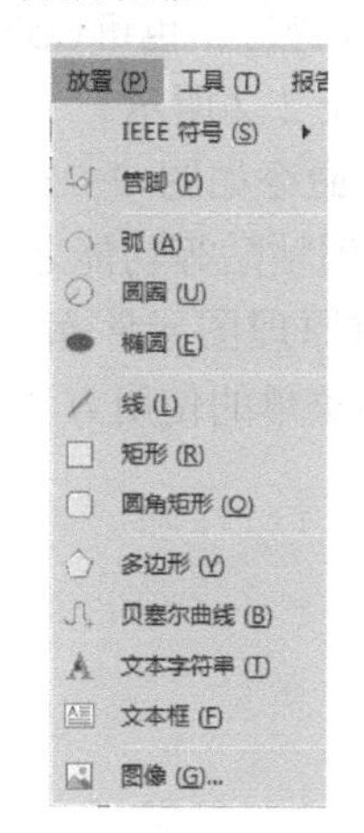

图 2-20　原理图编辑器的“放置”

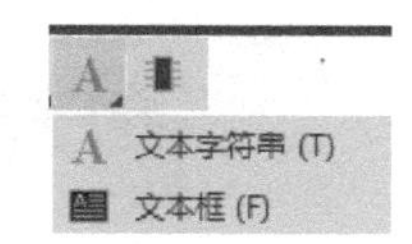

图 2-21 “放置字符串”的下级命令

9）（添加元件部件）。其功能是添加元件子部件。

4．IEEE 符号工具栏

单击元件库编辑器中“放置”菜单，选择“IEEE 符号”命令，可以显示 IEEE 符号工具栏。IEEE 符号通常用来表示元件某个引脚的输入或者输出的属性，便于分析电路图。IEEE 的内容通常与电子电气设备、实验方法、元件、符号、定义以及测试方法等相关。IEEE 符号图标及其功能如表 2-1 所示。

表 2-1 IEEE 符号图标及其功能

IEEE 符号图标	IEEE 符号功能	IEEE 符号图标	IEEE 符号功能
○	放置低电平触发符号	⌐▷	放置低电平触发输出符号
←	放置向左的信号流标识符号	π	放置符号π
⊳	放置上升沿触发时钟脉冲符号	≥	放置大于且等于符号
⊣[	放置低电平触发输入符号	◇	放置具有提高阻抗的开集性输出符号
⌂	放置模拟信号输入符号	◇	放置开路发射极输出符号
⋇	放置元逻辑性连接符号	◇	旋转具有电阻接地的开射极输出符号
¬	放置有暂缓性输出的标识符号	#	放置数字输入信号
◇	放置具有开集性输出的标识符号	▷	放置反相器的标识符号
▽	放置高阻抗状态符号	◁▷	放置双向信号的标识符号
▷	放置高输出电流的标识符号	◁-	放置数据向左移动的标识符号
⎍	放置脉冲符号	≤	放置小于等于符号
⊢⊣	放置延时符号	Σ	放置符号Σ
]	放置多条 I/O 线组合符号	⊓	放置施密特触发输入特性的标识符号
}	放置二进制组合的符号	-▷	放置旋转数据右移的标识符号

5. 应用工具栏

单击“视图”菜单，选择“工具栏”→“应用工具”命令，弹出如图 2-22 所示的“应用工具”工具栏。此工具栏提供了绘制原理图自制元件时使用的工具，包括 IEEE 符号按钮、绘图工具按钮、设置网格按钮和元件模型管理按钮，主要功能如下。

1）IEEE 符号按钮：单击 IEEE 符号按钮，弹出如图 2-22 所示的“应用工具”工具栏，包括与门、非门、或门等相关的电气符号。也可以选择菜单“放置”→“IEEE 符号”来放置 IEEE 符号。各个 IEEE 符号的含义如表 2-2 所示。

2）绘图工具按钮：绘图工具及下级命令如图 2-23 所示，除了具有与原理图编辑器的绘图工具栏相似的图形绘制、字符修饰、阵列粘贴等功能之外，还具有放置引脚、创建元件和添加器件部件功能。这些功能在当前原理图元件库文件窗口中的“放置”菜单中也可以实现，如表 2-2 所示。此工具栏中图标和菜单的使用方法与原理图中绘图工具栏的操作方法基本一致。

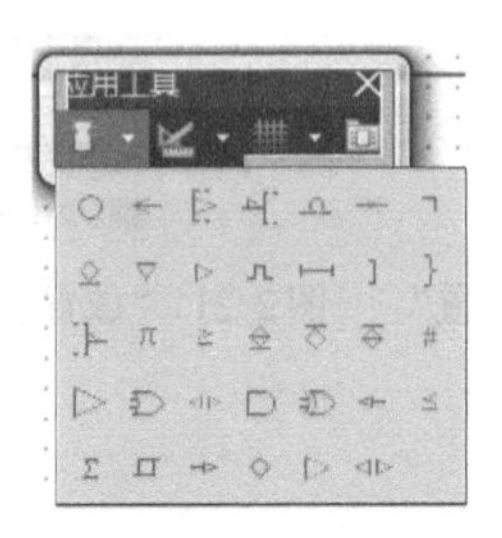

图 2-22 “应用工具”工具栏

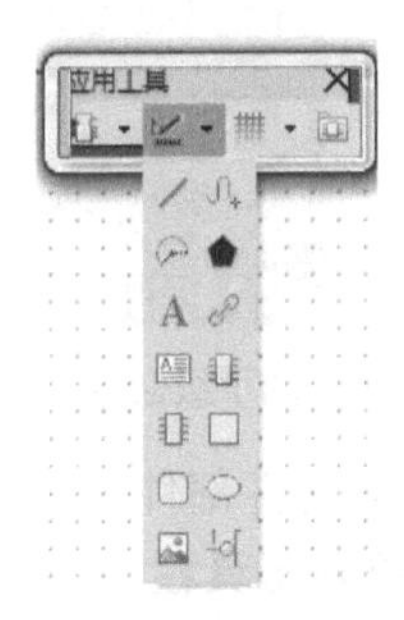

图 2-23 绘图工具及下级命令

表 2-2　绘图工具按钮与功能以及对应的菜单操作

按钮	功能	对应的菜单操作
	绘制直线	放置→线
	绘制贝塞尔曲线	放置→贝塞尔曲线
	绘制椭圆弧线	放置→弧
	绘制多边形曲线	放置→多边形
	放置字符串	放置→文本字符串
	创建新元件	工具→新器件
	放置文本框	放置→文本框
	添加器件部件	工具→新部件
	绘制直角矩形	放置→矩形
	绘制圆角矩形	放置→圆角矩形
	绘制椭圆形或圆形	放置→椭圆
	插入图片	放置→图像
	放置引脚	放置→引脚

3）设置网格按钮：单击设置网格按钮，弹出如图 2-24 所示的设置网格图标下级命令，在此设置原理图元件库文件工作区的网格格式。

4）元件模型管理按钮：单击按钮，弹出如图 2-25 所示的“模型管理器”对话框，在此添加自制元件的相应模型，并且可以对元件进行封装值的添加、元件的删除及编辑。

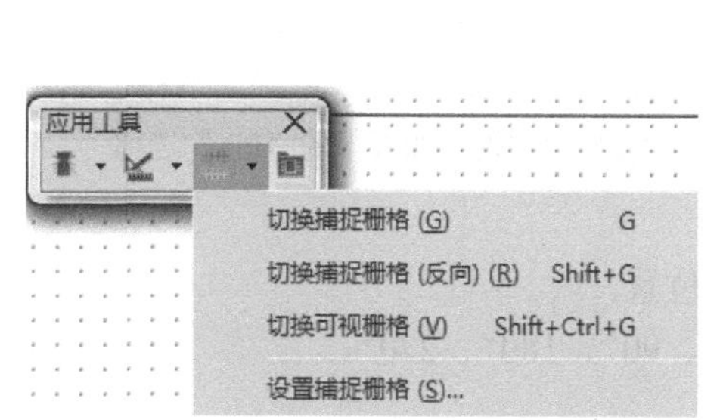

图 2-24　设置网格图标的下级命令

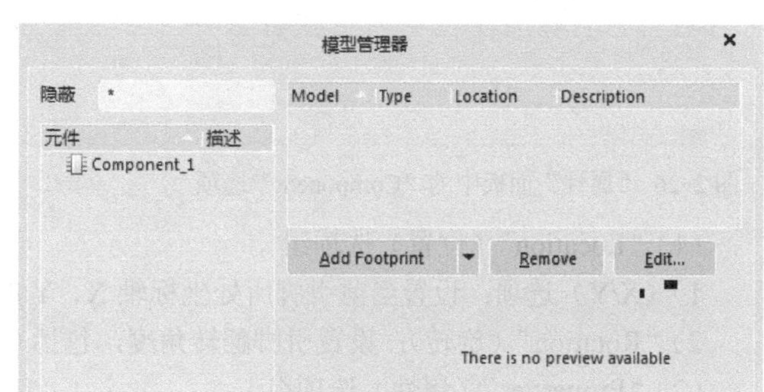

图 2-25　“模型管理器”对话框

2.2　绘制原理图自制元件

2.2.1　绘制独立元件

1．命名原理图自制元件

打开原理图元件库文件，系统会自动新建一个自制元件，并以 Component_1 命名，在“SCH Library”（原理图元件库）面板中，单击“编辑”选项，弹出如图 2-26 所示“属性”面板中的“Component”（元件）选项，在“General”（常规设置）选项组中的“Properties”（属性）选项中，找到“Design Item ID”（设计项目 ID）文本框，从中输入新的元件名称，此时在

“SCH Library”（原理图元件库）面板中显示出新的元件名称。

2．绘制自制元件

单击“放置”菜单并选择“引脚”命令，或单击工具栏中按钮，都可以放置元件引脚；在放置引脚过程中〈Tab〉键，或者双击已放置的引脚，都可弹出如图 2-27 所示的属性面板中的“Pin”（引脚）选项，其中“General”（常规设置）选项区功能如下。

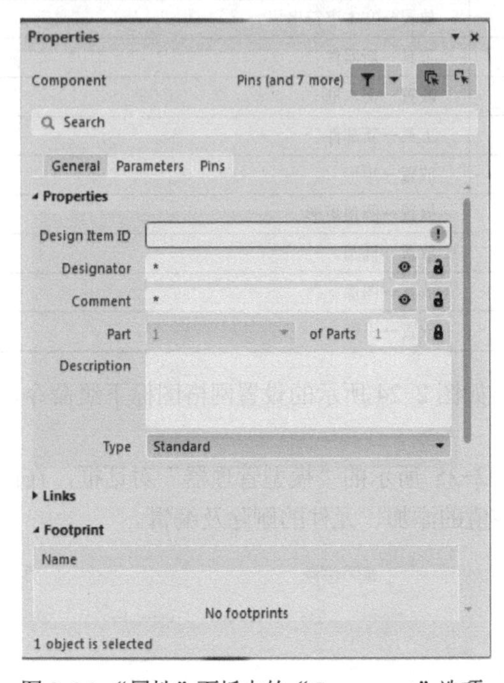

图 2-26 “属性”面板中的“Component”选项

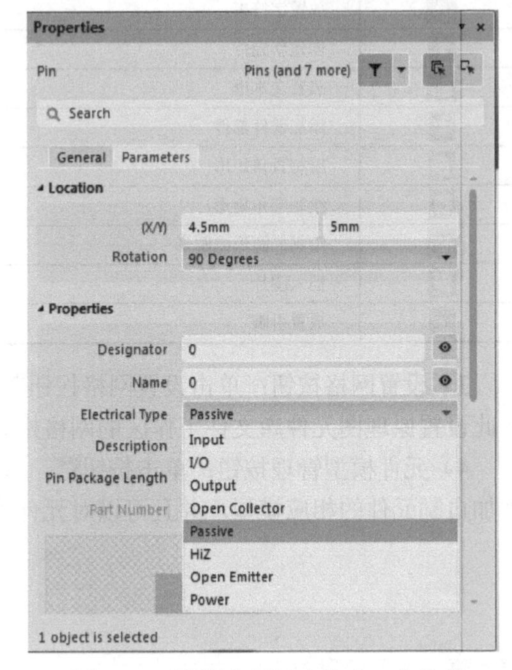

图 2-27 “属性”面板中的“Pin”选项

（1）“Location”（位置）选项组

1）（X/Y）选项：设置当前引脚所处坐标轴 X、Y 的位置。

2）“Rotation”（旋转）：设置引脚翻转角度，包括 0°、90°、180°、270°。

（2）“Properties”（属性）选项组

1）“Designator”（标识）选项：设置元件引脚标识。用于显示当前引脚标识；用于隐藏当前引脚标识。

2）“Name”（名称）选项：设置元件引脚名称。用于显示当前引脚名称；用于隐藏当前引脚名称。

3）“Electrical Type”（电气类型）选项：选择引脚的电气类型。

4）“Description”（描述）选项：设置引脚描述。

5）“Pin Package Length”（封装引脚长度）选项：设置引脚封装长度。

6）“Part Number”（子件编号）选项：选择复合封装的元件中包括的子件号。

7）“Pin Length”（引脚长度）选项：设置引脚长度。

8）“Hide”（隐藏）选项：选中此项后，可以隐藏当前引脚。

（3）“Symbols”（标志）选项组

设置引脚的电气特性，包括“Inside”（引脚在元件内部的表示符号）、“Inside Edge”（引脚在元件内部边框上的表示符号)、“Outside Edge”(引脚在元件外部边框上的表示符号)、“Outside”(引脚在元件外部的表示符号)、“Line Width”(引脚宽度)5 个选项，单击其右侧的下拉按钮，从中选择相应符号即可。

(4)“Font Settings”(字体设置)选项组

1)“Designator”(标识)选项：设置自定义元件引脚标识，在“Custom settings”(自定义设置)中的“Font settings”(字体设置)选项中设置字体、字号、粗体、斜体、下画线、横杠线。选中“Custom Position”(自定义位置)的对话框，可以设置以下参数。

- “Margin”(边界)。设置元件引脚标识距离元件引脚的长度。
- “Orientation”(方向)。设置元件引脚标识的方向。
- “To”(去向)。设置元件引脚标识的去向，可以通过下拉列表选择引脚或元件。

2)“Name”(名称)选项：设置自定义元件引脚名称，在“Custom settings”(自定义设置)中的“Font settings”(字体设置)选项中设置字体、字号、粗体、斜体、下画线、横杠线。在“Custom Position”(自定义位置)选项中，设置以下参数。

- “Margin”(边界)。设置元件引脚名称距离元件引脚的长度。
- “Orientation”(方向)。设置元件引脚名称的方向。
- “To”(去向)。设置元件引脚名称的去向，可以通过下拉列表选择引脚或元件。

2.2.2　绘制复合元件

单击“SCH Library”面板中元件选项区中的“添加”按钮，添加一个新元件，并在此元件右侧的工作区中绘制其外形和引脚；或单击“工具”菜单并选择“新部件”命令，此时当前元件名称的左侧出现折叠按钮，单击此按钮，在当前自制元件下方出现 3 个子件 Part A、Part B 和 Part C；单击 Part B，进入其工作区中绘制第 2 个子件，如图 2-28 所示。还可用工具栏中的“添加器件部件”图标▮，根据实际要求来新建多个子件。如果想删除多余子件，只需要在右侧工作区中选中需要删除的子件，单击面板下方的“删除”按钮即可，如图 2-29 所示。

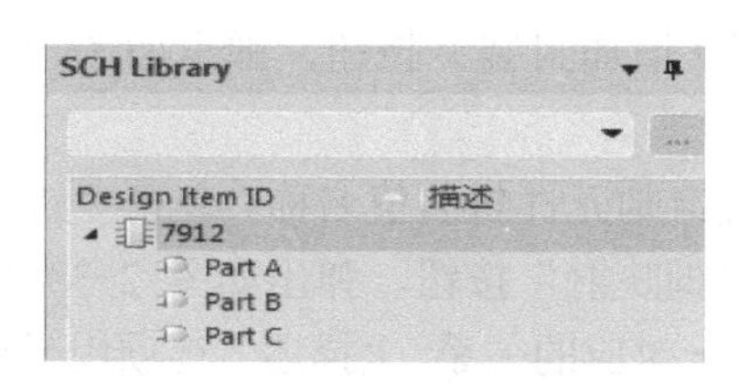

图 2-28　新建一个复合元件

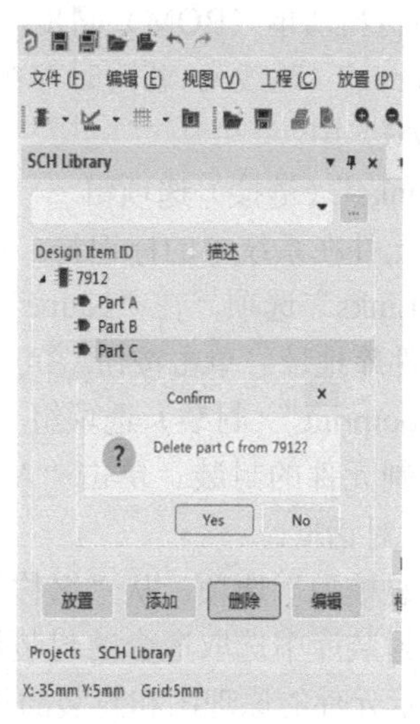

图 2-29　删除一个复合元件

2.3 设置自制元件属性

绘制好元件，单击窗口左侧的“SCH Library”面板，单击面板右下角的“编辑”按钮，弹出“属性”面板中的“Component”（元件）选项，如图 2-30 所示。

2-5 设置自制元件属性

1. “General”（常规）设置选项区

（1）“Properties”（属性）选项组

1）“Design Item ID”（设计项目 ID）选项：设置元件名称。

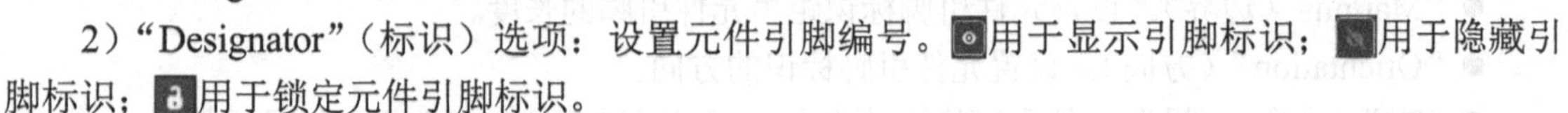

2）“Designator”（标识）选项：设置元件引脚编号。用于显示引脚标识；用于隐藏引脚标识；用于锁定元件引脚标识。

3）“Comment”（注释）选项：设置元件注释内容。用于显示元件注释内容；用于隐藏元件注释内容；用于锁定元件注释内容。

4）“Part of Parts”（子部件的子件）选项：设置元件的子部件的子件。用于锁定当前元件的子件。

5）“Description”（描述）选项：设置元件的描述内容。

6）“Type”（类型）选项：设置元件的类型，可以选择以下类型。

- “Standard”（标准）。装配到电路板上的标准电气元件，总是与材料清单（BOM）同步。
- “Mechanical”（机械）。非电气类型，若同时存在于原理图和 PCB 文档中，则总会与材料清单（BOM）同步。
- “Graphical”（绘图）。非电气元件。它不包含或同步在材料清单（BOM）中。
- “Net Tie（In BOM）”[网络约束（在材料清单中）]。短路用的跳线用于在布线时将两个或多个网络连接到一起，并在相同位置提供短路功能。它总是包含或同步在材料清单（BOM）中。
- “Net Tie（No BOM）”[网络约束（不在材料清单中）]。根据电路需要放置或不放置短路跳线。它总是与材料清单（BOM）同步，但不包含在材料清单（BOM）中。
- “Standard（No BOM）”[标准（不在材料清单中）]。装配到电路板的标准电气元件，总是与材料清单（BOM）同步，但不包含在材料清单（BOM）中。
- “Jumper”（跳线）。若同时存在于原理图和 PCB 文档中，则总是包含或同步在材料清单（BOM）中。

（2）“Links”（链接）选项组

设置库元件在系统中的标识符。单击“Add”（增加）按钮，出现如图 2-31 所示“属性”面板中的“Links”选项，在“Name”（名称）文本框中输入元件名称，在“Url”（地址）文本框中输入元件库地址。单击按钮可进行编辑修改，单击按钮可删除信息。

（3）“Footprint”（封装）选项组

设置自制元件的封装。单击“Add Footprint”（增加封装）按钮，弹出如图 2-32 所示的“PCB 模型”对话框。

1）“封装模型”选项：从“名称”文本框设置自制元件封装值名称。单击“浏览”按钮，在已存在的封装库中选取适合的封装值。单击“引脚映射”按钮，弹出如图 2-33 所示的对话框，在此显示元件的原理图和封装的每一个引脚一一对应的关系。“描述”选项用于设置自制元件封装模型的描述。

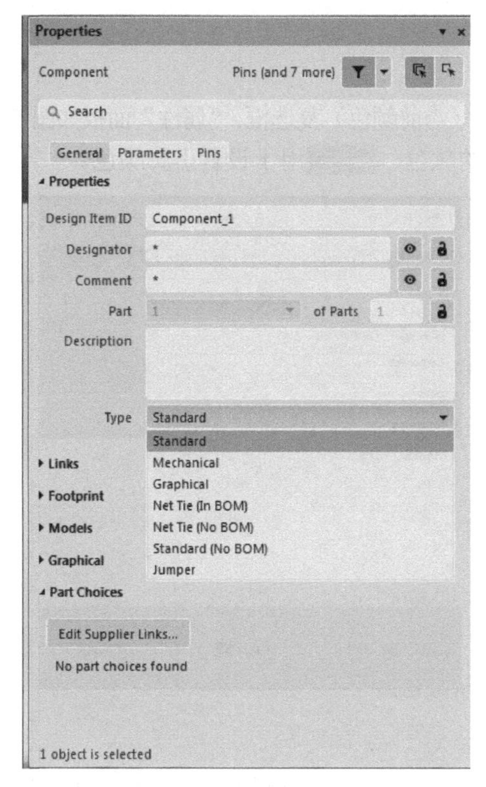

图 2-30　“属性”面板中的“Component”选项

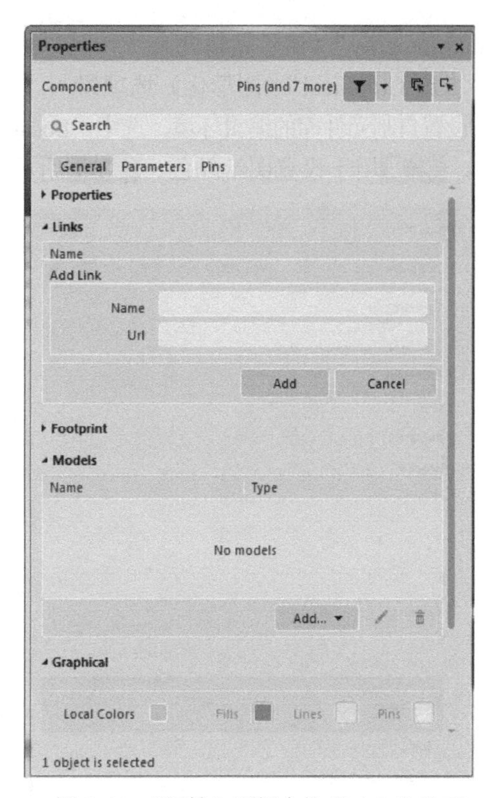

图 2-31　“属性”面板中的“Links”选项

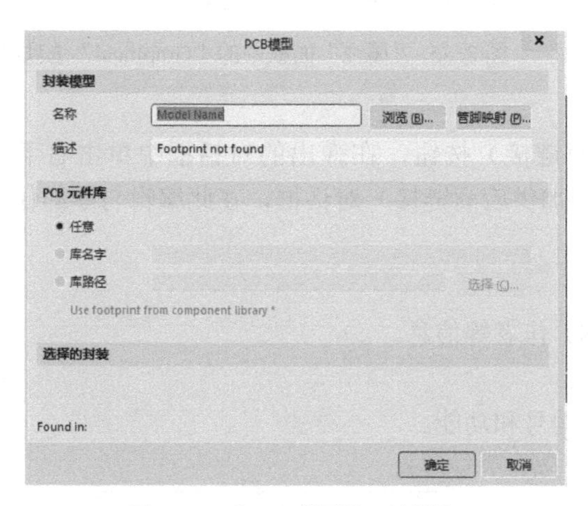

图 2-32　“PCB 模型”对话框

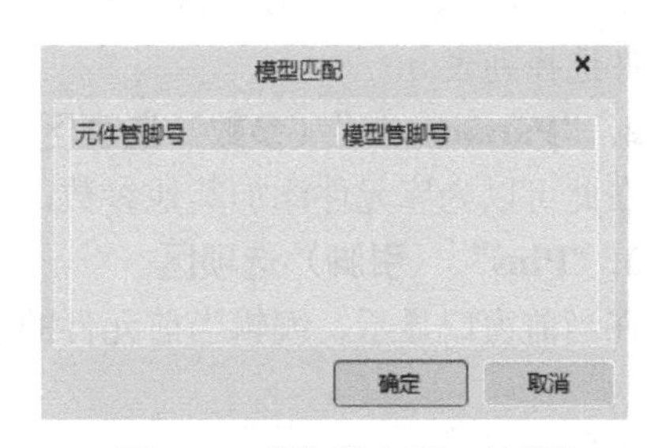

图 2-33　“模型匹配”对话框

2）“PCB 元件库”选项：选项功能如下。

- 任意。指定存放位置为任意。
- 库名字。指定存放位置为 PCB 元件库名。
- 库路径。指定存放位置从相应目标中选择。

3）“选择的封装”选项：显示当前元件封装值的 2D 效果。

（4）“Models”（模型）选项组

单击“Add”（增加）按钮后“属性”面板如图 2-34 所示，可以为该库元件添加其他模型，如“Pin Info”（引脚信息）、“Simulation”（仿真）模型、“Ibis Model”（IBIS 模型）、

“Signal Integrity”（信号完整性）。

（5）“Graphical”（图形化）选项组

设置自制元件库的编辑环境，选中“Local Colors”（当前颜色）复选框，“属性”面板如图 2-35 所示，Fills 用于设置图纸颜色、Lines 用于设置线的颜色、Pins 用于设置引脚颜色。

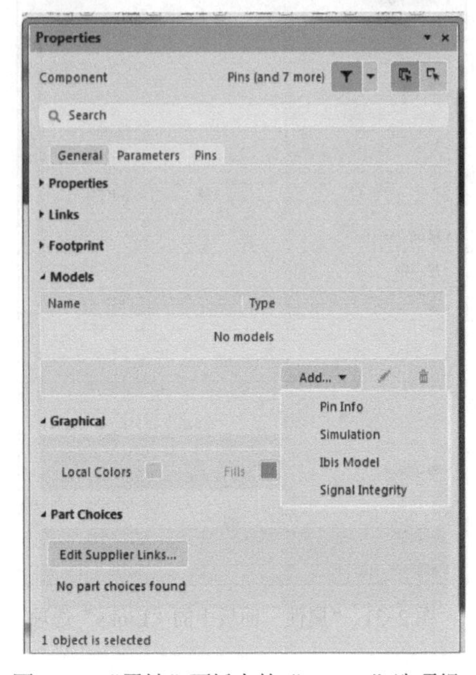

图 2-34 “属性”面板中的“Models”选项组

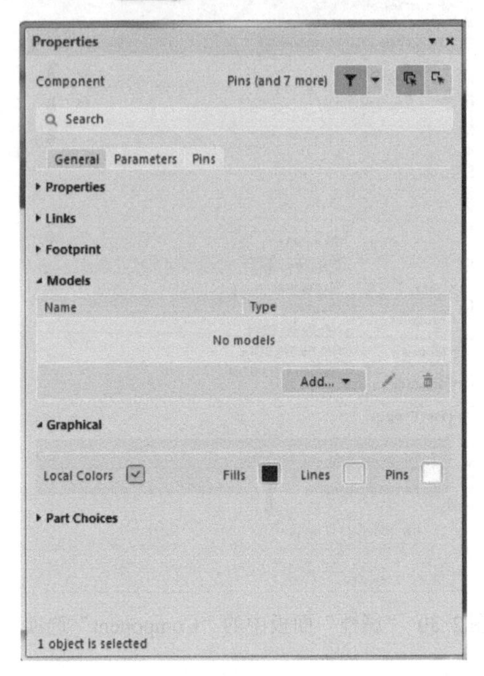

图 2-35 “属性”面板中的“Graphical”选项组

（6）“Part Choices”（零件选择）选项组

单击“Edit Supplier Links”（编辑供应商链接）按钮，在弹出的对话框中单击右下角的 Add 按钮，弹出“Add Supplier Links”（增加供应商链接）对话框，在此编辑与零部件关联的零件选择列表。

2．“Parameters”（参数）选项区

在此可以为库元件添加其他参数，如版本、作者等信息。

3.“Pins”（引脚）选项区

在当前窗口显示、编辑当前元件的引脚的编号和功能。

2.4 应用自制元件

在当前原理图元件库文件中可以新建多个自制元件。当所有元件绘制完成后，选择菜单“文件”→“保存”命令，在弹出的对话框中输入原理图元件库文件名称和路径即可。此时，在 SCH Library 面板中的“Schematic Library Document”子目录下会显示出原理图自制元件库文件名称。

单击“SCH Library”面板，单击面板右下角的“放置”选项，就可以灵活调用已经编辑好的元件到已存在的原理图中。或在电路原理图编辑器的工作区中，单击右侧的“Components”（元件）面板，在元件库选项框中选择当前项目中的原理图元件库文件“×××.SchLib”，从出现的下拉列表中分别选取需要调用的自制元件。

【项目实施】

2.5 绘制稳压电源原理图

2.5.1 绘制自制元件

在 PCB 项目中新建原理图元件库文件“自制元件.SchLib”：单击“文件”菜单，选择“新的”→“库”→“原理图库”命令。单击工具栏中的按钮，在弹出的保存文件对话框中输入“自制元件”文件名，单击“OK”按钮，则新建了一个原理图元件库文件。

1. 绘制自制元件“7912”

单击原理图元件库文件窗口左侧的“SCH Library”面板，可以看到自动新建的自制元件“Component-1”。单击该面板右下角的“编辑”选项，弹出“属性”面板。单击此面板中“General”（常规设置）选项区中的“Properties”（参数）选项组，在“Design Item ID”选项右侧文本框中输入当前元件新名称“7912”，此时“SCH Library”面板中显示当前元件库中有一个自制元件，即“7912”。绘制当前自制元件“7912”的操作过程如下。

1）绘制“7912”元件外形：在原理图元件库文件工作区中，单击菜单“放置”并选择“矩形”命令，光标变为十字形且有一个矩形随光标一同移动；单击当前工作区的坐标原点，再向右上方拉动光标，最后单击坐标点（X:800mil Y:400mil），确定元件的外形大小，如图 2-36a 所示，在空白处右击结束元件外形的绘制。也可利用绘图工具栏中的“放置线”图标实现此功能。

2-6
绘制自制元件
7912

2）添加“7912”元件引脚：单击菜单“放置”，选择“引脚”命令，光标变为十字形且有一个引脚随光标一同移动，引脚与十字光标交叉处有一个叉点，是当前引脚的电气节点；按一次〈Space〉键，将引脚旋转到图 2-36b 所示角度，即旋转后将引脚的电气节点向外，并把引脚移动到图 2-36b 所示元件外形的适当位置；按〈Tab〉键，在图 2-37 中设置引脚属性完成属性设置，用同样的方法放置其余两个引脚。

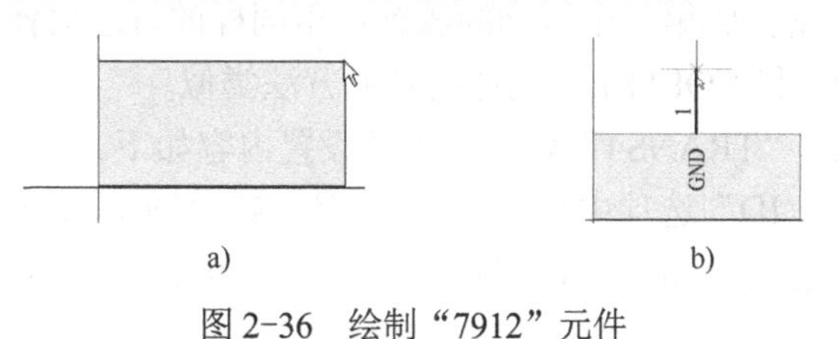

a)　　b)

图 2-36　绘制“7912”元件
a) 绘制 7912 外形　b) 添加 7912 引脚

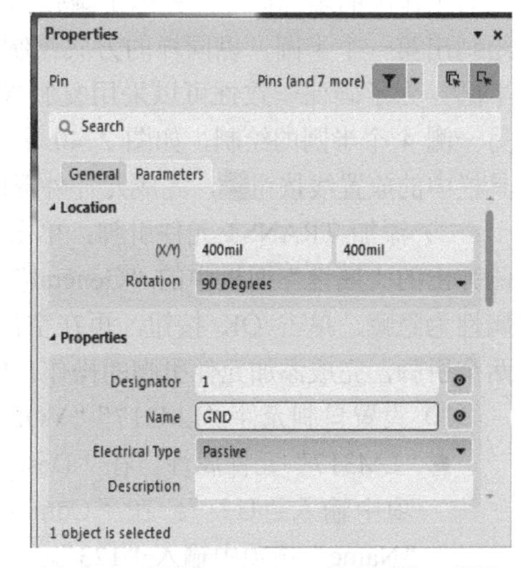

图 2-37　设置“7912”元件的引脚 1 属性

3）设置“7912”元件属性：单击“SCH Library”面板右下角的“编辑”选项，在右侧弹出的“属性”面板中“General”的“Designator”的文本框中输入“U？”；在“Comment”选项右侧文本框中输入“7912”，如图 2-38 所示。在“Footprint”中单击“Add”按钮，在弹出的“PCB 模型”对话框中的 Name（名称）文本框中输入“123”，即设置元件封装名称。在“属性”面板的“Pin”中编辑元件的引脚信息，如图 2-39 所示。

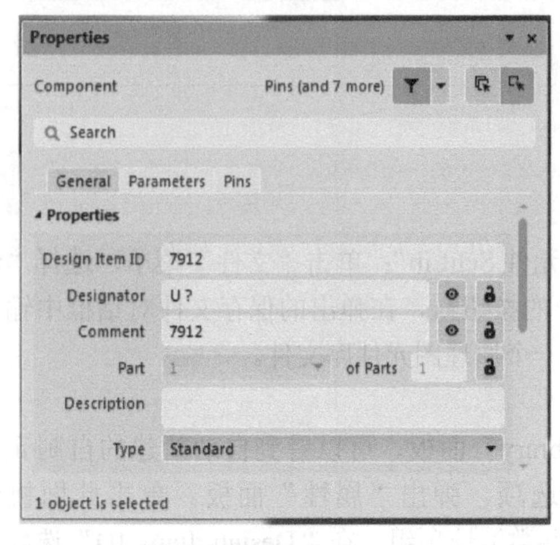

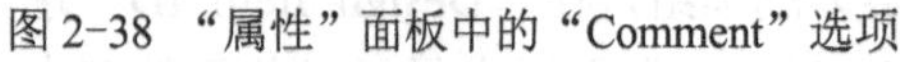
图 2-38 “属性”面板中的“Comment”选项

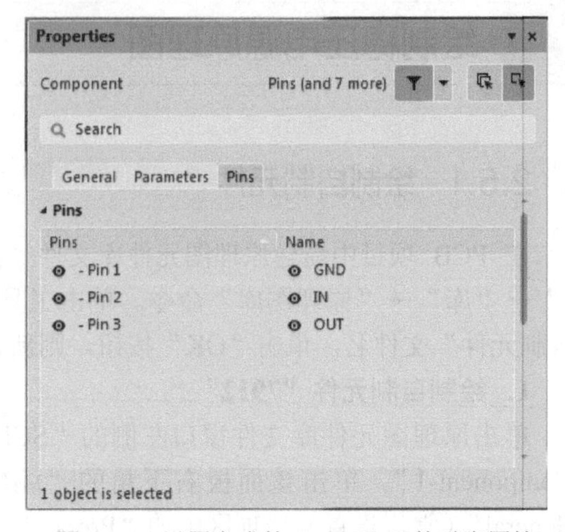

图 2-39 设置完成的“7912”元件引脚属性

2．绘制其余自制元件“LM317”“VOLTREG”“TRANS4”

单击“工具”菜单并选择“新器件”命令，在弹出的“New Component”（新器件）对话框的名称处输入自制元件名称“LM317”。用该方法可以再新建两个自制元件，并分别命名为“TRANS4”和“VOLTREG”。绘制 TRANS4 元件的操作过程如下。

1）绘制 TRANS4 元件外形：在原理图元件库文件工作区中，单击菜单“放置”并选择“椭圆”命令，光标变为十字形且有一个圆弧随光标一同移动；单击当前工作区的坐标原点，先确定圆弧的半径为 50mil，绘制出第一个半圆，以同样的方式绘制出 4 个相同的半圆。为了确保一致性可以采用复制/粘贴的方式完成另一侧 4 个半圆的绘制，如图 2-40 所示。利用绘图工具栏中的放置线按钮▇，完成元件外形的绘制。

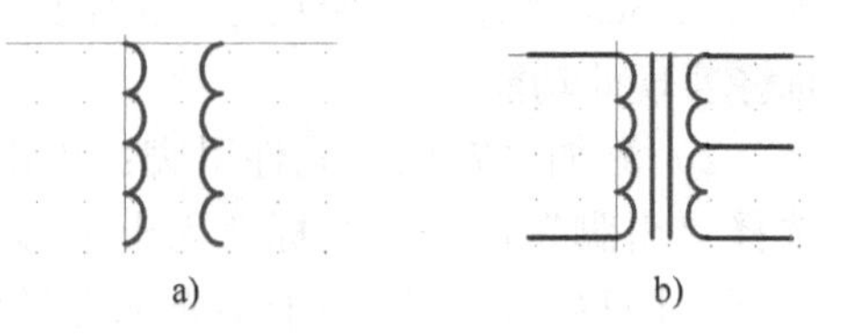

图 2-40 绘制 TRANS4 元件

a) 绘制 TRANS4 外形 b) 放置 TRANS4 引脚

2）添加 TRANS4 元件引脚：单击菜单“放置”并选择“引脚”命令，按〈Tab〉键，在右侧弹出的“属性”面板中的“General”（常规设置）的“Properties”（参数）选项区中设置引脚属性为隐藏，单击 OK 按钮，再在空白处单击完成第一个引脚的放置；用同样的方法放置其余两个引脚，完成添加元件引脚的操作。LM317 和 VOLTREG 元件绘制的方法类似。

3）设置自制元件“LM317”“VOLTREG”“TRANS4”属性，主要设置内容如下。

- “LM317”元件属性。在“Design Item ID”选项中输入“LM317”；在“Designator”选项中输入“U？”；在“Comment”选项中输入“LM317”；在“Footprint”选项组的“Name”选项中输入“123”。
- “VOLTREG”元件属性。在“Design Item ID”选项中输入“VOLTREG”；在“Designator”选项中输入“U？”；在“Comment”选项中输入“VOLTREG”；在“Footprint”选项组的“Name”选项中输入“123”。

- “TRANS4”元件属性。在“Design Item ID”选项中输入“TRANS4”；在“Designator”选项中输入“T？”；在“Comment”选项中输入“TRANS4”；在“Footprint”选项组的“Name”选项中输入“T”。

2.5.2　绘制原理图文件

1．放置原理图中其他对象

在原理图空白处单击右键（右击），在弹出的快捷菜单中选择“Place”→“Power Port”命令。此时光标上方出现电源符号，移动光标到合适位置处单击，即实现放置此符号，在空白处右击结束放置操作。双击这个电源符号，在弹出的“电源符号属性”选项的“Net”文本框输入电源符号的网络名称“+15V”。单击“OK”按钮，结束当前电源端口的放置。用同样的方法再放置网络名称为“-15V”“+5V”“+12V”“-12V”“GND1”“GND2”的电源符号。

2．调整原理图中对象的位置和方向

光标指向需要移动位置的元件上方，按住左键将其拖动至合适的位置后松开左键，同时可以配合按〈Space〉键旋转元件方向。用相同的方法，调整原理图中其余元件的位置和方向。结束调整位置操作，调整好对象位置的原理图如图 2-41 所示。

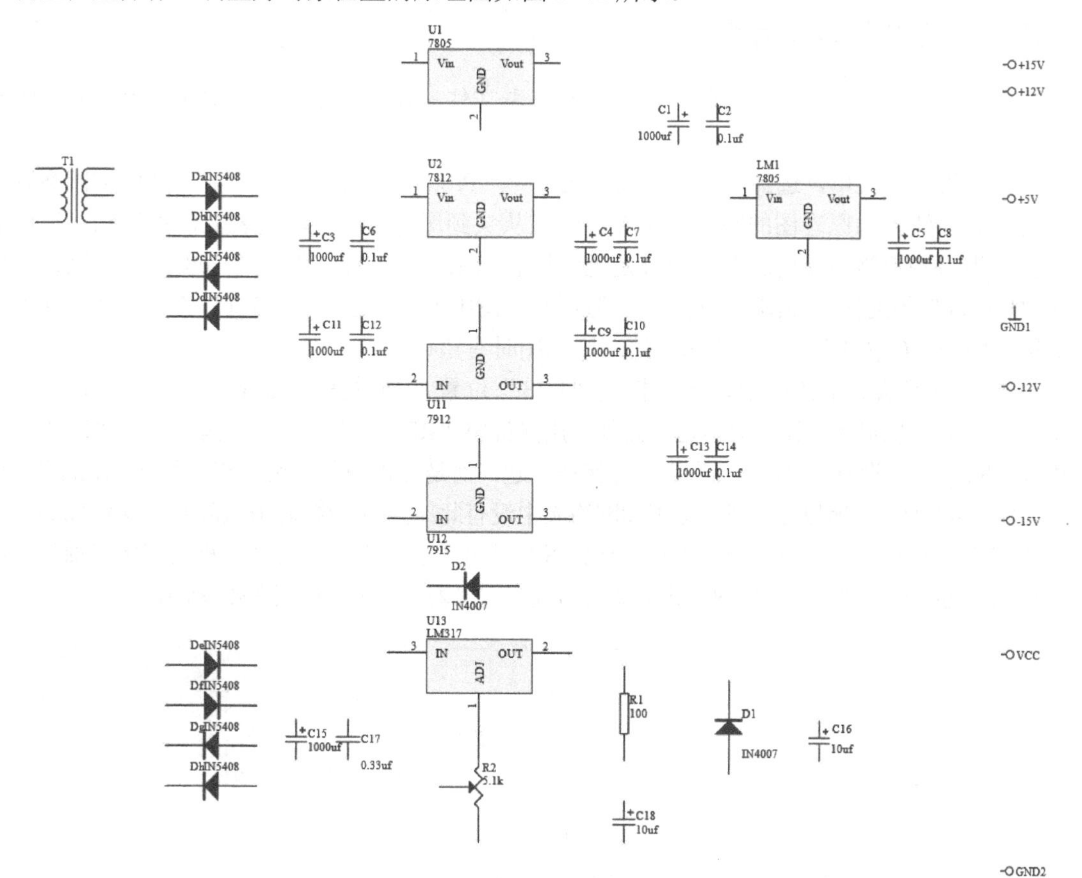

图 2-41　调整好对象位置的原理图

3．连接线路

在原理图空白处右击，在弹出的快捷菜单中选择“放置”→“线”命令。此时光标变为十字形，使用 1.5.6 节中的连接线路的方法，根据图 2-1 连接原理图中各对象引脚之间的导线，直到完成原理图中所有对象的连接。

4．保存文件

单击原理图标准工具栏中的按钮，弹出“保存文件”对话框，在文件名右侧的文本框中输入“原理图”，其扩展名是“SCHDOC”。光标指向当前项目文件，再单击“保存”按钮，保存当前项目文件。

2.5.3 编译项目文件

关于电路原理图的编译方式在 1.6 节中已经详细介绍了。在自制元件库窗口中单击菜单“工程”并选择“Compile PCB Project 可调直流稳压电源.PRJPCB”命令，也实现编译当前项目中的原理图文件和原理图元件库文件。编译时若没有弹出任何提示性对话框，说明当前原理图中没有错误。如果弹出“信息”对话框，用户可以按照 1.6.2 节中的方法来进行修改，直至无误再重新保存文件。若找不到“Messages”面板，可单击窗口右下角的“Panel”按钮，从中选择“Messages”面板。

2.5.4 生成元件库清单

原理图编译后若没有错误，就可以生成网络表文件，并生成项目原理图元件库、原理图元件库清单。

单击“设计”菜单，选择“工程的网络表”→“Protel”命令，生成当前原理图的网络表文件。对于元件较多的原理图的网络表文件，应该从头到尾检察一下网络表文件中的网络连接的正误，因为有些电路连线问题在编译时是无法检查出来的。例如，发现“NetC18_1”网络中缺少了“U13_1”的连接，如图 2-42 所示。但在原理图中 R2_2 是与“U13_1”连接在一起并连接到此网络中的“C18_1”上的，说明在绘制原理图时有错误。

回到原理图编辑工作区中，光标指向“U13”位置，同时按〈PgUp〉键。这时，窗口以“U13”为中心，以最大的比例显示这个元件。用光标将“R2”向左侧移开一些，发现“R2”上方的引脚“R2_2”并没有与“U13_1”真正连接在一起，而是互相搭在一起，没有实现真正的电气连接，如图 2-43 所示，所以在生成的原理图网络表中没有此部分网络连接的描述内容。将“U13_1”和“R2_2”重新真正连接在一起，再重新连接好导线并重新保存当前文件。重新编辑当前原理图后，再生成网络表文件，这部分网络连接就会出现在网络表文件中，如图 2-44 所示。

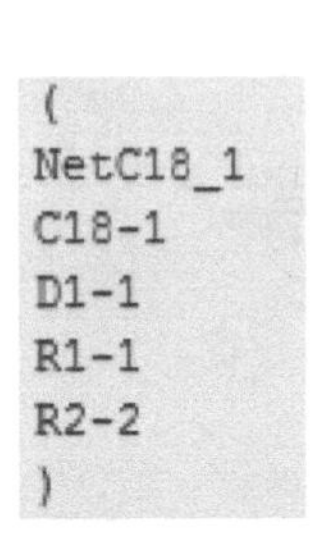

图 2-42　网络表中“NetC18_1”网络连接

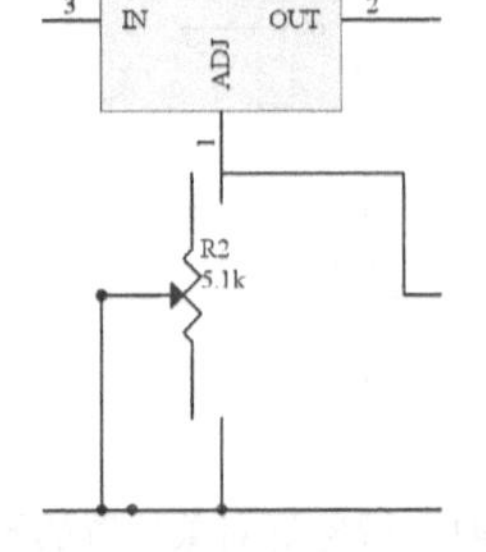

图 2-43　“R2_2”与“U13_1 ”虚接

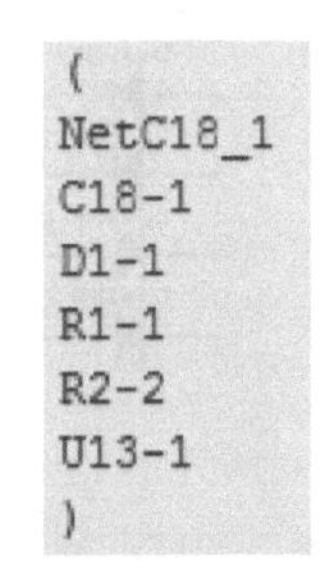

图 2-44　修改后的“NetC18_1”网络内容

1．生成项目原理图元件库

打开当前项目中的原理图文件，单击菜单“设计”并选择“生成原理图库”命令，弹出图 2-45 所示“Component Grouping”（元件分组）对话框。“Parameter Name”（参数名称）选项组中包括“Comment”（元件）、“Description”（描述）、“Value”（幅值）、“LatestRevisionDate”（最后修订日期）、“LatestRevisionNote”（最后修订文献）、“Published”（出版）、“Publisher”（出版者）选项。可以通过“Check”（检测）下面的按钮☑进行选中。系统默认选中前 3 项。生成的项目元件库以当前项目名来命名，且此文件扩展名为“.SCHLIB”，如图 2-46 所示。

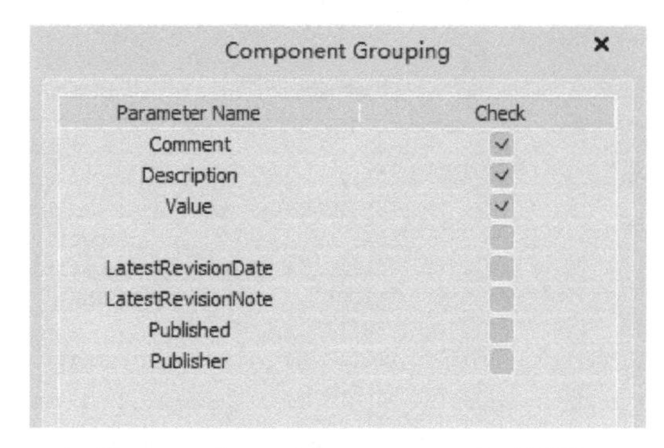

图 2-45　“Component Grouping”对话框

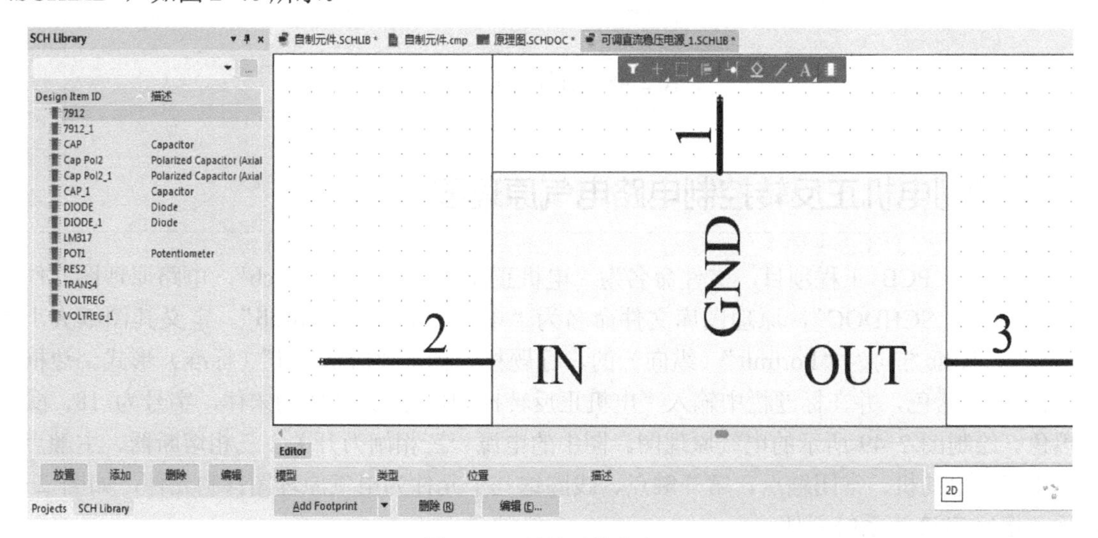

图 2-46　项目元件库窗口

2．生成元件库的器件文件

在原理图元件库文件中，打开自制元件。单击菜单“报告”并选择“器件”命令，弹出如图 2-47 所示的“自制元件.cmp”文件窗口，其中列出了当前元件的个数、元件组名称、引脚属性等细节信息。

3．生成元件库的列表文件

选择菜单“报告”→“库列表”命令，弹出如图 2-48 所示的当前元件库列表。其中列出了当前原理图元件库中所有元件的名称及相关描述，此文件扩展名是“rep”。

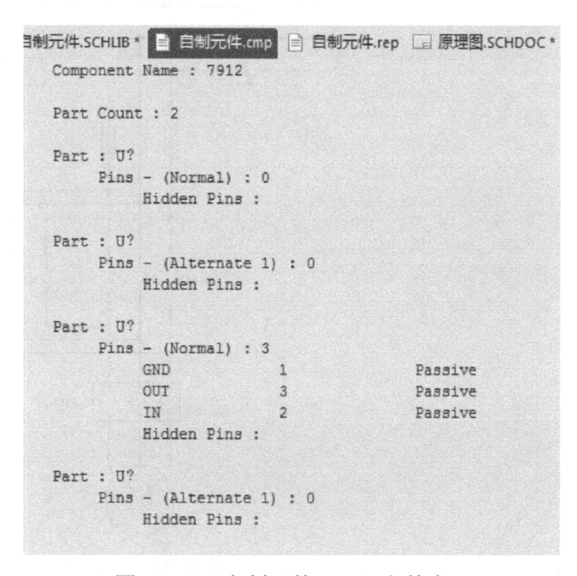
```
Component Name : 7912

Part Count : 2

Part : U?
    Pins - (Normal) : 0
        Hidden Pins :

Part : U?
    Pins - (Alternate 1) : 0
        Hidden Pins :

Part : U?
    Pins - (Normal) : 3
        GND         1          Passive
        OUT         3          Passive
        IN          2          Passive
        Hidden Pins :

Part : U?
    Pins - (Alternate 1) : 0
        Hidden Pins :
```

图 2-47　“自制元件.cmp”文件窗口

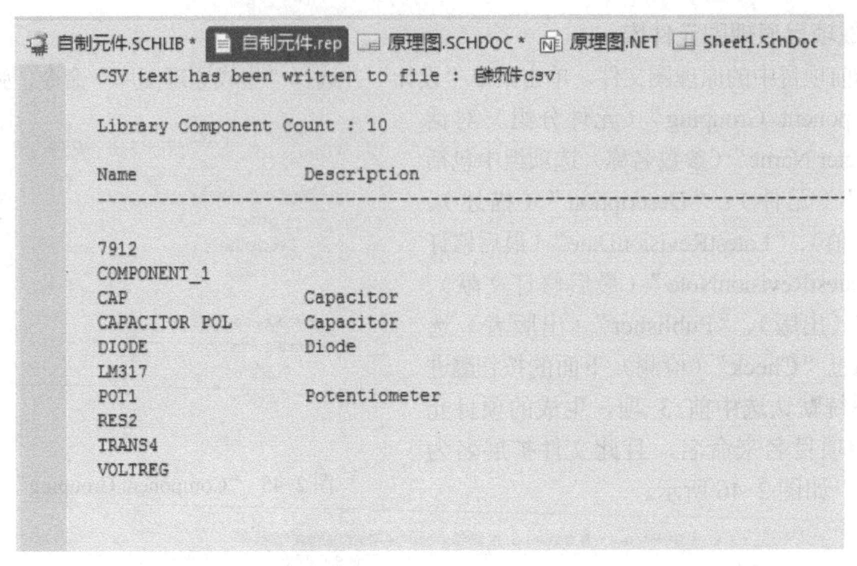

图 2-48 当前元件库列表

2.6 绘制电机正反转控制电路电气原理图

新建一个 PCB 工程项目，文件命名为“电机正反转控制电路.PrjPcb”，电路原理图文件命名为“原理图.SCHDOC”，原理图库文件命名为“电机自制元件.SchLib”。定义其图纸大小为 A4 类型，图纸方向为“Portrait”（纵向）的。标题栏为标准“Standard”（标准）形式。边框颜色设为 9 的紫色，并在标题栏中输入“电机正反转控制电路”。字体为宋体，字号为 18，颜色为黑色。绘制图 2-49 所示的电气原理图。图中的电源、三相闸刀开关、三相熔断器、主触点、热继电器、电动机、常闭触点、常开触点、线圈这几个元件为电气原理图自制元件，如图 2-50 所示。熔丝 FU2 为系统元件。

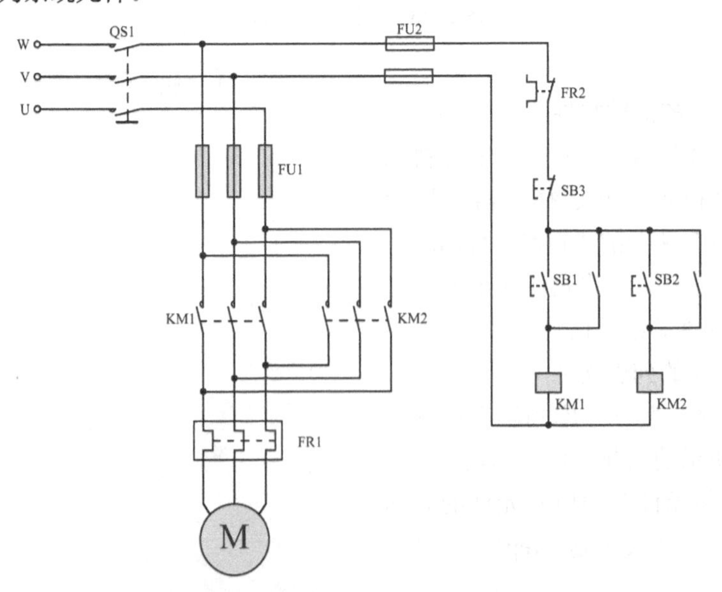

图 2-49 电机正反转控制电路电气原理图

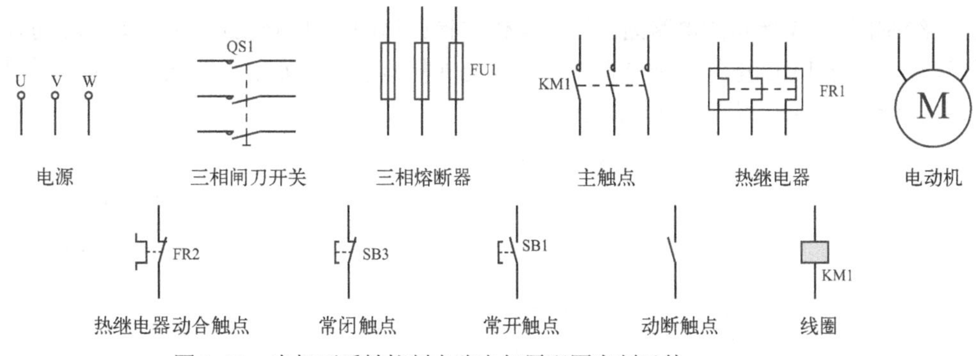

图 2-50　电机正反转控制电路电气原理图自制元件

绘制该原理图的步骤如下。

1）启动 Altium Designer 20 软件。

2）新建并保存 PCB 项目文件“电机正反转控制电路.PrjPcb”。

3）在当前项目中新建原理图文件“原理图.SCHDOC”。

根据本项目的要求设置原理图工作环境，加载两个常用的系统元件库中的通用元件库“Miscellaneous Devices.IntLib”以及通用插件库“Miscellaneous Connectors.IntLib”。找到熔丝“FU2”并放置在电气原理图中。

4）新建并保存元件库文件“电机自制元件.SchLib”。

在 PCB 项目文件中新建原理图元件库文件“电机自制元件.SchLib”。选择菜单“文件”→“新的”→“库”→“原理图库”命令，单击工具栏中的按钮，在弹出的“保存文件”对话框文件名中输入“电机自制元件”，单击“OK”按钮，即新建了一个原理图元件库文件。选择菜单“工具”→“新器件”命令，在弹出的“New Component”（新器件）对话框中输入自制元件名称“电源”。用相同的方法再新建其余几个自制元件，并分别命名为“三相闸刀开关”“三相熔断器”“主触点”“热继电器”“电动机”“热继电器动合触点”“动合触点”“动断触点继电器”“动断触点”和“线圈”。根据图 2-50 绘制自制元件，并设定好各元件属性参数。注意元件尺寸的把握，确保整体电路美观。

5）绘制电路原理图。

调用元件库文件“电机自制元件.SchLib”，根据图 2-49 绘制电机正反转控制电路，连接并保存电路。

2.7 思考与练习

【练习 2-1】使用 Altium Designer 20 软件新建项目文件“练习 2-1.PrjPcb”，建立“练习 2-1 自制元件.SchLib”文件并保存。需建以下自制元件。

（1）触发器名称为“JK”。要求：各引脚功能如图 2-51 所示，其中 1 引脚和 5 引脚为名称隐藏。

（2）自制含有子部件的元件“LF353-1”，并把它保存到“NewLib.SchLib”文件中。要求：集成块“LF353-1”的各引脚功能如图 2-52 所示，其中，4 引脚和 8 引脚为名称隐藏。

【练习 2-2】在项目“练习 2-1.PrjPcb”中，建立原理图文件“练习 2-2 原理图.SchDoc”并保存。要求：图纸大小为 A4 类型，图纸方向为横向，标题栏为隐藏，边框颜色设为 9 的紫色。绘制图 2-53 所示的电路图，根据元件选择原理图元件封装。采用自动注释的方法对元件进行注释。进行 ERC 电气规则检查，并生成元件材料清单。如果有缺项需在电路原理图中进行修改并重新生成 ERC 报表和材料清单。

Pins	Name
- Pin 1	CLR
- Pin 2	J
- Pin 3	K
- Pin 4	CK
- Pin 5	PR
- Pin 6	Q
- Pin 7	/Q
- Pin 8	GND
- Pin 16	VCC

a)

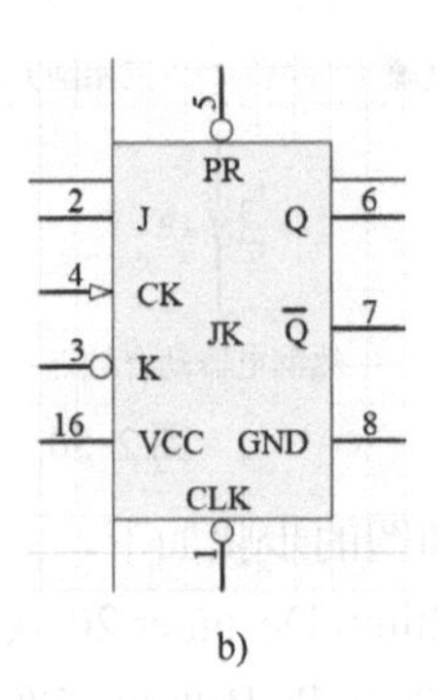

b)

图 2-51　自制元件 JK 触发器

a) 设定“JK”触发器各引脚　b) 自制完成的“JK”触发器

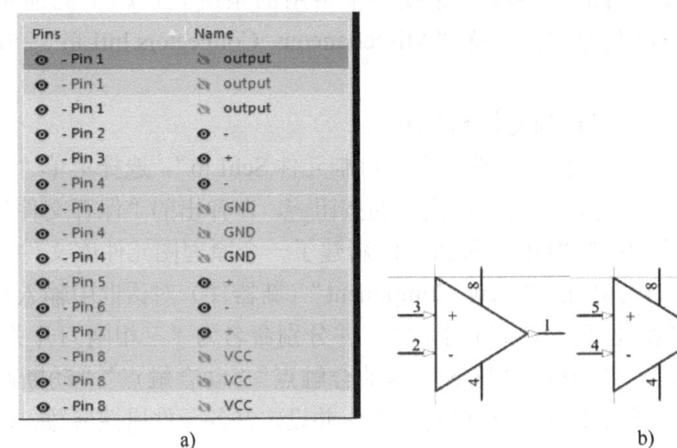

Pins	Name
- Pin 1	output
- Pin 1	output
- Pin 1	output
- Pin 2	-
- Pin 3	+
- Pin 4	-
- Pin 4	GND
- Pin 4	GND
- Pin 4	GND
- Pin 5	+
- Pin 6	-
- Pin 7	+
- Pin 8	VCC
- Pin 8	VCC
- Pin 8	VCC

a)

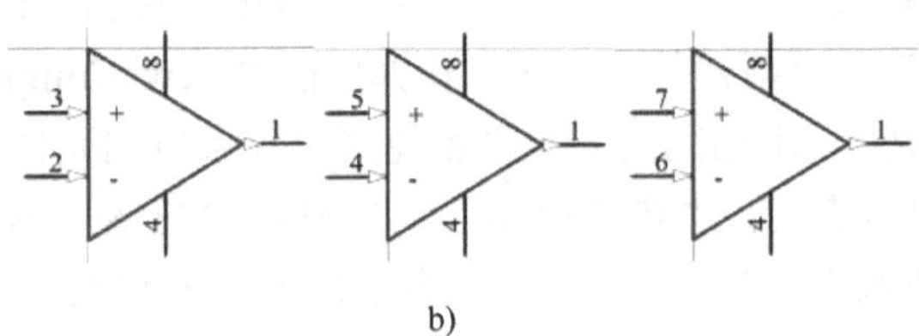

b)

图 2-52　LF353-1

a) 设置集成块 LF353-1 引脚　b) 自制的集成块“LF353-1”

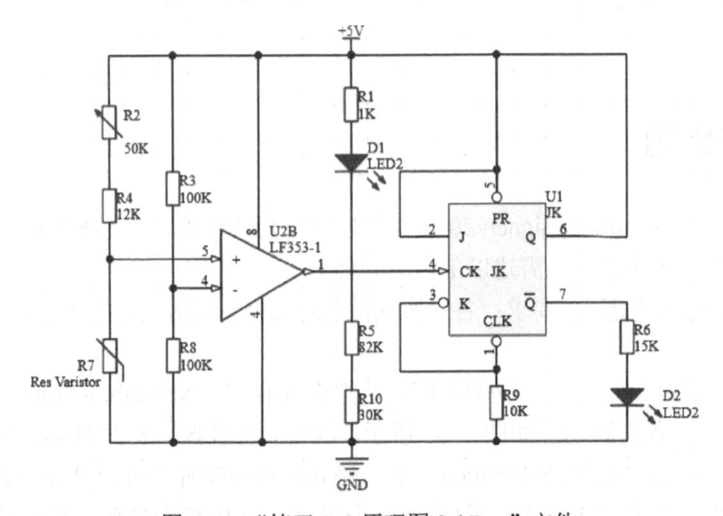

图 2-53 “练习 2-2 原理图.SchDoc”文件

【职业素养小课堂】

国产电路板广泛应用于消费电子、电信和汽车行业。国产的柔性电路板发挥着越来越重要的作用。柔性电路板（Flexible Printed Circuit，FPC）是以聚酰亚胺或聚酯薄膜为基材制成的一种高可靠性、配线密度高、重量轻、厚度薄、弯折性好的印制电路板。FPC 作为电子行业的重要元件，主要通过显示模组、触控模组、指纹识别模组、无线充电等进入智能手机、平板电脑等终端消费品市场，也有部分 FPC 用于终端消费品市场，用于电源键等部分。

随着科技工作者的不懈努力，相信会有更多的国产优质电路板产品为祖国的建设发挥更重要的作用。

项目3 数字时钟显示器层次原理图设计

本项目以数字时钟显示器层次原理图为例，详细介绍使用Altium Designer 20软件进行层次原理图的设计。包括绘制层次原理图、层次原理图间切换、生成层次设计表、绘制数字时钟显示器层次原理图。通过本项目的学习，使读者掌握根据实际需求设计符合要求的层次原理图文件，并掌握项目文件与层次原理图文件的设计方法。

【项目描述】

前两个项目介绍的是电路绘制在一张原理图纸上的方法。这种方法适用于规模较小、逻辑结构简单的系统，对于复杂的电路来说，其所包含的元件种类繁多，电路原理图结构关系比较复杂，很难在一张图纸上完整绘制，即使勉强绘制出来，其错综复杂的结构也不利于电路的阅读、分析与检测。因此，对于大规模的复杂系统，采用的是模块化设计方法。将整体系统按照功能分解成若干电路模块，每个电路模块能够完成一定的独立功能，具有相对的独立性，可以由不同的设计者分别绘制在不同的图纸上。这样，电路结构清晰，同时也为多人协同设计的实现创造了条件，加快设计工作进程。

本项目要求：使用Altium Designer 20软件创建项目文件“项目3数字时钟显示器.PrjPcb”“主图.SchDoc”“CPU 模块子图.SchDoc”“显示模块子图.SchDoc”和“电源模块子图.SchDoc”。原理图的图纸大小设为A4；图纸方向设为横向放置；图纸底色设为白色；标题栏设为Standard形式；网格形式设为点状且颜色设为19色号，边框颜色设为深绿；绘制如图3-1所示的数字时钟显示器的主图文件与3个子图文件（见图3-11～图3-13），使用软件提供的系统元件库中的元件，对原理图中元件进行简单修改；根据实际元件选择原理图元件封装；进行原理图编译并修改，保证原理图正确；生成原理图元件清单和网络表文件；编译层次原理图文件并生成材料清单报表文件。

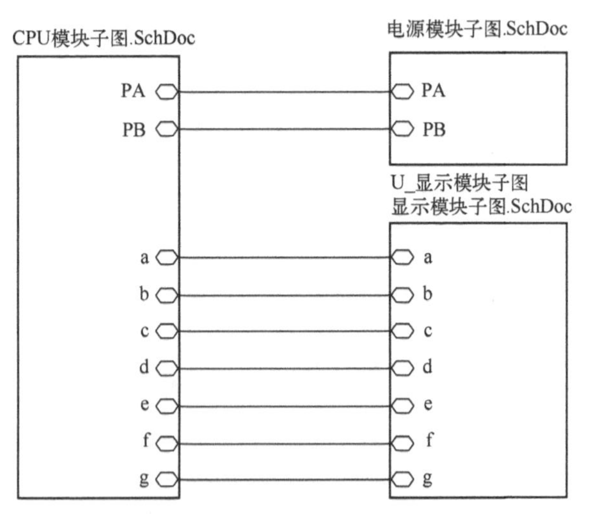

图3-1 数字时钟显示器层次原理图的主图

【学习目标】

- 能正确创建层次原理图文件；
- 能正确连接原理图中各子图文件；
- 能正确编译层次原理图文件；
- 能正确生成层次原理图报表文件。

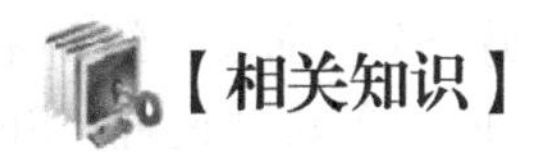

【相关知识】

3.1 绘制层次原理图

为满足电路原理图模块化设计的需要，Altium Designer 20 软件提供了功能强大的层次原理图的设计方法，可以将一个复杂的、大规模的系统电路作为一个整体项目来设计。设计时，可以根据系统功能划分出若干电路模块，把一个复杂的、大规模的电路原理图设计变成了多个简单的小型电路原理图设计，然后作为设计子文件添加到整体项目中，层次清晰明了，使整个设计过程变得简洁方便。

层次原理图设计的一个重要环节就是对系统总体电路进行模块划分。设计者可以将整个电路系统划分为若干子系统（模块），每一个子系统（模块）再划分为若干功能模块，而每一个功能模块还可以再细分为若干基本的小电路模块，这样依次细分下去，就把整个系统划分成为多个模块。划分的原则是每一个电路模块都应该有明确的功能特征和相对独立的结构，并且要有简单、统一的接口，便于模块彼此之间的连接。

3.1.1 层次原理图设计方法

层次原理图设计的基本理念是将一个大电路分成若干功能块，再将每个功能块中的电路分成更小的功能块，如此不断细分，形成一个树状结构的原理图集合。最上面的总图称为主图（或称为顶层原理图），下面的分图称为子图（或称为底层原理图）。层次原理图设计的方法有如下两种。

1. 自上而下

自上而下的规划方法，是指在绘制电路层次原理图之前，要求设计者对项目有一个整体的把握，把整个电路设计分成多个模块，确定每个模块的设计内容，然后对每一模块进行详细设计。这种方法要求设计者在绘制原理图之前就对系统有比较深入的了解，对电路的模块划分比较清楚。

2. 自下而上

自下而上的规划方法，是指设计者先绘制子原理图，根据子原理图生成页面符，进而生成顶层原理图，最后完成整个设计。这种方法适用于对整个项目不是非常熟悉的用户，是一种适合初学者选择的设计方法。

3.1.2 放置页面符和图纸入口

层次原理图的设计过程主要包括放置页面符、放置图纸入口、绘制子原理图和生成子原理图等步骤。子原理图绘制的方法与前 2 个项目中介绍的原理图绘制方法一致。

3-1
放置页面符与图纸入口

1. 放置页面符

单击“放置”菜单，选择“页面符”命令；或单击“布线”工具栏中的“放置页面符”按钮，此时光标变成十字形，并在上方浮动一个方块电路。移动光标到指定位置，单击确定方块电路的一个顶点；接着拖动光标，在合适位置再次单击确定方块电路的另一个顶点，如图 3-2 所示。此时仍处于放置“页面符”状态，用同样的方法也可以快速放置另一个页面符。绘制完成后，双击绘制完成的页面符，窗口右侧弹出“Properties”（属性）面板，在其中设置“Sheet Symbol”（图纸符号）选项，如图 3-3 所示。方块电路图属性主要内容如下。

- “Designator”（标识）。设置页面符的名称。
- “File Name”（文件名）。显示该页面符所代表的下层原理图的文件名。
- “Bus Text Style”（总线文本类型）。用于设置线束连接器中文本显示类型。单击后面的下三角按钮，有两个选项供选择，分别为“Full”（全程）和“Prefix”（前缀）。
- “Line Style”（线宽）。用于设置页面符边框的宽度，包括“Smallest”（极小的）、“Small”（小的）、“Medium”（中等的）和“Large”（大的）。

2. 放置图纸入口

单击“放置”菜单，选择“添加图纸入口”命令；或单击“布线”工具栏中的“放置图纸入口”按钮，都可以放置方块电路图的图纸入口。此时光标变成十字形，在“页面符”的内部单击，光标上浮动一个图纸入口符号，移动光标到指定位置，单击放置一个入口，如图 3-4 所示。此时仍处于“放置图纸入口”状态，用同样的方法也可以快速放置另一个图纸入口。绘制完成后，在空白处右击退出放置图纸入口状态。

双击放置的图纸入口符号，右侧弹出“Properties”（属性）面板，在其中设置“Sheet Entry”（图纸入口）选项，如图 3-5 所示。在此面板中可以设置图纸入口的属性。

Designator
File Name

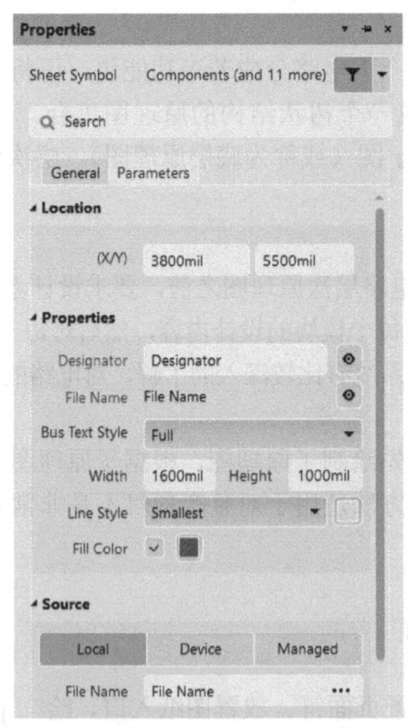

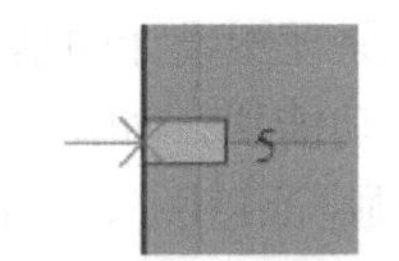

图 3-4 放置图纸入口

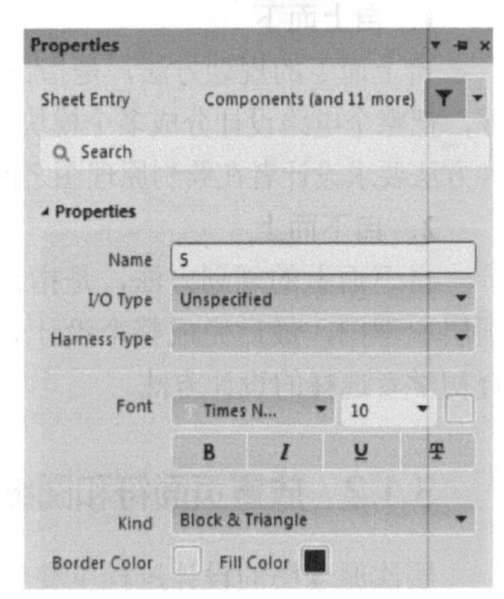

图 3-2 “页面符”命令操作 图 3-3 “属性”面板中“Sheet Symbol”选项 图 3-5 “属性”面板中“Sheet Entry”选项

- “Name”（名称）。设置图纸入口名称，相同名称的图纸入口在电气上是连通的。
- “I/O Type”（输入/输出端口的类型）。设置图纸入口的电气特性，包括“Unspecified”（未指明或不确定）、“Output”（输出）、“Input”（输入）和“Bidirectional”（双向型）4 种类型。
- “Harness Type”（线束类型）。设置线束的类型。

● “Font”（字体）。设置端口名称的字体类型、字体大小、字体颜色，以及为字体添加加粗、斜体、下画线等效果。
● “Kind”（类型）。设置图纸入口的箭头类型，包括 4 个选项。
● “Border Color”（边界颜色）。设置端口边界的颜色。
● “Fill Color”（填充颜色）。设置端口内填充颜色。

3.1.3　生成子图文件

1．由页面符生成图纸

单击“设计”菜单，选择“由页面符生成图纸”命令，此时光标下方出现十字形，移动光标并在需要生成子图的页面符上方单击。在当前项目中，会自动新建以页面符名称作为子图名称的原理图文件，即子图文件。用相同的方法将主图中的其他页面符转换成子图文件，此时“Projects”面板中的层次结构如图 3-6 所示。

2．由子图生成页面符

在当前项目中新建一个原理图文件作为主图文件，再新建多个子图文件。绘制完成子图文件原理图，在子图文件中单击“放置”菜单，选择“端口”命令；或单击“布线”工具栏中按钮；根据实际要求设置端口名称、输入/输出端口类型、端口字体格式、边界格式、填充颜色等属性。用同样的方法在其余子图文件中放置好端口。

在主图文件中，单击“设计”菜单，选择“Creat Sheet Symbol From Sheet”（由图纸生成页面符）命令，出现如图 3-7 所示“Choose Document to Place”（选择放置文件）对话框，选择其中一个子图文件名后单击“OK”按钮，即可在当前主图文件中出现一个页面符，此页面符以子图文件名命令。用同样操作方法，可能将其余子图文件转换为页面符并放置在主图文件中。

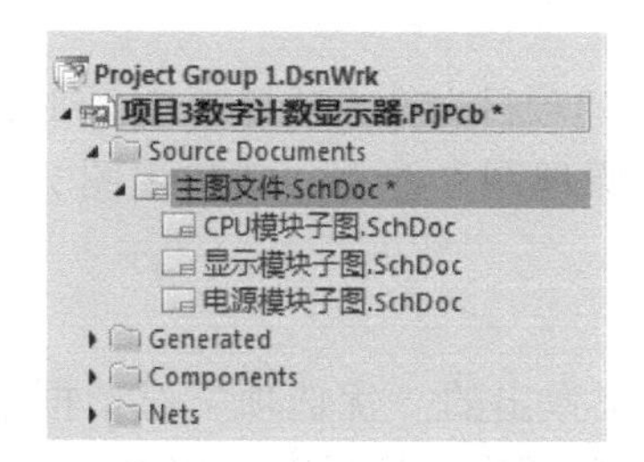

图 3-6　“Projects”面板中的层次结构

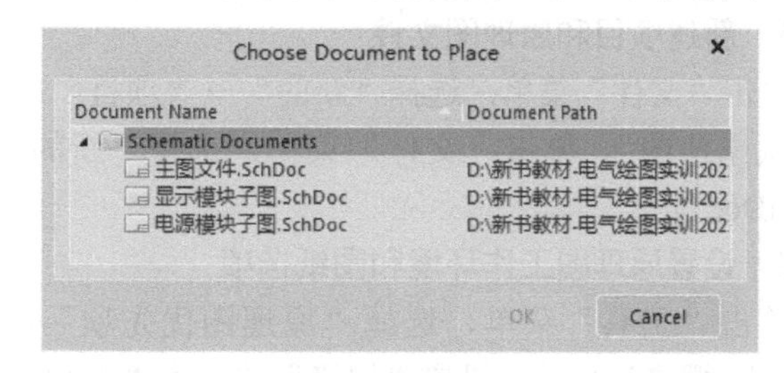

图 3-7　“Choose Document to Place”对话框

3.2　层次原理图间切换

若构成层次原理图的图较多，经常需要在各个子图与主图之间进行切换。对于简单的层次原理图，直接双击“Projects”面板中相应文件的图标即可切换到对应的原理图中。而对于层次较多的层次原理图，就需要使用命令进行切换。

1．由主图切换至子图

在主图文件中，选择“工具”菜单→“上下层次”命令；或单击原理图标准工具栏中按钮，此时光标变为十字形状，在主图中任意一个方页面符号上单击，即可切换到相应的子图文件中，在空白处右击结束切换状态。

2．由子图切换至主图

在子图文件中，选择“工具”菜单→“上下层次”命令；或单击原理图标准工具栏中按钮，此时光标变为十字形状，在子图中任意一个端口符号上单击，即可切换到相应的主图文件中，在空白处右击结束切换状态。

3.3 生成层次设计表

层次设计表能清楚显示项目中各原理图之间的层次关系。单击“报告”菜单，选择“Report Project Hierarchy”（工程层次报告）命令，生成的层次设计表文件扩展名为“REP”，层次设计表主名为当前项目名称，自动保存在当前项目文件夹“Generated\ Text Documents\”目录内。双击此层次设计表文件，即可用文本编辑器打开此文件进行查看。

【项目实施】

3.4 绘制数字时钟显示器层次原理图

启动 Altium Designer 20 软件，根据层次原理图的设计流程，绘制“项目 3 数字时钟显示器层次原理图”的过程如下。

3.4.1 绘制主图文件

1．新建项目和原理图文件

单击“文件”菜单，选择“新的”→“项目”命令，新建项目文件“项目 3 数字时钟显示器层次原理图”。单击“文件”菜单，选择“新的”→“原理图”命令，新建主图文件“主图.SchDoc”。

2．设置原理图工作环境和图纸选项

单击“工具”菜单，选择“原理图优先项”命令，在弹出的“优选项”对话框中单击“Grids”（栅格）标签，设置“栅格”选项为“Dot Grid”（点状栅格）且颜色为 19 色号。

在右侧的“Properties”（属性）面板中，设置图纸边框为深绿、图纸尺寸为 A4、标题栏为“Standard”（标准）。

3．绘制页面符

绘制页面符并设置其属性的操作方法如下。

1）绘制页面符“CPU 模块子图”：单击“放置”菜单，选择“页面符”命令，光标变成十字形，并在上方浮动一个方块电路。移动光标到指定位置，单击确定方块电路的一个顶点；然后拖动光标，在合适位置再次单击确定方块电路的另一个顶点。双击此符号，按照图 3-8 中所示选项内容设计此页面符属性。

2）绘制页面符“显示模块子图”：用与 1）步相同的方法放置此页面符号，按照图 3-9 中所示选项内容设计此页面符属性。

3）绘制页面符“电源模块子图”：用与 1）步相同的方法放置此页面符号，按照图 3-10 中所示选项内容设计此页面符属性。

图 3-8 “CPU 模块子图”的页面符属性　　图 3-9 “显示模块子图”的页面符属性　　图 3-10 “电源模块子图”的页面符属性

4. 绘制图纸入口

绘制图纸入口并设置其属性的操作方法如下。

1）绘制页面符“CPU 模块子图”中图纸入口“PA”“PB”“a”“b”“c”“d”“e”“f”“g”：单击“放置”菜单，选择“添加图纸入口”命令，光标变成十字形且上方浮动一个图纸入口符号，按图 3-1 所示，在当前页面符的内部合适处单击，即确定图纸入口位置，右击退出放置图纸入口状态。双击此图纸入口符号，在右侧弹出的“Properties”（属性）面板中设置“Sheet Entry”图纸入口的属性内容，图纸入口名称为“PA”、输入/输出端口的类型为双向型。用相同方法放置此页面符中其余图纸入口。

2）绘制页面符“显示模块子图”中图纸入口“PA”和“PB”：用与上述相同的方法放置此页面符中图纸入口。

3）绘制页面符“电源模块子图”中其余图纸入口。用与上述相同的方法放置此页面符中图纸入口“a”“b”“c”“d”“e”“f”“g”。

4）绘制主图文件：按图 3-1 所示，使用“放置”菜单中的“线”命令，连接主图文件中各端口。

5. 生成子图文件

在主图文件中，单击“设计”菜单，选择“由页面符生成图纸”命令，此时光标下方出现十字形，移动光标并在页面符“CPU 模块子图”上方单击，自动新建以页面符名称作为子图名称的原理图文件，即子图文件“CPU 模块子图.SchDoc”。用相同的方法生成其余两个子图文件：“显示模块子图.SchDoc”和“电源模块子图.SchDoc”。

3.4.2 绘制子图文件

1. 绘制子图文件“CPU 模块子图.SchDoc”

按图 3-11 所示内容放置元件并设置属性，连接导线。数字时钟显示器电路元件清单如表 3-1 所示。

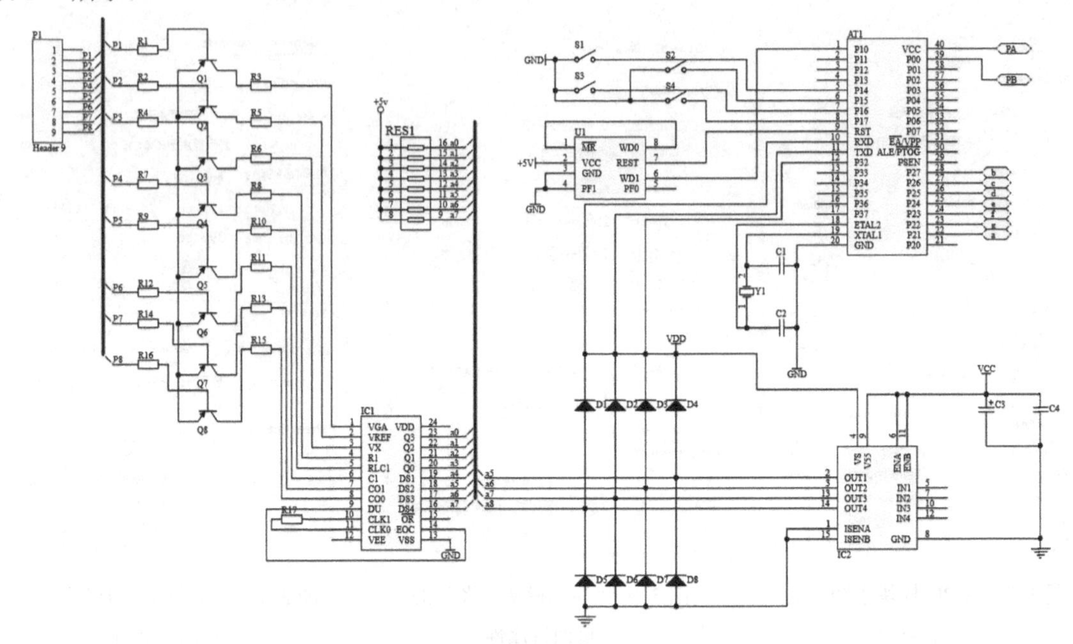

图 3-11 “CPU 模块子图.SchDoc”文件

表 3-1 数字时钟显示器电路元件清单

元件标识符	元件名	元件封装	元件标识符	元件名	元件封装
AT1	U1	HDR2X20	OP1, OP2	Op Amp	H-08A
C1, C2, C4, C7, C9	Cap	RAD-0.3	P1	Header 9	HDR1X9
C3, C6, C8	Cap Pol2	POLAR0.8	P2	Header 6	HDR1X6
C5	Cap Pol3	C0805	Q1, Q2, Q3, Q4, Q5, Q6, Q7, Q8	2N3906	TO-92A
D1, D2, D3, D4, D5, D6, D7, D8	Diode N4001	DO-41	R1, R2, R3, R4, R5, R6, R7, R8, R9, R10, R11, R12, R13, R14, R15, R16, R17, R19, R20, R21, R22, R23, R27	Res2	AXIAL-0.4
D9, D11	D Zener	DIODE-0.7	R18	Res3	J1-0603
D10	TO-220AC	Diode 10TQ040	R24	Res Semi	AXIAL-0.5
DC1	BNC	BNC_RA CON	R25	Res1	AXIAL-0.3
IC1	U2	HDR2X12	R26, VR1, VR2	RPot	VR5
IC2	U2	SO-16_M	RES1	Res Pack4	SSOP16_M
IC3	Header 5	HDR1X5	S1, S2, S3, S4, S5	SW-SPST	SPST-2
J1	Header 2	HDR1X2	SN1	U1	DIP-13(14)
L1	0402-A	Inductor	U1	Component_2	DIP-8
*1, *2, *3, *4	DISP	HDSP-A2	U2	ADC-8	SOT403-1_N
LCD1	Header 20	HDR1X20	VD1	LED0	LED-0

2．绘制子图文件“显示模块子图.SchDoc”

按图 3-12 所示内容放置元件并设置属性，连接导线。元件清单如表 3-1 所示。

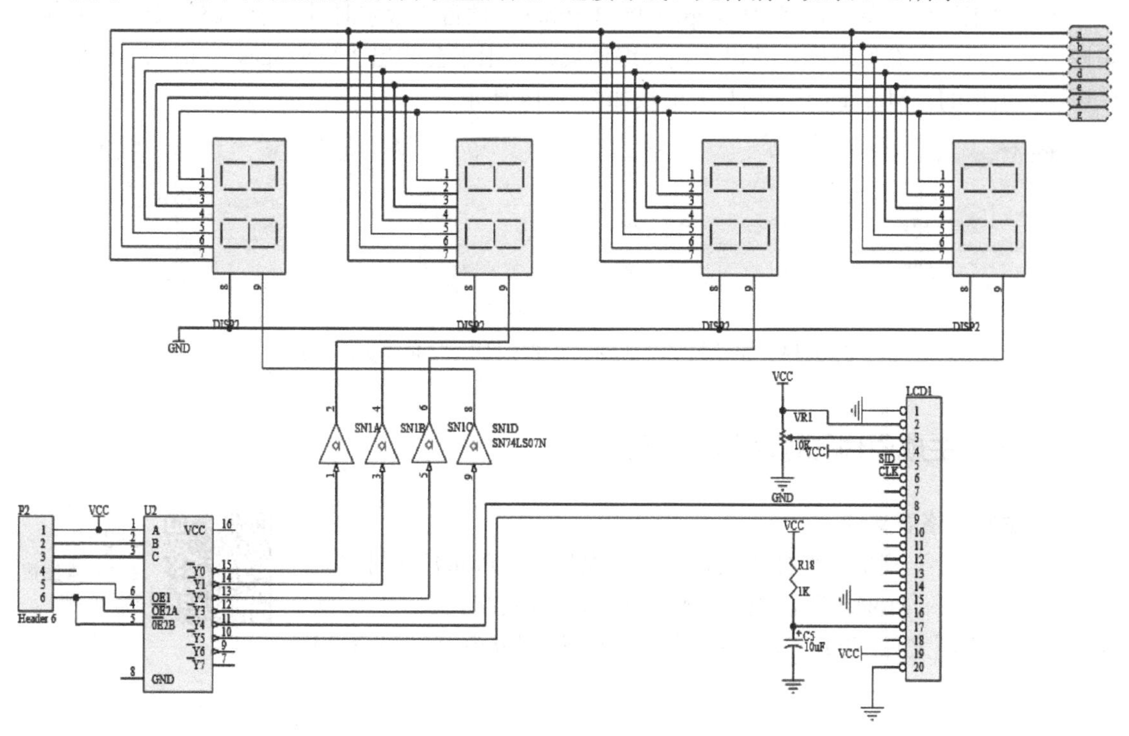

图 3-12　“显示模块子图.SchDoc”文件

3．绘制子图文件“电源模块子图.SchDoc”

按图 3-13 所示内容放置元件并设置属性，连接导线。元件清单如表 3-1 所示。

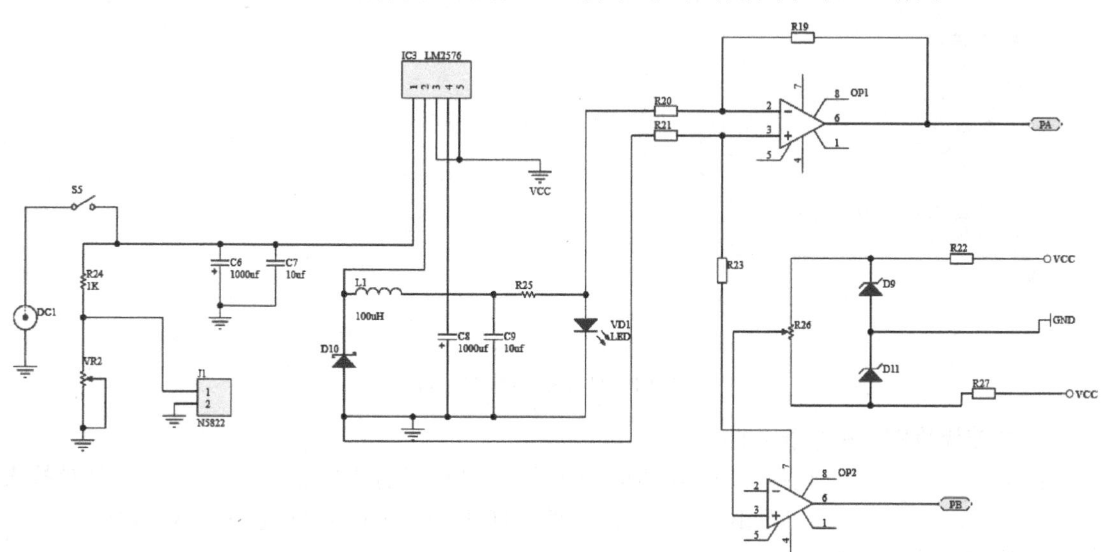

图 3-13　“电源模块子图.SchDoc”文件

3.4.3 编译层次原理图

单击“工程”菜单，选择“Compile PCB Project 项目3数字时钟显示电路”命令，系统会编译当前项目中所有原理图。若没有违反编译规则，则不会弹出“Messages”（信息）面板。违反规则后调出的“Messages”（信息）面板如图3-14所示。

Messages

Class	Document	Source	Message	Time	Date	No.
[Warning	显示模块子图.Schl	Compiler	Off grid at 4365mil,3510mil	20:02:26	2022/5/29	1
[Warning	显示模块子图.Schl	Compiler	Off grid at 4755mil,3400mil	20:02:26	2022/5/29	2
[Warning	CPU模块子图.SchD	Compiler	Unconnected line (1200mil,3700mil) To (1200mil,6950mil)	20:02:26	2022/5/29	3
[Warning	CPU模块子图.SchD	Compiler	Unconnected line (4950mil,2300mil) To (4950mil,5950mil)	20:02:26	2022/5/29	4
[Info]	项目3数字计数显示	Compiler	Compile successful, no errors found.	20:02:27	2022/5/29	5

图3-14 编译数字时钟显示电路项目的“Messages”面板

3.4.4 生成原理图报表与库文件

1. 生成网络表文件

单击“设计”菜单，选择“文件的网络表”→“Protel”（封装）命令。双击左侧“Projects”面板中“Netlist files”（网络列表文件）文件夹中的“主图文件.NET”文件名，网络表文件部分内容如图3-15所示。

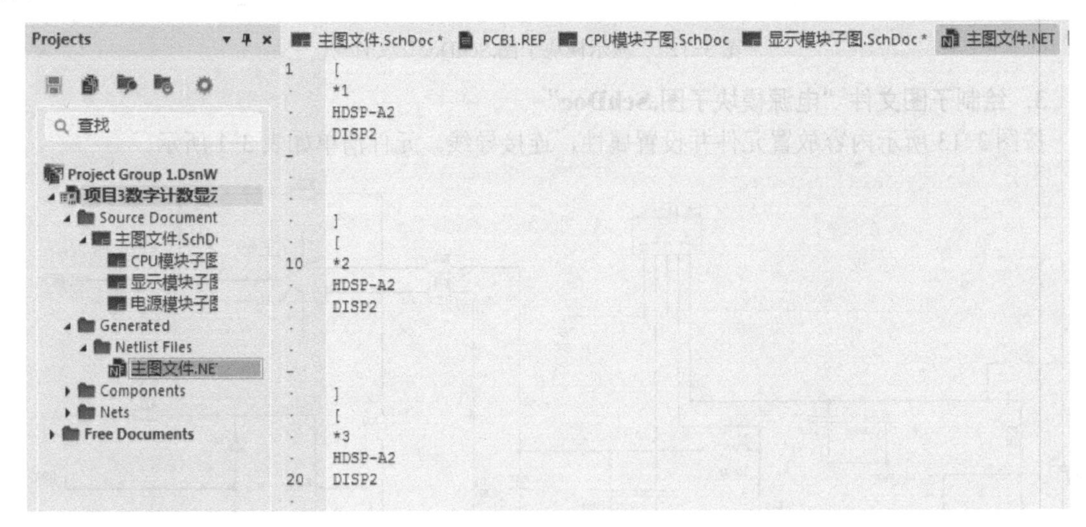

图3-15 网络表文件部分内容

2. 生成原理图清单报表文件

单击“报告”菜单，选择“Bill of Materials”（元件材料清单）命令，生成原理图清单报表文件“项目3数字时钟显示器.xlsx”，双击此文件，打开后的电子表格内容如图3-16所示。

3. 生成集成库文件

单击“设计”菜单，选择“生成集成库”命令，则集成库文件窗口如图3-17所示。此库文件扩展名为“IntLib”且存放在“Compiled Libraries”（集成库）目录，其中包括了当前原理图中所有元件符号信息、元件封装信息、元件仿真模型信息等内容。

1	Comment	Designator	Footprint	LibRef	Quantity	DocumentName
2	DISP2	*1, *2, *3, *4	HDSP-A2	DISP	4	显示模块子图.SchDoc
3	Component_1	AT1	HDR2X20	Component_1	1	CPU模块子图.SchDoc
4	Cap	C1, C2, C4, C7, C9	RAD-0.3	Cap	5	CPU模块子图.SchDoc, 电源模块子图.SchDoc
5	Cap Pol2	C3, C6, C8	POLAR0.8	Cap Pol2	3	CPU模块子图.SchDoc, 电源模块子图.SchDoc
6	Cap Pol3	C5	C0805	Cap Pol3	1	显示模块子图.SchDoc
7	Diode 1N4001	D1, D2, D3, D4, D5, D6, D7, D8	DO-41	Diode 1N4001	8	CPU模块子图.SchDoc
8	D Zener	D9, D11	DIODE-0.7	D Zener	2	电源模块子图.SchDoc
9	Diode 10TQ040	D10	TO-220AC	Diode 10TQ040	1	电源模块子图.SchDoc
10	BNC	DC1	BNC_RA CON	BNC	1	电源模块子图.SchDoc
11	Component_4	IC1	HDR2X12	Component_4	1	CPU模块子图.SchDoc
12	Component_3	IC2	SO-16_M	Component_3	1	CPU模块子图.SchDoc
13	LM2576	IC3	HDR1X5	Header 5	1	电源模块子图.SchDoc
14	N5822	J1	HDR1X2	Header 2	1	电源模块子图.SchDoc
15	Inductor	L1	0402-A	Inductor	1	电源模块子图.SchDoc
16	Header 20	LCD1	HDR1X20	Header 20	1	显示模块子图.SchDoc
17	Op Amp	OP1, OP2	H-08A	Op Amp	2	电源模块子图.SchDoc
18	Header 9	P1	HDR1X9	Header 9	1	CPU模块子图.SchDoc

图 3-16　“项目 3 数字时钟显示器.xlsx”原理图清单报表文件

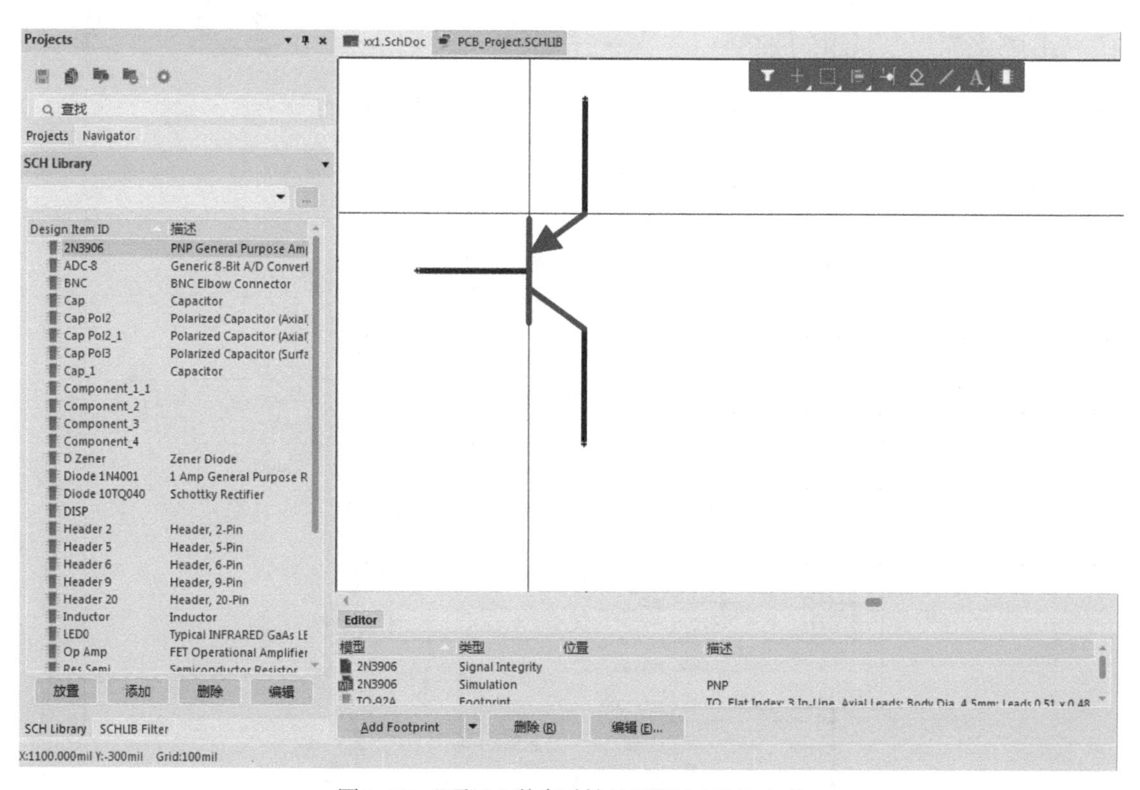

图 3-17　“项目 3 数字时钟显示器.IntLib”文件

3.5　思考与练习

【练习 3-1】使用 Altium Designer 20 软件创建项目文件“练习 3-1.PrjPcb”、原理图文件

“练习 3-1 主图.SchDoc”“练习 3-1 子图 1.SchDoc”“练习 3-1 子图 2.SchDoc”，1 个主图和 2 个子图分别如图 3-18～图 3-20 所示。要求：原理图的图纸大小设为 A4；图纸方向设为横向放置；图纸底色设为白色；标题栏设为 ANSI 形式；网格形式设为点状的且颜色设为 20 色号，边框颜色设为黑色。需要保证层次原理图正确，完成编译并生成集成库文件。

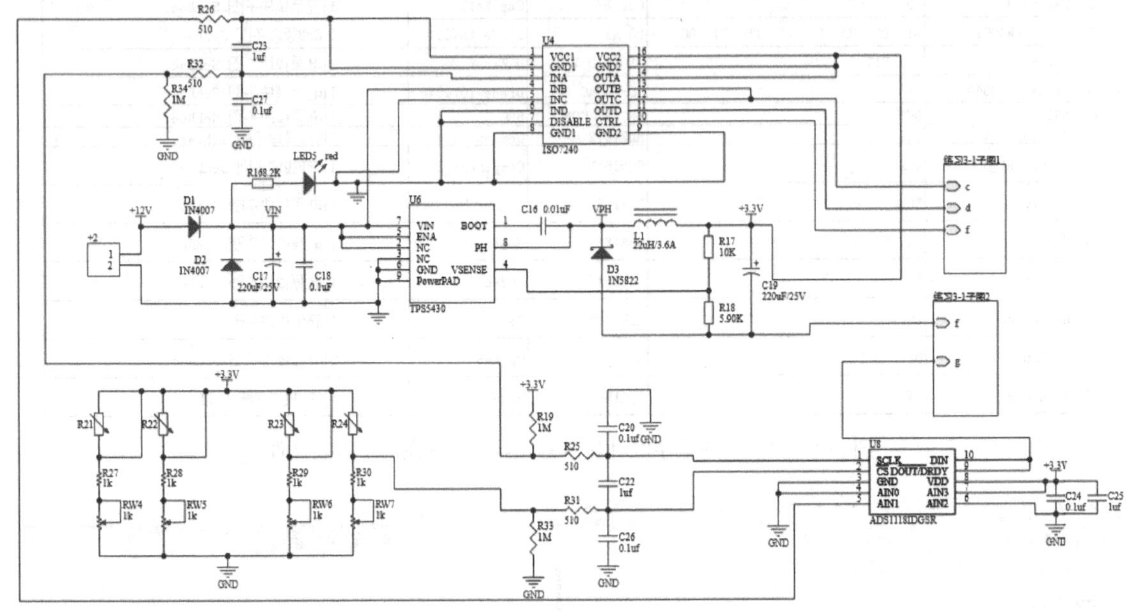

图 3-18 “练习 3-1 主图.SchDoc”文件

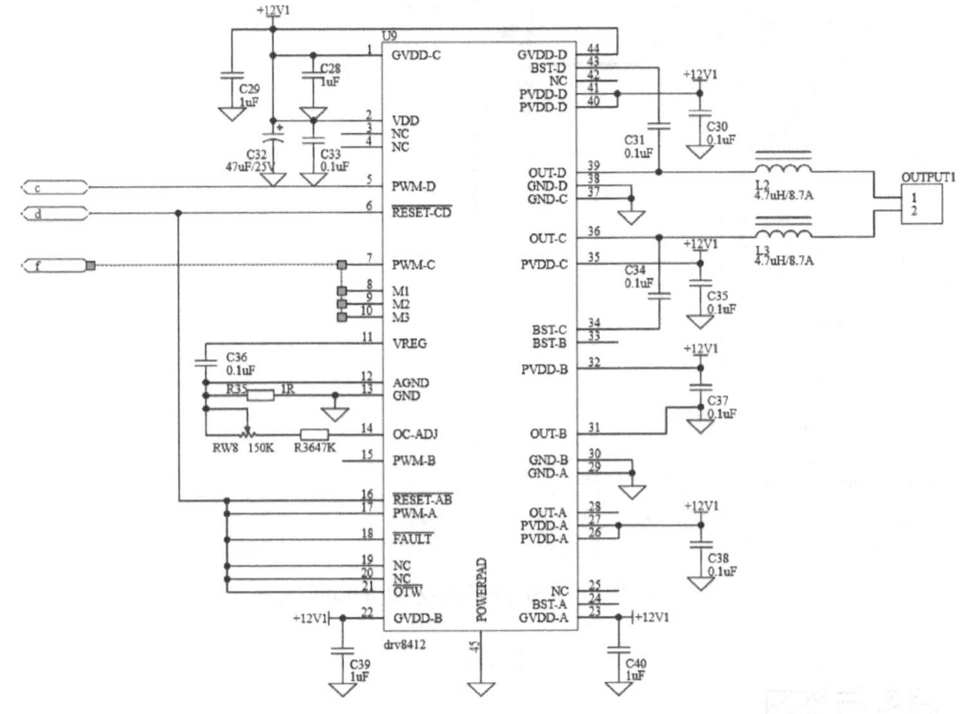

图 3-19 “练习 3-1 子图 1.SchDoc”文件

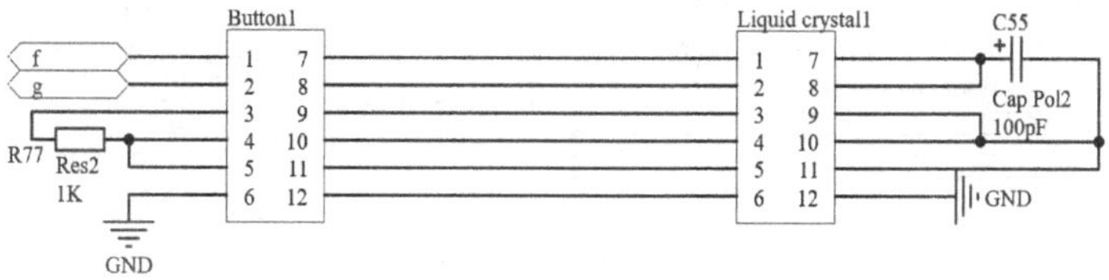

图 3-20　“练习 3-1 子图 2.SchDoc”文件

【练习 3-2】使用 Altium Designer 20 软件创建项目文件“练习 3-2.PrjPcb”、原理图文件“练习 3-2 主图.SchDoc”“练习 3-2 子图 1.SchDoc”“练习 3-2 子图 2.SchDoc”，1 个主图和 2 个子图分别如图 3-21～图 3-23 所示。要求：原理图的图纸大小设为 A4；图纸方向设为横向放置；图纸底色设为白色；标题栏设为 ANSI 形式；网格形式设为点状的且颜色设为 20 色号，边框颜色设为黑色。要保证层次原理图正确，完成编译工作并生成集成库文件。

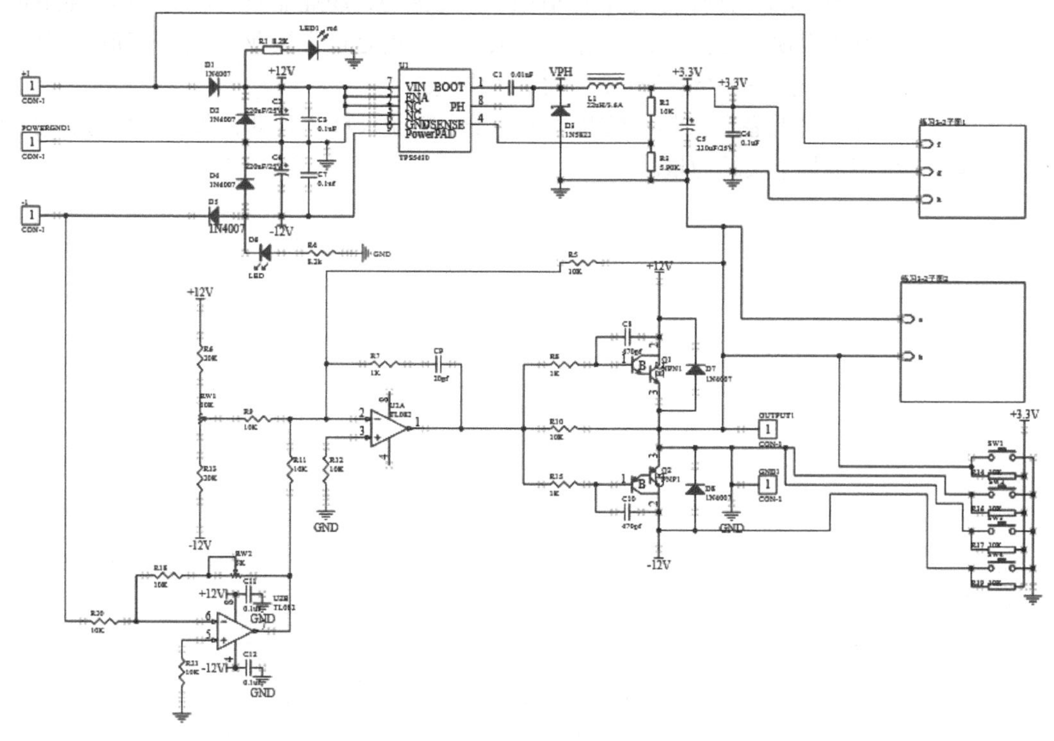

图 3-21　“练习 3-2 主图.SchDoc”文件

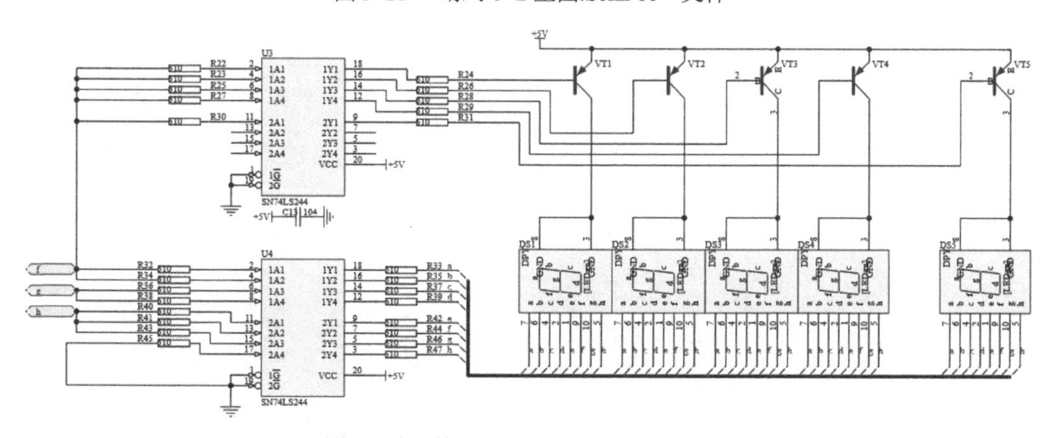

图 3-22　“练习 3-2 子图 1.SchDoc”文件

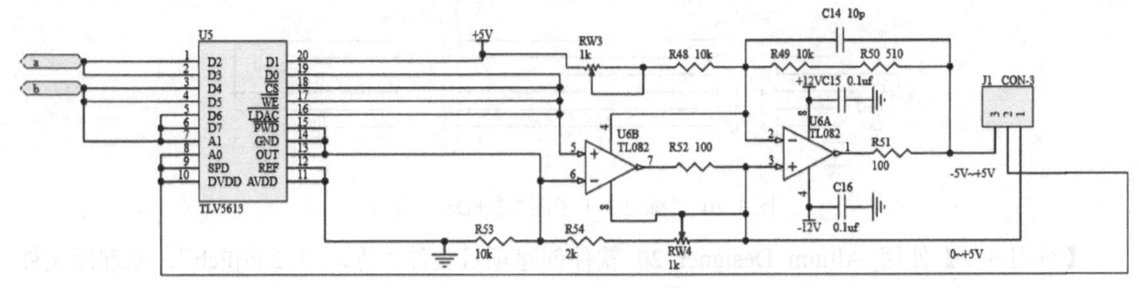

图 3-23 “练习 3-2 子图 2.SchDoc”文件

【职业素养小课堂】

“工匠精神”是一种职业精神，它是职业道德、职业能力、职业品质的体现，是从业者的一种职业价值取向和行为表现。“工匠精神”落在个人层面，就是认真敬业、一丝不苟的精神。弘扬“工匠精神”，就是倡导一种“精益求精”的工作作风。

当下中国需要更多的具备匠人精神的从业者，秉承精益求精、认真、敬业、执着、创新的精神，为国家的强盛贡献个人的力量。

项目 4　收音机单层电路板设计

本项目是在项目 1 收音机原理图内容基础上，详细介绍使用 Altium Designer 20 软件进行 PCB 文件设计和生成相关报表文件的方法。具体内容包括 PCB 设计规范与流程、新建和编辑单层电路板文件、设计规则检查、生成 PCB 报表、打印报表文件、PCB 三维视图、设计收音机单层电路板等知识和技能。通过本项目的学习，用户可以根据实际需求设计符合要求的电路板文件，并掌握 PCB 文件的设计流程。

【项目描述】

本项目的具体要求：使用 Altium Designer 20 软件在项目文件“项目 1 收音机电路.PrjPcb”中新建 PCB 文件“单层电路板.PcbDoc”；设计尺寸为 10000mil×6000mil⊖的单层板，如图 4-1 所示；根据电子元件布局工艺进行手动布局；添加接地和电源焊盘；设计合理的自动布线规则（电源和地线宽度是 1mm，自动布线）；进行补泪滴和信号层铺铜设置，铺铜与接地网络相连；设计规则检查无误；显示电路板三维效果图；生成元件报表文件和光绘文件。

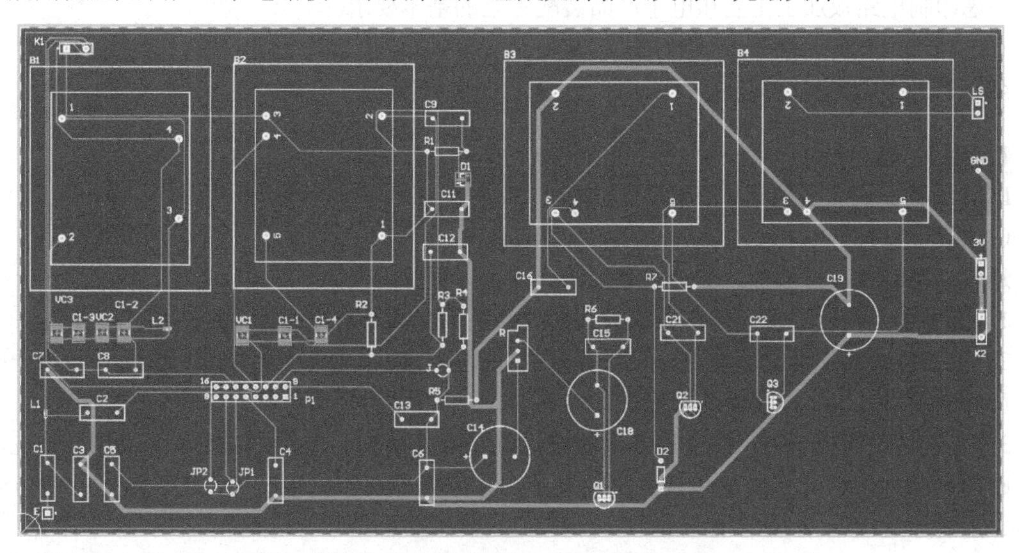

图 4-1　“单层电路板.PcbDoc”板图文件

【学习目标】

- 能正确新建 PCB 文件；
- 能正确设计单层电路板工作层与电路板形状；
- 能正确设置及修改元件封装和相关对象的属性；
- 能正确应用布局的常用原则进行合理的布局；

⊖ 1mil=0.0254mm。

- 能根据要求正确设置布线规则；
- 能正确进行自动布线；
- 能正确生成和打印常用报表文件。

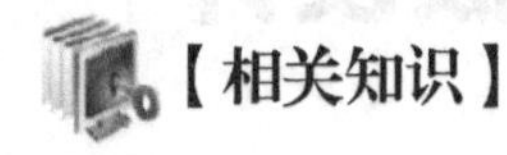

【相关知识】

4.1 PCB 设计规范与流程

PCB 由绝缘基板、连接导线和装配焊接电子元件的焊盘组成，具有导电线路和绝缘基板的双重作用。它可以实现电路中各个元件的电气连接，代替复杂的布线，不仅减少了传统方式下的接线工作量，简化了电子产品的装配、焊接、调试工作，缩小了整机体积，还降低了产品成本，提高了电子设备的质量和可靠性。

PCB 设计是根据实际订单要求，将电路原理图转换成印制电路板图、选择材料和确定加工技术要求的过程。具体包括确定电气、机械、元件的安装方式、位置和尺寸；选择印制电路板材质，确定铜膜导线的宽度、间距和焊盘的形式；设计印制电路板上插头或连接器的结构；根据电路要求设计布线规则；准备印制电路板制作所需要的全部资料和数据。采用计算机辅助设计的方法设计印制电路板时，必须符合原理图的电气连接和产品电气性能、机械性能的要求，并要考虑印制电路板加工工艺和电子产品装配工艺的基本要求。

4.1.1 PCB 设计规范

1. PCB 设计原则

PCB 设计原则主要包括如下两方面内容。

（1）设计目标

通常从准确性、可靠性、工艺性和经济性 4 个方面综合考虑。

1）准确性是指板子上元件和铜膜导线的连接关系必须符合电路原理图；

2）可靠性是指在能够满足电子设备要求的前提下，应尽量将多层板的层数设计得少一些，这样可降低费用并提高电路板的可靠性；

3）工艺性是指板子外形尺寸应尽量符合标准化尺寸系列、形状力求简单、少用异形孔，根据电路的复杂程度、元件数量和装置空间大小，考虑元件在印制电路板上的安装、排列方式和焊盘、走线形式；

4）经济性是指根据成本分析，从生产制造的角度选择铺铜板的板材、质量、规格和板子工艺技术要求，使板子制作成本在整机的材料成本中只占很小的比例。

（2）确定电路板形状、尺寸和厚度原则

电路板形状通常由整机和内部空间位置大小决定，外形力求简单，尽量避免使用异形板；板子尺寸尽量采用标准系列值，要考虑整机的内部结构和板上元件的数量、尺寸及安装、排列方式来决定，元件之间要有一定间隔；在考虑元件占用面积时，要注意发热元件安装散热片的尺寸和位置；在确定板子的净面积后，还应向外扩出 5～10mm，便于板子的安装和固定；如果板子面积较大、元件较重或在振动环境下工作，应采用边框等形式加固；确定板子厚度时主要考虑对元件的承重和振动冲击等因素；当板子对外通过插座连接时，必须要注意插座槽的板厚间隙一般为 1.5mm；如果板材过厚则插不进去，过薄则容易造成接触不良。

2. PCB 结构

PCB 按板材可分为纸制铺铜板、玻璃布铺铜板和挠性铺铜板等；根据板层数目可分为单层板、双层板和多层板等，通常根据板层数目对 PCB 进行分类。

（1）单层板

单层板是指一面有铺铜，而另一面没有铺铜的电路板，只能在单层板铺铜的一面布线和放置元件。其中安装元件的一面称为元件面，元件引脚焊接的一面称为焊接面。单层板成本低、过孔多，因此适用于元件较少且原理图较简单的电子产品。

（2）双层板

双层板是指顶层和底层两面都铺铜、其中间有一层绝缘层的电路板，双面都可以布线，上下层之间的电气连接使用过孔来连接。双层板不再区分焊接面和元件面，习惯上在顶层放置元件，在底层焊接引脚。相对于多层板而言，双层板成本较低，两面走线使布线更容易，所以对于不是特别复杂、屏蔽要求不严格的电路来说，选择双层板是比较合适的。

（3）多层板

在双层板的顶层和底层之间加上中间层、内部电源层或接地层等，即形成了多层板，各层之间的电气连接通过半盲孔、盲孔和过孔来实现。通常用在电气连接关系非常复杂的电路中，多层板的布线相对来说复杂得多，对设计者布线的技术经验有较高的要求，其制造成本相对较高。

3. PCB 的工作层

“层”是由制板材料构成的真实的铜箔层，通常 PCB 包括顶层、底层和中间层，层与层之间是绝缘层，用于隔离布线层。板子材料要求耐热性和绝缘性好，以前的板子多用电木作为材料，现在多使用玻璃纤维作为材料。在 PCB 上布线后，还要在顶层和底层上印刷一层阻焊层，在阻焊层上印制一些组件名称、对象符号、对象引脚等，方便元件焊接和电路调试等。

4. 焊盘

焊盘用于将元件引脚焊接固定在电路板上以完成电气连接，当用户设计焊盘时，要注意综合考虑此元件的形状、大小、布置形式等情况。常用焊盘的形状有岛形焊盘、圆形焊盘、矩形焊盘和正八边形焊盘，如果需要特殊焊盘，用户可以自己编辑。自己编辑焊盘时除了上述的原则外，还需要注意：当焊盘形状不规则时，要考虑连线宽度与焊盘特定边长，其差异不能过大；需要在元件引脚之间走线时，使用不对称的焊盘比较实用；具体元件的焊盘大小要根据元件引脚粗细来确定，通常焊盘的引线孔径要比引脚直径大 0.2～0.4mm，单层板中焊盘的外径应当比焊盘的引线孔大 1.3mm，双层板中的焊盘的外径可以比单层板略小一些。

5. 过孔

过孔是为连接各层之间的线路，在需要连通处钻的一个公共孔。过孔内侧一般都由焊锡连通，用于插入元件引脚。过孔分为 3 种，从顶层贯穿到底层的穿透式过孔、从顶层通到内层或从内层通到底层的半盲孔、只贯通内部板层且没有穿透底层或顶层的埋孔。在电路板中添加过孔时，要尽量少用过孔；如果用了过孔，注意其与周围对象的间隙；电路板载流量越大，所需的过孔尺寸越大。

6. 铜膜导线

电路板的铜膜导线相当于原理图中的导线，在电路板上连接各个焊盘，是电路板重要的组成部分。

7．助焊膜和阻焊膜

电路板中的膜是电路板制作工艺过程中不可少的，更是元件焊装的必要条件。按其所处位置及作用可分为元件面的助焊膜和元件面的阻焊膜两类。助焊膜是涂于焊盘上且提高可焊性能的一层膜，电路板上显示为比焊盘略大的浅色圆。阻焊膜是为了使制成的板子适应波峰焊等焊接形式，要求板子上非焊盘处的铜箔不能粘锡，因此在焊盘以外的部分涂上一层涂料，用于阻止这些地方上锡。

8．铺铜

对于抗干扰性能要求比较高的电路板，需要在电路板上铺铜。铺铜可以有效地实现电路板的信号屏蔽作用，提高电路板信号的抗电磁干扰能力。

9．元件封装

元件封装是实际元件焊接到电路板时对应的焊盘形状、位置与元件外观，因此，对于外形和焊盘类似的不同元件可以使用相同的元件封装；同时，一个元件也可有多个不同的封装。元件的封装可以在绘制原理图阶段指定，也可以在网络表中指定。系统元件都带有默认的元件封装，实际使用时要根据实际元件来选择相应的元件封装，或者自己设计合适的元件封装。

元件封装通常分为两类，即插针式元件封装（THT）和表面贴装式元件封装（SMT）。使用插针式封装的元件是将元件安装在电路板一面，将引脚焊接在另一面的元件。这种元件需要为每个引脚钻一个孔，所以它们的引脚要占用两面的空间而且焊盘也比较大。常用的电阻、电容、二极管、三极管等元器件都属于这种封装。使用表面贴装式封装的元件，是将引脚与元件焊在同一面，不需为元件引脚在电路板上钻孔，表面贴装式元件封装的焊盘只限于在表面板层上。

10．电路板工作层类型

电路板的工作层大致可分为以下几类。

1）“Signal Layer”（信号层）：是铺铜层，主要用于放置元件和走线以完成电气连接。系统可设置最多 32 个信号层，包括以下 3 种类型，不同信号层用系统默认的层颜色区分。

- “Top Layer”（顶层）。一般作为元件层，单层板的元件层是不能布线的，双层板中元件面是可以布线的。
- “Bottom Layer”（底层）。此层是单层板中唯一可以布线的工作层。
- “Mid Layer”（中间层）。中间层多用于切换走线。

2）“Internal Planes”（内部电源或接地层）：也是铺铜层，主要用于放置电源线和地线，可以单独设置的内部电源线和地线，最大限度减少电源和地之间连线的长度，同时对电路起到良好的屏蔽作用，因此该层在需要高速运行的电子设计中应用广泛。系统支持 16 个内部电源或接地层，用系统默认的层颜色区分。

3）“Mechanical Layer”（机械层）：通常放置电路板轮廓、厚度、制造说明和其他信息说明，不能完成电气连接，此层在打印和生成底片文件时是可选的。

4）“Mask Layers”（掩膜层）：主要用于对印制电路板表面进行特性处理，保护铜箔。主要包括“Top Solder”（顶层阻焊层）、“Bottom Solder”（底层阻焊层）、“Top Paste”（顶层锡膏防护层）、“Bottom Paste”（底层锡膏防护层）。

5）“Silkscreen Layers”（丝印层）：用于放置元件标号、说明文字等，以便于焊接和维护电路板时查找器件。主要包括“Top Overlay”（顶层丝印层）和“Bottom Overlay”（底层丝印层）。

6）其他工作层：主要包括如下工作层。

- “Keep-Out Layer”（禁止布线层）。用于绘制电路板电气边界，在规定的边界外不可能布线。
- “Multi-Layer”（多层）。在此层中放置的元件会自动放在所有的信号层上，在设计时要将焊盘或过孔放置在此层上。如果不选择此层，将无法显示过孔。
- “Drill Guide”（钻孔绘制层）。用于绘制钻孔图。
- “Drill Drawing”（钻孔层）。用于指定钻孔的位置。

实际的电路板并没有这么多层，软件设计中的工作层中有些只是电气意义上的电路层，而在实际电路板上并没有物理存在。

4.1.2　PCB 设计流程

PCB 设计流程是指从原理图的绘制到印制电路板设计的过程，且 PCB 设计是原理图到制板的中间桥梁。有时无原理图也可以直接设计 PCB，但这会给后来的项目维护带来麻烦，对较复杂的电路更是如此。因此，通常都需要遵循先绘制原理图再设计 PCB 的流程来操作。PCB 设计流程如图 4-2 所示。

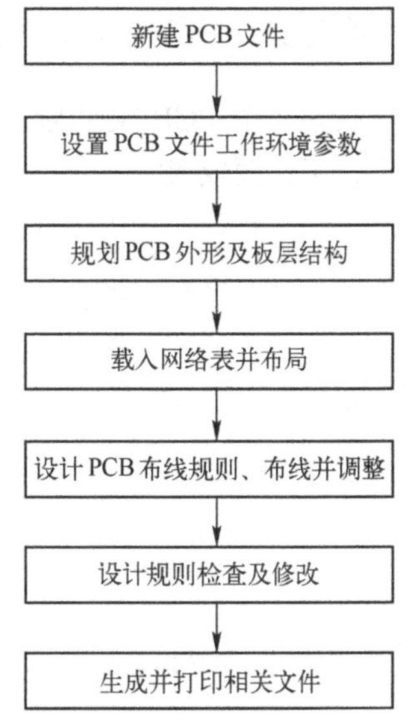

图 4-2　PCB 设计流程

4.2　新建单层电路板文件

4.2.1　新建 PCB 文件

1．使用菜单新建 PCB 文件

在 PCB 中新建 PCB 文件的主要操作过程如下。

1）单击“工程”菜单，选择“添加新的到工程”→“PCB”命令。

2）单击“文件”菜单，选择“新的”→“PCB”命令。

3）在“Project”（项目）面板的工程文件名上右击，在弹出的快捷菜单中选择“添加新的到工程”→“PCB”命令。

以上 3 种新建 PCB 的方法，都可以新建一个空白 PCB 文件。

2．使用模板新建 PCB 文件

在 PCB 中使用模板新建 PCB 文件的主要操作过程如下。

1）在当前项目文件中，单击“文件”菜单，选择“打开”命令，弹出如图 4-3 所示的“Choose Document to Open”（选择打开文档）对话框。

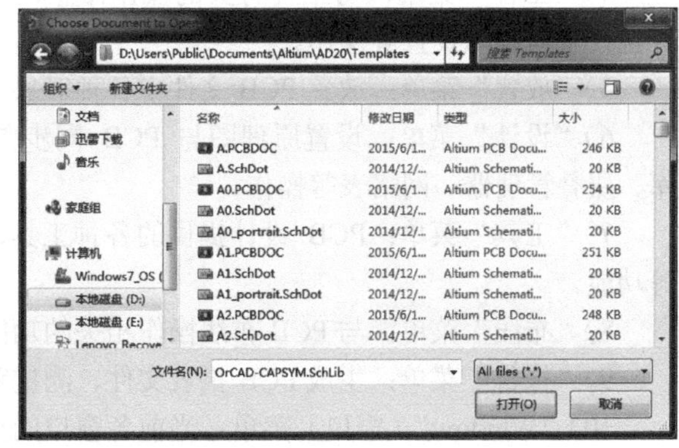

图 4-3　“Choose Document to Open”对话框

2）此路径是系统默认存放模板文件的

位置，相关的模板文件扩展名是“PrjPcb”“PcbDoc”。从中选择合适的模板文件名，单击“打开”按钮，即可生成一个基于此模板信息的 PCB 文件。

4.2.2 PCB 编辑器窗口

新建一个 PCB 文件后，进入如图 4-4 所示的 PCB 编辑器窗口。其中主要包括菜单栏、工具栏、工作面板等。

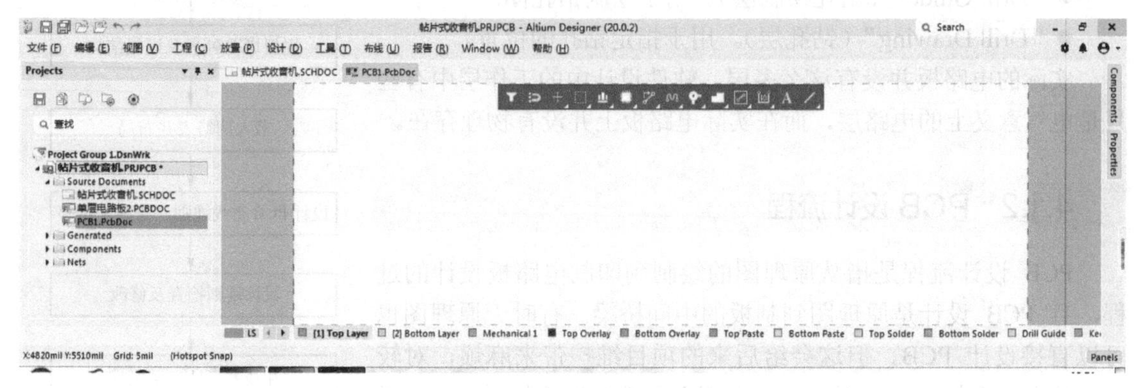

图 4-4 PCB 编辑器窗口

1. 菜单栏

PCB 编辑器的菜单栏如图 4-5 所示，菜单中对应的命令会随着当前 PCB 的编辑状态，在高亮显示与不可用间自动切换。各个菜单主要功能如下。

文件 (F) 编辑 (E) 视图 (V) 工程 (C) 放置 (P) 设计 (D) 工具 (T) 布线 (U) 报告 (R) Window (W) 帮助 (H)

图 4-5 PCB 编辑器的菜单栏

1）“文件”菜单：PCB 文件的新建、打开、保存、关闭、页面设置、打印等操作。

2）“编辑”菜单：PCB 文件中对象的选择、复制、粘贴、查找、移动、对齐等操作。

3）“视图”菜单：PCB 窗口的各种形式缩放、网格设置、工具栏设置、工作面板设置、状态栏设置、栅格与单位设置等操作。

4）“工程”菜单：与工程有关的操作命令，包括工程中文件的编译、添加、删除、关闭、打包、工程选项设置等操作。

5）“放置”菜单：放置 PCB 文件中各种对象、铺铜、尺寸等内容。

6）“设计”菜单：设置原理图与 PCB 同步更新、PCB 布线规则、电路板形状、生成集成库、层叠管理器、网络表等操作。

7）“工具”菜单：PCB 设计提供的各种工具，包括 DRC 检查、手动和自动布局、优选项等功能。

8）“布线”菜单：与 PCB 布线操作相关的功能命令。

9）“报告”菜单：生成 PCB 报表文件、测量距离、项目报告等功能。

10）“Window”（窗口）菜单：当前各窗口的排布方式、打开或关闭文件等操作功能。

11）“帮助”菜单：有关软件及操作内容的帮助功能。

2. 工作面板

PCB 编辑器启动后进入 PCB 工作环境，窗口的左侧出现“PCB”（印制电路板）工作面板，如图 4-6 所示。在此面板中，按条件显示当前 PCB 文件中所有网络名称、元件封装名称、各种类型对象的布线信息、PCB 预览等内容。

3. 工具栏

单击“视图”菜单并选择“工具栏”命令；或右击工具栏或菜单栏中空白处，都会弹出如图 4-7 所示的“工具栏设置”菜单。选中某个工具栏，其前面出现标志图标，此时这个工具栏会出现在 PCB 窗口中。主要工具栏功能如下。

1）“PCB 标准”工具栏：主要包括文件打开、复制、粘贴、保存、查找、选择、撤销打印、缩放、PCB 视图等命令，如图 4-8 所示。

2）“应用工具”工具栏：主要包括应用工具、排列工具、选择工具、放置尺寸、放置房间、网格样式等命令，如图 4-9 所示。

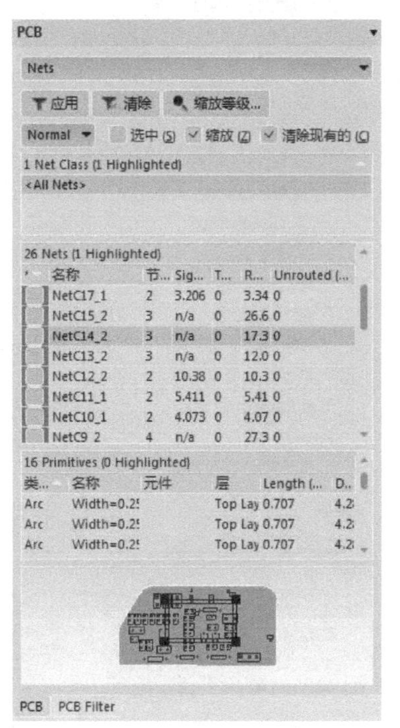

图 4-6 “PCB”工作面板

图 4-7 “工具栏设置”菜单

3）“布线”工具栏：主要包括自动布线、交互式布线、放置过孔、放置焊盘、放置圆弧、放置填充、放置字符串、放置器件等命令，如图 4-10 所示。

图 4-8 “PCB 标准”工具栏

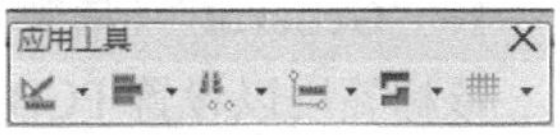

图 4-9 “应用工具”工具栏

4）“过滤器”工具栏：主要包括使用过滤器选择网络、选择器件、选择过滤器等命令，如图 4-11 所示。

图 4-10 “布线”工具栏

图 4-11 “过滤器”工具栏

4.2.3 设置 PCB 工作环境

PCB 工作环境的参数适用于当前项目中包含的所有 PCB 文件，PCB 文件参数只适用于当前 PCB 文件。

单击“工具”菜单，选择“优选项”命令，弹出如图 4-12 所示的“优选项”对话框。在“优选项”对话框中包含 12 个选项，在此详细介绍“General”（常规）、“Display”（显示）、“Defaults”（默认值）选项。

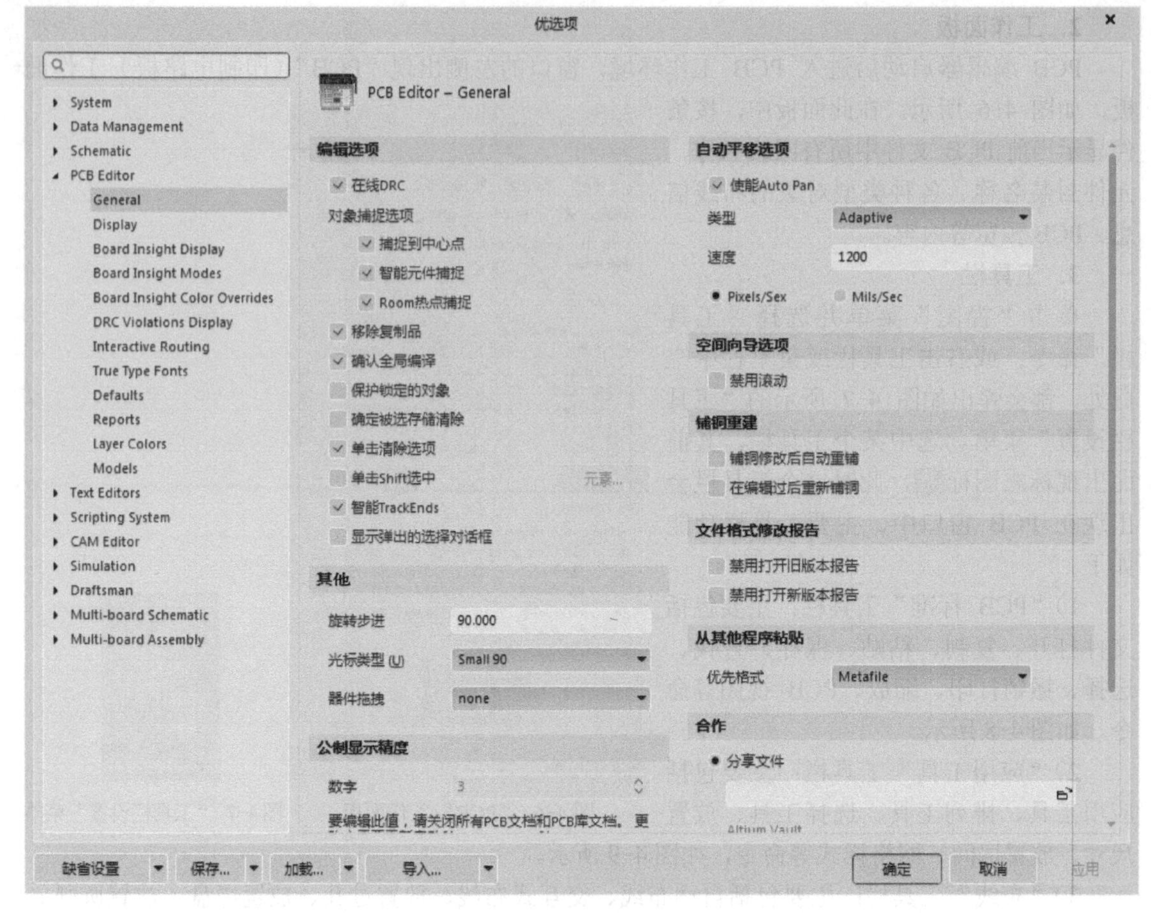

图 4-12 “优选项”对话框

1.“General”（常规）标签

该标签用以设置 PCB 文件工作环境参数，如图 4-12 所示，其主要功能如下。

1）“编辑选项”选项组：

- 在线 DRC。标记违反 PCB 设计规则的位置，若不选此项，则需通过菜单命令实现检查功能。
- 捕捉到中心点。光标会自动移到对象的中心，包括焊盘或过孔的中心、元件的第一个引脚、导线的一个顶点。
- 智能元件捕捉。选中元件时光标会自动移到离单击处最近的焊盘上，若不选此项，当选中元件时光标将自动移到元件的第一个引脚的焊盘处。
- Room 热点捕捉。当选中元件时光标将自动移到离单击处最近的 Room 热点上。
- 移除复制品。数据输出时会同时产生一个通道，这个通道将检测通过的数据并将重复的数据删除。
- 确认全局编译。在进行全局编辑时，系统会弹出一个对话框，提示当前的操作将影响到对象的数量。
- 保护锁定的对象。对锁定的对象进行操作时，系统会弹出一个提示对话框。
- 确定被选存储清除。删除某个存储时系统会弹出一个警告对话框。

● 单击清除选项。选中一个对象，再选择另一个对象时，上一次选中的对象将恢复未被选中的状态。若不选此项，系统将不清除上一次的选中对象。
● 单击〈Shift〉选中。按〈Shift〉键的同时单击所要选择的对象才能选中该对象，通常取消对该复选框的选择。

2）“其他”选项组：

● 旋转步进。放置元件时，按〈Shift〉键可改变元件的放置角度。
● 光标类型。包括“Large90”（大十字）、“Small90”（小十字）、“Small45”（小 45°）3 个选项。
● 器件拖拽。“Connected Tracks”（连线拖拽），表示拖动元件的同时拖动与元件相连的布线；“None”（无），表示只拖动元件。

3）“公制显示精度”选项组：“数字”文本框，在此设置数值的数字精度，即小数点后数字的保留位数。选项必须在关闭所有 PCB 文档及 PCB 库文件后才可设置，否则，此选项显示灰色无法编辑。

4）“自动平移选项”选项组：主要选项功能如下。

● 使能 Auto Pan。任何编辑操作时以及十字光标处于活动状态时，将光标移至文档视图窗口的边缘，使文档在相关方向上进行平移。
● 类型。设置视图自动缩放的类型。包括六种类型：“Re-Center”（重新定义编辑区中心）、“Fixed Size Jump”（以设定值为步进值向未显示区域移动）、“Shift Accelerate”（以 Step Size 值为步进值向未显示区域移动）、“Shift Decelerate”（以 Shift Step 值为步进值向未显示区域移动）、“Ballistic”（越向编辑区边缘移动，光标移动速度越快）、“Disable”（取消移动功能）、“Adaptive”（根据当前图形位置自动选择其移动方式）。
● 速度。若“类型”中选择了“Adaptive”（自适应）时会激活此选项，在此设置缩放步长。

5）“空间向导选项”选项组：“禁用滚动”复选框用于禁止使用鼠标的滚动功能。

6）“铺铜重建”选项组：各选项功能如下。

● 铺铜修改后自动重铺。重新铺铜时，铺铜位于走线的上方。
● 在编辑过后重新铺铜。重新铺铜时，铺铜位于走线的原位置。

7）“文件格式修改报告”选项组：设置是否可用新/旧版式报告。

8）“从其他程序粘贴”选项组：“优先格式”下拉列表框用以设置粘贴格式，包括“Metafile”（图元文件）和“Text”（文本文件）。

9）“合作”选项组：“分享文件”单选项用于选择与当前 PCB 文件协作的文件。

10）“Room 移动选项”选项组：选中“当移动带有锁定对象的时询问”复选框，重新铺铜时铺铜将位于走线上方。

2．“Display”（显示）标签

标签用来设置屏幕和对象显示模式，如图 4-13 所示，主要选项功能如下。

1）“显示选项”选项组：“Antialiasing 开/关”复选框用于设置是否开启消除混叠功能。

2）“高亮选项”选项组：主要选项功能如下。

● 完全高亮。选中的对象以当前颜色突出显示，否则对象将以当前颜色被勾勒出来。
● 当 Masking 时候使用透明模式。掩模时其余对象呈透明显示。

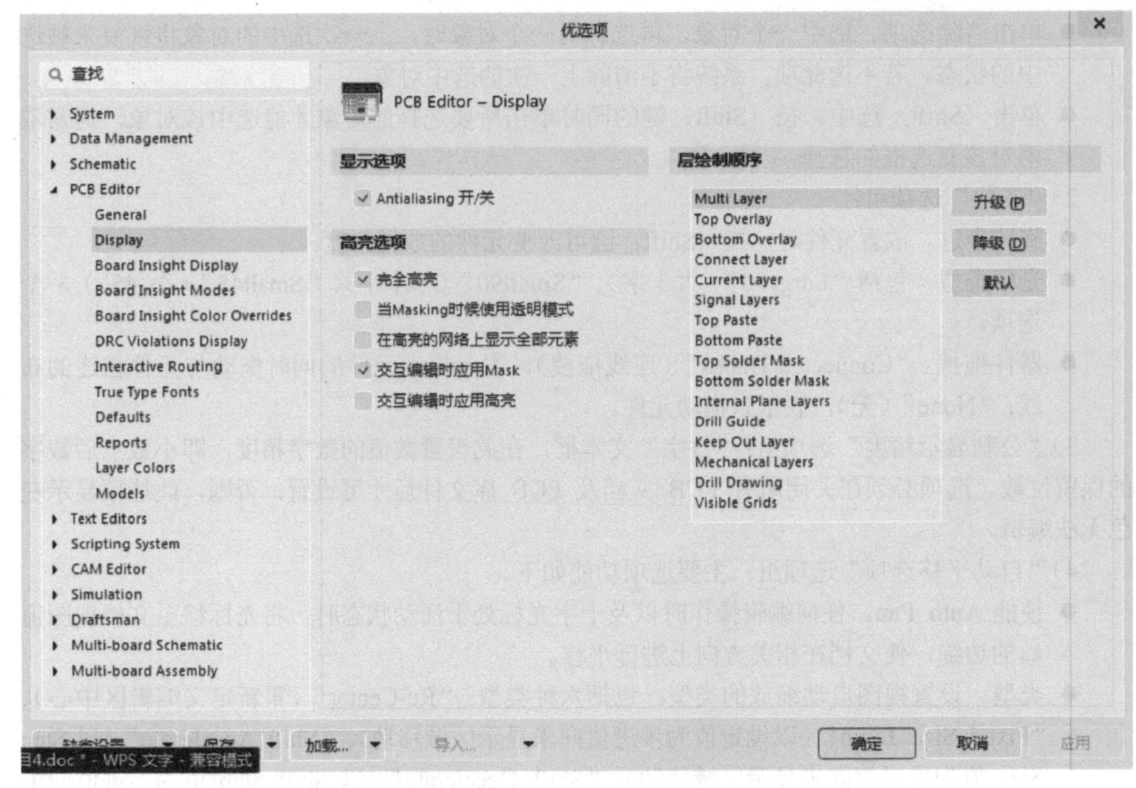

图 4-13 “Display”标签

- 在高亮的网络上显示全部元素。在单层模式下系统将显示所有层中的对象（包括隐藏层中的对象），而且当前层被高亮显示出来；取消该复选框的勾选，单层模式下系统只显示当前层中的对象，多层模式下所有层的对象都会在高亮的网格颜色中显示出来。
- 交互编辑时应用 Mask。在交互式编辑模式下可用“Mask”（掩模）功能。
- 交互编辑时应用高亮。在交互式编辑模式下可用高亮显示功能，对象的高亮颜色需在“视图设置”对话框中设置。

3）层绘制顺序。指定层的顺序。

3. “Defaults”（默认值）标签

该标签用以设置 PCB 文件设计中对象的默认值，如图 4-14 所示，主要选项功能如下。

1）“Primitives”（元件）下拉列表框：包括所有可以编辑的元件的大类。

2）“Primitive List”（元件列表）列表框：列出了所有可以编辑的元件对象，单击其中一项，则其右侧“Properties”（属性）选项组中会显示相应的属性设置，以修改元件属性的。

- “Permanent”（永久的）。在对象放置前按〈Tab〉键进行对象的属性编辑时，系统将保持对象的默认属性。
- “Load”（导入）按钮。导入其他参数配置文件，使其成为当前系统参数值。
- “Save As”（另存为）按钮。以“*.DFT”的格式保存当前各个对象参数。
- “Reset All”（全部复位）按钮。将当前选择对象的参数值重置为系统默认值。

若需要取消以前修改的参数设置，只要单击“优选设置”对话框左下角的“缺省设置”按钮并在下拉菜单中选择相应命令，可将当前或者所有参数设置恢复到原来的默认值。

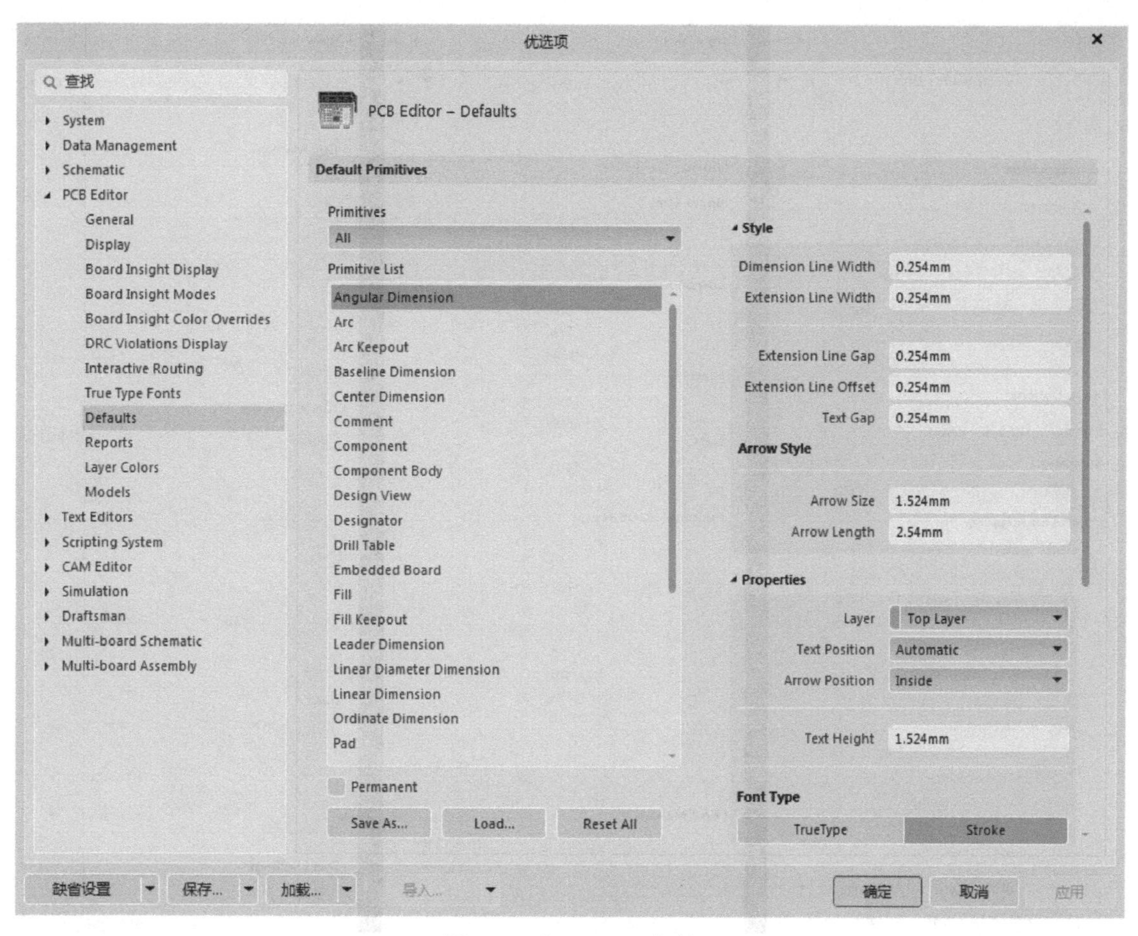

图 4-14　“Defaults”标签

4.2.4　设置 PCB 属性

在 PCB 文件中单击窗口右侧的“Properties”（属性）面板，打开“Board”（板）属性编辑器，如图 4-15 所示，主要参数功能如下。

1. “Search”（搜索）文本框

此文本框用于在面板中搜索所需内容。

2. “Selection Filter”（选择过滤器）选项组

单击此选项卡左侧按钮，可选中下拉列表中的过滤对象。

3. “Snap Options”（捕捉选项）选项组

设置是否启用捕获功能：

- “Grids”（栅格）。捕捉到栅格。
- “Guides”（向导线）。捕捉到向导线。
- “Axes”（坐标）。捕捉到对象坐标。

4. “Snapping”（捕捉）选项组

设置捕捉对象所在工作层，包括“All Layer”（所有层）、“Current Layer”（当前层）、“Off”（关闭）。

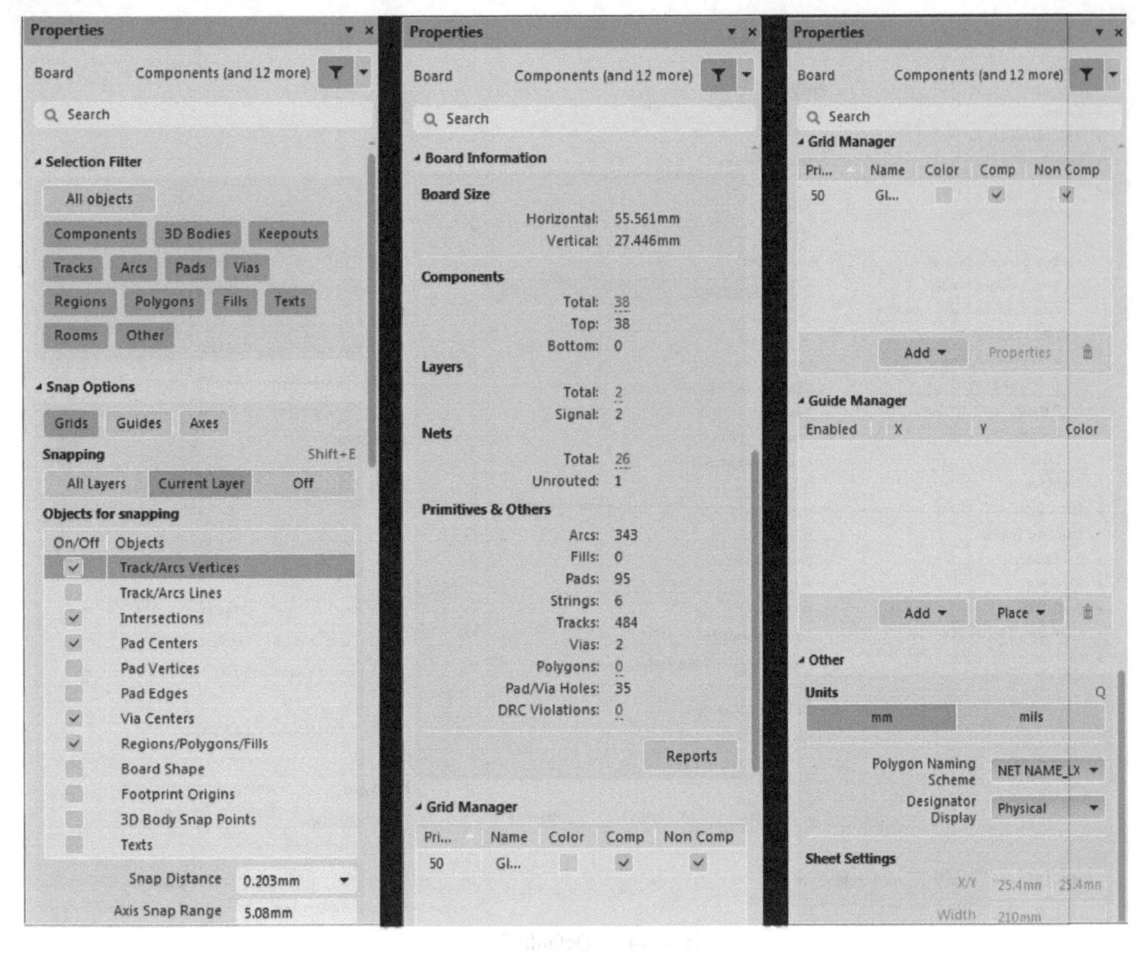

图 4-15 “Board”属性编辑器

5. “Objects for snapping”（捕捉对象）选项组

设置捕捉对象范围，包括“Snap Distance”（捕捉距离）、“Axis Snap Range”（坐标轴捕捉范围）。

6. “Board Information”（板信息）选项组

显示 PCB 文件中元件、网络、工作层、电路板其他对象相关的内容。单击“Board”按钮，弹出如图 4-16 所示的“板级报告”对话框。在此列表中选中相应对象或勾选“仅选择对象”复选框，并单击“全部开启”按钮，再单击“报告”按钮，系统会生成 PCB 报表文件并自动在工作区中打开。

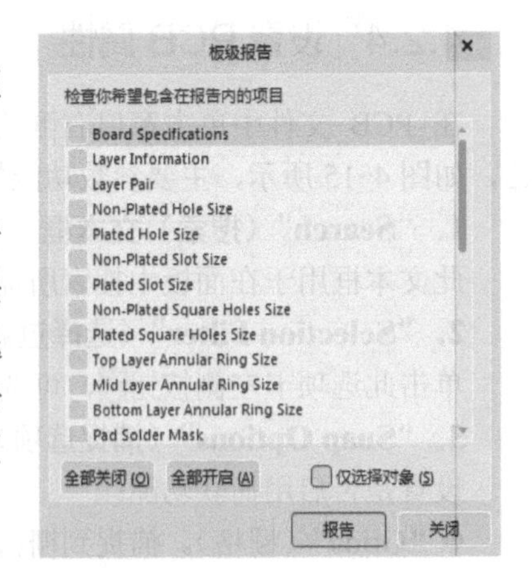

图 4-16 “板级报告”对话框

7. “Grid Manager”（栅格管理器）选项组

在此设置捕捉栅格的属性参数。单击“Board”属性编辑器的“Add”按钮，在下拉列表中单击“Add Cartesian Grid”（添加笛卡儿栅格）选项，此时在栅格管理器列表中会新增一条“New Cartesian Grid”（新笛卡儿栅格）内容，此时单击“Properties”按钮，弹出如图 4-17 所示的“Cartesian Grid Editor”（笛卡儿栅格编辑器）对话框，在此设置新建栅格的名称、步进值、原点、显示、范围等属性。

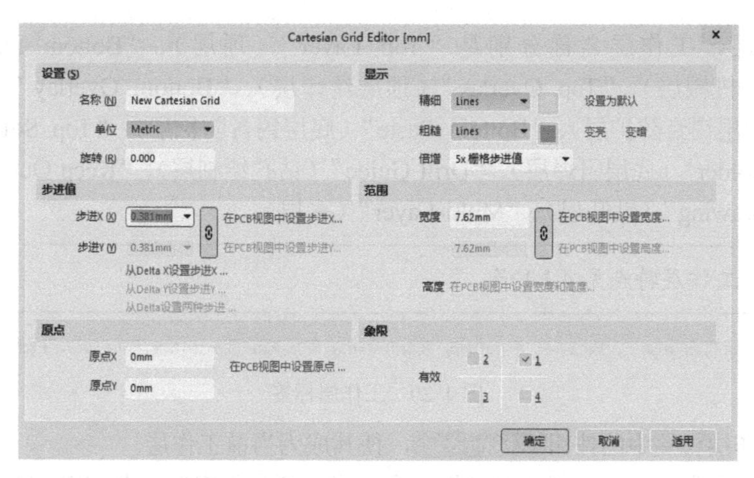

图 4-17 “Cartesian Grid Editor”对话框

8. “Guide Manager”（向导管理器）选项组

PCB 设置中，可以添加或放置横向、纵向、+45°、-45°、捕捉栅格的向导线。

单击“Add”按钮，出现如图 4-18 所示下拉列表，单击其中任意一种向导线后，添加的向导线就出现在向导管理器中。单击“Place”按钮，出现如图 4-19 所示下拉列表，单击其中任意一种向导线后，光标变为十字形，只要在电路板合适位置单击一次即可放置一条向导线，完成放置后右击结束放置向导线操作。

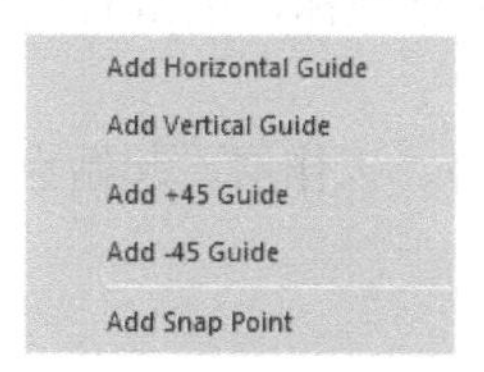

图 4-18　添加向导线下拉列表

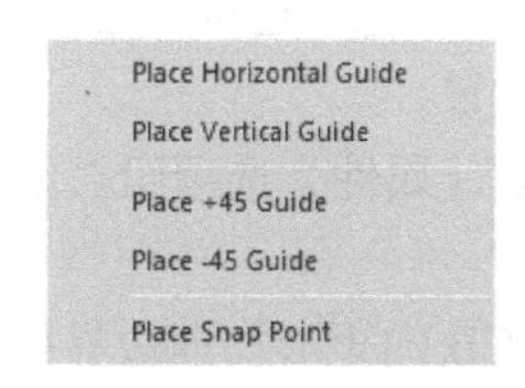

图 4-19　放置向导线下拉列表

9. “Other”（其他）选项组

设置单位选项、多边形命名格式、标识符显示方式等参数。

4.3 编辑单层电路板文件

新建 PCB 文件并设置好 PCB 工作环境后，下一步就是编辑电路板文件，包括：规划 PCB 外形及板层；加载封装库与网络表；电路板设计原则及自动或手动布局；设置电路板布线规则；自动或手动布线；设置铺铜、补泪滴、焊盘；设计规则检查；生成电路板报表。

4.3.1 规划 PCB 外形

1. 设置 PCB 物理边界

设置 PCB 物理边界是绘制电路板实际形状与尺寸，进行此操作前，要使“Mechanical1”（机械层 1）成为当前工作层，在此层中设计 PCB 的物理边界，主要操作过程如下。

1）在当前项目中新建一个 PCB 文件，在窗口下方出现图 4-20 所示的工作层标签。默认包括 13 个工作层，工作层名称分别是“Top Layer”（顶层）、“Bottom Layer”（底层）、“Mechanical1”（机械层）、“Top Overlay”（顶层丝印层）、“Bottom Overlay”（底层丝印层）、“Top Paste”（顶层锡膏防护层）、“Bottom Paste”（底层锡膏防护层）、“Top Solder”（顶层阻焊层）、“Bottom Solder”（底层阻焊层）、“Drill Guide”（钻孔绘制层）、“Keep-Out Layer”（禁止布线层）、“Drill Drawing”（钻孔层）、“Multi-Layer”（多层）。

注意：每个工作层特点见 4.1.1 节。

LS [1] Top Layer [2] Bottom Layer Mechanical 1 Top Overlay Bottom Overlay Top Paste Bottom Paste Top Solder Bottom Solder Drill Guide Ke

图 4-20 工作层标签

2）单击工作层标签中的按钮 Mechanical 1，使其成为当前工作层。

3）单击“放置”菜单，选择“线条”命令，光标变为十字形。在 PCB 窗口合适的位置单击确定线条第一个顶点，再次在合适位置单击确定下一个顶点，依此顺序操作可构成一个封闭的 PCB 外形，电路板外形可以是矩形、椭圆形、圆形或不规则外形。

4）当绘制成一个封闭外形后，右击或按〈Esc〉键退出当前外形绘制操作。此时光标仍处于十字形状态，可以继续绘制外形。若需要结束放置线条命令则可再次右击退出。

5）设置线条属性：双击任意一线条，在“Properties”（属性）面板的“Track”选项中设置，如图 4-21 所示。

- “Location”（位置）选项。准确设置当前线条的位置坐标，单击右侧按钮，可以锁定当前线条位置。
- “Properties”（属性）选项组。设置当前线条的网络、工作层、起始点坐标、宽度、终点坐标信息。

绘制完成的 PCB 的矩形物理边界如图 4-22 所示。

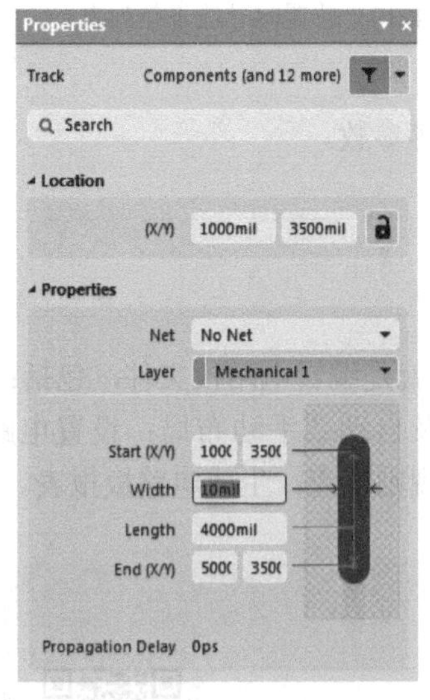

图 4-21 “属性”面板的“Track”选项

图 4-22 PCB 的矩形物理边界

2．修改 PCB 板形

设置好 PCB 的物理边界后，根据需要可修改电路板实际形状。两种常用修改方法如下。

1）按照选择对象定义：先选中绘制完成的 PCB 物理边界线条，再单击“设计”菜单，选择

“板子形状”→“按照选择对象定义”命令，PCB 物理边界修改后的 PCB 板形如图 4-23 所示。

2）根据电路板外形生成线条：单击“设计”菜单，选择“板子形状”→“根据板子外形生成线条”命令，弹出图 4-24 所示的“从板形而来的线/弧原始数据”对话框。设置好参数后，单击“确定”按钮，电路板边界自动变为线条。

图 4-23　PCB 物理边界修改后的 PCB 板形

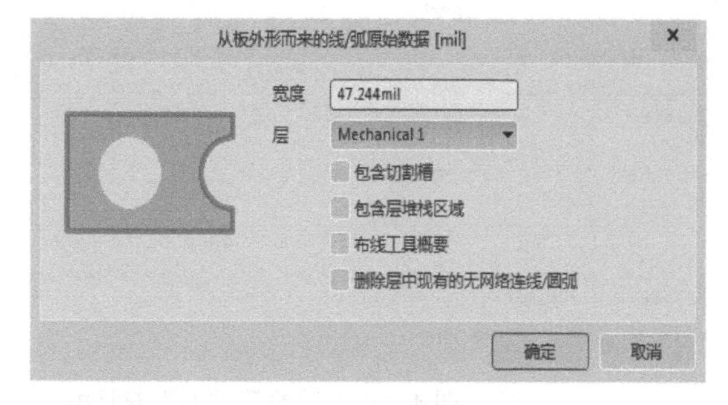

图 4-24　“从板形而来的线/弧原始数据”对话框

4.3.2　设置 PCB 板层及颜色

设计 PCB 时，会把 PCB 分成多个工作层，不同的工作层包含指定的电路板信息。软件提供了 6 类工作层，详细介绍见 4.1.1 节。

1. 设置 PCB 板层

单击“设计”菜单，选择“层叠管理器”命令，弹出如图 4-25 所示对话框。在此可以增加工作层、删除工作层、移动工作层位置、设置各工作层属性。

1）系统默认的板层：在新建的 PCB 文件中打开层叠管理器，默认为双层板，包括两个信号层。在层叠管理器中从上至下的工作层设计顺序要与 PCB 实物保持一致，各工作层具体如下。

- “Top Overlay”（顶层丝印层）。放置顶层元件。
- “Top Solder”（顶层阻焊层）。铺设阻焊漆保护顶层元件。
- “Top Layer”（顶层）。放置顶层元件。
- “Dielectric1”（绝缘层）。是系统自动添加在顶层与底层间的绝缘介质。
- “Bottom Layer”（底层）。放置顶层元件。
- “Bottom Solder”（底层阻焊层）。铺设阻焊漆保护底层元件。
- “Bottom Overlay”（底层丝印层）。保护底层元件。

2）设置板层操作：右击某一工作层，弹出如图 4-26 所示的快捷菜单，在此选择相应命令，可以实现在当前层前或当前层后插入、删除、移动、复制工作层。

因为 PCB 工作层的设置有遵守的规则，所以，图 4-26 所示的快捷菜单中的命令会随着选中的当前层而呈现可选（高亮显示）或不可选（非高亮显示）的状态，用来提示用户在当前状态下可以执行的工作层操作。

3）单击某一工作层中的按钮▪▪▪，可以在弹出的对话框中设置当前层所用材质。

4）层叠管理器类型：是指绝缘层在 PCB 中的排列顺序，系统默认 3 种类型：“Layer Pairs”（Core 层和 Prepreg 层自上而下间隔排列）、“Internal Layer Pairs”（Prepreg 层和 Core 层自上而下间隔排列）、“Build-up”（顶层和底层为 Core 层，中间全部为 Prepreg 层）。改变层叠管理器类型会改变 Core（填充）层和 Prepreg（塑料）层在层栈中的分布，当需要用到盲孔或埋孔时才需要设置层堆叠类型。

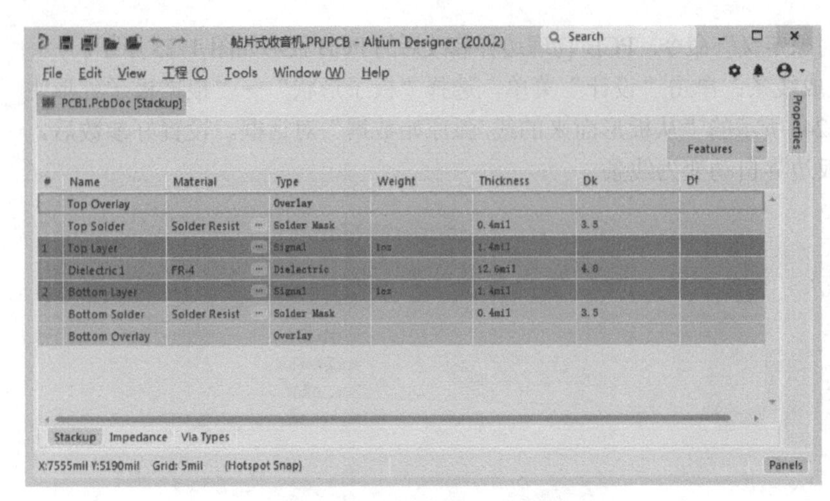

图 4-25 “层叠管理器”对话框

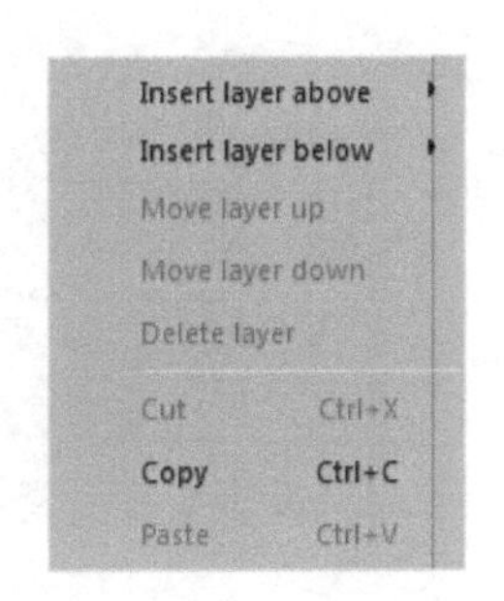

图 4-26 设置板层快捷菜单

2．设置 PCB 板层颜色

PCB 中各对象以颜色区分所在工作层，可以使用系统默认工作层颜色，也可以按实际要求修改工作层颜色。

单击层叠管理器对话框中右下角按钮 Panels ，在弹出的快捷菜单中选择“View Configuration”（视图配置）命令，会打开如图 4-27 所示的“View Configuration”（视图配置）面板，包括“Layer”（板层颜色）和“System Color”（系统颜色）两个选项组。

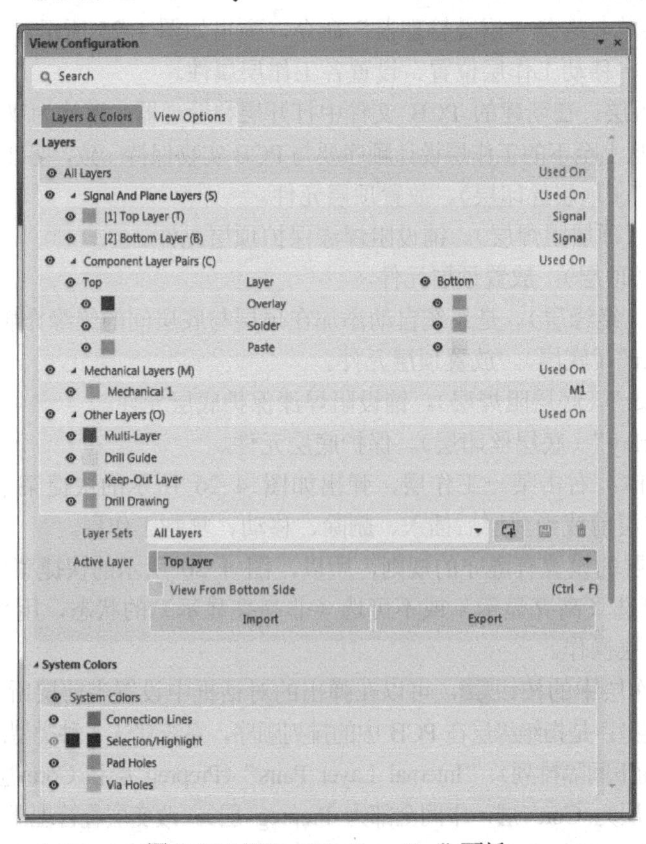

图 4-27 “View Configuration”面板

1）"Layer"（板层颜色）选项组：主要选项功能如下。

- 按钮◎。单击某一类型工作层名称左侧的按钮◎，可以设置当前类型中包含的所有工作层是否显示；单击某一具体工作层名称左侧的按钮◎，可以设置当前工作层是否显示。不同图层处的对应按钮◎，也用于启用或禁止当前层使用功能。
- 按钮■。单击某一工作层左侧按钮■，在出现的颜色列表中选择相应的色块即可改变当前层颜色。
- "Layer Sets"（层设置）。单击其右侧下拉按钮，在出现的下拉列表中选择任一层组。则在上方的"Layer"（板层颜色）选项组中会显示此层组中包含的工作层，其余工作层为禁用状态。通过单击按钮◎，也可以改变工作层状态。

2）"System Color"（系统颜色）选项组：设置 PCB 中各类型对象的颜色与显示状态，其中常用的"Connection Lines"（飞线）选项用于显示或隐藏飞线。

4.3.3　设置 PCB 布线边界

在 PCB 布线边界内，可以进行自动布局和自动布线，电路板上所有实现电气连接的铜箔线不能出现在布线边界以外。使用"文件"菜单新建的 PCB 文件，默认只有物理边界，没有布线边界，需要用户自行设置。具体操作方法如下。

1）单击"Keep-Out Layer"（禁止布线层）标签，使其成为当前工作层。

2）单击"放置"菜单，选择"Keepout"（禁止布线）→"线径"命令；或单击快捷工具栏中按钮，都会使光标变为十字形，当前工作窗口可绘制出一个封闭的形状。

3）在空白处右击或按〈Esc〉键，退出布线边界绘制操作。绘制完成物理边界与布线边界的 PCB 如图 4-28 所示。

图 4-28　绘制完成物理边界与布线边界的 PCB

4.3.4　导入原理图网络表

原理图网络表包括原理图元件与电气连接的信息，可以通过将网络表中信息导入 PCB 中来实现原理图与 PCB 的同步。在导入网络表之前，需要加载元件的封装库，并对同步器的比较规则进行设置，否则在导入网络表时容易出错。

1. 加载元件封装库

系统使用的都是集成元件库，由于在原理图设计阶段就已经加载了元件的 PCB 封装模型，所以可省略此项操作。但系统也支持单独的元件封装库，如果 PCB 文件中有些元件封装不是在系统集成元件库中，此时就需要单独加载这些元件封装所在的元件库，添加元件封装库与原理图中元件库的添加方法相同。

2. 设置同步器的比较规则

同步设计就是原理图文件和 PCB 文件在任何情况下都要保持同步，不论是先绘制原理图再绘制 PCB 图，还是原理图和 PCB 图同时绘制，最终都要保证原理图上元件的电气连接意义与 PCB 图上的电气连接意义完全相同。同步设计功能在系统中由同步器来完成。

同步器是检查当前的原理图文件和 PCB 文件，比较两个文件各自的网络表，用以更新信息。再根据更新信息，来实现原理图设计与 PCB 设计的同步。因此设置同步器的比较规则是很重要的操作。

单击“工程”菜单，选择“工程选项”命令，在弹出的“Option for PCB Project”（PCB 项目选项）对话框中单击“Comparator”（比较器）标签，在此设置比较规则。单击此标签中需要设置的选项，再单击其右侧的“模式”下拉框，从中选择“Find Differences”（找出不同之处）或“Ignore Differences”（忽略不同点）即可完成比较规则的设置，单击“确定”按钮，可使设置生效。

3. 导入网络表

4-5 导入网络表

打开当前项目文件中的原理图文件，导入网络表操作过程如下。

1）单击“设计”菜单，选择“Update PCB Document PCB1.PcbDoc”（更新 PCB 文件）命令，弹出如图 4-29 所示的“工程变更指令”对话框。在“动作”列表中包括 4 个选项组：“Add Components”（添加网络）、“Add Nets”（添加网络）、“Add Component Classes”（添加元件类）、“Add Rooms”（添加房间），可将原理图中相关信息分类，并将其导入相应 PCB 文件中。单击各个选项组左侧的展开按钮后的对话框如图 4-30 所示。

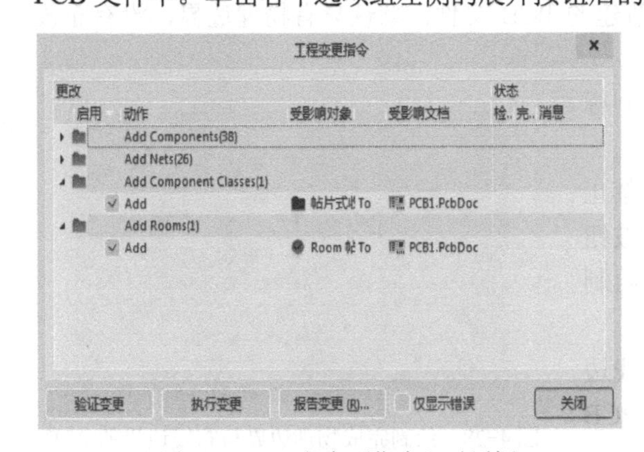

图 4-29 “工程变更指令”对话框

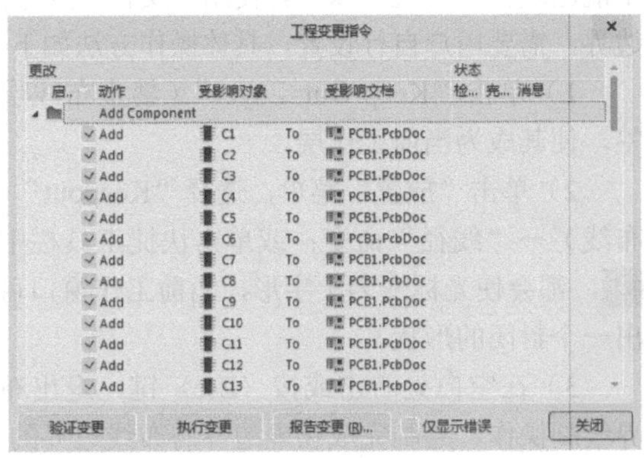

图 4-30 展开各选项后“工程变更指令”对话框

2）单击“验证变更”按钮，系统检测所有变更后的对话框如图 4-31 所示。在检测成功的每一项后所对应的“检测”列表中，会出现绿色图标；未检测成功的选项会在其对应的“检测”列表中出现红色图标。

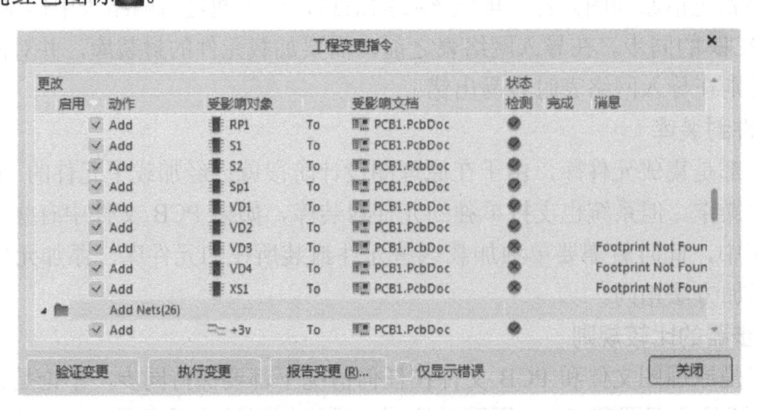

图 4-31 验证变更后的“工程变更指令”对话框

注意：对变更未成功的选项，需要根据提示消息修改后保存，再重新执行导入网络表操作，直至全部信息变更成功。

3）单击“执行变更”按钮，系统执行将变更操作，所有成功导入的网络表信息项的“完成”列表栏会出现绿色图标，如图 4-32 所示。

4）单击“关闭”按钮，导入 PCB 中的网络表中的信息都在一个紫色边框的布线框中，且位于电路板右下侧，如图 4-33 所示。原理图元件在 PCB 中以元件封装形式显示，各个元件封装之间用飞线保持着互相的电气连接。

注意：飞线是在 PCB 文件中导入网络表后，出现在各对象引脚间表示各网络连接关系的灰色线条，执行布线命令实现铜膜导线的真正连线后，飞线会自动消失。

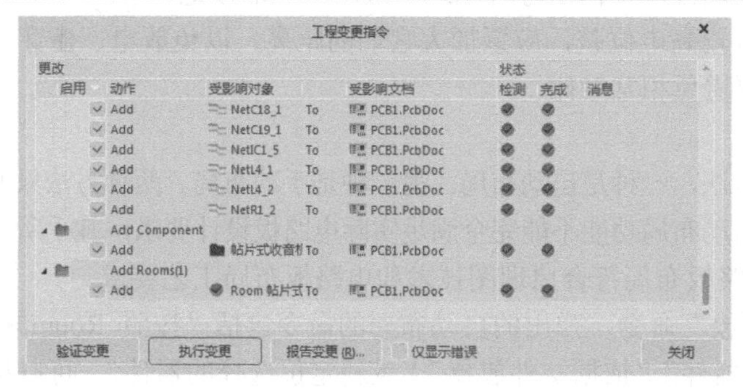

图 4-32　执行变更后的“工程变更指令”对话框

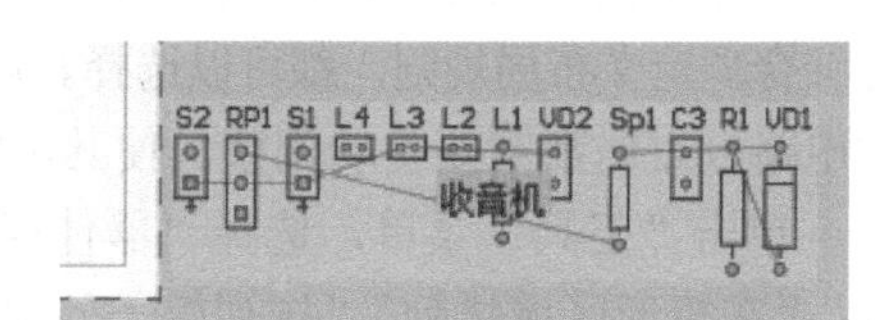

图 4-33　导入网络表后的 PCB

4.3.5　PCB 布局原则及自动布局

1. PCB 布局原则

将加载进来的元件在一定面积的电路板上合理地布局排列，是印制电路板设计的重要一步。元件布局并不是简单地按照电路原理图把元件随便放在电路板上，而是要遵循如下布局原则。

1）按照信号流的走向布局：按照电路图中电信号的流向，逐个依次安排各个功能电路模块，使布局便于信号流通，并使信号流尽可能保持一致的方向。在多数情况下，信号的流向安排为从左到右或从上到下。与电路输入、输出端直接相连的元件应当放在靠近输入、输出接插件或连接器的地方。以每个功能模块的核心元件为中心，围绕它进行布局。考虑到每个元件的形状、尺寸、极性和引脚数目，以缩短连线为目的，调整对象的位置及方向。

2）优先确定特殊元件的位置：先分析电路原理图，确定特殊元件的位置，再安排其他元件，尽量避免可能产生干扰的因素。特殊元件是那些从电、磁、热、机械强度等方面对电子产品性能产生影响或者根据操作要求而位置固定的元件。

3）元件位置设计原则：对于电位器、可变电容器或可调电感线圈等调节元件的布局，要考虑电子产品结构的安排。如果是机外调节，其位置要与调节旋钮在机箱面板上的位置相适应；如果是机内调节，则应当放在电路板上方便调节的位置；为了保证调试和维修的安全，要注意带高电压的元件尽量布置在操作时人手不易触及的地方。

4）抑制热干扰的原则：电路板上的发热元件应当布置在靠近外壳或通风较好的地方，以便利用机壳上开凿的通风孔散热；对于温度敏感的元件，不宜放在热源附近。

5）防止电磁干扰的原则：印制电路板布线不合理、元件安装位置不恰当等，都可能引起电磁干扰。因此，尽可能减小电磁干扰的印制电路板布局考虑如下。

- 可能产生相互影响或干扰的元件，应当尽量分开或采取屏蔽措施。
- 缩短高频部分元件之间的连线，减小它们的分布参数和相互之间的电磁干扰。
- 易受干扰的元件不能离得太近。
- 强电部分和弱电部分、输入级和输出级的元件应当尽量分开。
- 直流电源引线较长时，要增加滤波元件。
- 扬声器、电磁铁等产生磁场的元件在布局时要注意：减少磁力线对铜膜导线的切割，两个电感类元件的磁场方向应相互垂直以减少彼此间的磁力线耦合，对干扰源进行磁场屏蔽且屏蔽罩应良好接地；使用电缆直接传输信号时电缆屏蔽层应一端接地。
- 由于某些元器或导线之间可能有较高电位差，应该加大它们的距离，以免放电、击穿而引发意外短路，金属壳的元件要避免相互触碰。

2. 自动布局

系统提供了在 PCB 中布置元件的方法，一种是自动布局，另一种是手动布局。两种方法只要能够合理定义布局规则，都可以选择。自动布局功能不能完全满足实际电路板设计要求，几乎所有的电路板布局都需要手动调整，使其电路板布局符合原理图技术和电路板布局工艺要求。

单击“工具”菜单，选择“器件摆放”命令，弹出的自动布局的命令包括“按照 Room 排列”“在矩形区域排列”“排列板子外的器件”“依据文件放置”“重新定位选择的器件”。可以根据实际情况进行选择操作。

4.3.6 手动布局

对元件的自动布局通常以寻找最短布线路径为目标，因此元件的自动布局往往不理想。PCB 中元件虽然已布置好了，但元件的位置常常不够整齐。因此，必须重新调整相应元件的位置。这时就需要用户手动调整，手动布局实际上就是对元件进行排列、移动和旋转等操作。

1. 移动元件

根据 PCB 布局原则来移动元件。单击“编辑”菜单，选择“移动”命令；或单击“快捷”工具栏中的按钮，都会弹出图 4-34 所示“移动”菜单，主要命令功能如下。

- 移动。单击相应对象并按住光标，此时光标变为四角形时，移动到合适位置处松开即可。
- 拖动。光标变为十字形，单击对象，其就会随光标一同移动。在适当位置处单击确定目标位置。
- 器件。移动被选中元件。
- 重新布线。将移动后的元件重新进行布线。
- 打断走线。打断选中的导线。
- 拖动线段头。以线段的端点为基准来移动对象。
- 移动选中对象。移动处于选中状态的所有对象。
- 旋转选中的。旋转被选中的所有对象。
- 翻转选择。将选中对象翻转 180°。

4-6
移动元件

2. 对齐元件

首先选择要进行对齐操作的多个对象，再单击“编辑”菜单，选择“对齐”命令；或单击

“快捷”工具栏中的按钮，都会弹出图 4-35 所示“对齐”菜单，其操作方法与原理图中“对齐”命令操作方法相同见 1.5.4 节中的排列和对齐对象内容。

3. 调整元件文本位置

PCB 上各个对象的标注等文本信息位置如果不合适也会影响整个电路板的布局效果，因此在调整好对象布局后还要调整文本信息的布局。

先选择被调整对象，再单击“编辑”菜单，选择“定位器件文本”命令，弹出图 4-36 所示的“元件文本位置”对话框。其中提供了 9 种不同的文本摆放位置，可以根据实际情况单击合适的文本位置，单击“确定”按钮后，所有被选择对象都会按指定位置放置元件文本。

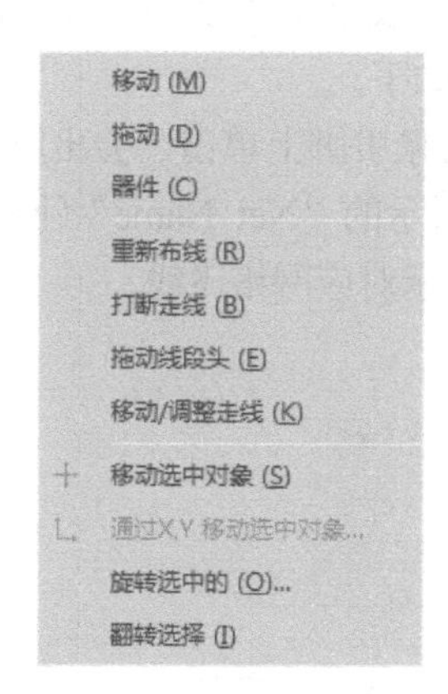

图 4-34 “移动”菜单

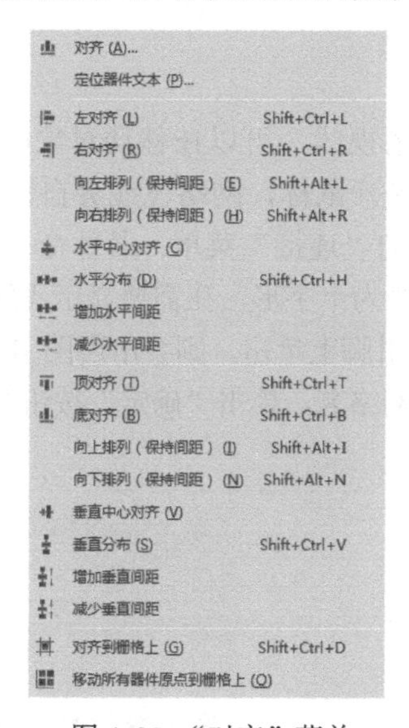

图 4-35 “对齐”菜单

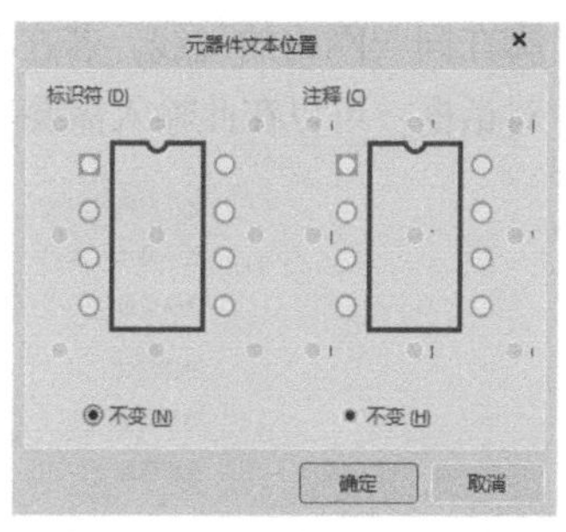
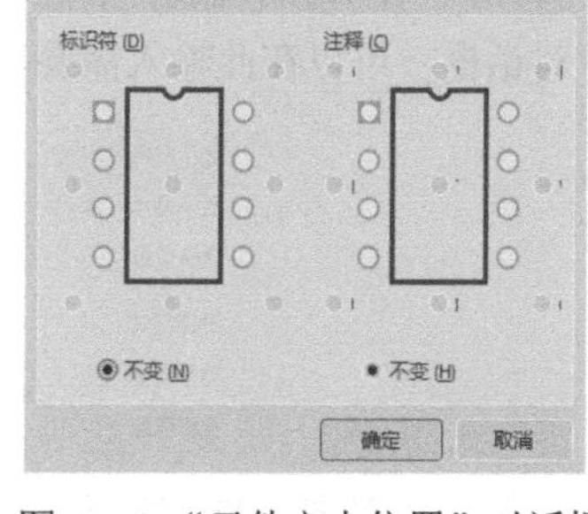

图 4-36 “元件文本位置”对话框

4. 调整视图显示

在进行手动布局时，需要随时根据实际情况切换当前视图的显示位置与比例，以配合对象精准定位。调整视图显示的主要方法如下。

4-7 调整视图显示

1）移动当前显示位置：主要操作方法如下。

- 上下滚动鼠标滚轮，会上下移动当前显示位置。
- 按住〈Shift〉键同时上下滚动鼠标滚轮，会左右移动当前显示位置。
- 右击并按住鼠标，此时光标变为小手形状，此时拖动光标可以任意移动当前显示位置。

2）放大或缩小视图显示比例：主要操作方法如下。

- 单击“视图”菜单，选择“放大”命令或“缩小”命令，实现整张图纸的缩放。
- 按住〈PgUp〉（放大）和〈PgDn〉（缩小）键的同时移动光标，此时会以光标为中心实现整张图纸的缩放。
- 按住〈Ctrl〉键同时向上滚动鼠标滚轮，实现放大视图；按住〈Ctrl〉键同时向下滚动鼠标滚轮，实现缩小视图。

3）放大指定区域：主要操作方法如下。

- 单击“视图”菜单，选择“区域”命令；或单击“PCB 标准”工具栏中的按钮，光标变十字形。在 PCB 工作区中拖动出一个矩形区域，再次单击，即可实现对此区域的放大。

● 单击“视图”菜单，选择“点周围”命令，光标变为十字形。在PCB工作区中合适位置单击以确定放大区域中心点，拖动光标形成一个以中心点为中心的矩形；再次单击，则矩形区域被放大显示。

4）放大指定对象：单击“视图”菜单，选择“被选中的对象”命令；或单击“PCB标准”工具栏中的按钮，都会使被选中对象放大显示。

5）显示整个PCB文件：单击“视图”菜单，选择“适合文件”命令；或单击“PCB标准”工具栏中的按钮，都会在当前工作区中以最大比例显示当前PCB文件。

6）显示整个电路板：单击“视图”菜单，选择“适合板子”命令，都会在当前工作区中以最大比例显示当前电路板。

5. 显示与隐藏飞线

在移动对象时，飞线太多容易混淆视线，可以在移动对象的同时按〈Ctrl+N〉键，使飞线暂时消失。当对象移动到目标位置后松开鼠标，网络飞线会自动恢复。或单击“视图”菜单，选择“连接”命令，弹出图4-37所示的“连接”菜单，具体命令功能如下。

1）显示网络：选中此命令后光标变为十字形，在需要显示飞线的对象引脚上单击，会出现与此引脚在同一网络的飞线。若在非对象引脚上单击，则会出现图4-38所示的“Net Name”（网络名）对话框，可以在此输入需要显示的网络名，单击“确定”按钮即可显示对应网络飞线。

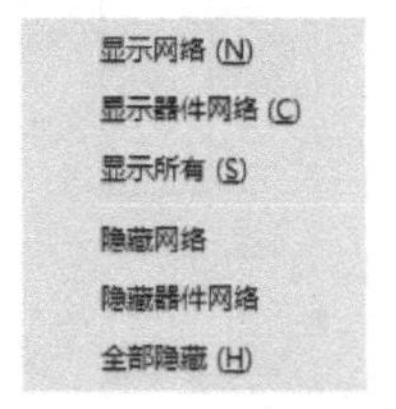

图4-37 “连接”菜单

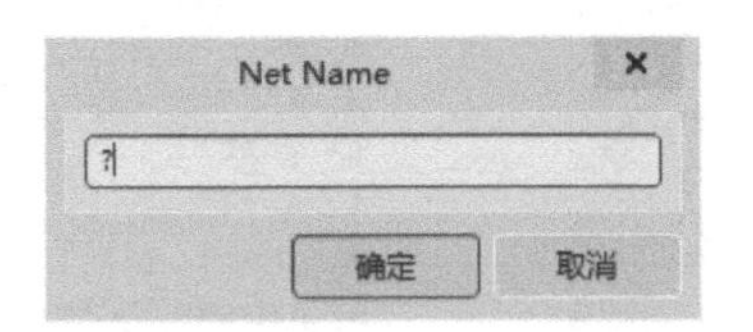

图4-38 “Net Name”对话框

2）显示器件网络：选中此命令后光标变为十字形，在需要显示飞线的对象引脚上单击，即会出现与此引脚相连的飞线。

3）显示所有：显示PCB中所有飞线。

4）隐藏网络：选中此命令后光标变为十字形，在需要隐藏飞线的对象引脚上单击，即会隐藏与此引脚在同一网络的飞线。

5）隐藏器件网络：选中此命令后光标变为十字形，在需要隐藏飞线的对象引脚上单击，即会隐藏与此引脚相连的飞线。

6）全部隐藏：隐藏PCB中所有飞线。

4.3.7 放置对象

PCB文件中还需要根据实际要求放置器件、焊盘、过孔、字符等对象。单击“放置”菜单，弹出图4-39所示的“放置”菜单。其具体命令介绍如下。

1. 放置填充

在电路板外露铺铜区中放置矩形填充，可增强系统的抗干扰性。其通常与电源或接地网络连接，起到导线的作用，同时可以加固焊盘，主要操作过程如下。

1）单击图4-39中“填充”命令，或单击“布线”工具栏中的按钮，光标变为十字形。在合适处单击，确定左上角顶点；再在合适处单击，确定右下角顶点，当前填充操作完成。此时还可以连续放置多个填充，单击右键或者按〈Esc〉键，可退出放置填充状态。

2）设置填充属性：在放置填充状态下按〈Tab〉键，或者双击已放置的填充，会弹出如图 4-40 所示的“属性”面板中的“Fill”（填充）选项，从中设置填充的位置、网络、工作层、填充宽度与高度等属性。

2. 放置实心区域

单击图 4-39 中“实心区域”命令；或单击“布线”工具栏中的按钮，都可以进入放置实心区域的命令状态，放置实心区域的方法可参考放置填充的方法。设置实心区域的属性，是在图 4-41 的“属性”面板中的“Region”（区域）选项，设置区域的位置、网络、工作层、种类、弧度尺寸、各顶点坐标等属性。

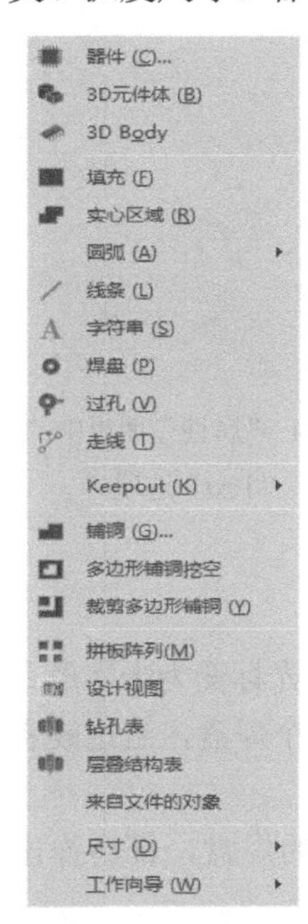

图 4-39 “放置”菜单

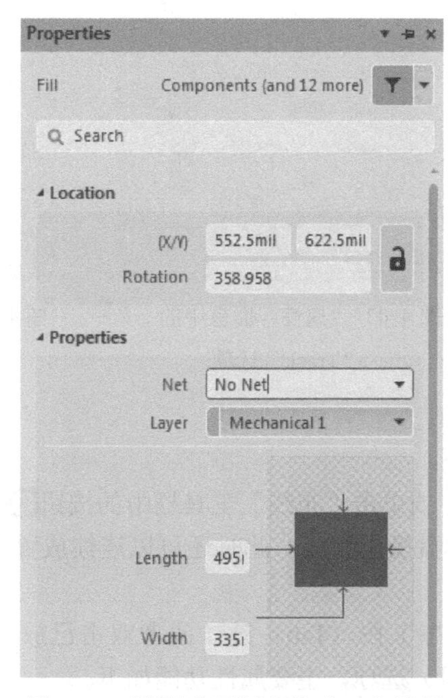

图 4-40 “属性”面板中的“Fill”选项

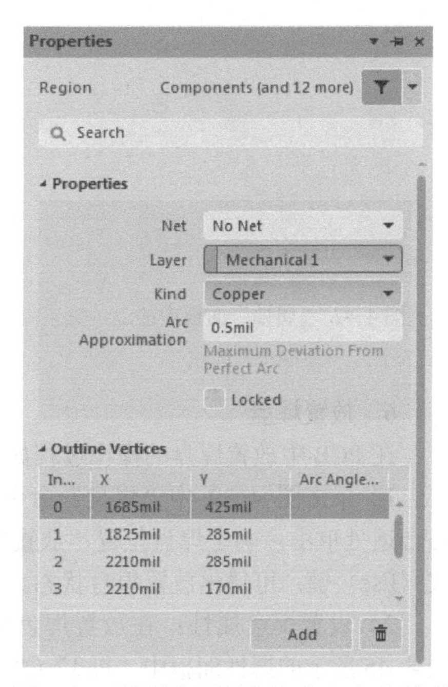

图 4-41 “属性”面板中的“Region”选项

3. 放置圆弧

单击图 4-39 中“圆弧”命令，其子菜单包括“圆弧（中心）”“圆弧（边沿）”“圆弧（任意角度）”“圆”；或单击“布线”工具栏中的按钮，这两种操作都可以进入放置圆弧的命令状态。放置圆弧的方法可参考 1.5.9 节的绘制弧的方法。设置圆弧的属性，是在图 4-42 所示的“属性”面板中的“Arc”（圆弧）选项设置圆弧的坐标、网络、线宽、起始角度、半径等属性。

4. 放置线

单击图 4-39 中“线”命令，或单击“快捷”工具栏中的按钮，两种操作都可以进入放置线的命令状态。放置线的方法可参考 1.5.9 节的绘制直线的方法。在图 4-43 所示的“属性”面板中的“Track”（线）选项中，设置线的坐标、网络、工作层、线宽、起始点坐标等属性。

5. 放置字符串

单击图 4-39 中“字符串”命令，或单击“布线”工具栏中的按钮，两种操作都可以进入放置字符串的命令状态。放置字符串的方法可参考 1.5.9 节的放置文本字符串的方法。在图 4-44 的“属性”面板中的“Text”（文本）选项中，设置字符串的位置、文本内容、文本高度、文本格式、文本框格式等属性。

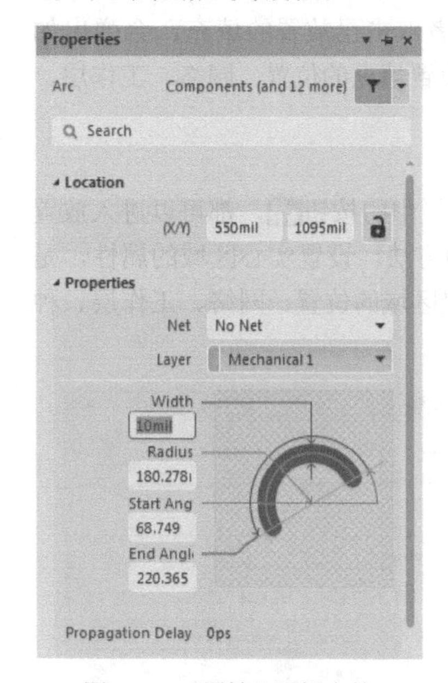

图 4-42 “属性”面板中的“Arc”选项

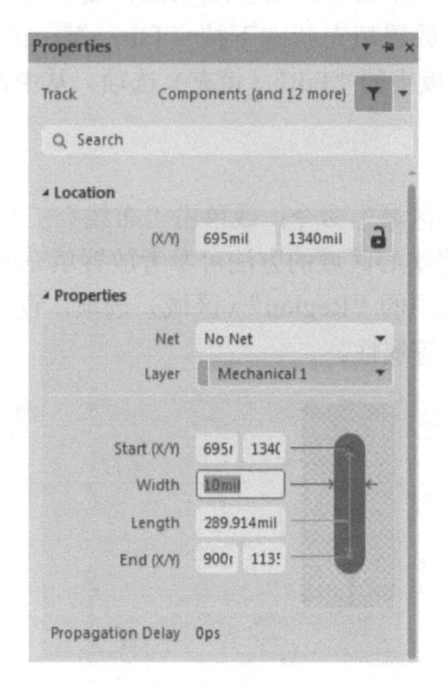

图 4-43 “属性”面板中的“Track”选项

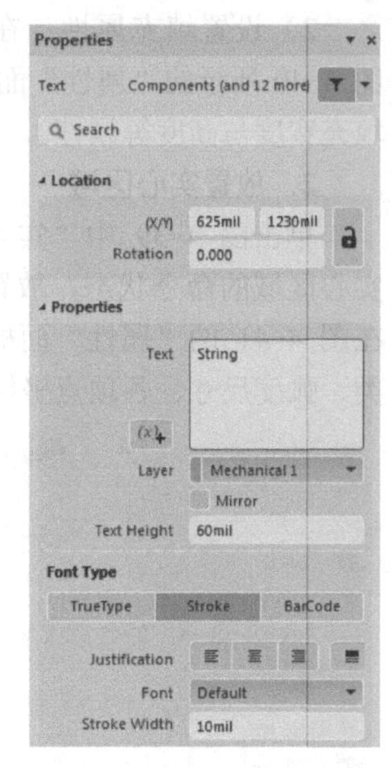

图 4-44 “属性”面板中的“Text”选项

6. 放置焊盘

在 PCB 中放置焊盘的操作过程如下。

1）单击图 4-39 中“焊盘”命令；或单击“布线”工具栏中的按钮，光标变为十字形。在合适处单击，确定焊盘位置，放置焊盘操作完成。此时还可以连续放置多个焊盘，右击或者按〈Esc〉键，可退出放置焊盘状态。

2）设置焊盘属性：在放置焊盘状态下按〈Tab〉键，或者双击已放置的焊盘，都会弹出图 4-45 所示的属性面板中“Pad”（焊盘）选项，主要属性功能如下。

- “Pad Template”（焊盘模板）。设置不同类型的焊盘。
- “Location”（位置）。设置焊盘位置坐标。
- “Properties”（属性）。设置焊盘标识符、工作层、网络、电气类型等内容。
- “Hole information”（过孔信息）。设置焊盘中过孔形状与尺寸，包括“Round”（圆形）、“Rect”（矩形）、“Slot”（圆角矩形）。
- “Size and Shape”（尺寸与形状）。设置焊盘尺寸与形状，包括“Simple”（贯穿顶层与底层）、“Top-Middle-Bottom”（贯穿顶层中间层底层）、“Full Stack”（贯穿全部层）。

7. 放置过孔

在 PCB 中放置过孔的操作过程如下。

1）单击图 4-39 中“过孔”命令；或单击“布线”工具栏中的按钮，光标变为十字形。在适合处单击，确定过孔位置，放置过孔操作完成。此时还可以连续放置多个过孔，右击或者单击〈Esc〉键，可退出放置过孔状态。

2）设置过孔属性：在放置过孔状态下按〈Tab〉键，或者双击已放置的过孔，都会弹出如图 4-46 所示的“属性”面板中“Via”（过孔）选项，主要属性功能如下。

- “Definition”（定义）。设置过孔的网络、名称、模型等内容。

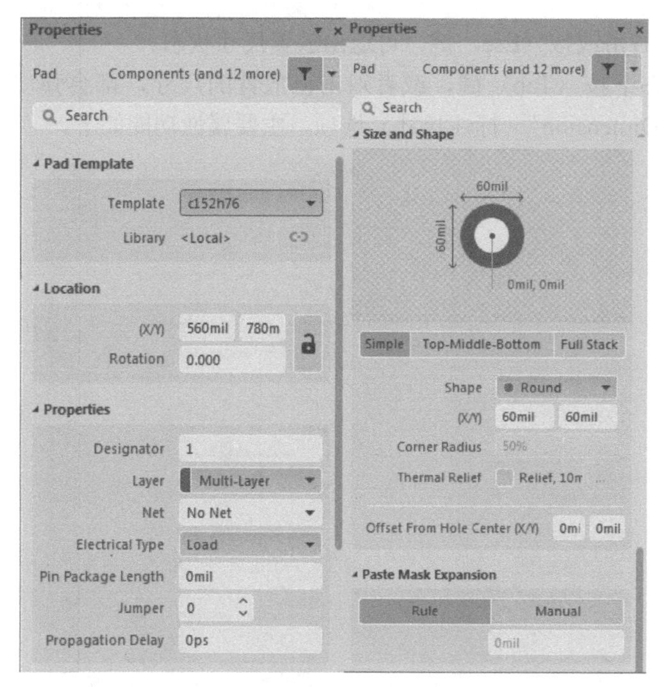

图 4-45 “属性”面板中的“Pad”选项

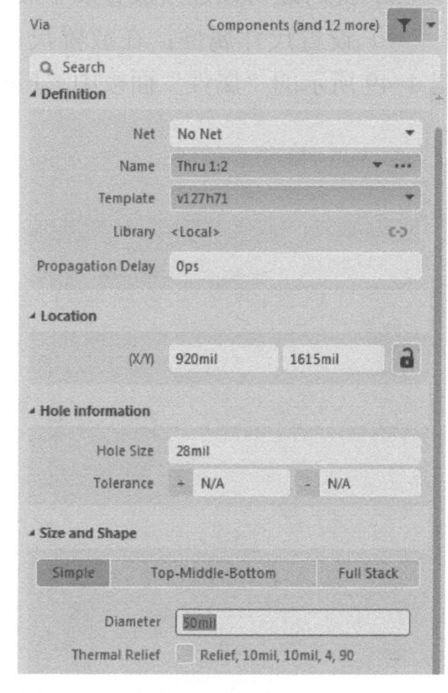

图 4-46 “属性”面板中的“Via”选项

● “Location”（位置）。设置过孔位置坐标。

● “Hole information”（过孔信息）。设置过孔尺寸。

● “Size and Shape”（尺寸与形状）。设置过孔直径与形状，包括“Simple”（贯穿顶层与底层）、“Top-Middle-Bottom”（贯穿顶层中间层底层）、“Full Stack”（贯穿全部层）。

8. 放置走线

在 PCB 中放置走线的操作过程如下。

1）单击图 4-39 中“走线”命令；或单击“布线”工具栏中的按钮，光标变为十字形。在合适处单击确定线起点，每单击一次确定一个线的拐点，在此过程中可随时按〈Space〉键来切换线的拐角模式（90°、45°、任意角度）。

2）线绘制完成后，右击或按〈Esc〉键一次，仍处于放置线状态。再次右击或按〈Esc〉键一次则退出放置线状态，光标变回箭头。

3）设置线属性：在放置线状态下按〈Tab〉键，或者双击已放置的线，都会弹出如图 4-47 所示的“属性”面板中“Track”（线）选项，主要属性功能如下。

● “Location”（位置）。设置线位置坐标。

● “Properties”（属性）。设置线工作层、网络名、起始点与终止点坐标、宽度等内容。

9. 放置尺寸

单击图 4-39 中“尺寸”命令或单击“快捷”工具栏中的按钮，都会出现图 4-48 所示的“尺寸”菜单。包括 10 种类型的尺寸标注，这里以“线性尺寸”为例介绍放置尺寸操作。

1）单击图 4-48 中的“线性尺寸”命令，光标变为十字形且有红色标注文字悬浮在光标上。

2）在合适处单击，确定尺寸起点位置。移动光标同时可按〈Space〉键改变尺寸方向，在合适处单击，确定尺寸终点位置，当前操作完成。

3）此时还可以连续放置多个尺寸，右击或按〈Esc〉键，可退出放置尺寸状态。

4）设置尺寸属性：在放置尺寸状态下按〈Tab〉键，或者双击已放置的尺寸，都会弹出图 4-49 所示的“属性”面板中“Linear Dimension”（标注尺寸）选项，主要属性功能如下。

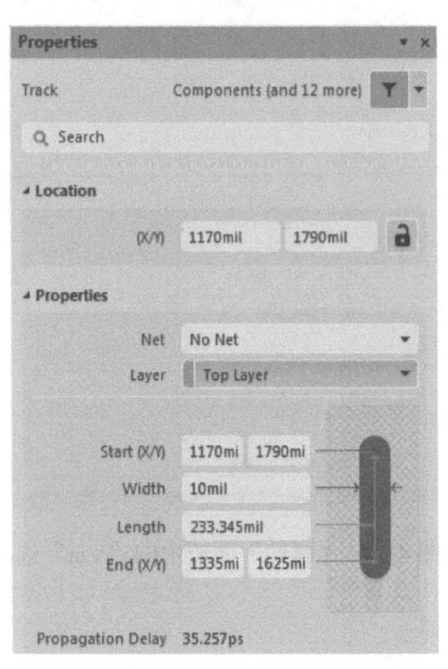

图 4-47 “属性”面板中的“Track”选项

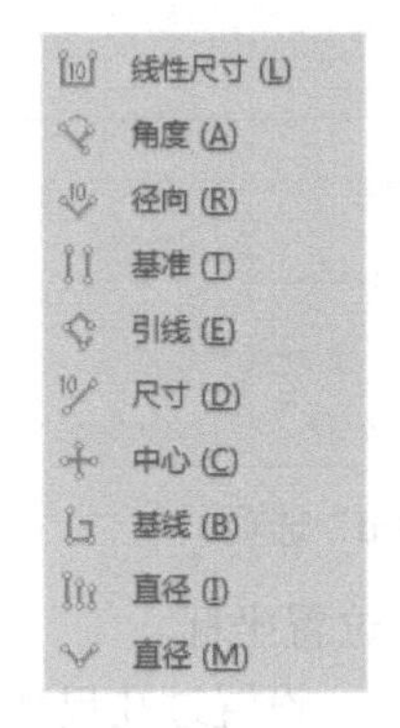

图 4-48 “尺寸”菜单

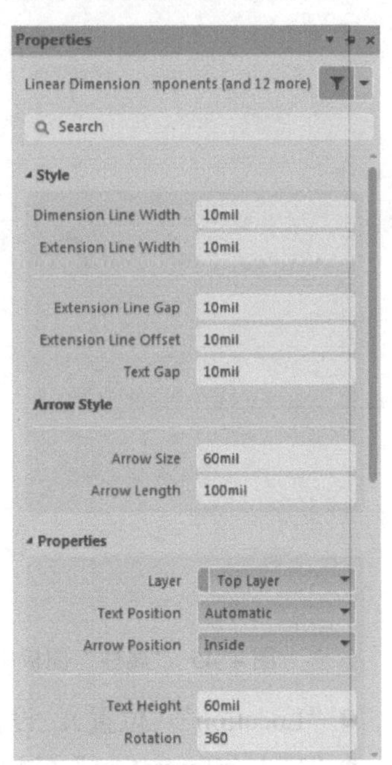

图 4-49 “属性”面板中的“Linear Dimension”选项

- “Style”（类型）。设置尺寸的宽度、间距宽度、文本间距等内容。
- “Arrow Style”（箭头类型）。设置尺寸的箭头尺寸、长度。
- “Properties”（属性）。设置尺寸工作层、文本位置、箭头位置、文本宽度与旋转角度。

4.3.8 设置布线规则

在元件布局后，进入布线环节。先要设置布线规则，使布置的铜膜导线满足实际电路板的性能要求。布线规则设计要考虑到铜膜导线的宽度、间距、走向、形状和布线顺序，这些因素都对电路板中信号质量有较大影响。

1. PCB 布线设计原则

PCB 布线设计原则的主要内容如下。

1）铜膜导线宽度设计：电路板上连接焊盘的铜膜导线的宽度，主要由铜箔与绝缘基板之间的粘附强度和流过导线的电流强度来决定，而且应该宽窄适度，与整个板面及焊盘大小相符合。一般铜膜导线的宽度可在 0.3～2.5mm 之间，对于集成电路的小信号线、数据线和地址线的铜膜导线的宽度可以选在 0.25～1mm 之间。但是为了保证导线在电路板上的抗剥离强度和工作可靠性，铜膜导线也不宜太细。特别是电源线、地线及大电流的信号线，更要适当加大宽度；若电路板上必须有跳线，要为跳线安排电路板上的位置、标注和焊盘，跳线长度一般不要超过 25mm。

2）铜膜导线的间距设计：铜膜导线的间距通常在 1～1.5mm 之间。

3）铜膜导线的走向与形状：导线的走向不应有尖角，拐角不得小于 90°；当在两个焊盘间走线时，应该使它们保持最大且相等的间距；导线间的距离也应该均匀地相等且保持间距最大；导线与焊盘的连接处的过渡要圆滑，避免出现小尖角。

4）铜膜导线的布线顺序：应该先布置信号线，再布置电源线和地线。此外，元件之间的连线还应遵循以下原则。

- 电路板中不允许有交叉线路，可以用“钻”和“绕”的方法解决这种情况。
- 根据元件的实际安装方式来设计布线。
- 原理图中处于同一级电路的接地点应该尽量靠近，且此级电路中的电源滤波电容应连在本级的接地点上。
- 地线应该按高频—中频—低频的由弱电到强电的顺序排列。
- 强电流引线应尽量宽些，以减小寄生耦合而产生的自激。
- 阻抗高的走线应尽量短，阻抗低的走线应尽量长，避免电路性能不稳定。
- 电位器的位置应根据整机结构及电路板布局的要求进行放置。芯片座要注意其定位槽的方位和各个芯片引脚位置的正确性。
- 整机的进出接线端尽可能集中在某个侧面，不要过于分散。
- 在不影响电路性能的前提下，布线时尽量合理走线，少用跳线，并力求直观，便于安装和检修。

5）铜膜导线的抗干扰和屏蔽：布线时将“交流地”和“直流地”分开；同级电路的几个接地点尽量集中，可以防止各级之间的互相干扰；电流线不要走平行大环形线，电源线与信号线不要靠得太近，并避免平行；不同回路的信号线，要尽量避免相互平行布线，双层板两面的铜膜导线走向要相互垂直，这样可减少导线之间的寄生耦合；将弱信号屏蔽起来，从而抑制其受到的干扰。

4-9 “PCB 规则及约束编辑器”对话框构成

2. 设置布线规则

单击“设计”菜单，选择“规则”命令，弹出如图 4-50 所示的“PCB 规则及约束编辑器”对话框。包括 10 大类设计规则，其功能如下。

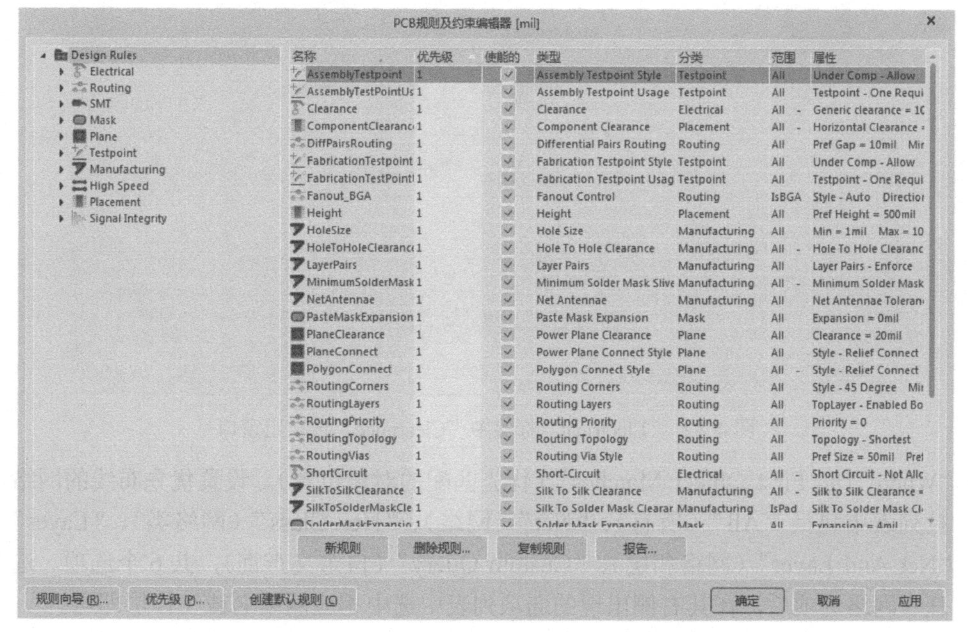

图 4-50 “PCB 规则及约束编辑器”对话框

（1）“Electrical”（电气规则）标签

设置系统电气规则的检查，若有违反此处定义的规则，则会自动出现提示信息。单击左侧列表框中的“Electrical”（电气规则）标签，则当前窗口如图 4-51 所示，出现电气规则的详细信息，其主要功能如下。

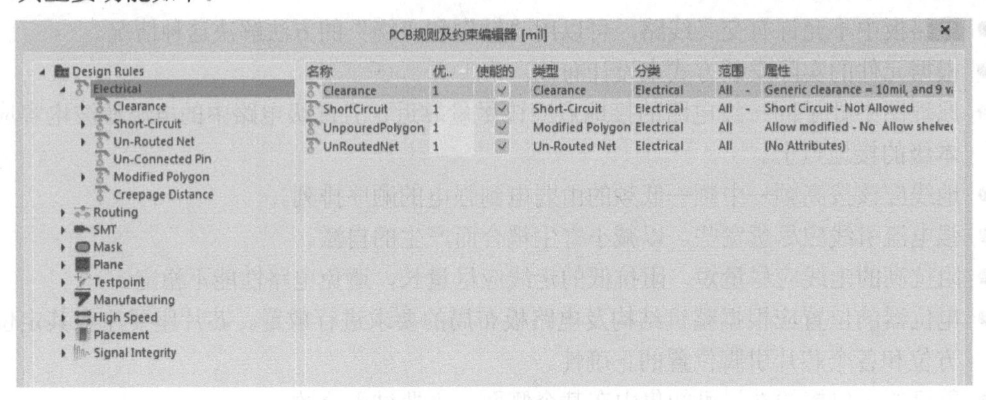

图 4-51 “Electrical”标签

1）“Clearance”（安全距离）规则：双击图 4-51 左侧窗口中的“Clearance”规则后，其下会出现“Clearance”名称，其右侧窗口内容如图 4-52 所示。在此设置具有电气特性的各对象之间的距离。

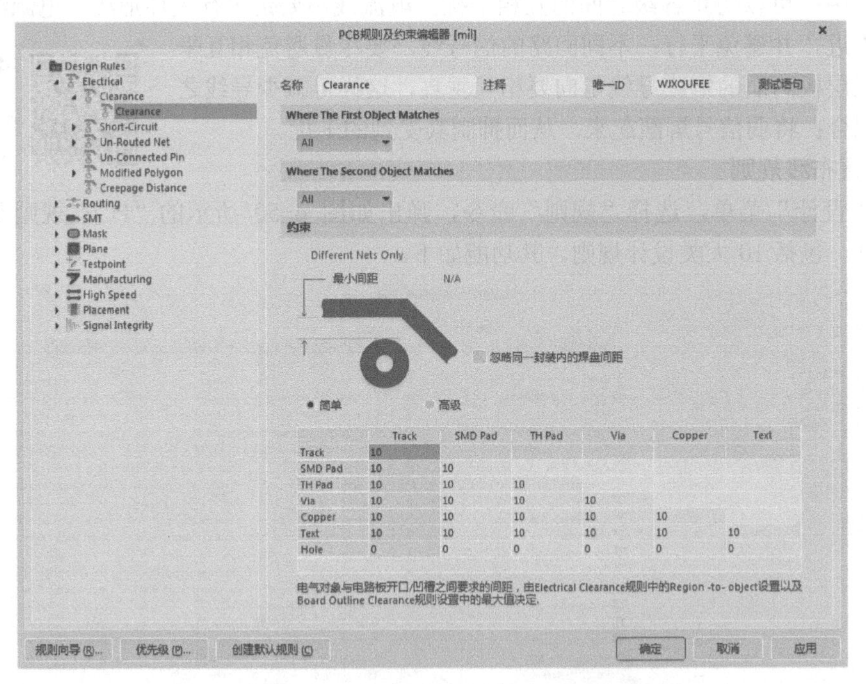

图 4-52 “Electrical”标签中“Clearance”选项组窗口

- “Where The First Object Matches”（优先匹配的对象位置）。设置优先布线的网络，其下拉列表中包括“All”（所有）、“Net”（网络）、“Net Class”（网络类）、“Layer”（层）、“Net And Layer”（网络和层）、“Custom Query”（自定义查询），共 6 个选项。选中其中任一网络选项后，在其右侧出现的选项列表中选中相应网络名或工作层即可。
- “Where The Second Object Matches”（次优先匹配的对象位置）。设置仅次于优先布线顺序的网络，其设置与上个选项相同。

- 约束。设置导线与焊盘的最小间距，系统默认值是 10mil。

2）“Short -Circuit”（短路）规则：设置是否允许出现短路。先设定应用范围，再设置短路规则。系统默认不允许存在短路，但若选中“允许短路”复选框，则表示允许存在短路。

3）“Un-Routed Net”（未布线网络）规则：设置是否允许出现未连接的网络。

4）“Un-Connected Pin”（未连接引脚）规则：设置是否允许出现未连接引脚。

5）“Modified Polygon”（修改多边形）规则：设置是否允许修改或隐藏所显示的多边形区域。

6）“Creepage Distance”（空间距离）规则：设置相邻焊盘间空间距离的大小。

注意：如图 4-51 所示，可以针对不同网络新建规则。光标指向此图左侧规则列表中任意一个规则名称，右击会弹出规则快捷菜单，用于新建网络的规则，也可以删除相应的规则。

（2）“Routing”（布线）标签

设置系统自动布线过程中需要遵守的规则，若发现有违反已定义的规则，会自动出现提示信息。单击左侧列表框中的“Routing”（布线）标签，如图 4-53 所示。主要规则功能如下。

PCB规则及约束编辑器 [mil]

Design Rules
Electrical
Routing
Width
Routing Topology
Routing Priority
Routing Layers
Routing Corners
Routing Via Style
Fanout Control
Differential Pairs Routing
SMT
Mask
Plane
Testpoint
Manufacturing
High Speed
Placement
Signal Integrity

名称	优..	使能的	类型	分类	范围	属性
DiffPairsRouting	1	✓	Differential Pairs F	Routing	All	Pref Gap = 10mil　Min Gap = 10n
Fanout_BGA	1	✓	Fanout Control	Routing	IsBGA	Style - Auto　Direction - Alternatir
RoutingCorners	1	✓	Routing Corners	Routing	All	Style - 45 Degree　Min Setback =
RoutingLayers	1	✓	Routing Layers	Routing	All	TopLayer - Enabled BottomLayer - I
RoutingPriority	1	✓	Routing Priority	Routing	All	Priority = 0
RoutingTopology	1	✓	Routing Topology	Routing	All	Topology - Shortest
RoutingVias	1	✓	Routing Via Style	Routing	All	Pref Size = 50mil　Pref Hole Size =
Width	1	✓	Width	Routing	All	Pref Width = 10mil　Min Width =
Fanout_LCC	2	✓	Fanout Control	Routing	IsLCC	Style - Auto　Direction - Alternatir
Fanout_SOIC	3	✓	Fanout Control	Routing	IsSOIC	Style - Auto　Direction - Alternatir
Fanout_Small	4	✓	Fanout Control	Routing	(CompP	Style - Auto　Direction - Out Then
Fanout_Default	5	✓	Fanout Control	Routing	All	Style - Auto　Direction - Alternatir

图 4-53 “Routing”标签

1）“Width”（线宽）规则：双击图 4-53 左侧窗口中的“Width”名称，下边会出现“Width”名称，在右侧窗口设置线的宽度，如图 4-54 所示。

- “Where The Object Matches”（匹配的对象位置）。设置线宽度应用范围，其范围内容与安全距离规则中内容相同。
- 约束。设置线宽度的最大值、最小值、首选值。选中“检查导线/弧的最大/最小宽度”或“检查连接铜”，可以在自动布线过程中执行相应功能；“使用阻抗配置文件”用于设置高频、高速布线的属性；选中“仅层叠中的层”复选框，会列出当前电路板各工作层布线宽度规则。

注意：通常同一个电路板中的线宽是根据不同网络的特性而设置的，因此已设置好且应用于不同网络的线宽，要根据实际情况再设置这些规则的优先权。系统会自动按优先权的值，按从大到小的顺序应用设计好的规则。

2）“Routing Topology”（布线拓扑结构）规则：网络拓扑结构是一种排列或引脚间的连接模式。在高速板设计中，为使信号的反射最小而将网络设置成链式拓扑结构。其右侧“约束”选项组中包括的拓扑结构内容如下。

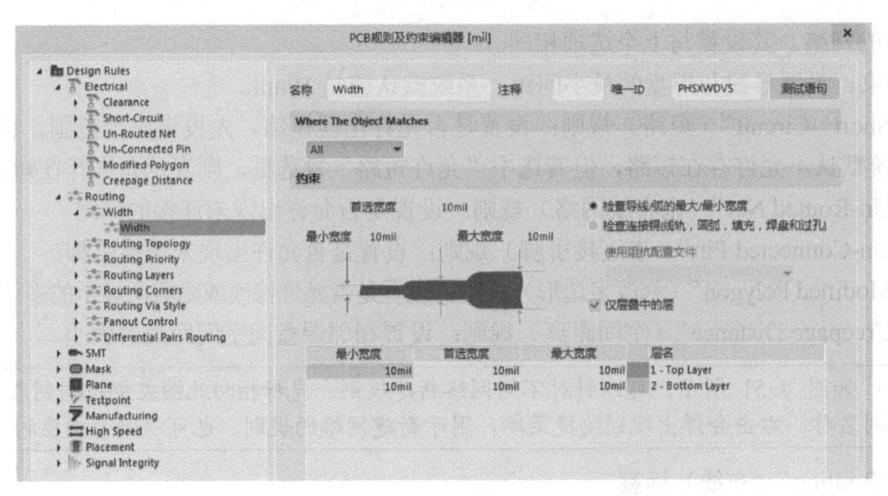

图 4-54 “Routing” 标签中的 “Width” 选项组窗口

- “Shortest”（连线最短）。连接所有节点，使整体连接的长度最短，是默认值。
- “Horizontal”（水平）。所有的节点连在一起，强制所有连线进行水平布线。
- “Vertical”（垂直）。所有的节点连在一起，强制所有连线进行垂直布线。
- “Daisy-Simple”（简易链）。所有的节点一个接一个地连接在一起，连线总长度最短。
- “Daisy-Mid Driven”（中间驱动）。起点放在链中间的一种简单的拓扑结构。
- “Daisy-Balanced”（平衡）。所有的节点分成几个相等的线段，将这些线段都连接到起点，从而形成一个平衡结构。
- “Starburst”（星形）。每个节点都直接连到起点，像星形一样。

3）“Routing Priority”（布线优先权）规则：设置实际布线的先后顺序，布线的优先级别从0～100级，0级是最低级别，100级是最高级别。通常先设定应用网络，再设置布线优先权。

4）“Routing Layers”（布线层）规则：设置自动布线过程中所使用的工作层。

5）“Routing Corners”（布线拐角）规则：如图 4-55 所示，在此设置所选网络布线时的线拐角模式。“类型”选项中包括“90 Degrees”（90°）、“45 Degrees”（45°）、“Rounded”（圆弧）。

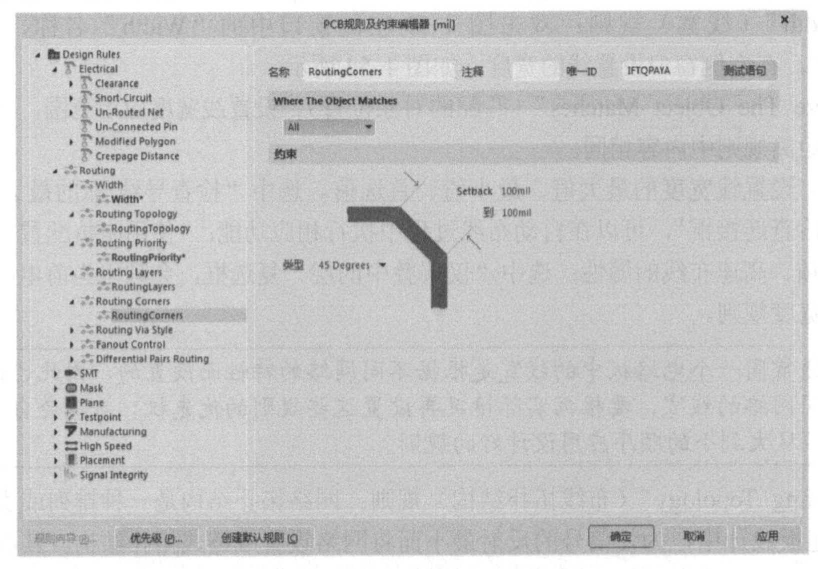

图 4-55 “Routing” 标签中 “Routing Corners” 选项组窗口

6）“Routing Via Style”（布线过孔类型）规则：设置自动布线中过孔类型。

7）“Fanout Control”（扇出控制）规则：设置表面贴装式元件在布线过程中从焊盘引出连线，再通过过孔并连接到其他层的限制。主要包括不同封装形式过孔的扇出类型、扇出方向、放置模式等，如图 4-56 所示。

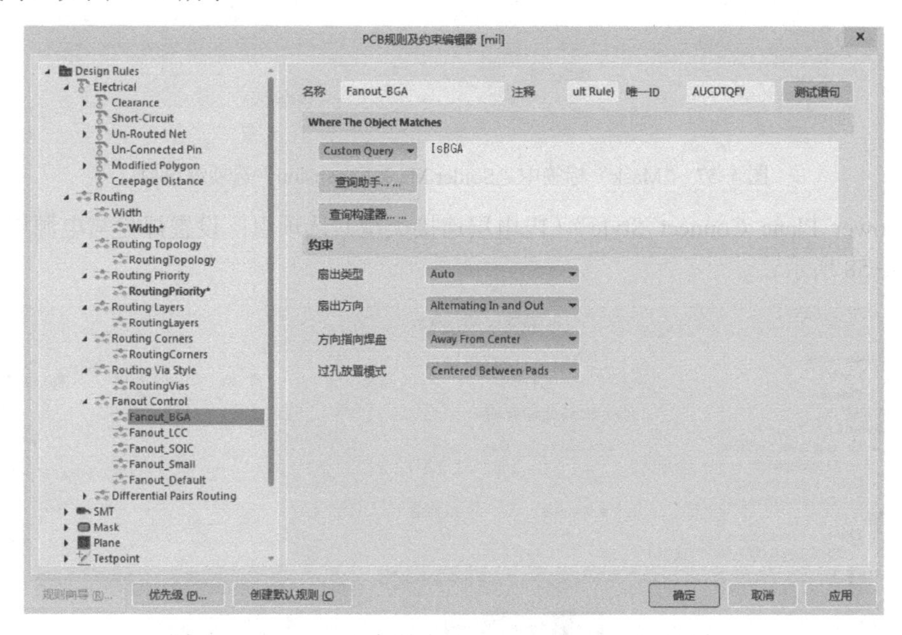

图 4-56　“Routing”标签中“Fanout Control”选项组窗口

8）“Differential Pairs Routing”（差分对布线）规则：设置差分对走线格式，包括设置差分走线间宽度、间隙等。

（3）“SMT”（表面贴装）标签

设置系统表面贴装元件的布线规则。单击图 4-50 左侧列表框中的“SMT”（表面贴装）标签，主要选项功能如下。

- “SMD To Corner”（SMD 到拐角）。设置 SMD 焊盘边缘到布线拐角的最小距离。布线的拐角会导致信号之间的串扰，因此要设置信号传输线至拐角的距离，默认间距为 0mil。
- “SMD To Plane”（SMD 到电源层）。设置 SMD 焊盘边缘到与内电层连接的焊盘/过孔布线的最大距离，常用电源层向芯片所在层的电源引脚供电处，默认间距为 0mil。
- “SMD Neck-Down”（SMD 瓶颈）。设置线宽与 SMD 焊盘宽度的最大比例，通常线宽比焊盘宽度小，默认值为 50%。

（4）“Mask”（规则）标签

设置阻焊剂铺设的尺寸，即焊盘到阻焊层的距离，主要选项功能如下。

- “Solder Mask Expansion”（阻焊层扩展值）。设置从焊盘到阻焊层之间的扩展值，防止阻焊层和焊盘互相重叠，默认距离为 4mil，如图 4-57 所示。
- “Paste Mask Expansion”（膏锡层扩展值）。设置从焊盘到膏锡层之间的扩展值，防止膏锡层和焊盘互相重叠，默认距离为 0mil。

（5）“Plane”（内电层）标签

用于设置中间电源层布线规则，包括大面积铺铜和信号线连接等参数内容，主要选项功能如下。

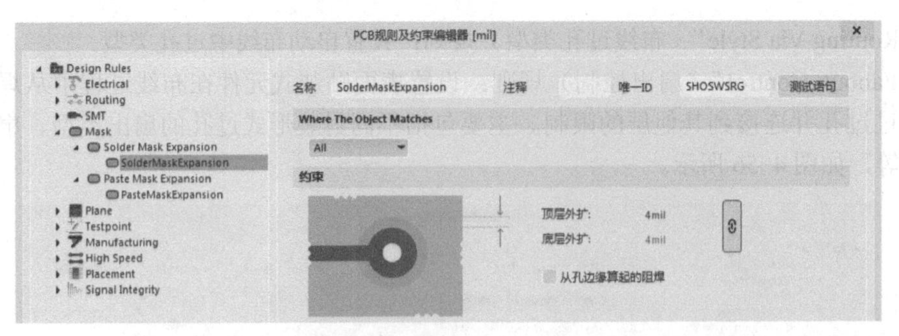

图 4-57 “Mask”标签中“Solder Mask Expansion”选项组窗口

1）“Power Plane Connect Style”（内电层连接类型）选项组：设置焊盘与电源层的连接方式，如图 4-58 所示。

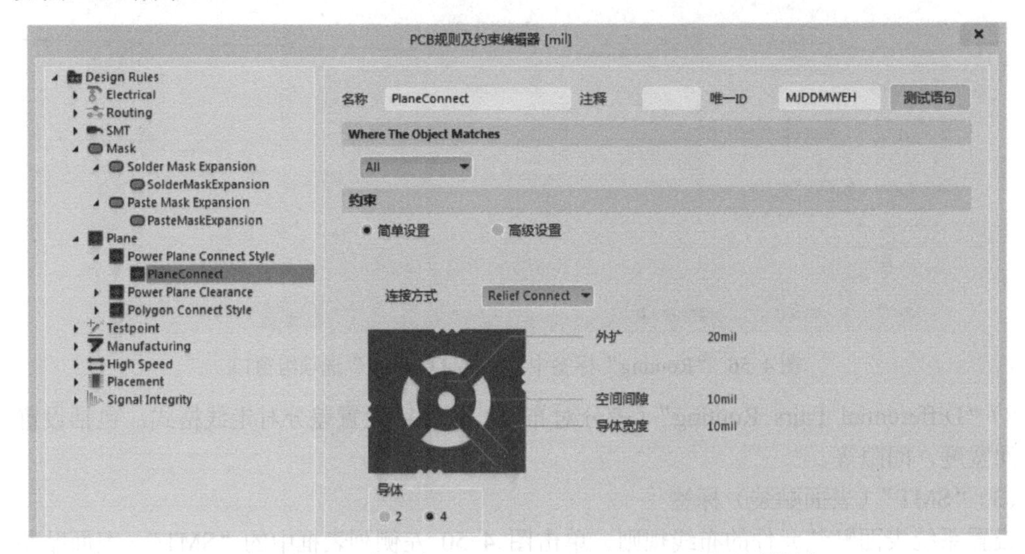

图 4-58 “Plane”标签中“Power Plane Connect Style”选项组窗口

- 连接方式。设置内电层和过孔的连接方式，分别是“Relief Connect”（发散状连接）、“Direct Connect”（直接连接）、“No connect”（不连接），系统多采用发散状连接。
- 外扩。设置从过孔到空隙的间隔距离。
- 空间间隙。设置空隙的间隔宽度。
- 导体宽度。设置导体宽度。
- 导体。设置导体数目。

2）“Power Plane Clearance”（内电层安全距离）选项组：设置内电层与不属于电源和接地层网络的过孔之间的安全距离，即避免导线短路的最小距离，系统的默认值是 20mil。

3）“Polygon Connect Style”（多边形铺铜区域连接方式）选项组：设置多边形铺铜与属于电源和接地层网络的过孔之间的连接方式。其中各选项内容与“Power Plane Connect Style”（内电层连接类型）的设置方法相同。

（6）“Testpoint”（测试点）标签

用于设置测试点的形状和用法等规则，主要选项功能如下。

1）“Fabrication Testpoint Style”（制造测试点类型）选项组：设置制造测试点类型，如图 4-59 所示。测试点连接在任一网络上，形式与过孔类似，可通过测试点引出电路板的信号以便调试，主要用在“自动布线器”“在线 DRC 检测”“Output Generation”（输出阶段）等环节中，设置制造测试点的尺寸、间距、栅格、工作层等内容。

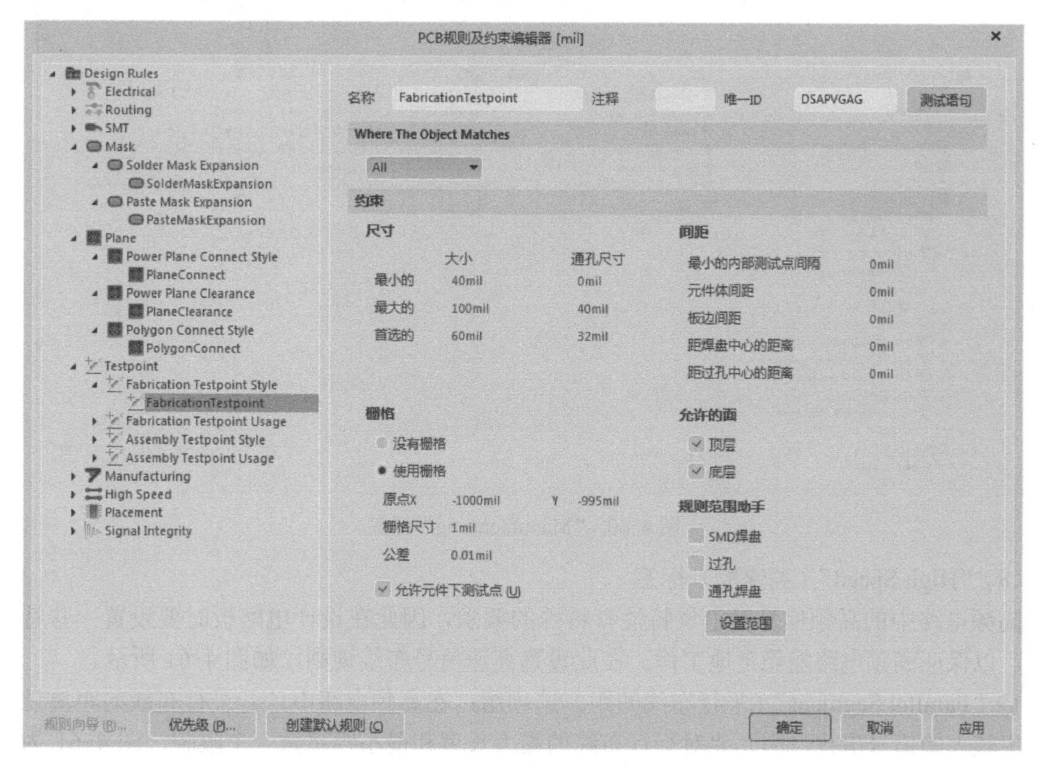

图 4-59　“Testpoint”标签中“Fabrication Testpoint Style”选项组窗口

2）“Fabrication Testpoint Usage”（制造测试点用法）选项组：其中“约束”的功能如下。

- 必需的。每一个目标网络都使用一个测试点，该选项为默认设置。
- 禁止的。所有网络都不使用测试点。
- 无所谓。每一个网络可以使用测试点，也可以不使用测试点。
- 允许更多测试点（手动分配）。允许在一个网络上使用多个测试点，默认为不选。

3）“Assembly Testpoint Style”（装配测试点类型）选项组：设置装配测试点的形式，其设置方法与“Fabrication Testpoint Style”规则相同。

4）“Assembly Testpoint Usage”（装配测试点用法）选项组：设置装配测试点的使用参数，其设置方法与“Fabrication Testpoint Usage”规则相同。

（7）“Manufacturing”（生产制造）标签

用于设置 PCB 制作工艺的有关参数，如图 4-60 所示，主要选项功能如下。

1）“Minimum Annular Ring”（最小环孔）选项组：设置电路板最小焊盘宽度，即焊盘直径与孔径之间的宽度值。因为内径和外径之差很小时，在工艺上无法实现。系统默认值是 10mil。

2）“Acute Angle”（锐角）选项组：设置锐角时走线角度限制。制板时锐角会造成工艺问题和导致拐角的铜过度腐蚀，默认值为 60°。

3）“Hole Size”（过孔尺寸）选项组：设置过孔孔径的最大值和最小值范围。过小的孔径可能在工艺上无法制作，此设置为防止出现此类错误。

4）“Layers Pairs”（板层对）选项组：检查当前使用的板层对与当前的钻孔层对是否相匹

配，在设计多层板时，如果使用了盲孔，就应该在此设置板层对规则。选中“加强层对设定”复选框，表示强制执行此项规则检查。

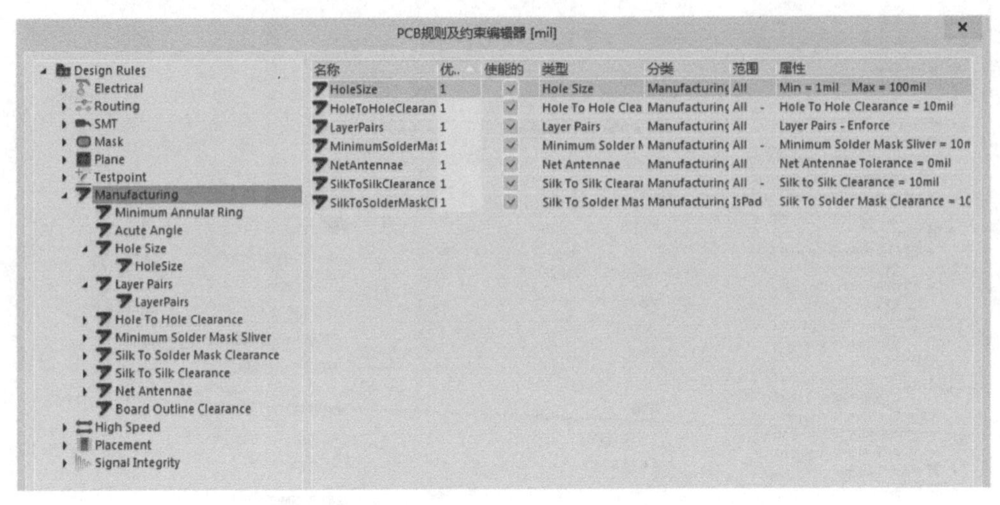

图 4-60 “Manufacturing”标签

（8）“High Speed”（高速板）标签

高频电路中的高频信号对电气特性有特殊的要求，因此在设计电路板时要设置一些特殊的选项，以保证高频电路能稳定地工作。在此设置高速信号布线规则，如图 4-61 所示。

1）“Parallel Segment”（平行布线间距）选项组：在高频电路中，若平行布线的距离过长，会产生较大的信号串扰，因此要对平行布线的最大长度和最小距离做一个限制。图 4-61 为此选项组的设置窗口，在此设置相关参数，包括差分线对的层、间距和长度等。

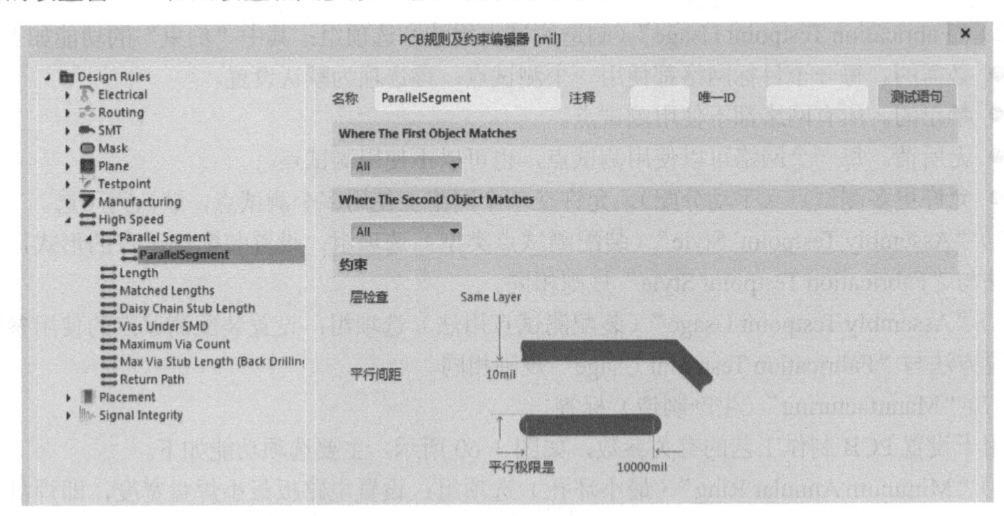

图 4-61 “High Speed”标签中“Parallel Segment”选项组窗口

- 层检查。设置两段平行线所在的工作层面属性，包括“Same Layer”（位于同一个工作层）、“Adjacent Layers”（位于相邻的工作层）两种选择。
- 平行间距。设置两段平行线的间距。默认值为 10mil。
- 平行极限。设置平行线的最大允许长度。默认值为 10000mil。

2）“Length”（长度）选项组：设置传输高速信号（简称高速）导线的长度。在高速 PCB

设计中，如果布线过长，信号的反射就不能忽略。为了保证阻抗匹配和信号质量，需要设置网络长度的下限和上限。

3）“Matched Length”（匹配长度）选项组：设置需匹配的网络布线长度的各项参数，如图 4-62 所示。

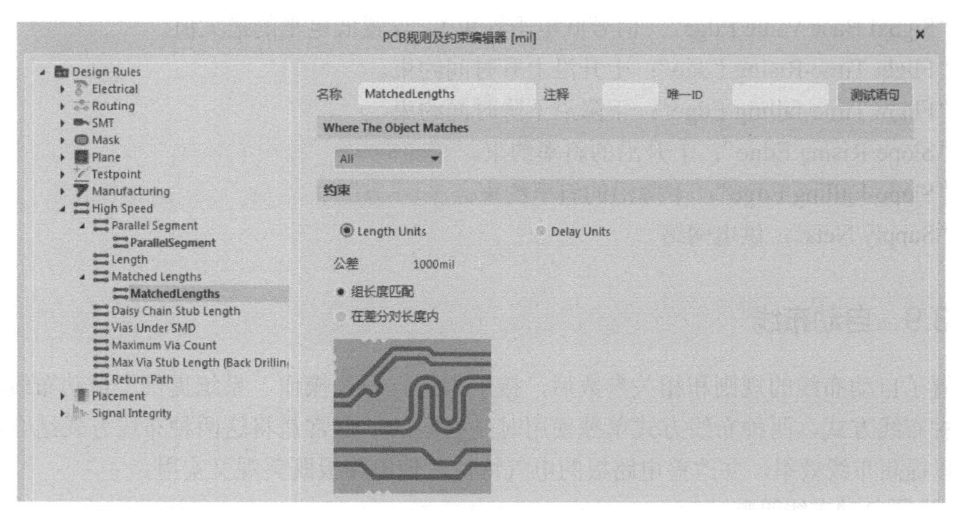

图 4-62 “High Speed”标签中“Matched Length”选项组窗口

- 公差。设置所有要求匹配的网络布线的长度之间的公差。在高频电路设计中走线太短将产生串扰等传输线效应，此选项定义了一个走线长度值，将实际走线与此长度进行比较，当出现小于此长度的走线时，会自动执行“工具”→“网络等长”命令来延长走线长度。

4）“Daisy Chain Stub Length”（菊花链主线长度）选项组：菊花链是从焊盘到左边竖直导线之间的连接导线，若这个导线长度过长，就会影响信号的反射，造成信号波形改变，会使电路工作不稳定。

5）“Vias Under SMD”（SMD 下过孔）选项组：设置表面贴装元件的焊盘下是否允许出现过孔。

6）“Maximum Via Count”（最大过孔数）选项组：设置布线时过孔数量上限值。过孔的数量太多，会增加高速信号的反射，造成信号质量变差，因此要限制过孔的数目。默认值为 1000l。

7）“Max Via Stub Length”（最大过孔短节）规则：设置布线时过孔短节上限值。默认值为 15mil。

（9）“Placement”（元件放置）标签

用于设置元件布局规则，可参考 4.3.5 节中相关内容。

（10）“Signal Integrity”（信号完整性）标签

设置信号完整性分析和电路仿真时的一些规则，主要选项功能如下。

- “Signal Stimulus”（信号激励）。设置激励信号类型，包括“Constant Level”（直流）、“Signal Pulse”（单脉冲信号）、“Periodic Pulse”（周期性脉冲信号）。
- “Overshoot-Falling Edge”：下降沿过冲约束。
- “Overshoot-Rising Edge”：上升沿过冲约束。

- “Undershoot-falling Edge”：下降沿反冲约束。
- “Undershoot-Rising Edge”：上升沿反冲约束。
- “Impedance”：阻抗约束规则。
- “Signal Top Value Edge”（信号高电平约束）。设置高电平的最小值。
- “Signal Base Value Edge”（信号低电平约束）。设置低电平的最大值。
- “Flight Time-Rising Edge”：上升沿上升时间约束。
- “Flight Time-falling Edge”：下降沿下降时间约束。
- “Slope-Rising Edge”：上升沿的斜率约束。
- “Slope-Falling Edge”：下降沿的斜率约束。
- “Supply Nets”：供电网络。

4.3.9 自动布线

设置了自动布线的规则和相关参数后，接下来进行布线操作。系统提供了自动布线和手工布线两种布线方式，两种布线方式单独使用时是有限的，通常是将这两种布线方式结合起来使用，可以提高布线效率，并改善电路板的电气特性，使电路板既美观又实用。

1. 设置自动布线策略

4-10 “Situs 布线策略”对话框构成

设置自动布线策略的操作方法如下。

（1）设置菜单功能

单击“布线”菜单，选择“自动布线”→“设置”命令，弹出如图 4-63 所示的“Situs 布线策略”对话框。在此设置自动布线策略，包括如下 6 种策略。

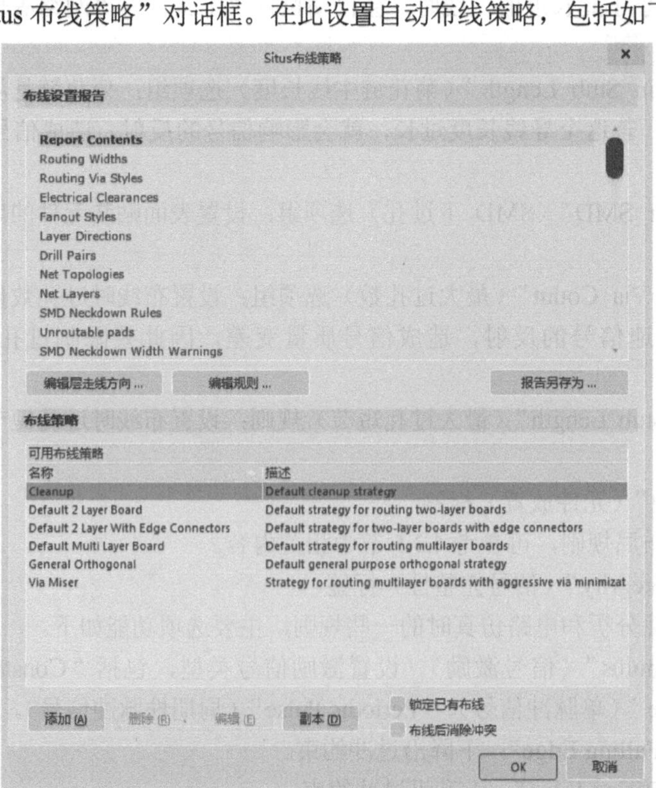

图 4-63 “Situs 布线策略”对话框

- “Cleanup”（清除）。设置清除策略。
- “Default 2 Layer Board”（默认双面板）。设置默认的双面板布线策略。
- “Default 2 Layer With Edge Connectors”（默认带边缘连接器件的双面板）。设置默认的带边缘连接器件的双面板布线策略。
- “Default Multi Layer Board”（默认多层板）。设置默认的多层板的布线策略。
- “General Orthogonal”（通用正交板）。设置默认的通用正交板的布线策略。
- “Via Miser”（少用过孔）。设置多层板中尽量减少使用过孔的策略。

注意：系统默认的布线策略不可进行编辑和删除，可以选中“锁定已有布线”复选框，这样在重新自动布线时将锁定为已有的布线策略。

（2）设置布线策略编辑器

单击“添加”按钮，弹出如图 4-64 所示的“Situs 策略编辑器”对话框，在此添加新的自动布线策略。主要选项功能如下。

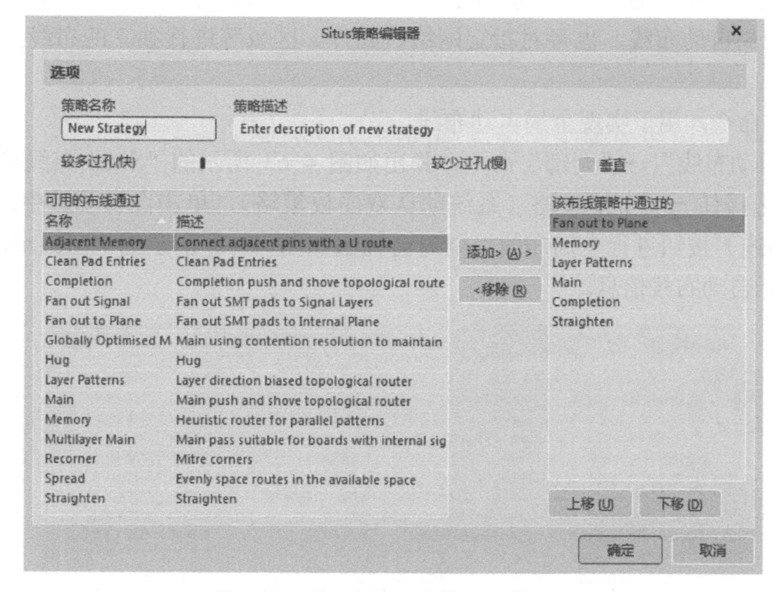

图 4-64　“Situs 策略编辑器”对话框

1）“策略名称”文本框中输入新建策略名字，左右拖动“较多过孔”水平滚动条，来调整新建策略允许的过孔数目。

2）“可用的布线通过”下拉列表框中选项如下。

- “Adjacent Memory”（相邻存储器）。同一网络中相邻元件引脚采用 U 形布线方式。
- “Clean Pad Entries”（清除焊盘条目）。清除焊盘上冗余的走线。
- “Completion”（完成）。采用推挤布线模式。
- “Fan out Signal”（扇出信号）。表面贴装元件的焊盘采用扇出形式连接到信号层。
- “Fan out to Plane”（扇出至内电层）。表面贴装元件的焊盘采用扇出形式连接到内电层。
- “Globally Optimised Main”（全局最优化）。全局最优化布线方式。
- “Hug”（环绕）。采用环绕方式布线。
- “Layer Patterns”（层样式）。同一工作层中是否采用布线拓扑结构进行自动布线。
- “Main”（主要布线方式）。采用推挤式布线。

- “Memory”（存储器）。采用启发式并行模式布线。
- “Multilayer Main”（多层主要布线方式）。多层板采用拓扑驱动布线方式。
- “Recorner”（拐角）。采用拐角布线方式。
- “Spread”（伸展）。将相邻焊盘间的走线布置于正中间。
- “Straighten”（拉直）。自动布线时布置为直线。

3）单击此列表中任一内容，单击“添加”按钮，可为当前策略新建一条策略，并出现在右侧的“该布线策略中通过的”下拉列表框中。在“该布线策略中通过的”下拉列表框中选中任一策略，单击“移除”按钮，可将此条策略从当前布线策略中移除。

4）“上移”按钮和“下移”按钮，可以改变各个布线策略的上下顺序，即改变各个布线策略的优先级别。

5）设置好布线策略后，单击“确定”按钮，关闭此对话框。

4-11 自动布线过程

2. 自动布线

单击“布线”菜单，选择“自动布线”命令，在出现的下拉菜单中可以进行全局自动布线，也可对指定网络、元件、区域等进行独立的布线操作，主要命令功能如下。

1）“全部”命令：用于实现全局自动布线。

- 选择“自动布线”→“全部”命令，弹出如图 4-63 所示的“Situs 布线策略”对话框，在其中选择任一项布线策略（系统默认双面板策略），单击图 4-62 中的“Route All”（全局布线）按钮进行全局布线。同时会弹出如图 4-65 所示的“Messages”（信息）面板，提示自动布线信息。

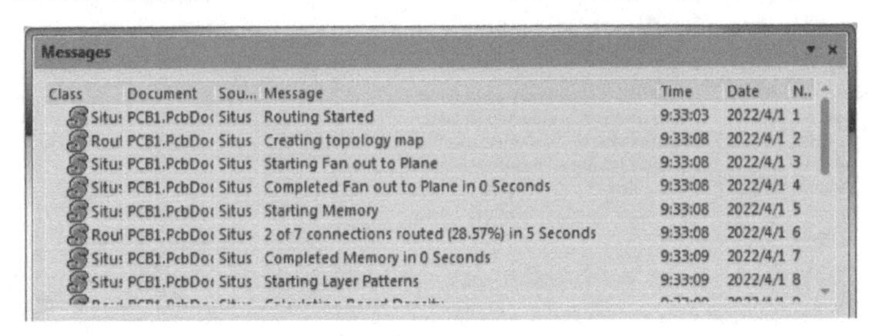

图 4-65 “Messages”面板

- 全局布线操作后，若出现不完全布线的情况，则需要对 PCB 手动布线进一步调整。

2）“网络”命令：为指定的网络自动布线。

- 选择“自动布线”→“网络”命令，光标变为十字形，在需要布线的元件引脚处单击，此引脚所在的网络都会执行自动布线，同时会弹出“Messages”（信息）面板，提示自动布线信息。
- 此时光标仍处于十字形，可以继续单击相应网络节点进行自动布线。
- 在空白处右击或单击〈Esc〉键即可退出自动布线操作。

3）“网络类”命令：为指定的网络类自动布线。网络类是多个网络集合，单击“设计”菜单并选择“类”命令，弹出如图 4-66 所示的“对象类浏览器”对话框。系统默认的网络类是当前 PCB 中所有网络，用户可以定义新的网络类。

- 选择菜单“布线”→“自动布线”→“网络类”命令，若当前无自定义的网络类，则系统会弹出对话框提示未找到网络类；若当前有自定义的网络类，则弹出“Choose Net

Classes to Route”（选择布线的网络类）对话框，从中选择需要自动布线的网络类即可。

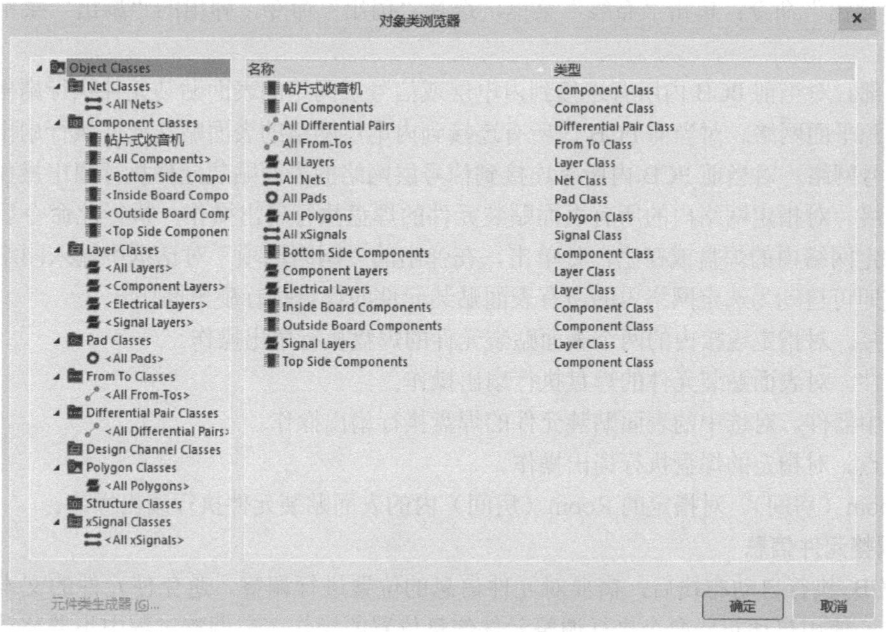

图 4-66　“对象类浏览器”对话框

- 在自动布线过程中会弹出“Messages”（信息）面板，提示自动布线信息。
- 在空白处右击或单击〈Esc〉键即可退出自动布线操作。

4）“连接”命令：为指定的两个有电气连接的焊盘自动布线。选择菜单“布线”→“自动布线”→“连接”命令，光标变为十字形，单击两个有电气连接的一个焊盘处或飞线处，即执行自动布线操作。此时光标仍处于十字形，可以继续进行自动布线。右击或单击〈Esc〉键即可退出自动布线操作。

5）“区域”命令：选择菜单“布线”→“自动布线”→“区域”命令，光标变为十字形，在适当位置画出一个区域，系统对此区域进行自动布线操作。此时光标仍处于十字形，可以继续进行自动布线。在空白处右击或单击〈Esc〉键即可退出自动布线操作。

6）“Room”（房间）命令：选择菜单“布线”→“自动布线”→“Room”（房间）命令，光标变为十字形，单击一个房间，系统对此区域进行自动布线操作。此时光标仍处于十字形，可以继续进行自动布线。在空白处右击或单击〈Esc〉键即可退出自动布线操作。

7）“元件”命令：选择菜单“布线”→“自动布线”→“元件”命令，光标变为十字形，单击一个元件的焊盘，系统对所有选定元件的焊盘引出的连接进行自动布线操作。此时光标仍处于十字形，可以继续进行自动布线。右击或单击〈Esc〉键即可退出自动布线操作。

8）“器件类”命令：对指定元件类内所有元件的连接进行自动布线。系统默认的元件类为所有元件，不能对其进行编辑和修正。可以使用元件类生成器自行建立元件类。选择“自动布线”→“器件类”命令，弹出“Choose Net Classes to Route”（选择布线的网络类）对话框，从中选择需要自动布线的器件类即可。右击或者按〈Esc〉键即可退出此操作。

9）“选中对象的连接”命令：先选中需要布线的元件，再选择“自动布线”→“选中对象的连接”命令，为所选元件进行自动布线。

10）“选择对象之间的连接”命令：先选中需要布线的元件，再选择“自动布线”→“选择对象之间的连接”命令，为所选对象的所有连接进行自动布线。

11）“扇出”命令：单击“布线”菜单，选择“扇出”命令，弹出的“扇出”菜单中的命令如下。

- 全部。对当前 PCB 内所有连接到内电层或信号层网络的表面贴装元件执行扇出操作。
- 电源平面网络。对当前 PCB 内所有连接到内电层网络的表面贴装元件执行扇出操作。
- 信号网络。对当前 PCB 内所有连接到信号层网络的表面贴装元件执行扇出操作。
- 网络。对指定网络内的所有表面贴装元件的焊盘执行扇出操作。执行此命令后，单击该指定网络内的焊盘或在空白处单击，在弹出的“网络选项”对话框中输入网络标号，系统即可自动为选定网络内的所有表面贴装元件的焊盘执行扇出操作。
- 连接。对指定连接内的两个表面贴装元件的焊盘执行扇出操作。
- 器件。对表面贴装元件的焊盘执行扇出操作。
- 选中器件。对选中的表面贴装元件的焊盘执行扇出操作。
- 焊点。对指定的焊盘执行扇出操作。
- Room（房间）。对指定的 Room（房间）内的表面贴装元件执行扇出操作。

3. 调整元件信息

对 PCB 执行自动布线后，需要对元件信息的位置进行调整，避免使元件的文本信息遮挡 PCB 走线。使用自动布局命令执行调整元件信息位置的操作，在调整过程中不要移动已完成的 PCB 走线，否则会破坏相应的电气连接。

4. 放置安装孔

通常在电路板的安装定位，因此要添加安装孔。具体放置方法参见 4.3.7 节。

4.3.10 放置铺铜、补泪滴

通常在电路板中没有布线的剩余空间铺满铜箔，铺铜区域与接地网络相连，以提高电路板的抗干扰力。

1. 放置铺铜

在 PCB 中放置铺铜，主要操作过程如下。

1）放置铺铜：单击“放置”菜单，选择“铺铜”命令；或单击“布线”工具栏中按钮，光标变为十字形，在电路板的禁止布线层的边界线内画出一个闭合的多边形，每单击一次确定多边形的一个顶点，绘制完成后在空白处右击即可完成当前铺铜的绘制。此时光标仍处于十字形，仍可继续进行放置铺铜操作，在空白处右击或者按〈Esc〉键即可退出当前操作。

2）设置铺铜属性：双击已放置的铺铜或在绘制铺铜过程中单击〈Tab〉键，都会弹出如图 4-67 所示的“属性”面板中“Polygon Pour”（铺铜）选项，在此设置当前铺铜的属性。

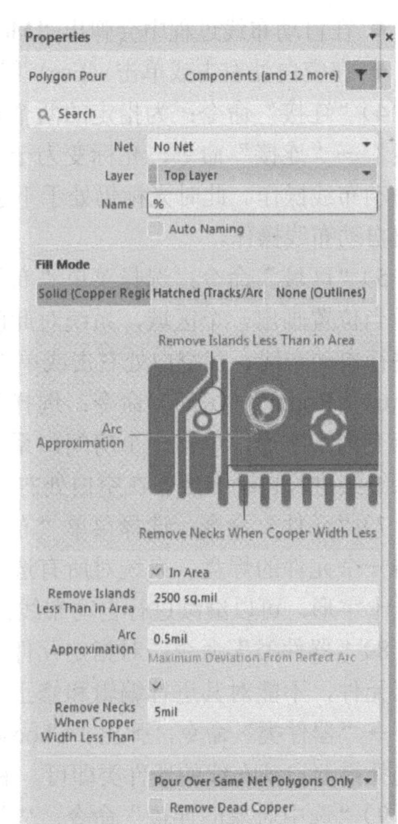

图 4-67 “属性”面板中“Polygon Pour”选项

- “Polygon Pour”选项组。包括 Net（网络）、Layer（工作层）、Name（名称）。设置铺铜名称。
- “Fill Mode”（填充模式）选项组。设置铺铜填充模式，包括 3 种。“Solid（Copper Regions）”（实体），铺铜区域的铺铜为全部填充，可以设置删除孤立区域铺铜的面积限制值和删除凹槽的宽度限制值；“Hatched（Tracks/Arcs）”（网络状），铺铜区域的铺铜为网络状填充，可以设置网络线的宽度和尺寸、网格类型等内容；“None（Outlines）”（无），铺铜区域的铺铜为只保留边界线，内部无填充。可以设置铺铜边界导线的宽度、所围绕焊盘的形状等内容。
- “Don't Pour Over Same Net Objects”（填充不超过同一网络对象）。设置铺铜的内部填充与同一网络对象及铺铜边界线不相连。
- “Pour Over Same Net Polygons Only”（填充只超过同一网络多边形）。设置铺铜内部填充与铺铜边界线相连，且与同一网络中焊盘相连。
- “Pour Over All Same Net Objects”（填充超过所有同一网络对象）。设置铺铜的内部填充与铺铜边界相连，且与同一网络中所有对象相连。
- “Remove Dead Copper”（删除孤立的铺铜）复选框。设置是否删除孤立区域的铺铜。

2. 补泪滴

对电路板上的焊盘和过孔实施补泪滴的操作，可以起到加固焊盘和过孔的作用。此操作是在焊盘与导线之间用铜膜布置一个过渡区，形状像泪滴，因此称为补泪滴。补泪滴时焊盘和过孔的形状可以定义为弧形或线形。

单击“工具”菜单，选择“滴泪”命令，弹出如图 4-68 所示的“泪滴”对话框，其中主要选项功能如下。

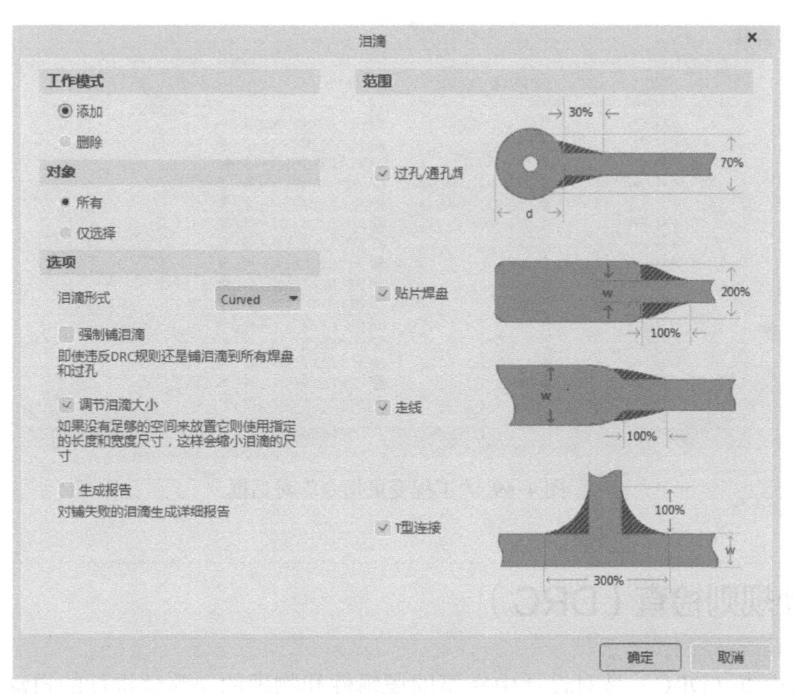

图 4-68 “泪滴”对话框

1）“工作模式”选项组：主要选项功能如下。

- 添加。执行添加泪滴操作。
- 删除。执行删除泪滴操作。

2）“对象”选项组：主要选项功能如下。

- 所有。对所有对象添加泪滴。
- 仅选择。对选中对象添加泪滴。

3）“选项”选项组：主要选项功能如下。

- “泪滴形式”下拉列表框。泪滴形式包括“Curved”（弧形）和“Line”（线）两类。
- “强制铺泪滴”复选框。强制对所有焊盘或过孔添加泪滴。
- “调节泪滴大小”复选框。添加泪滴操作时可以自动调整泪滴的大小。
- “生成报告”复选框。执行添加泪滴操作后会自动生成一个与添加泪滴操作的报表文件并在工作窗口显示。

4.3.11 更新原理图

在对 PCB 布局、布线和元件信息调整后，若 PCB 中的元件标识符发生了改变，就会与原理图中相应元件标识符不一致，从而使原理图中元件与电路板元件无法匹配。因此，要对原理图中的元件按照 PCB 中元件变化情况来更新。

单击“设计”菜单，选择“Update Schematics in”（更新原理图）命令，弹出一个确认对话框，单击 Yes 按钮，弹出如图 4-69 所示的“工程变更指令”对话框；单击“验证变更”按钮，使变化生效；再单击“执行变更”按钮，执行这些变化，此时原理图中元件标识符根据 PCB 中元件标识符发生了变化；单击“关闭”按钮，结束更新操作。

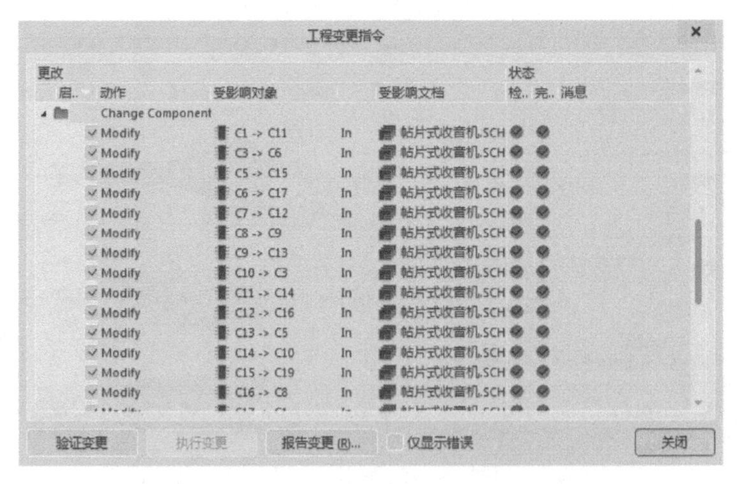

图 4-69 “工程变更指令”对话框

4.4 设计规则检查（DRC）

设计规则检查（DRC）是对设计中完整的逻辑性和物理的完整性进行的自动检查操作，确保当前 PCB 设计中没有违反 PCB 设计规则的地方。

4.4.1 设计规则检查器

单击“工具”菜单，选择“设计规则检查”命令，弹出如图 4-70 所示的“设计规则检查器”对话框，主要选项功能如下。

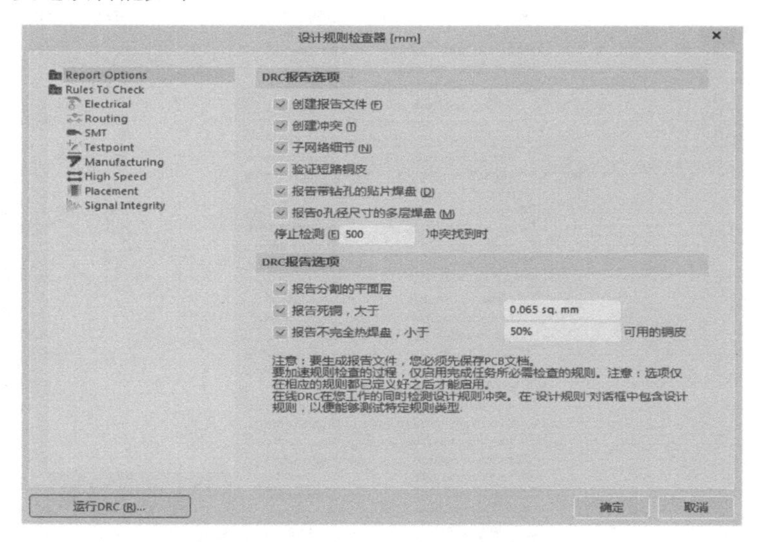

图 4-70 “设计规则检查器”对话框

1. “Report Options”（报告选项）

单击图 4-70 左侧列表中的“Report Options”（报告选项）文件夹，右侧窗口即显示此选项具体内容。

- 创建报告文件。自动生成报告文件（扩展名.DRC），内容包含本次 DRC 操作中使用的规则、违规数目和信息说明。
- 创建冲突。设置违规对象和违规消息之间的连接，可以通过“Messages”（信息）面板中的违规消息提示定位至违规对象。
- 子网络细节。检查网络连接关系并生成报告。
- 验证短路铜皮。检查铺铜或非网络连接造成的短路。

2. “Rules To Check”（检查规则）

单击图 4-70 左侧列表中的“Rules To Check”（检查规则）文件夹，右侧窗口如图 4-71 所示，其中主要选项包括 PCB 中常用的规则，包括线宽设定、导线间距、过孔尺寸、网络拓扑结构、元件安全距离等内容。“在线”选项是进行在线 DRC。“批量”选项是在 DRC 中批处理执行该规则检查，单击“运行 DRC”按钮，即可执行批处理 DRC。

4.4.2 执行设计规则检查

1. 在线 DRC

单击图 4-70“设计规则检查”对话框中的“运行 DRC”按钮，系统进行在线 DRC 检查，检查后会显示 DRC 报告文件。如果有错误，会显示与规则冲突的详细参考信息（包括层、网络名、元件标识符、焊盘序号、对象位置等）。

可以根据检查结果和信息提示对话框内容来修改电路板中错误，即在信息提示框中任意一条信息上双击，系统会将此错误点处自动定位在 PCB 文件窗口的相应的错误位置。改正之后，保存 PCB 件，再进行 DRC 检查，直至无错误为止。

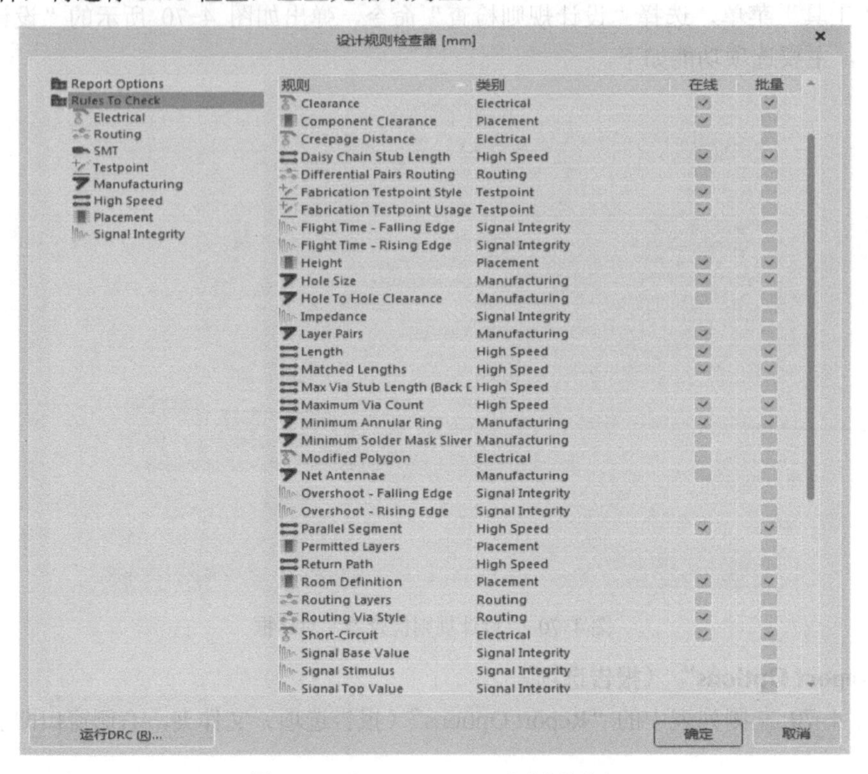

图 4-71 “Rules To Check”规则列表

2．批处理 DRC

使用批处理 DRC 功能，可以在 PCB 设计过程中随时手动运行一次规则检查。有些规则可以进行批处理 DRC，而有些规则不可以进行批处理 DRC。通常，大部分规则是都可以进行这两种检查方式。

注意：在 PCB 的不同设计阶段运行批处理 DRC 命令，要对规则选项进行适当的选择，否则会导致错误提示信息。

4.5 生成 PCB 报表

完成原理图与 PCB 设计后，需要生成多种 PCB 报表文件，给用户提供有关设计的详细资料，主要包括 PCB 设计过程中的电路板状态信息、元件引脚信息、元件封装信息、网络信息等，为电路板后期制作、实际材料购置、文件交流等提供依据。

1．PCB 信息报表

PCB 信息报表文件是为用户提供当前电路板尺寸、焊盘和过孔的数量、元件标识符等元件和网络信息。单击 PCB 窗口右侧的“Properties”（属性）面板上的“Board Information”（板子信息）选项组。包括当前电路板的尺寸信息、元件数目、工作层数目、网络数目等，如图 4-72 所示。

单击“Report”（报告）按钮，弹出如图 4-73 所示的“板级报告”对话框，选择需要在报告中包括的内容，单击“报告”按钮，即可生成“Board Information Report”（电路板信息报表）文件并自动打开在当前窗口中，如图4-74所示。

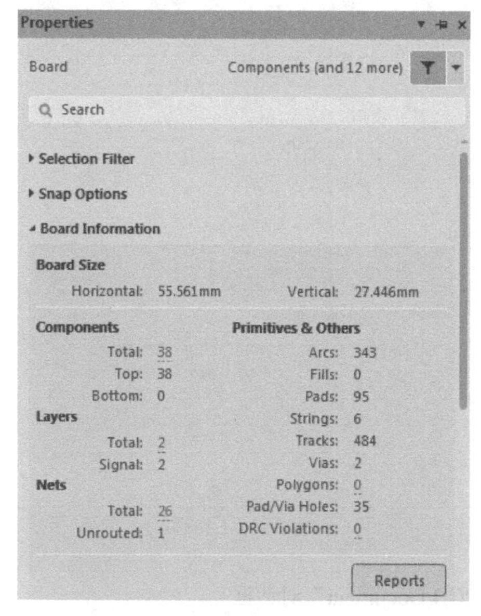

图4-72　“属性”面板中“Board Information”选项组

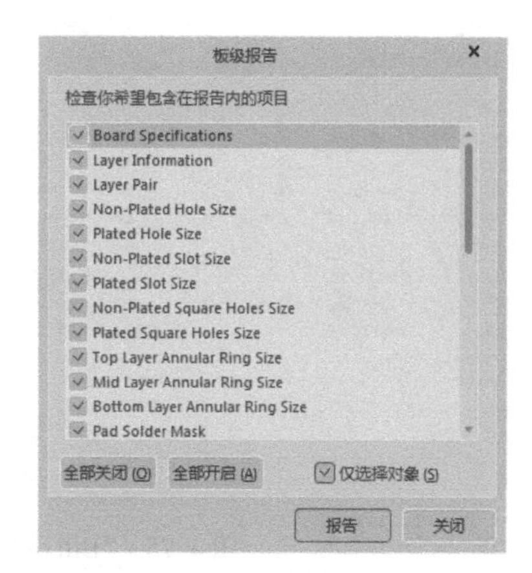

图4-73　“板级报告”对话框

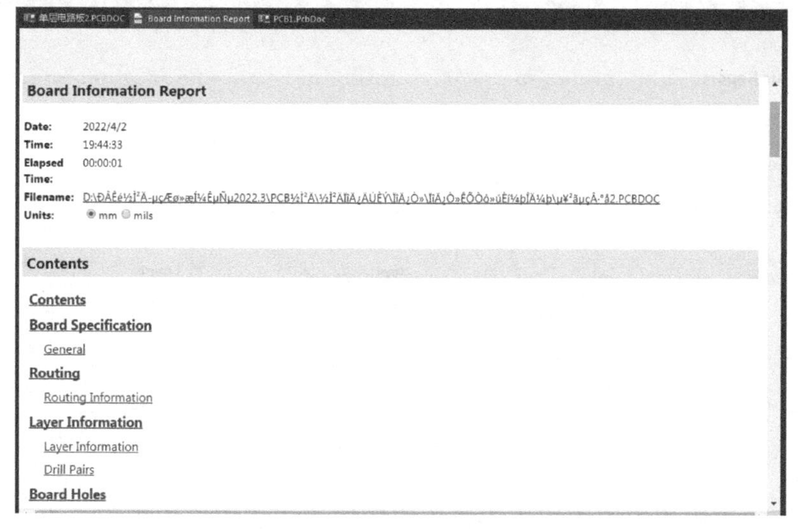

图4-74　PCB信息报表文件

2．元件清单报表

单击“报告”菜单，选择“Bill of Materials”（材料清单）命令，弹出如图4-75所示的“Bill of Materials for PCB Document”（材料清单）对话框。当前对话框中内容设置方法参见1.7.1节中的元件报表部分，设置后单击“Export”（输出）按钮，在弹出的对话框中保存文件即可。

3．网络表状态报表

单击“报告”菜单，选择“网络表状态”命令，弹出如图4-76所示的“Net Status Report”（网络状态报告）文件。在此列出当前PCB中所有网络名、工作层、网络长度等信息。

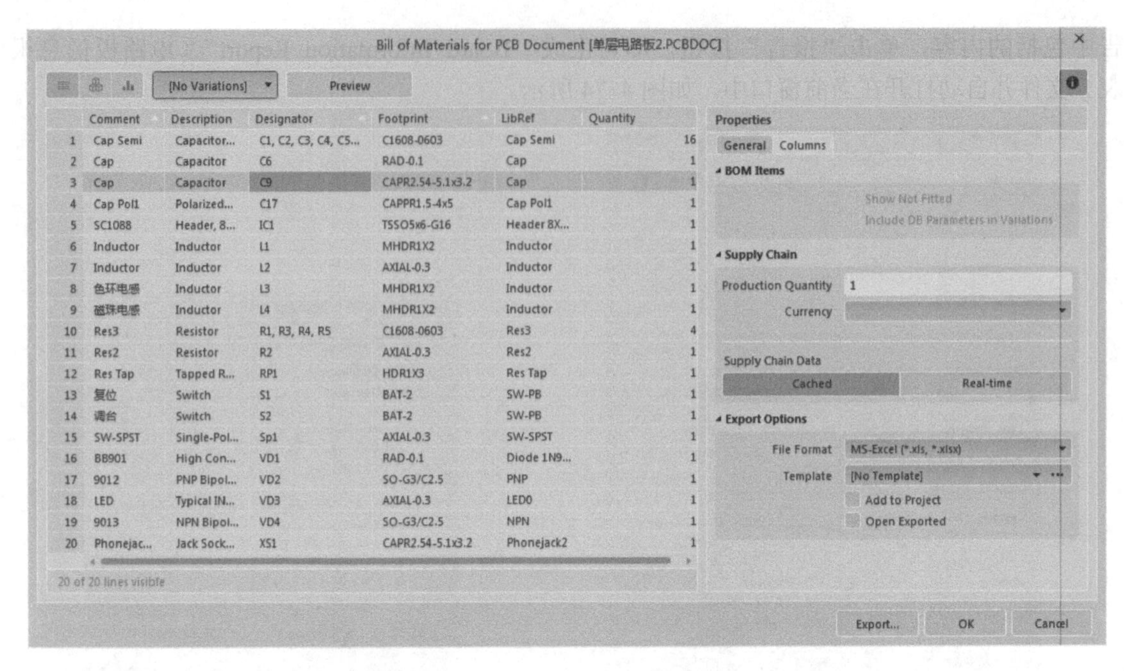

图 4-75 “Bill of Materials for PCB Document”对话框

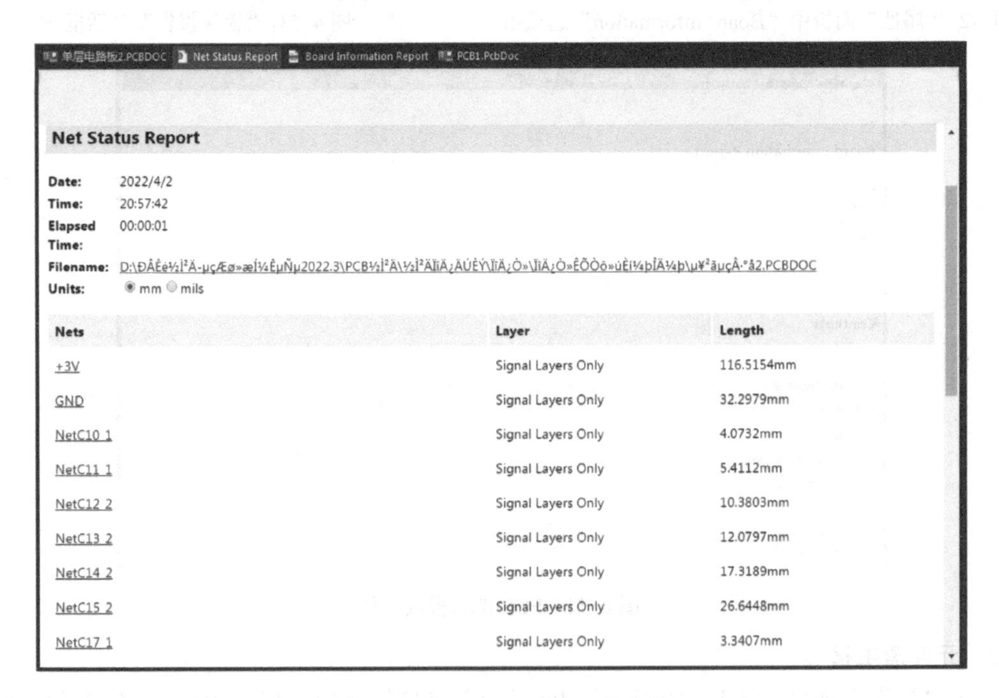

图 4-76 “Net Status Report”文件

4.6 打印报表文件

打印 PCB 文件之前，首先进行页面设置，再设置打印机选项等内容。

4.6.1 打印 PCB 文件

1. 页面设置

单击“文件”菜单，选择“页面设置”命令，弹出如图 4-77 所示的“Composite Properties”（复合页面属性）对话框，主要选项功能如下。

图 4-77 “Composite Properties”对话框

1）“打印纸”选项组：设置打印纸尺寸与方向。

2）“偏移”选项组：设置水平方向和垂直方向的页边距。

3）“缩放比例”选项组：有如下两种缩放模式。

- “Fit Document On Page”（使文档适合页面）。系统自动调整打印比例，使其完整地打印到一张图纸上。
- “Scale Print”（按比例打印）。按自定义比例打印 PCB 文件。

4）“校正”选项组：修正打印比例。

5）“颜色设置”选项组：设置打印颜色，包括“单色”“颜色”和“灰色”3 个选项。

6）“预览”按钮：预览 PCB 文件的打印效果。

7）“高级”按钮：单击此按钮弹出如图 4-78 所示的“PCB 打印输出属性”对话框，在此设置打印的工作层、标号打印、打印区域等。双击图 4-78 中“Multilayer Composite Print”（多层复合打印）选项的左侧图标，弹出如图 4-79 所示的“打印输出特性”对话框。

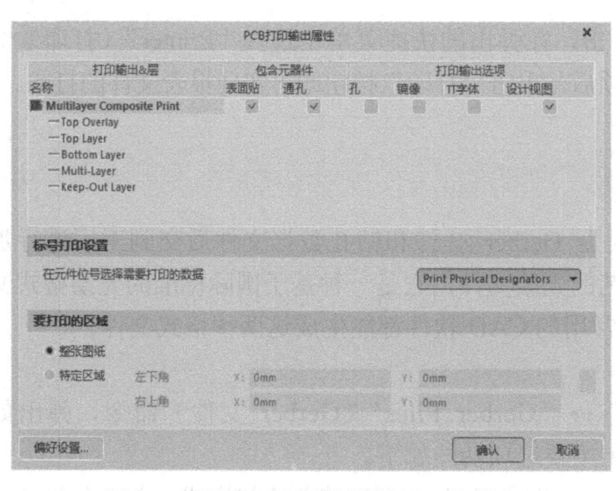

图 4-78 “PCB 打印输出属性”对话框

图 4-79 “打印输出特性”对话框

- “层”列表框。列表中显示当前 PCB 的所有工作层，默认打印所有工作层中的对象。选中相应工作层后单击“编辑”按钮，弹出如图 4-80 所示的“板层属性”对话框，在此可以设置工作层中所有对象的属性。
- “板层属性”对话框。在此对话框中的所有对象都有三种显示方式：“Full”（全部），打印相应对象全部内容；“Draft”（草图），打印相应对象的外形轮廓；“Off”（隐藏），不

打印相应对象，如图 4-80 所示。

● “偏好设置”按钮。单击此按钮，弹出如图 4-81 所示的“PCB 打印设置”对话框。在此设置各个工作层的打印灰度和色彩。

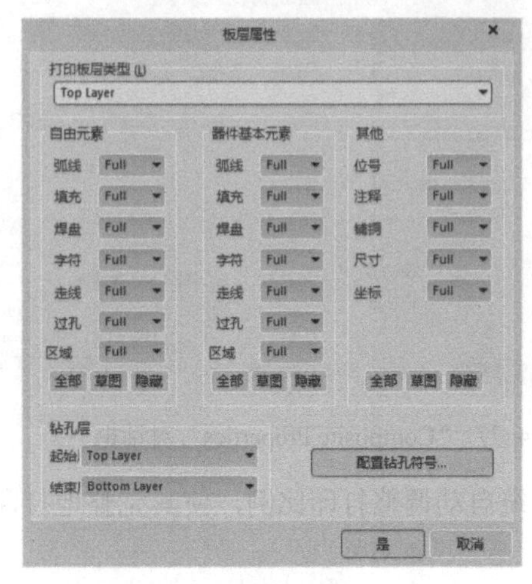

图 4-80 “板层属性”对话框

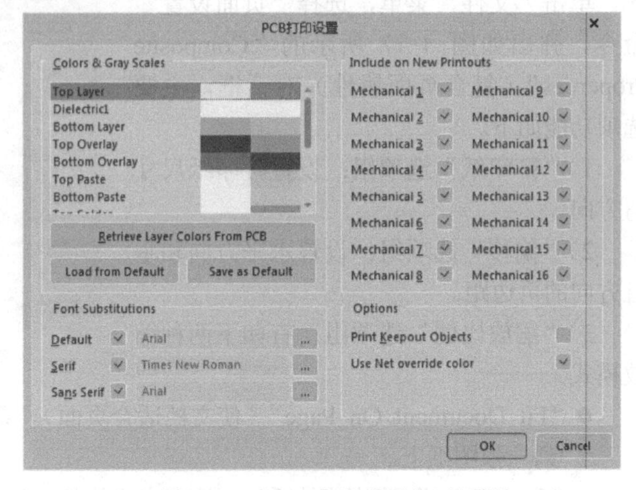

图 4-81 “PCB 打印设置”对话框

8）“打印设置”按钮：在图 4-77 的“Composite Properties”（复合页面属性）对话框中，单击“打印设置”按钮，在弹出的“Printer Configuration for”（打印机选项）对话框中可以设置打印机的相关选项，再单击“确定”按钮即可实现打印。

2. 打印 PCB 文件

单击“文件”菜单，选择“打印”命令；或单击“PCB 标准”工具栏中按钮，都会弹出“Printer Configuration for”（打印机选项）对话框，设置好打印机的相关选项后即可打印。

3. 打印报表文件

打印相应报表文件时，在文件空白处右击，在弹出的快捷菜单中选择“Printer”（打印）命令，弹出“打印”对话框，在此设置相关选项后，单击“打印”按钮即可实现报表文件的打印。

4.6.2 生成 Gerber 文件

电路板制作时通常是将 PCB 文件转换为 Gerber 文件和钻孔数据文件后交到工厂进行加工，其中 Gerber 文件是用于电路板加工工艺的光绘文件，它是一种基于国际标准的光绘格式文件，包含“RS274D”和“RS274X”两种，常用的 CAD 软件都能生成这两种格式文件。

1. 设置 Gerber 文件

单击“文件”菜单，选择“制造输出”→“Gerber Files”（Gerber 文件）命令，弹出如图 4-82 所示的“Gerber 设置”对话框，其中主要选项功能如下。

1）“通用”选项卡：如图 4-82 所示，在此设置 Gerber 文件的单位与格式。单位分为公制或英制，单位为英制时，其格式中的“2∶3”表示数据由 2 位整数和 3 位小数构成、“2∶4”表示数据由 2 位整数和 4 位小数构成、“2∶5”表示数据由 2 位整数和 4 位小数构成。格式中选择的精度越高，对电路板制造设备的精度要求就越高。

2）“层”选项卡：如图 4-83 所示，在此设置光绘文件需要输出的工作层。在左侧“出图层”列表中选择需要生成光绘文件的工作层，若选中“镜像”复选框，可以对当前工作层镜像后输出。右侧的“添加到所有层的机械层”列表中显示所有的机械层，选中相应机械层即可将该层输出至光绘文件中。“包括未连接的中间层焊盘”复选框，用于在光绘文件中绘出未连接的中间层中的焊盘。

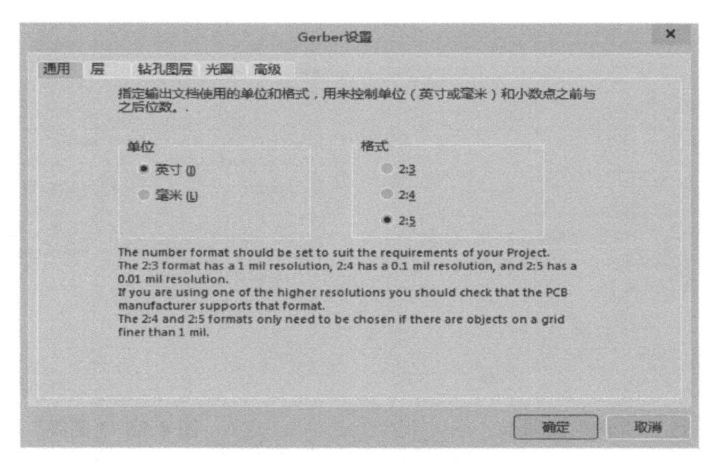

图 4-82 “Gerber 设置”对话框

3）“钻孔图层”选项卡：如图 4-84 所示，在此设置钻孔图、钻孔对、钻孔符号的信息。

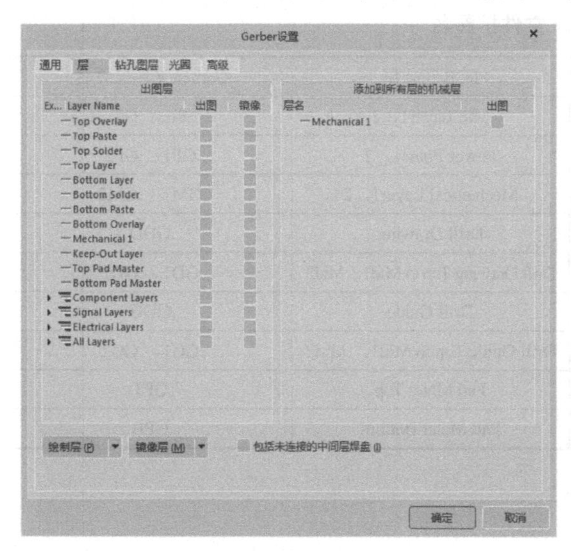

图 4-83 “层”选项卡

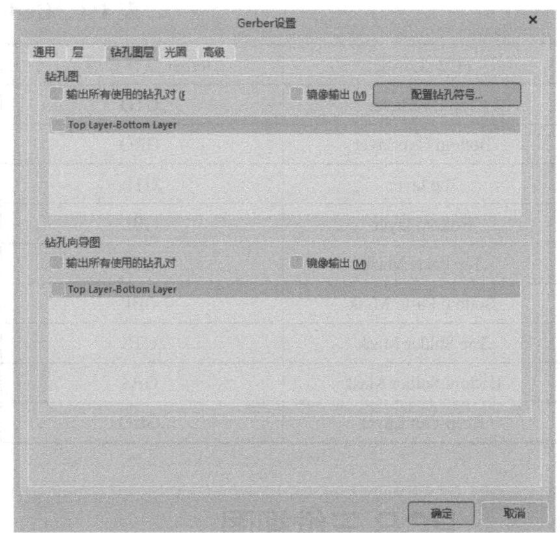

图 4-84 “钻孔图层”选项卡

4）“光圈”选项卡：如图 4-85 所示，在此设置生成光绘文件时建立光圈的相关选项。若选中“嵌入的孔径 RS274X”复选框，用以在光绘文件时自动建立光圈。

5）“高级”选项卡：如图 4-86 所示，在此设置与光绘胶片相关的选项，包括胶片尺寸、边框大小、零字符格式、光圈匹配容差、板层位置、制造文件的生成模式与绘图器类型。

2．生成 Gerber 文件

“Gerber 设置”对话框中所有参数设置完成后，单击“确定”按钮，系统会自动生成 Gerber 文件，同时在项目面板中当前项目中生成了“Generated”（CAM 加工的文件）文件夹与其下级文件夹“Text Documents”（文本文件）。同时，系统自动打开“CAMtasticl.Cam”文件，该文件是一种 CAM 光绘文件，在此可以对 PCB 版图进行校验、编辑和删除操作。

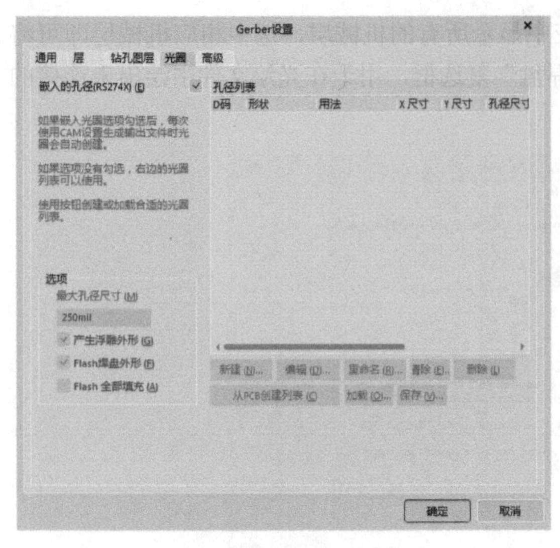

图 4-85 “光圈”选项卡

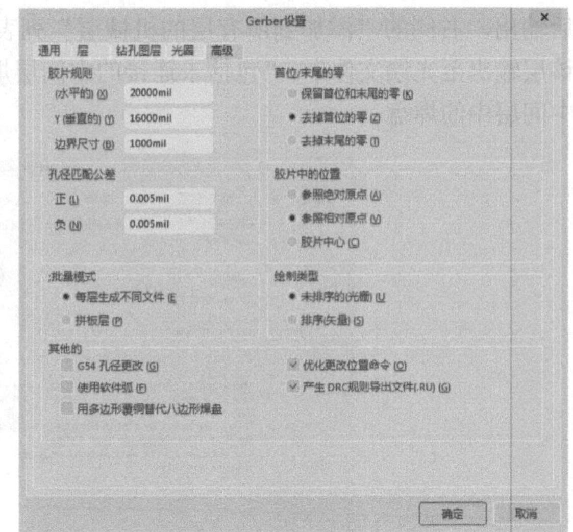

图 4-86 “高级”选项卡

在“Text Documents”（文本文件）文件夹中，针对不同 PCB 工作层生成的光绘文件对应不同的扩展名，具体如表 4-1 所示。

表 4-1　Gerber 文件扩展名

PCB 工作层	Gerber 文件扩展名	PCB 工作层	Gerber 文件扩展名
Top Overlayer	.GTO	Mid Layer1，2	.G1，.G2
Bottom Overlayer	.GBO	Power Plane1，2	.GP1，.GP2
Top layer	.GTL	Mechanical Layer1，2	.GM1，.GM2
Bottom layer	.GBL	Drill Drawing	.GDD
Top Paste Mask	.GTP	Drill Drawing Top to Mid1，Mid2	.GD1，.GD2
Bottom Paste Mask	.GBP	Drill Guide	.GDG
Top Solder Mask	.GTS	Drill Guide Top to Mid1，,Mid2	.GG1，.GG2
Bottom Solder Mask	.GBS	Pad Mater Top	.GPT
Keep-Out Layer	.GKO	Pad Mater Bottom	.GPB

4.7 PCB 三维视图

PCB 布局和布线操作完成后，可以通过三维视图直观地查看电路板设计效果。

4.7.1 显示三维效果图

1. 设置“PCB Filter”（PCB 筛选）面板

在 PCB 文件中，单击“视图”菜单，选择“切换到三维模式”命令，显示当前 PCB 的三维效果图的同时，“PCB Filter”（PCB 筛选）面板会自动弹出，如图 4-87 所示。

1）“选择高亮对象”列表框：在此选择需要高亮显示的对象。

- 对象。包括元件、房间、铺铜、导线、弧、过孔、焊盘、图形等对象。
- “Net”（网络）。高亮显示选中对象所在网络。

● “Comp”（高亮）。高亮显示选中对象所在元件。

● “Free”（自由状态）。高亮显示处于自由状态的选中对象。

2）“层”列表框：包括当前 PCB 所有工作层，选中相应工作层后，与“选择高亮对象”列表框中的选中对象共同配合，来高亮显示满足这两类条件的对象。

3）Mask 下拉列表：在此设置高亮显示方式，包括“Normal”（正常）、“Mask”（遮挡）、“Dim”（变暗）3 种。

4）“清除”按钮：清除当前设置，同时右侧窗口退出高亮显示状态。

5）“全部应用”按钮：应用当前设置，同时在右侧窗口高亮显示对象，按图 4-87 所示设置后，右侧窗口中高亮显示的内容如图 4-88 所示。

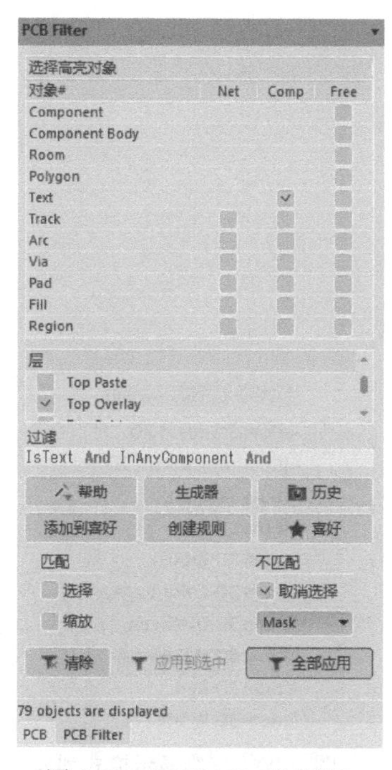

图 4-87 “PCB Filter”面板

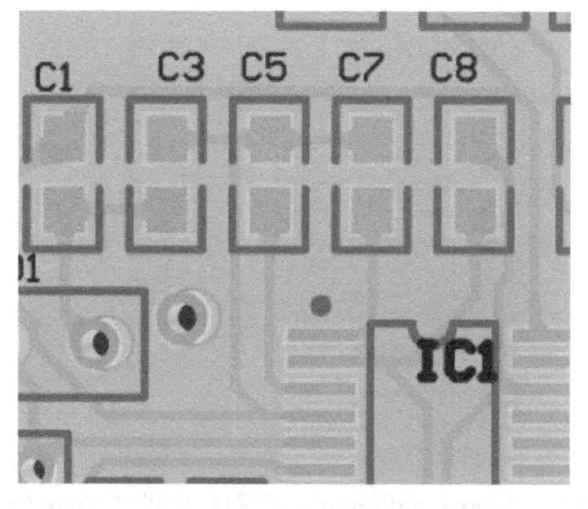

图 4-88 高亮显示的内容

2. 设置“View Configuration”（视图配置）面板

在 PCB 文件中，单击窗口右下角按钮 Panels，在弹出的快捷菜单中选择“View Configuration”（视图配置）命令，在弹出的“View Configuration”（视图配置）面板中单击“View Options”（视图选项）标签，如图 4-89 所示。在此设置三维视图面板的基本选项，其功能如下。

1）“General Settings”（通用设置）选项组：在此设置三维显示模式和显示对象。

● “Configuration”（配置）。单击其右侧下拉列表，会显示如图 4-90 所示的三维显示模式列表。

● “3D”（三维）。单击“On”按钮会打开三维模式，单击“Off”按钮会关闭三维模式。

● “Single Layer Mode”（单层模式）。单击“On”按钮会打开单层模式，单击“On”按钮会关闭单层模式。

● “Projection”（投影）。包括“Orthographic”（正投影）和“Perspective”（透视投影）。

● “Show 3D Bodies”（显示三维实体）。单击“On”按钮会打开此功能，单击“Off”按钮会关闭此功能。

2）“3D Settings”（三维设置）选项组：

● “Board thickness（Scale）”（电路板厚度比例）。通过调节水平滑动条来设置电路板厚度比例。

● “Colors”（颜色）。设置颜色模式，包括“Realistic”（逼真）和“By layer”（随工作层）。

● “Transparency”（透明度）。通过调节列框中每个对象的水平滑动条来设置不同工作层透明度。

3）“Mask and Dim Settings”（屏蔽和调光设置）选项组：通过调节水平滑动条来调节对应选项的屏蔽和调光属性，包括“Dimmed Objects”（屏蔽对象）、“Highlighted Objects”（高亮对象）、“Masked Objects”（调光对象），共 3 个选项。

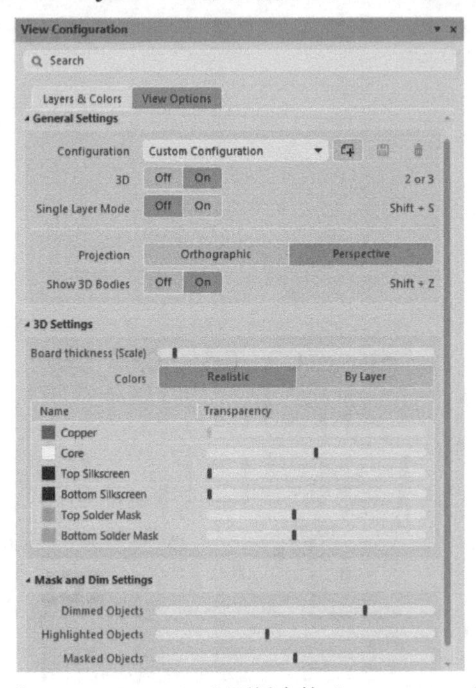

图 4-89 “View Configuration”面板中的“View Options”标签

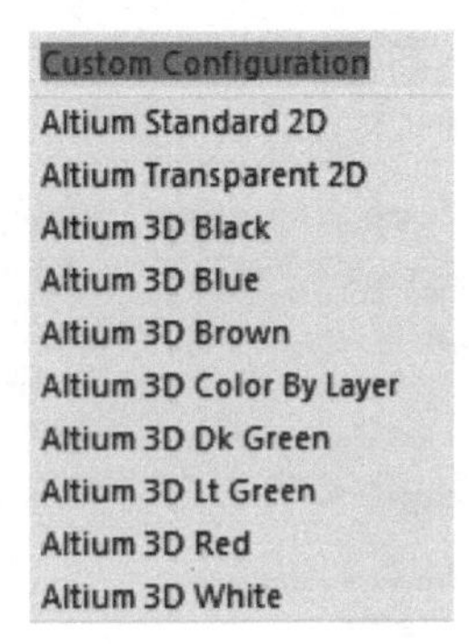

图 4-90 三维显示模式列表

4.7.2 PCB 三维动画

系统提供了点对点运动的功能，可以用来生成电路板简单动画制作。还可以将 PCB 三维动画以文件形式输出。

1. 制作三维动画

在 PCB 文件中，单击窗口右下角的按钮Panels，在弹出的快捷菜单中选择“PCB 3D Movie Editor”（电路板三维动画编辑器）命令，打开其面板，如图 4-91 所示。

1）“3D Movie”选项组：主要选项功能如下。

● “Movie Title”（动画标题）。在此显示当前 PCB 中的三维动画标题。

● “3D Movie”（三维动画）。单击其下拉列表中的“New”（新建）按钮或此选项右侧的“New”（新建）按钮，都可以新建一个动画标题且命名为“PCB 3D Video”（PCB 三维动画）。

2）“PCB 3D Video”（PCB 三维动画）选项组：创建动画关键帧。

● “Key Frame”（关键帧）。在此显示已建立的关键帧题目。

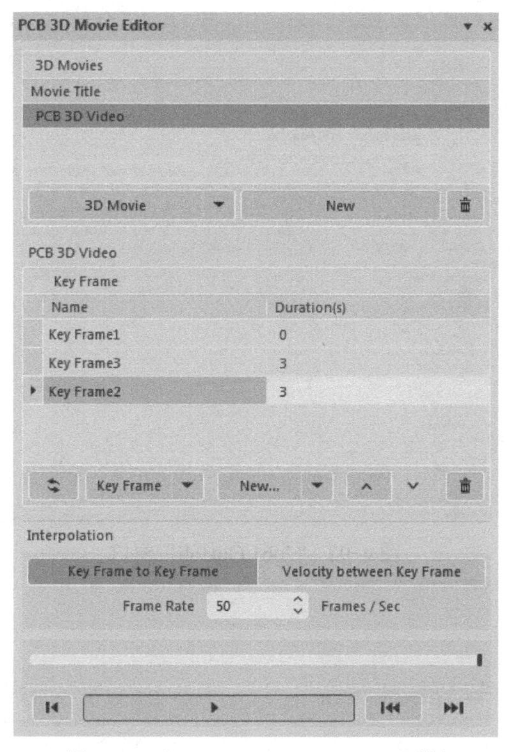

图4-91 “PCB 3D Movie Editor”面板

- “name”（名称）。单击其下拉列表中的“New”（新建）→“Add”（添加）按钮或此选项右侧的“New”（新建）→“Add”（添加）按钮，都可以新建一个关键帧且命名为“Key Frame1”（关键帧 1）；用同样的方法再新建一个关键帧且命名为“Key Frame2”（关键帧 2），时间默认为 3s；再新建一个关键帧且命名为“Key Frame3”（关键帧 3），时间默认为 3s。

3）“Interpolation”（填写）选项组：其中“Frame Rate”文本框用于输入动画的帧速度。

4）按钮▶。用于播放动画。

2．输出三维动画

单击“文件”菜单，选择“新的”→“Out Job 文件”（输出文件）命令，在左侧面板中新增文件夹“Settings”（设置）及其下级文件夹“Out Job Files”（输出文件），新增的文件“Job1.OutJob”存放此处。

当前右侧窗口显示输出文件“Job1.OutJob”，如图4-92所示，其主要选项功能如下。

1）“变量选择”选项组：为输出文件设置变量的保存模式。

2）“输出”选项组：按输出文件类型添加需要输出的文件。以此节制作的“PCB 3D Video”三维动画为例介绍输出三维动画的操作。

- 单击“Documentation Outputs”（文档输出）选项下的“Add New Documentation Output”（添加新文档并输出），在弹出的下拉菜单中选择“PCB 3D Video”命令，如图4-93所示，并从中选择当前PCB文件。
- 在新添加的文档上右击，弹出如图4-94所示的“PCB 3D 视频”对话框。单击按钮，打开如图4-95所示的“视图配置”对话框，在此设置电路板工作层3D显示内容，单击“确定”按钮，完成设置。

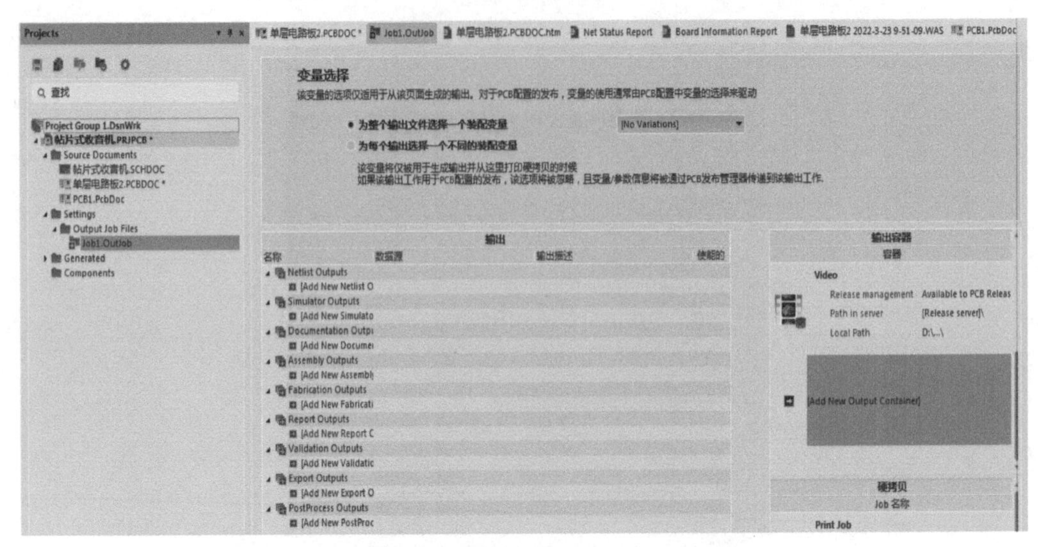

图 4-92 “Job1.OutJob”窗口

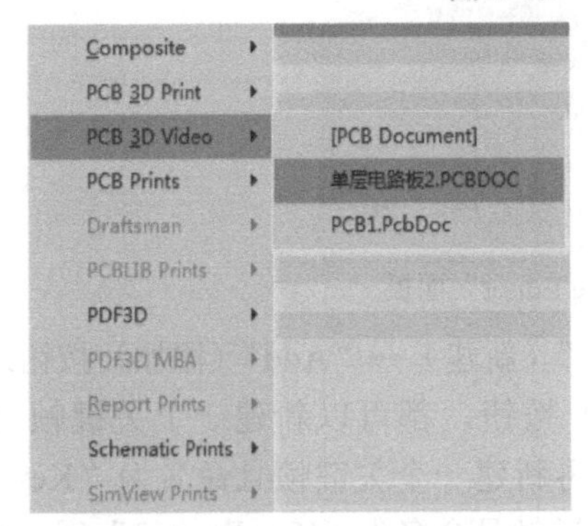

图 4-93 添加新文档并输出命令

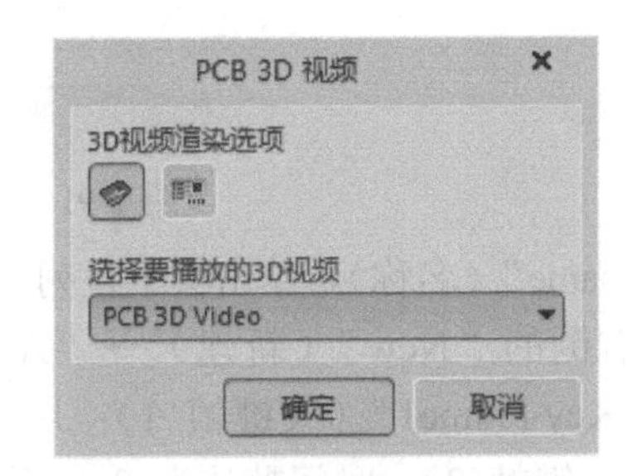

图 4-94 “PCB 3D 视频”对话框

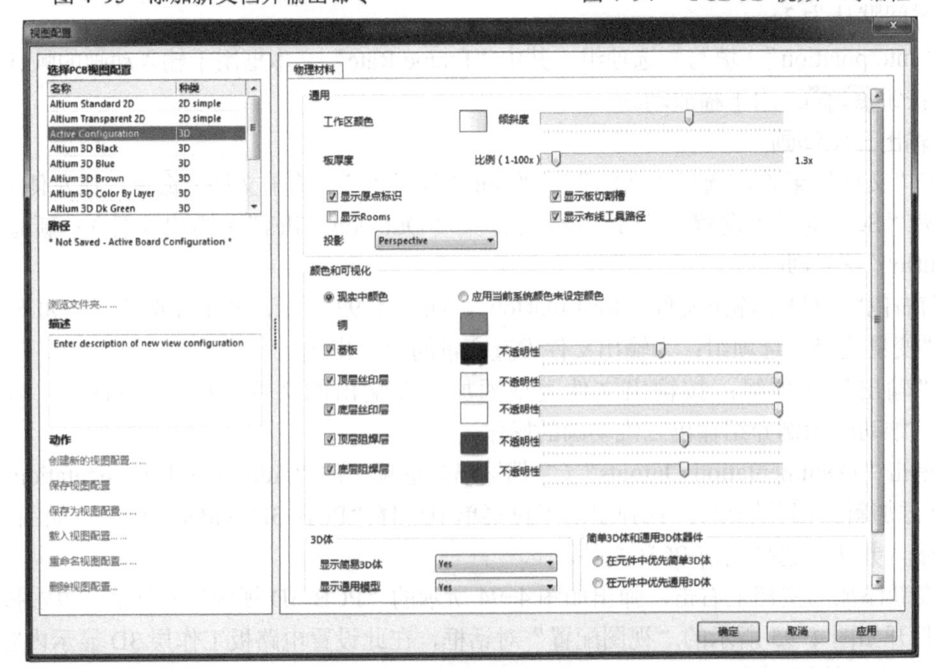

图 4-95 “视图配置”对话框

● 单击当前文件右侧的圆形按钮，则当前窗口如图 4-96 所示，出现绿色指示箭头。

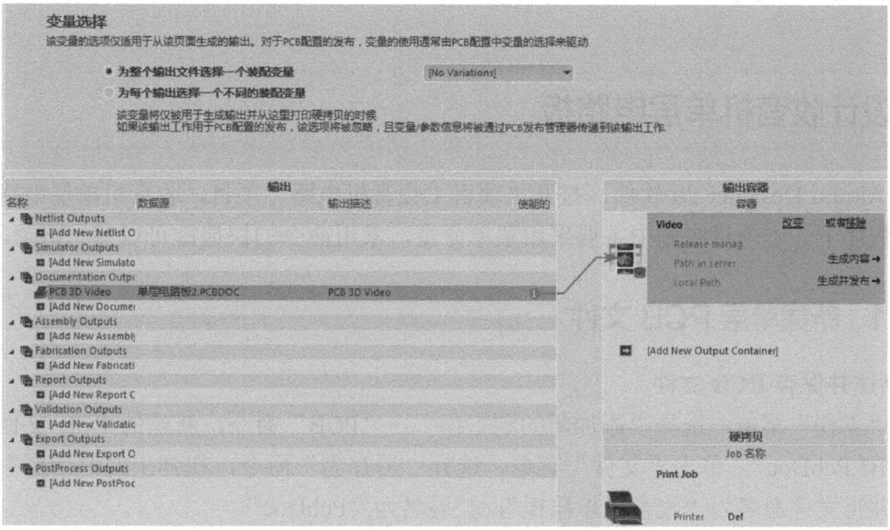

图 4-96　输出文件与输出容器建立连接

3）“输出容器”选项组：主要选项功能如下。

● 单击图 4-92 此选项组中的“Add New Output Containers”（添加新输出内容）选项，并在弹出的快捷菜单中选择“New Video”（新动画）命令，可选择新添加的文件类型。

● 单击图 4-96 此选项组中的“Add New Output Containers”（添加新输出内容）选项，并在弹出的快捷菜单中选择“New Video”命令。单击“New Video”选项中的“改变”按钮，弹出“New Video settings”（新动画设置）对话框，单击“高级”按钮，则此对话框如图 4-97 所示。

● 在“多媒体设置”选项组中的“类型”选项中选择“Video（Windows Media Format）”（系统媒体格式动画）类型。其余选项用默认值，单击“确定”按钮。

● 单击“New Video”选项中的“生成内容”按钮，在当前项目文件夹中生成视频文件，打开的视频文件如图 4-98 所示。

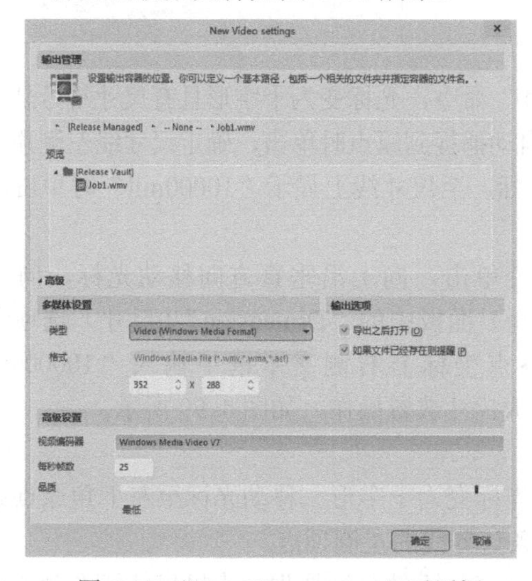

图 4-97　“New Video settings”对话框

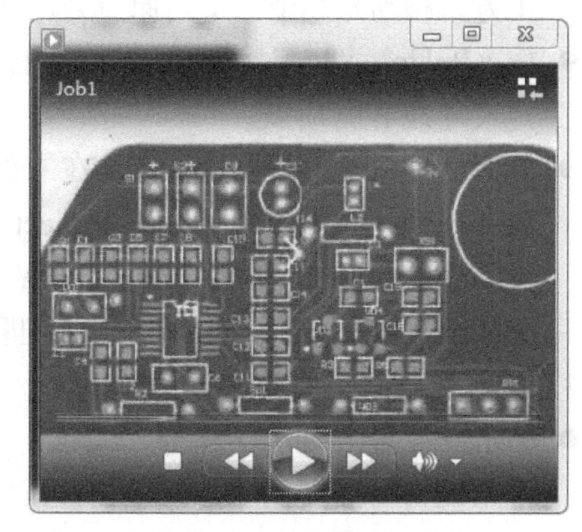

图 4-98　PCB 动画视频

【项目实施】

4.8 设计收音机单层电路板

启动 Altium Designer 20 软件，打开“项目 1 收音机电路”项目，收音机单层电路板的设计和实施过程如下。本项目实施中主要采用菜单命令，常用命令的快捷键可以参见附录。

4.8.1 新建单层 PCB 文件

1．新建并保存 PCB 文件

单击“工程”菜单，选择“添加新的到工程”→“PCB”命令，新建的 PCB 文件默认文件名是“PCB1.PcbDoc”。单击“文件”菜单，选择“另存为”命令，在弹出的对话框中重新选择保存路径并将文件命名为“收音机单层板”，扩展名为“PcbDoc”。

2．设置 PCB 工作环境

单击“工具”菜单，选择“优先项”命令，可以设置 PCB 工作环境参数。当前项目中 PCB 文件的工作环境使用系统默认值即可。

3．设置 PCB 属性

在 PCB 文件中单击窗口右侧的“Properties”（属性）面板，打开“Board”（电路板）属性面板，在此设置 PCB 属性。当前 PCB 文件属性使用系统默认值即可。

4．设置电路板物理边界与 PCB 形状

设置电路板物理边界与 PCB 形状操作过程如下。

1）设置当前工作层：单击工作层标签 Mechanical 1，使其成为当前工作层。

2）设置电路板原点：单击“编辑”菜单，选择“原点”→“设置”命令，光标变为十字形。按〈PgUp〉键放大电路板至合适显示比例，同时移动光标至当前默认电路板左下角顶点处单击，即确定电路板的原点，原点坐标为“X：0mil Y：0mil”。

4-12 设置 PCB 板形

3）放置尺寸线：

- 单击“放置”菜单，选择“尺寸”→“尺寸”命令，光标变为十字形且有尺寸符号悬浮在上方。移动光标至左下角原点处，待系统自动捕捉到原点时单击，确定尺寸线左侧顶点。
- 按〈PgUp〉键同时沿水平方向向右移动光标，至尺寸线上显示“10000mil”时单击，确定尺寸线右侧顶点。
- 此时仍处于放置尺寸状态，在右侧顶点处单击，向上沿垂直方向移动光标，同时按〈Tab〉键，在右侧弹出的“Projects”（工程）面板中的“Dimension”（尺寸）选项组中设置属性，在“End point（X/Y）”（终点坐标）右侧文本框中输入“10000mil，6000mil”，在 PCB 窗口中单击按钮，完成尺寸放置操作，如图 4-99 所示。

4）放置线条：主要操作过程如下。

- 单击“放置”菜单，选择“线条”命令，光标变为十字形。移动光标至左下角原点处，待系统自动捕捉到原点时单击，确定第一条边界线的左侧顶点。
- 按〈PgUp〉键同时沿水平方向向右移动光标，待系统自动捕捉到水平尺寸线右侧顶点时单击，确定第一条边界线的右侧顶点。

- 此时仍处于放置线条状态，用相同的方法绘制第二条、第三条和第四线边界。4 条边界线绘制完成后，选中上一步绘制的两条尺寸线并删除，如图 4-100 所示。

注意： 在绘制 PCB 边界线过程中，可配合〈PgUp〉键、〈PgDn〉键、右击，实现窗口的放大、缩小、移动。

5）修改 PCB 形状：选中 4 条 PCB 边界线，单击“设计”菜单，选择“板子形状”→“按照选择对象定义”命令，按 PCB 边界修改 PCB 形状，如图 4-101 所示。

图 4-99 PCB 尺寸线

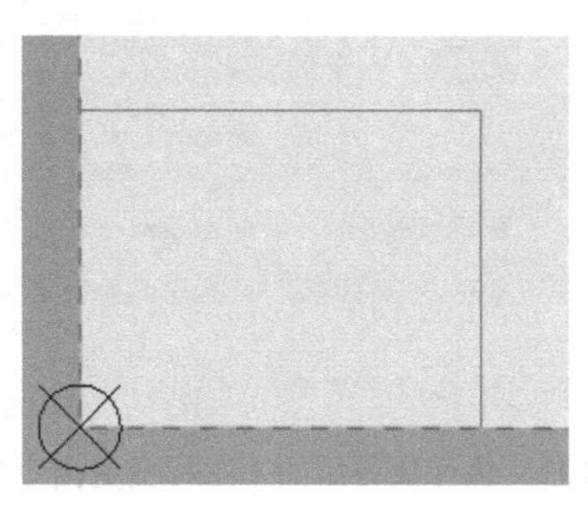

图 4-100 PCB 边界线

图 4-101 修改后的 PCB 形状

5. 设置 PCB 板层

单击“设计”菜单，选择“层叠管理器”命令，在此使用系统默认的工作板层。本项目中 PCB 文件只需在顶层放置元件并布线，实现单层板性能。

6. 绘制 PCB 电气边界

4-13 绘制 PCB 电气边界

单击工作层标签 Keep-Out Layer，使其成为当前工作层。单击“放置”菜单，选择“Keepout”（禁止布线）→“线径”命令，此时光标变为十字形，操作过程如下。

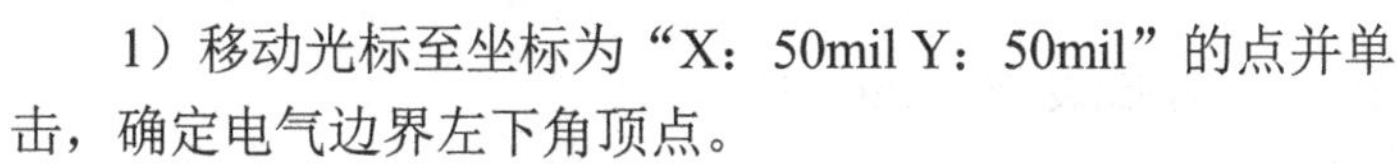

1）移动光标至坐标为“X：50mil Y：50mil”的点并单击，确定电气边界左下角顶点。

2）移动光标至坐标为“X：9950mil Y：50mil”的点并单击，确定电气边界右下角顶点。

3）移动光标至坐标为“X：9950mil Y：5950mil”的点并单击，确定电气边界右上角顶点。

4）移动光标至坐标为“X：50mil Y：5950mil”的点并单击，确定电气边界左上角顶点。

绘制完成电气边界的 PCB 文件窗口如图 4-102 所示。

图 4-102 绘制完成电气边界的 PCB 文件窗口

4.8.2 编辑单层板文件

1. 导入网络表

打开当前项目文件中的原理图文件，单击“设计”菜单，选择“Update PCB Document PCB1.PcbDoc”（更新 PCB 文件）命令，弹出“工程变更指令”对话框，操作过程如下。

1）单击“验证变更”按钮，在“检测”列表中都出现绿色图标时表示无误，若此处出现红色图标，则需要修改原理图相应位置，并重新保存和编译后再导入网络表。单击“执行变更”按钮，系统执行变更操作，所有成功导入的网络表信息项的“完成”列表栏会出现绿色图标，如图 4-103 所示。

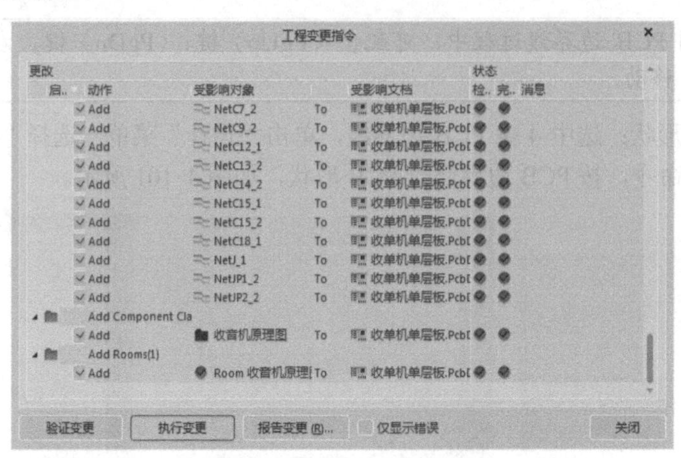

图 4-103　执行变更后的“工程变更指令”对话框

2）单击“关闭”按钮，被导入 PCB 中的网络表中信息都在一个紫色布线框中，且位于电路板右下侧，如图 4-104 所示。

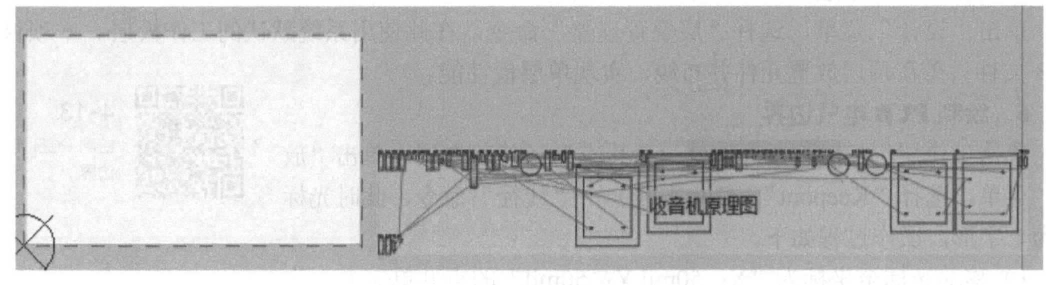

图 4-104　导入网络表后的 PCB 文件

2．手动布局

1）单击“收音机原理图”房间，按〈Delete〉键，删除当前房间。

2）手动布局：电感线圈“B1”和“B2”属于输入信号电路元件，放置在电路板左侧边缘位置；按照原理图中电信号的流向，输入信号电路其余元件尽量布置在电路板左侧；核心元件“TA2003P”放置在板子核心位置，其周边元件围绕它进行布局；低频放大与功放输出电路的部分元件放置在电路板右侧，其中电感线圈“B3”和“B4”放置在电路板右侧边缘；电路板中信号的流向安排成从左到右或从上到下放置。元件布局时主要使用光标拖动的方法。

3）调整元件位置：单击“编辑”菜单，选择“移动”命令。光标变为十字形，选中需要调整位置的元件并按住光标，拖动光标并同时配合〈Space〉键旋转元件，至合适位置处松开光标，即可调整元件位置与方向，如图 4-105 所示。

3．添加接地焊盘

电路板在装配时需要设置接地位置，因此在 PCB 设计阶段就要添加接地焊盘。

1）单击“放置”菜单，选择“焊盘”命令，光标变为十字形，在板子右侧边缘处单击，确定焊盘位置。

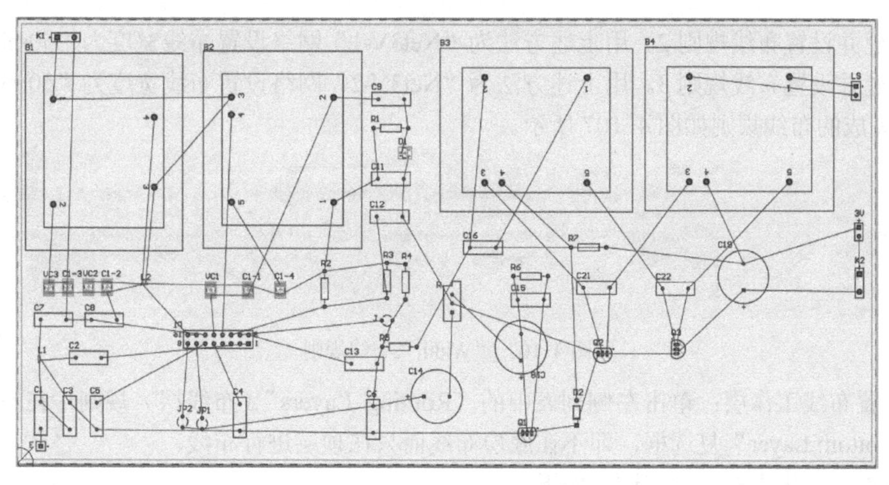

图 4-105　调整元件位置

2）双击已放置的焊盘，在弹出的“属性”面板的“Pad”（焊盘）面板中，“Properties”（属性）选项中的“Layer”（工作层）设置为“Multi-Layer”（多层）、“Net”（网络）设置为“GND”。同时就会在焊盘上显示与 GND 网络之间的飞线。

4-14
添加接地焊盘

3）单击“放置”菜单，选择“字符串”命令，光标变为十字形，移至接地焊盘附近单击确定放置字符串的位置。双击此字符串，进入“属性”面板中的“Text”（焊盘），Properties（属性）选项中的“Layer”（工作层）设置为“Top Overlay”（顶层丝印层）、“Text”（字符）设置为“GND”。

4．设置布线规则

单击“设计”菜单，选择“规则”命令，单击左侧列表中的“Routing”（布线）标签，操作过程如下。

1）设置布线的线宽：操作过程如下。

- 新建布线规则 1。光标指向“Width”（线宽）并右击，在弹出的快捷菜单中选择“新建规则”，在系统默认“Width”（线宽）规则下方出现“Width-1”（线宽 1）。
- 设置布线规则 1。双击左侧列表中的“Width-1”（线宽 1），在右侧规则窗口的“Where The Objects Matches”选项中左侧下拉框中选择“Net”（网络），在右侧下拉框中选择“GND”，即为 GND 网络设置新线宽规则。在“约束”选项下，设置“最小宽度”为“5mil”、“最大宽度”为“50mil”、“首选宽度”为“50mil”，如图 4-106 所示。

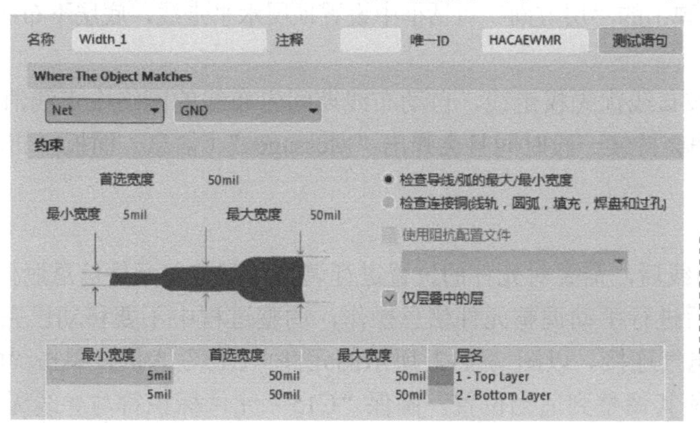

图 4-106　设置布线规则 1 内容

● 新建并设置布线规则 2。用上述方法为“Net3V-1”网络设置布线宽度为“50mil”。

● 新建并设置布线规则 3。用上述方法为“Net3V-2”网络设置布线宽度为“50mil”。

设置完成的布线规则如图 4-107 所示。

图 4-107 “Width”布线规则

2）设置布线工作层：单击左侧列表中的“Routing Layers”（布线层）规则，在右侧窗口中不选中“Bottom Layer”复选框，即不在底层布线而只在顶层进行布线。

3）设置布线优先权：操作过程如下。

● 新建布线优先权 1。光标指向“Routing Priority”（布线优先权）并右击，在弹出的快捷菜单中选择“新建规则”，在系统默认“Routing Priority”（布线优先权）规则下方出现“Routing Priority-1”（布线优先权 1）。

● 设置布线优先权 1。双击左侧列表中的“Routing Priority-1”（布线优先权 1），在右侧窗口中“Where The Objects Matches”选项下，其左侧下拉框中选择“Net”（网络），在右侧下拉框中选择“GND”，即为 GND 网络设置新布线优先权。在“约束”选项下，设置“布线优先级”为“2”。

● 新建并设置布线优先权 2。用上述方法为“Net3V-1”网络设置布线优先权为“1”。

● 新建并设置布线优先权 3。用上述方法为“Net3V-2”网络设置布线优先权为“1”。

设置完成的布线优先权如图 4-108 所示。

Routing Priority
RoutingPriority_3
RoutingPriority_2
RoutingPriority_1
RoutingPriority

名称	优...	使...	类型	分类	范围	属性
RoutingP	1	✓	Routin	Routing	InNet('Net3V_2')	Priority = 1
RoutingP	2	✓	Routin	Routing	InNet('Net3V_1')	Priority = 1
RoutingP	3	✓	Routin	Routing	InNet('GND')	Priority = 2
RoutingP	4	✓	Routin	Routing	All	Priority = 0

图 4-108 “Routing Priority”布线规则

5. 执行自动布线

单击“布线”菜单，选择“自动布线”→“全部”命令，弹出如图 4-109 所示的“Situs 布线策略”对话框。在此对话框中的“布线设置报告”中显示了设置的布线规则内容。单击“编辑层走线方向”按钮，在弹出的“层方向”对话框中设置顶层水平走线，底层不布线，如图 4-110 所示。

系统自动布线时会按布线优先权走线，自动布线期间先布线的网络中走线消失且出现顶层红色走线，自动布线过程会持续一段时间且会弹出“Messages”（信息）面板，布线完成的 PCB 文件如图 4-111 所示。

6. 调整元件信息

对 PCB 执行自动布线后，需要对元件的位置进行调整，避免使元件信息遮挡 PCB 走线。使用自动布局操作命令后进行手动调整元件信息操作，调整过程中不要移动已完成的 PCB 走线，否则会破坏相应的电气连接。以图 4-112 所示的元件“C15”为例，单击“C15”，按住光标的同时移动此字符，使其调整到适当位置，确保“C15”元件标识符与导线无重合，单击确定其位置，调整后的元件如图 4-113 所示。

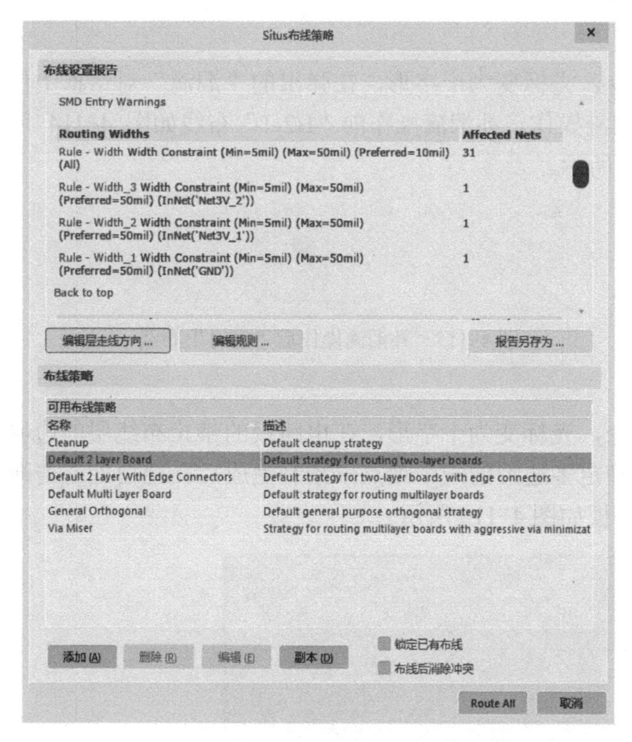

图 4-109　当前 PCB 文件“Situs 布线策略”对话框

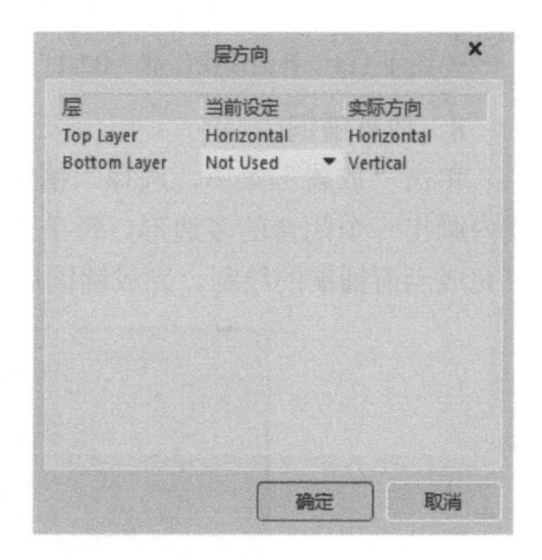

图 4-110　“层方向”对话框

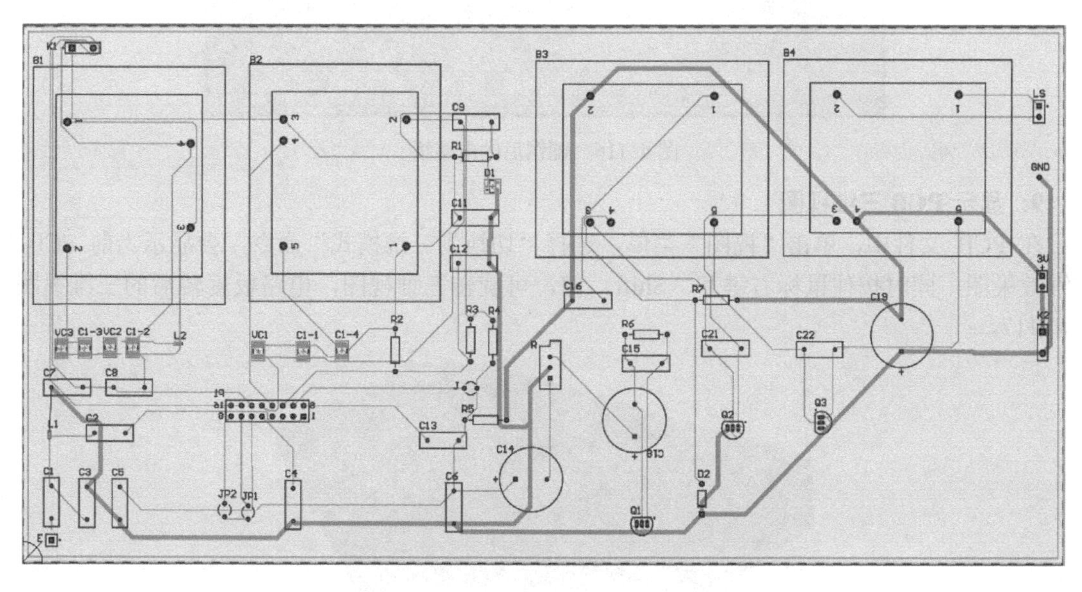

图 4-111　自动布线完成的 PCB 文件

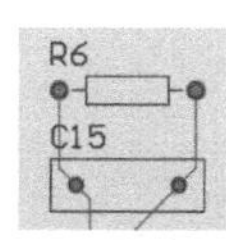

图 4-112　调整前元件“C15”标识符位置

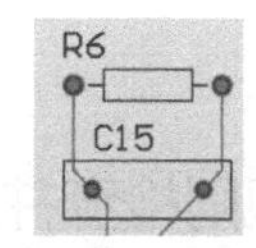

图 4-113　调整后元件“C15”标识符位置

7．设置补泪滴

单击“工具”菜单，选择“滴泪”命令，光标变为十字形，在弹出的“泪滴”对话框中使用系统默认值，单击“确定”按钮完成补泪滴操作。补泪滴操作前“B2-1”布线如图 4-114 所示，补泪滴操作后“B2-1”布线如图 4-115 所示。

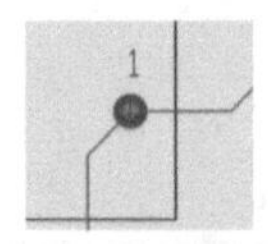

图 4-114 补泪滴操作前“B2-1”布线

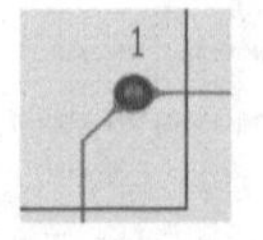

图 4-115 补泪滴操作后“B2-1”布线

8．放置铺铜

单击“放置”菜单，选择“铺铜”命令，光标变为十字形，在电路板的禁止布线层的边界线内画出一个闭合的多边形，每单击一次确定多边形的一个顶点，绘制完成后在空白处右击即可完成当前铺铜的绘制。完成铺铜后的电路板如图 4-116 所示。

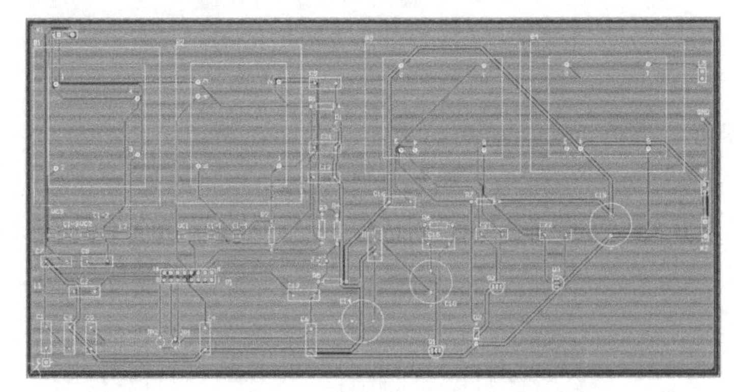

图 4-116 铺铜后的电路板

9．显示 PCB 三维视图

在 PCB 文件中，单击“视图”菜单，选择“切换到三维模式”命令，会显示当前 PCB 的三维效果图，同时按住鼠标右键和〈Shift〉键，可旋转三维视图，电路板旋转后的三维视图如图 4-117。

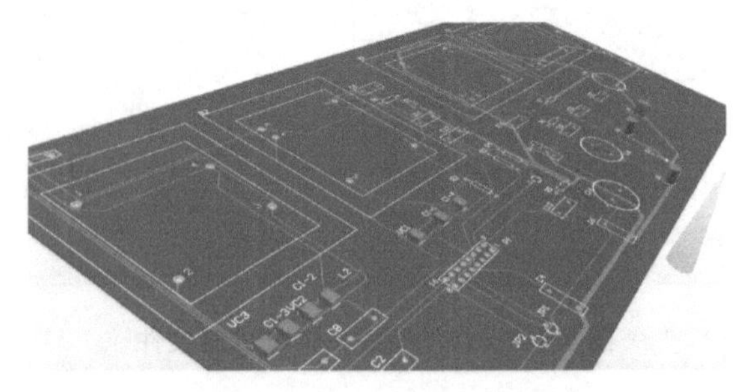

图 4-117 PCB 三维视图

4.8.3 设计规则检查并修改

单击“工具”菜单，选择“设计规则检查”命令，在弹出“设计规则检查器”对话框中，单击“运行 DRC”按钮，系统进行 DRC 检查，DRC 检查报告文件如图 4-118 所示。

若 DRC 检查提示有错误信息，则需要回到 PCB 文件中进行修改后再重新布线后保存，再次进行规则检查，确保电路板满足设计要求。

收音机原理图.SchDoc　收音机单层板.PcbDoc *　Design Rule Verification Report　收音机原理图.NET

Summary

Warnings	Count
Total	0

Rule Violations	Count
Clearance Constraint (Gap=10mil) (All),(All)	0
Short-Circuit Constraint (Allowed=No) (All),(All)	0
Un-Routed Net Constraint ((All))	0
Modified Polygon (Allow modified: No), (Allow shelved: No)	0
Width Constraint (Min=5mil) (Max=50mil) (Preferred=50mil) (InNet('Net3V_2'))	0
Width Constraint (Min=5mil) (Max=50mil) (Preferred=10mil) (All)	0
Width Constraint (Min=5mil) (Max=50mil) (Preferred=50mil) (InNet('Net3V_1'))	0
Width Constraint (Min=5mil) (Max=50mil) (Preferred=50mil) (InNet('GND'))	0
Power Plane Connect Rule(Relief Connect)(Expansion=20mil) (Conductor Width=10mil) (Air Gap=10mil) (Entries=4) (All)	0
Hole Size Constraint (Min=1mil) (Max=100mil) (All)	0
Hole To Hole Clearance (Gap=10mil) (All),(All)	0

图 4-118　DRC 检查报告文件

4.8.4　生成单层板报表等相关文件

1. PCB 信息报表

单击 PCB 窗口右侧的“Properties”（属性）面板，单击“Board Information”（电路板信息）选项组中的“Report”（报告）按钮，在弹出的“板级报告”对话框中单击“报告”按钮，生成“Board Information Report”（电路板信息报表）文件并自动打开，如图 4-119 所示。

收音机原理图.SchDoc　收音机单层板.PcbDoc *　Board Information Report　Design Rule Verification Report　收音机原理图.NET

Back to top

Routing

Routing Information	
Routing completion	100.00%
Connections	100
Connections routed	100
Connections remaining	0

Back to top

Layer Information

Layer	Arcs	Pads	Vias	Tracks	Texts	Fills	Regions	ComponentBodies
Top Layer	540	21	0	4936	0	0	168	0
Bottom Layer	0	0	0	0	0	0	0	0
Mechanical 1	0	0	0	4	0	0	0	0

图 4-119　“Board Information Report”文件

2. Gerber 文件

单击“文件”菜单，选择“制造输出”→“Gerber Files”（Gerber 文件）命令，在弹出的“Gerber 设置”对话框中选中所有工作层，单击“确定”按钮生成 Gerber 文件，此时当前窗口如图 4-120 所示。

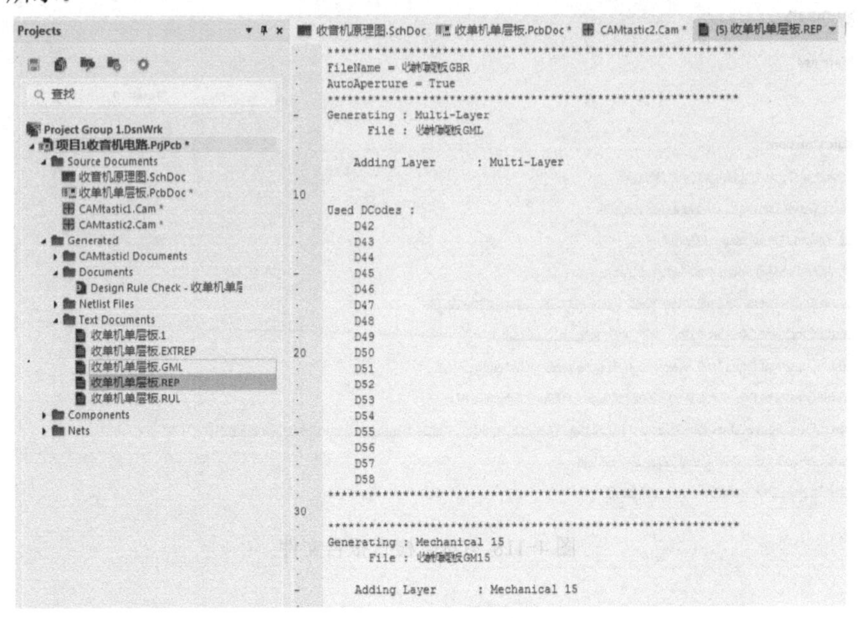

图 4-120　Gerber 文件窗口

3. PCB 库文件

单击“设计”菜单，选择“生成 PCB 库”命令，当前窗口如图 4-121 所示，文件扩展名为“PcbLib”，存放在“PCB Library Documents”（PCB 库文档）目录下，该目录包括当前 PCB 中所有元件的封装信息。

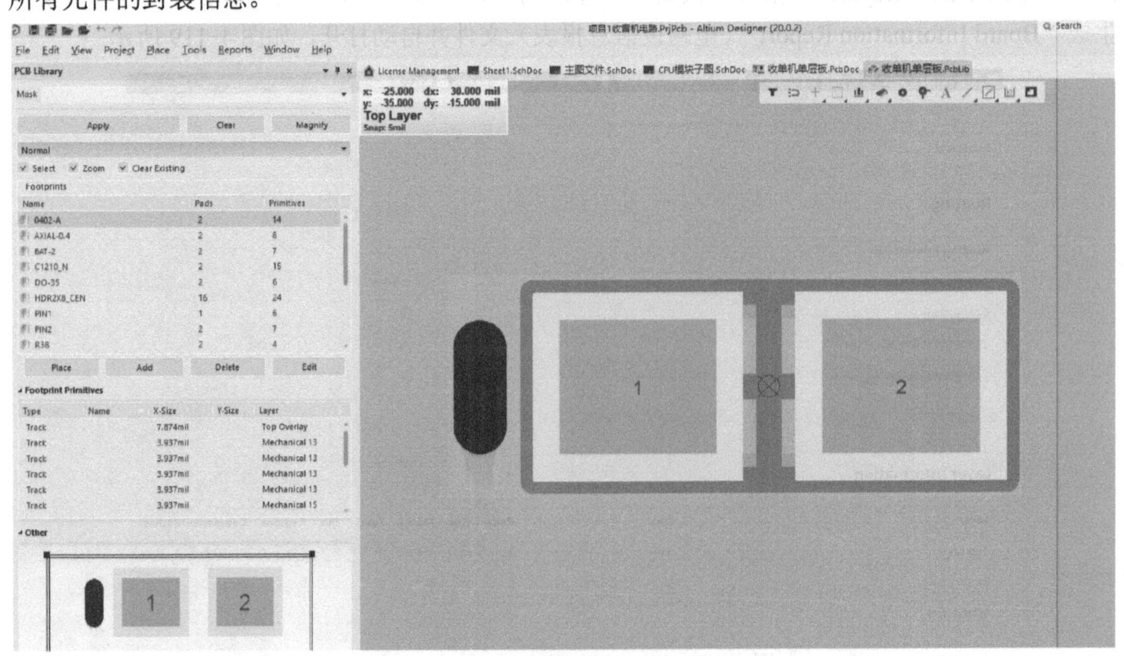

图 4-121　PCB 库文件窗口

4. 集成库文件

单击“设计”菜单，选择“生成集成库”命令，此时系统自动生成一个新的项目文件，其项目文件主名与 PCB 项目同名，文件扩展名为“LibPkg”，左侧面板中的目录如图 4-122 所示。包括两个库文件，即“项目 1 收音机电路_1.SCHLIB”和“收音机单层板.PcbLib”。

图 4-122　集成库文件面板

4.9 思考与练习

【练习 4-1】使用 Altium Designer 20 软件在项目文件“练习 4-1.PrjPcb”中新建 PCB 文件“练习 4-1 单层电路板.PcbDoc”，添加练习 1-1 中的“练习 1-1 原理图.SchDoc”文件。具体要求：设计尺寸为 2000mil×3000mil 的单层印制电路板，电路板布局和布线可参考图 4-123；根据电子元件布局工艺进行手动布局；添加接地和电源焊盘；设计合理的自动布线规则（电源和地线宽度是 30mil，自动布线）；进行补泪滴和信号层铺铜设置，要求铺铜与接地网络相连；对设计规则检查且确保无误；三维电路板显示效果图；生成元件报表文件和光绘文件。

【练习 4-2】使用 Altium Designer 20 软件在项目文件“练习 4-2.PrjPcb”中新建 PCB 文件“练习 4-2 单层电路板.PcbDoc”，添加练习 1-2 中的“练习 1-2 原理图.SchDoc”文件。具体要求：设计尺寸为 5000mil×3000mil 的单层印制电路板，电路板布局和布线可参考图 4-124 所示；根据电子元件布局工艺进行手动布局；添加接地和电源焊盘；设计合理的自动布线规则（电源和地线宽度是 50mil，自动布线）；进行补泪滴和信号层铺铜设置，要求铺铜与接地网络相连；对设计规则检查且确保无误；三维电路板显示效果图；生成元件报表文件和光绘文件。

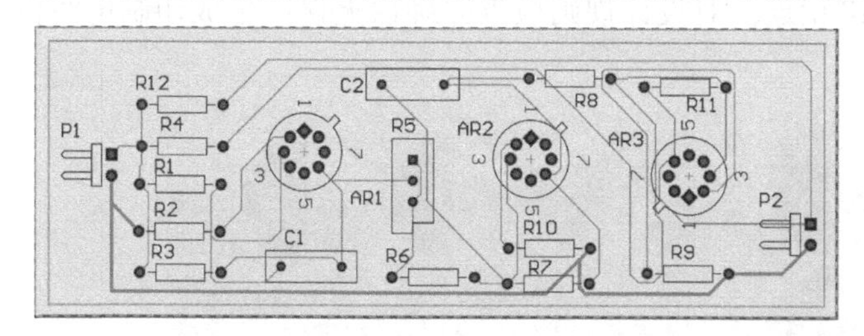

图 4-123 “练习 4-1 单层电路板.PcbDoc” PCB 文件

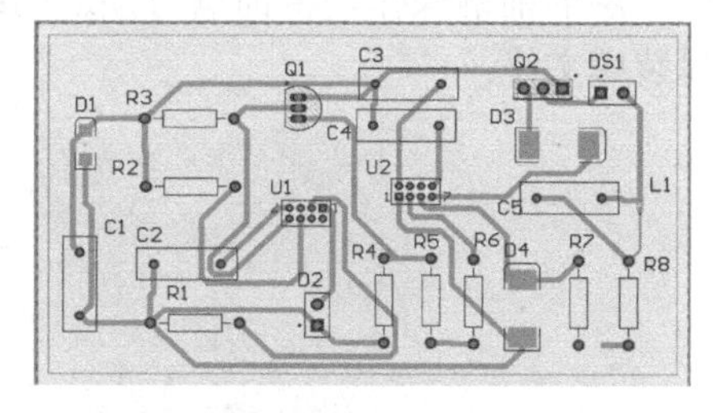

图 4-124 “练习 4-2 单层电路板.PcbDoc” PCB 文件

【职业素养小课堂】

《大国工匠》系列节目讲述了不同岗位劳动者用自己的灵巧双手匠心筑梦的故事。这些劳动者在平凡岗位上追求职业技能的完善和提升，最终脱颖而出，跻身“国宝级”技工行列，成为一个领域不可或缺的人才。虽然他们文化程度不同，年龄有别，但都拥有一个共同的闪光点——热爱本职、敬业奉献、技艺精湛，成为新时代中国工匠精神的杰出代表。

我国正在大力发展职业教育，大国工匠精神是我们努力的目标。

项目 5　稳压电源双层电路板设计

本项目在项目 2 稳压电源原理图自制元件设计的基础上，详细介绍了设计带自制元件封装的双层印制电路板的操作方法。包括设计自制封装文件、新建双层电路板文件、编辑双层电路板文件、设计规则检查、设计稳压电源双层电路板。通过本项目的学习，使用户掌握设计并制作符合电路功能要求和印制电路板工艺要求的双层印制电路板的设计与制作的方法。

【项目描述】

本项目设计要求：在项目 2 中已建立的电路板项目文件“直流稳压电源.PrjPcb”、原理图文件“原理图.SchDoc”的基础上，使用 Altium Designer 20 软件新建双层电路板文件“双层板.PcbDoc”和 PCB 元件封装库文件“自制封装.PcbLib”，并根据图 5-1 和表 5-1 中内容进行设计；使用公制单位，为双层印制电路板，电路板外形尺寸是 4300mil×3000mil；根据表 5-1 中自制封装信息在印制电路板封装库文件中绘制封装“0.1UF”“0.33UF”“10UF”“123”“1000UF”“HR”“T”“R”，共 8 个；应用电路板元件布局工艺进行自动布局和手动布局；添加接地和电源焊盘；设计自动布线规则（电源和地线宽度是 50mil，其余线宽可自行设置，优先布置接地和电源网络走线，安全距离自行设置）；自动布线并手动调整布线；进行补泪滴和信号层的铺铜操作，将铺铜与接地网络相连；对设计规则检查并确保无误；生成印制电路板封装库文件。

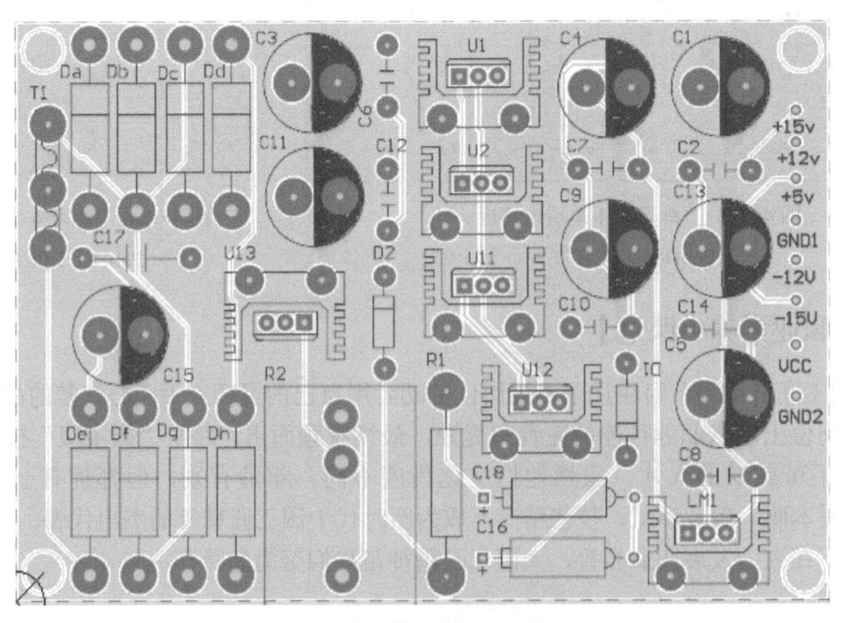

图 5-1　稳压电源双层电路板图

表 5-1　自制封装信息表

自制封装名称	自制封装图形	自制封装名称	自制封装图形
0.1UF	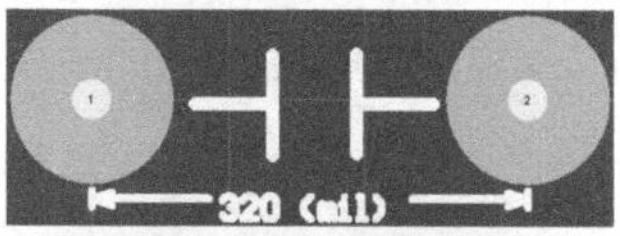	T	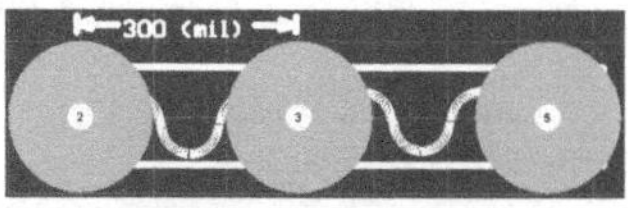
0.33UF	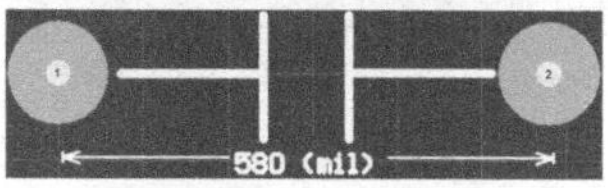	R	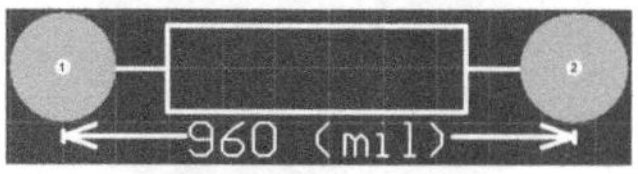
10UF	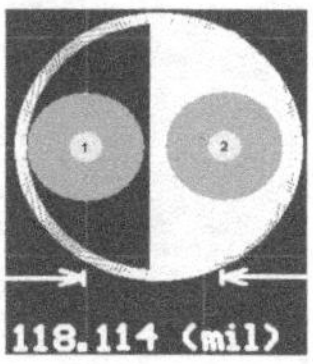	1000UF	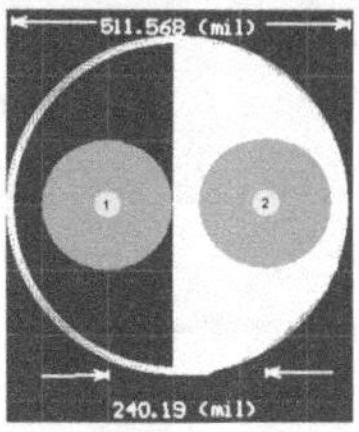
123	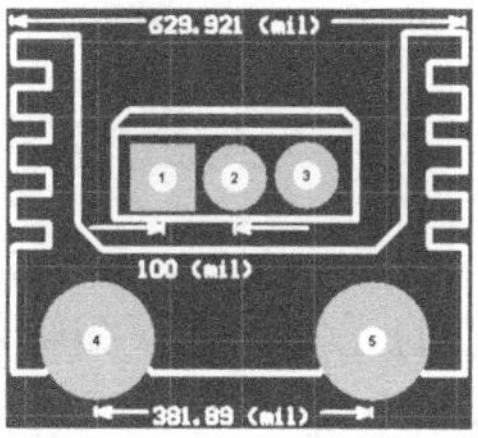	HR	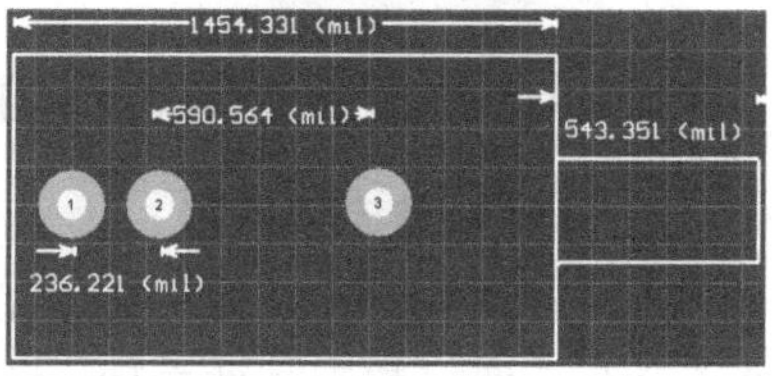

【学习目标】

- 能正确新建 PCB 元件封装库文件；
- 能正确绘制和应用自制封装；
- 能根据印制电路板布局的常用原则，对元件封装进行正确、合理的布局；
- 能根据要求正确设置布线规则；
- 能正确地将自动布线和手工布线结合在一起对印制电路板进行布线；
- 能正确生成和打印原理图和印制电路板的常用报表文件。

【相关知识】

5.1　设计并制作自制封装

在 PCB 项目文件中新建 PCB 元件库文件 “PcbLib1.PcbLib”。单击菜单“文件”，选择“新的”→“库”→“PCB 元件库”命令，或单击常用工具栏中的按钮，在弹出的保存文件对话框中输入文件名，单击 OK 按钮，都可新建一个 PCB 元件库文件。在“Projects”（项目）工作面板中的当前项目名称上右击，并在弹出的快捷菜单中选择“添加新的…到工程”→“PCB Library”（封装库），能够在当前项目新建一个 PCB 封装库文件，用户可以在此文件中新建、整理和编辑元件自制封装的外形、尺寸和焊盘大小。

5-1 新建自制封装文件库

此时，系统自动打开的元件封装库编辑窗口与电路板编辑器窗口相似，主要由元件封装库编辑管理器、工具栏、快捷工具栏、工作层标签和工作区等组成，如图 5-2 所示。

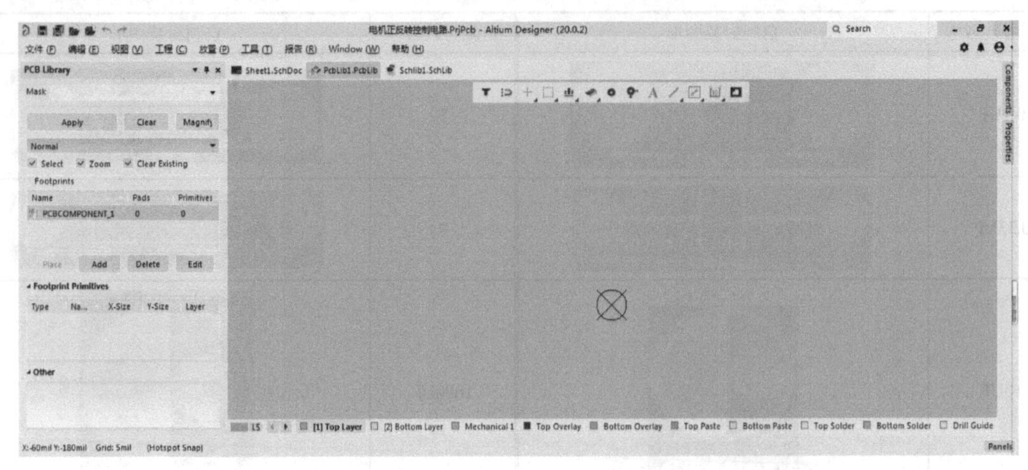

图 5-2 PCB 封装库编辑窗口

5.1.1 元件封装库编辑功能

1. 元件封装库编辑器

新建自制的元件封装时必须在 Altium Designer 20 中的元件封装库编辑器中进行，当用户新建了一个元件封装库文件之后，元件封装库编辑器会自动出现在当前窗口左侧的操作面板中。如果其没有出现，可以单击当前窗口右下角的按钮 Panels，从中选择 PCB Library（电路板封装库），即可调出元件封装库编辑器面板，如图 5-3 所示，主要选项功能如下。

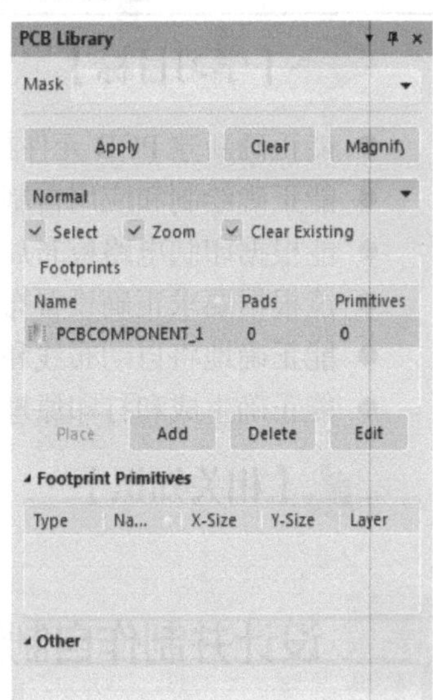

图 5-3 元件封装库编辑器面板

1）“Mask”（屏蔽）文本框：在此输入具体元件封装名称，在下方的元件列表框中会显示此封装名称。“Apply”按钮用于应用筛选内容；“Clear”按钮用于清除筛选内容；“Magnify”按钮用于放大显示。

2）“Footprint”（封装）列表框：在此下方显示当前元件封装库中所有符合屏蔽条件的元件封装。“Name”为封装元件名称、“Pads”为焊盘个数、“Primitives”为图元信息。单击元件列表内的元件封装名，会弹出如图 5-4 所示的“PCB 库封装[mil]”对话框。

- 名称。修改元件封装的名称。
- 高度。修改元件封装的高度，其高度用于 PCB 3D 仿真。
- 描述。元件封装的描述。
- 类型。元件封装的类型。

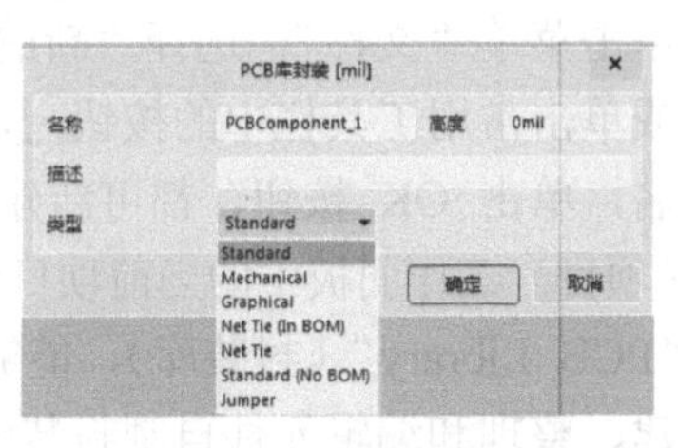

图 5-4 “PCB 库封装[mil]”对话框

3）“Footprint Primitives”（封装图元信息）列表框：列出在元件封装列表框中选中的元件封装的图元信息。

4）“Others”（其他）预览区：显示在元件封装列表框中选

中的元件封装的外形。

2. “工具”菜单

元件封装库文件中新增的“工具”菜单，能够绘制自制元件封装及实现元件封装管理的相应操作。“工具”菜单如图 5-5 所示。

（1）“IPC Compliant Footprint Wizard”（IPC 兼容封装向导）

使用元件的真实尺寸作为输入参数，建立基于行业标准的新的元件封装向导。执行该菜单命令后会弹出如图 5-6 所示的对话框，主要操作过程如下。

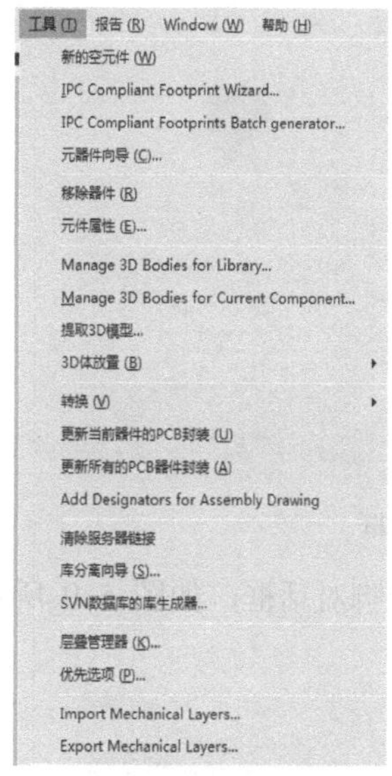

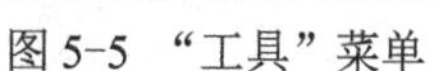
图 5-5　“工具”菜单

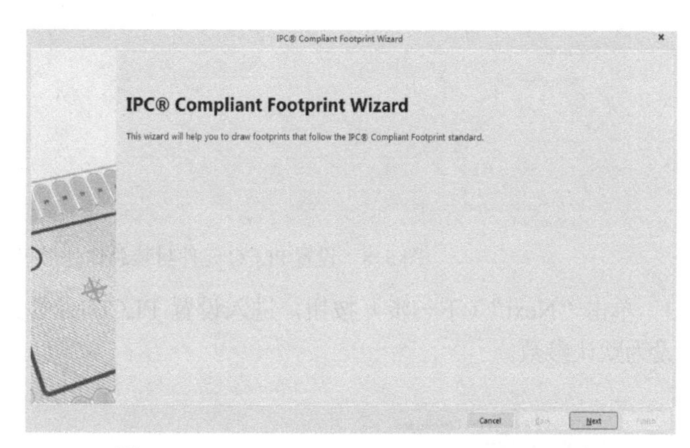

图 5-6　“IPC Compliant Footprint Wizard”对话框

1）单击“Next”（下一步）按钮，进入元件封装类型选择界面。在“Component Types”（元件类型）下拉列表中列出了各种封装类型，现以 PLCC（塑封 J 引线芯片封装）为例来介绍“IPC Compliant Footprint Wizard”（IPC 兼容封装向导）的使用方法，如图 5-7 所示。

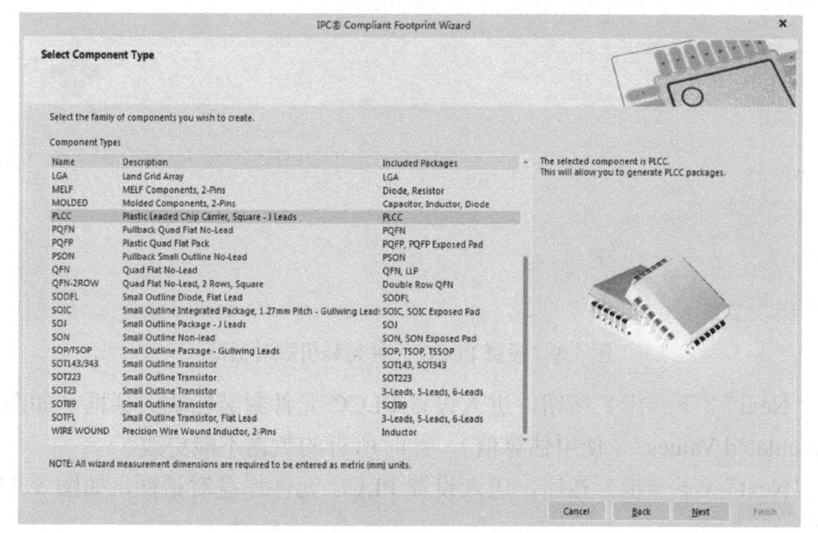

图 5-7　选择元件封装类型对话框

2）单击“Next”（下一步）按钮，进入设置 PLCC 元件封装总体外形尺寸对话框。根据元件封装的真实尺寸输入参数，如图 5-8 所示。

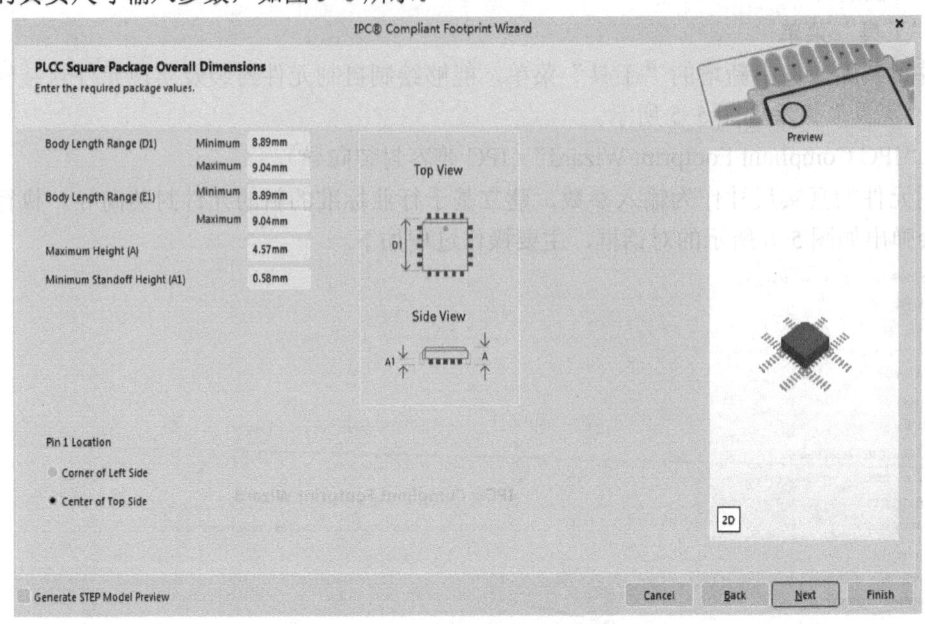

图 5-8　设置 PLCC 元件封装总体外形尺寸对话框

3）单击“Next”（下一步）按钮，进入设置 PLCC 元件封装引脚对话框，如图 5-9 所示，这里设为默认参数。

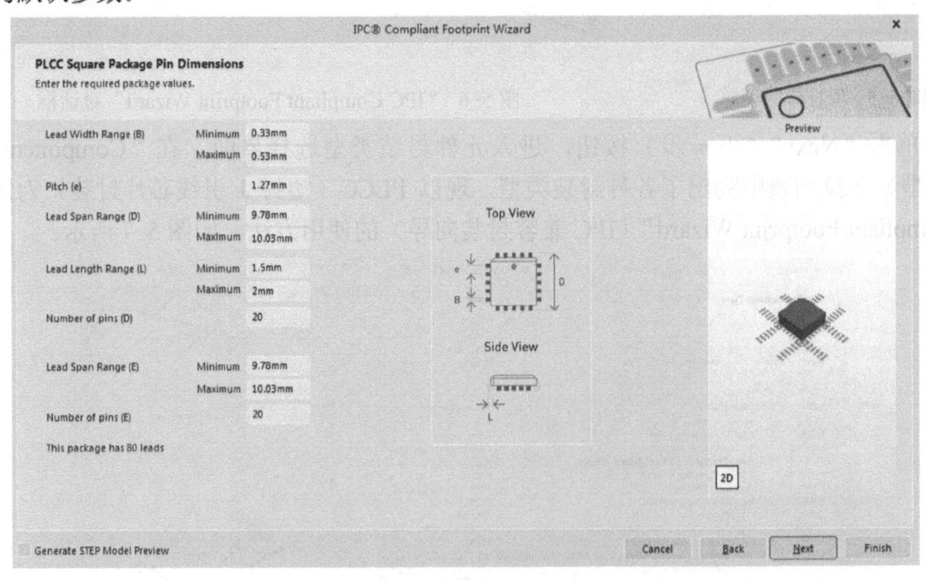

图 5-9　设置 PLCC 元件封装引脚对话框

4）单击“Next”（下一步）按钮，进入设置 PLCC 元件封装轮廓对话框，如图 5-10 所示，选中“Use Calculated Values”（使用估算值），此时所有的数据不能更改。

5）单击“Next”（下一步）按钮，进入设置 PLCC 元件焊盘对话框，如图 5-11 所示，这里设为默认参数。

6）单击“Next”（下一步）按钮，进入设置 PLCC 元件焊盘间距对话框，如图 5-12 所示，这里设为默认参数。

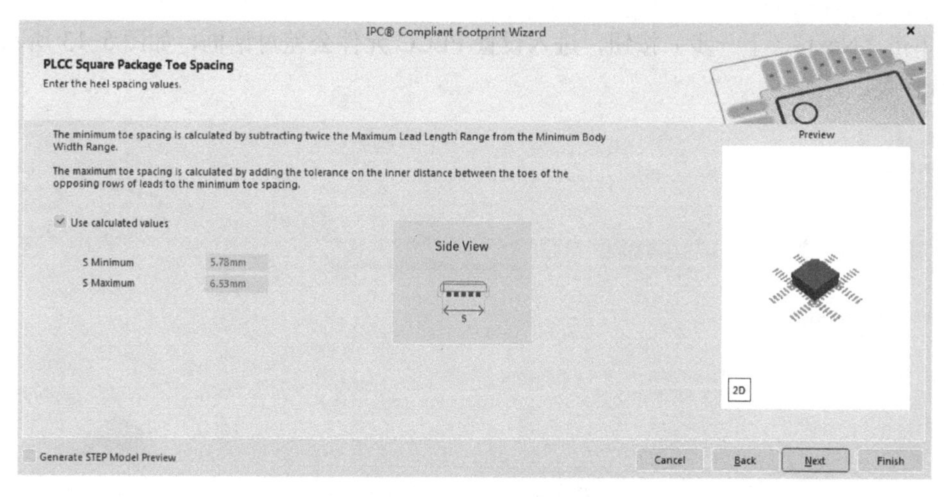

图 5-10　设置 PLCC 元件封装轮廓对话框

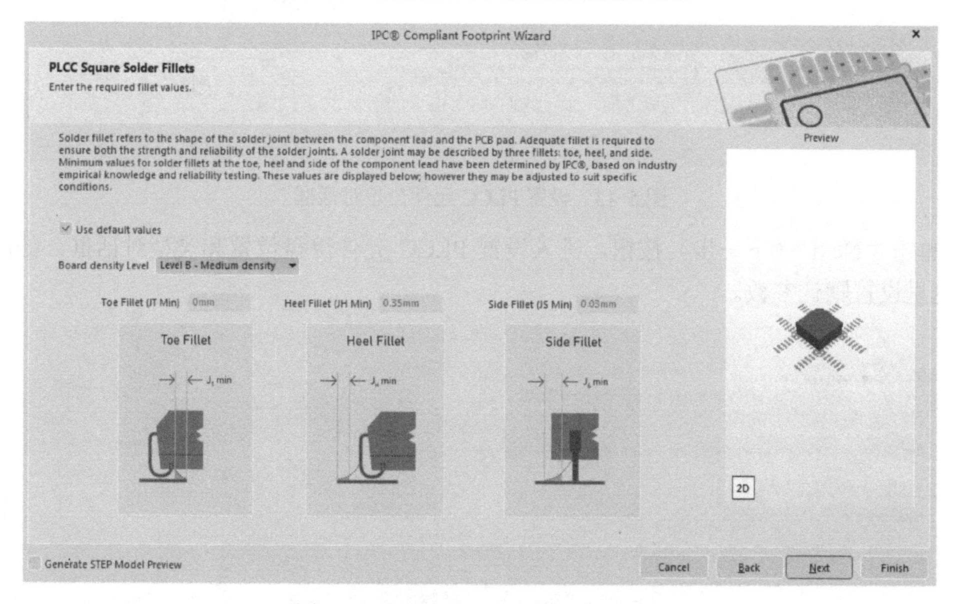

图 5-11　设置 PLCC 元件焊盘对话框

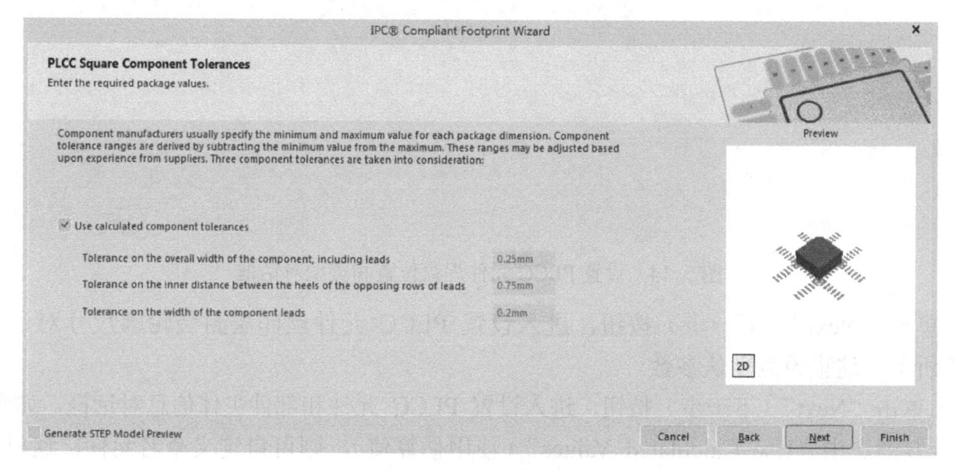

图 5-12　设置 PLCC 元件焊盘间距对话框

7）单击“Next”（下一步）按钮，进入设置 PLCC 元件公差对话框，如图 5-13 所示，这里设为默认参数。

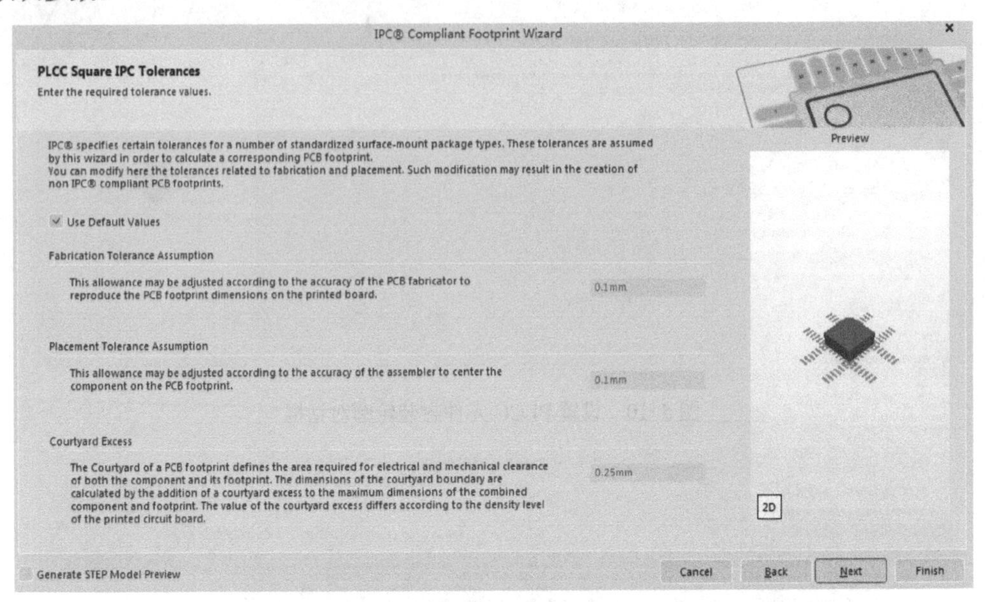

图 5-13　设置 PLCC 元件公差对话框

8）单击“Next”（下一步）按钮，进入设置 PLCC 元件焊盘位置和类型对话框，如图 5-14 所示，这里设置默认参数。

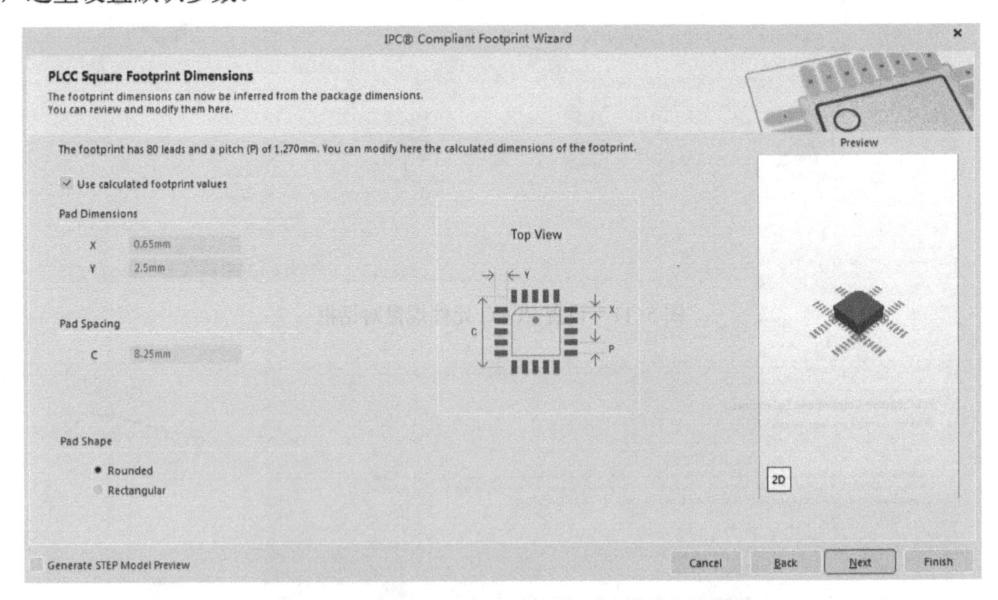

图 5-14　设置 PLCC 元件焊盘位置和类型对话框

9）单击“Next”（下一步）按钮，进入设置 PLCC 元件丝印层封装轮廓尺寸对话框，如图 5-15 所示，这里设为默认参数。

10）单击“Next”（下一步）按钮，进入设置 PLCC 元件和部件主体信息对话框，如图 5-16 所示，若取消选中“Use Calculated Values”（使用估算值），则可自定义命名元件，这里设为默认参数。

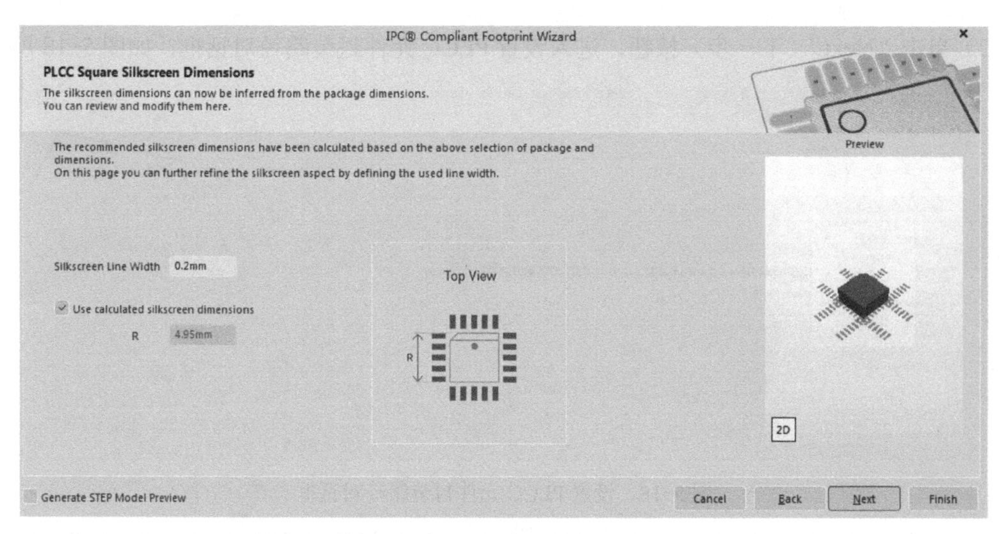

图5-15　设置PLCC元件丝印层封装轮廓尺寸对话框

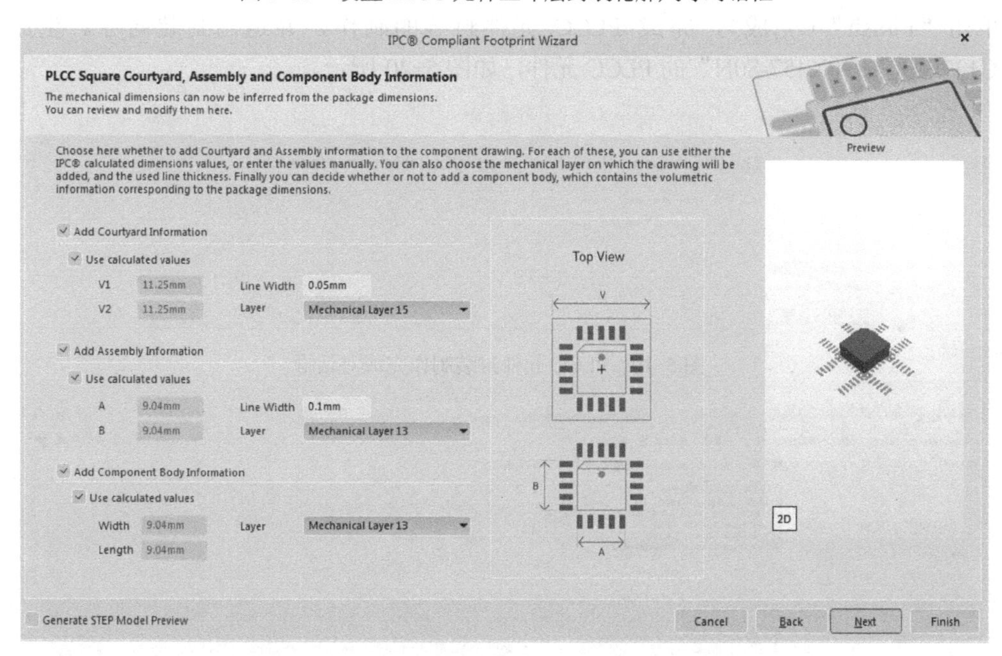

图5-16　设置PLCC元件和部件主体信息对话框

11）单击“Next”（下一步）按钮，进入设置PLCC元件封装命名对话框，如图5-17所示，系统默认元件名为“PLCC127P990X990X457-80N”。

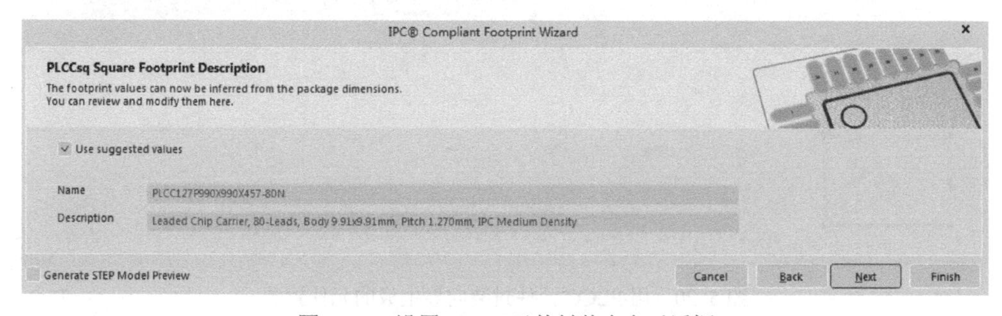

图5-17　设置PLCC元件封装命名对话框

12）单击“Next”（下一步）按钮，进入设置 PLCC 元件封装路径对话框，如图 5-18 所示。

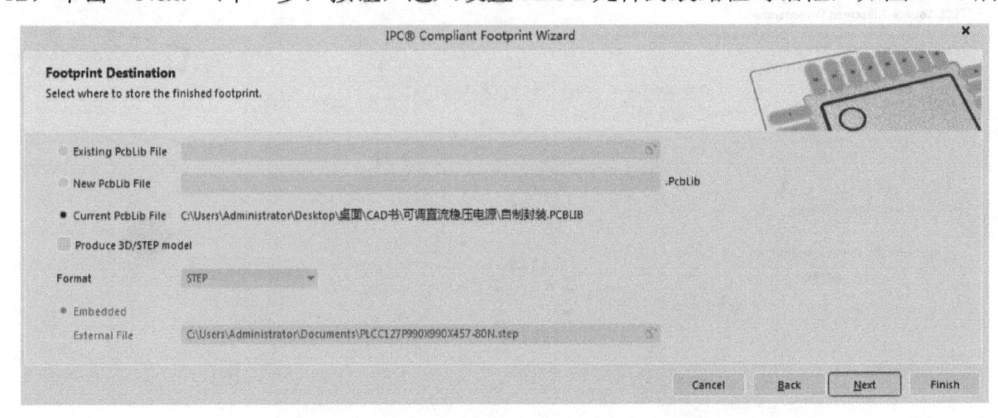

图 5-18　设置 PLCC 元件封装路径对话框

13）单击“Next”（下一步）按钮，进入 PLCC 元件封装制作完成对话框，如图 5-19 所示。单击“Finish”（完成），完成 PLCC 元件封装的制作，并退出封装向导。生成名为“PLCC127P990X990X457-80N”的 PLCC 元件，如图 5-20 所示。

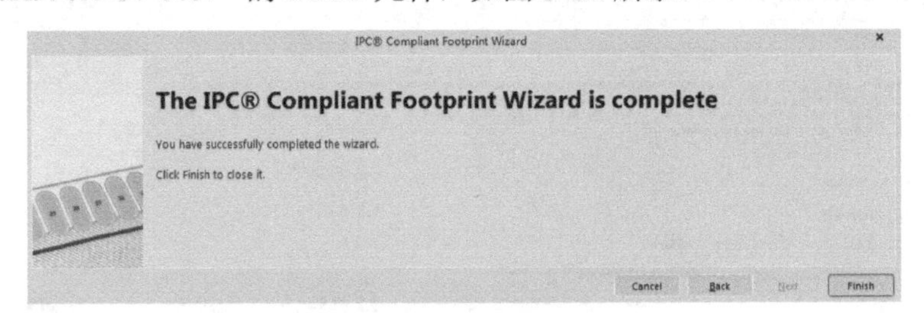

图 5-19　PLCC 元件封装制作完成对话框

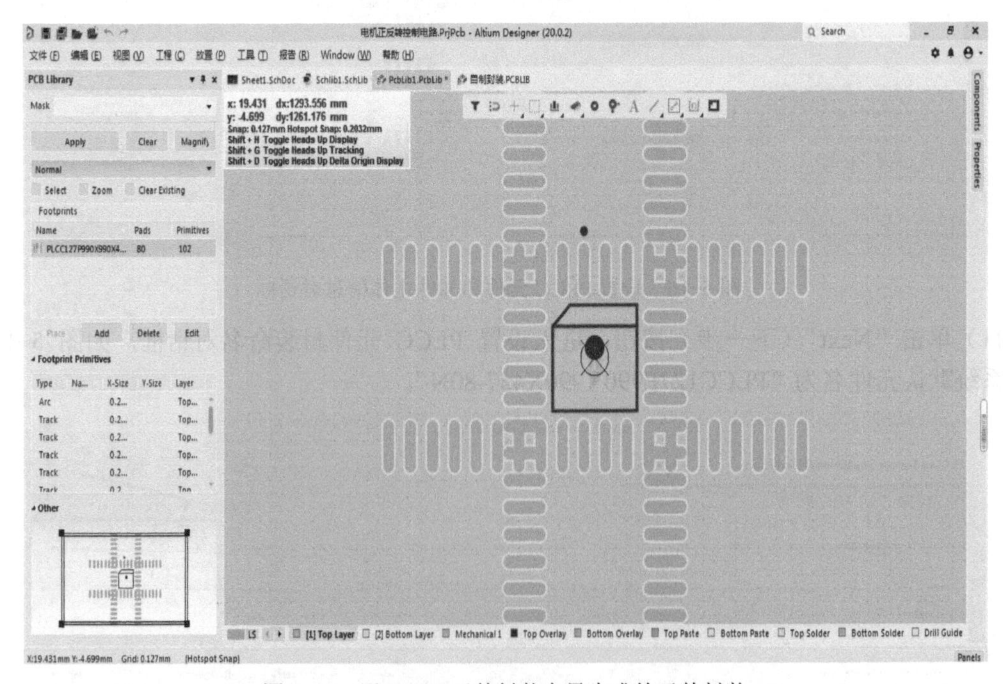

图 5-20　用 PLCC 元件封装向导生成的元件封装

（2）新的元件封装向导

在元件封装库文件中单击菜单“工具”→“元器件向导”，建立新的元件封装创建向导。用户可通过一系列元件封装向导对话框的参数设置，自动创建一个元件的封装。这里以创建一个二极管为例，来说明如何使用元件向导。元件封装向导对话框如图 5-21 所示，元件封装向导的主要操作过程如下。

1）单击“Next”（下一步）按钮，进入设置元件封装模式对话框，如图 5-22 所示。在下拉列表中列出了 12 种元件封装模式，包括“Ball Grid Arrays（BGA）”（球栅阵列封装）、“Capacitors”（电容封装）、“Diodes”（二极管封装）、“Dual in-line Package”（DIP 双列直插封装）、“Edge Connectors”（边连接样式）、“Leadless Chip Carriers（LCC）”（无引线芯片载体封装）、“Pin Grid Arrays（PGA）”（引脚网格阵列封装）、“Quad Packs（QUAD）”（四边引出扁平封装 PQFP）、“Small Outline Packages”（小尺寸封装 SOP）、“Resistors”（电阻样式封装）等。选择“Diode”（二极管）封装模式。在“选择单位”下拉列表中选择“Imperial（mil）”（英制）单位或“Metric（mm）”（公制）单位。默认参数为英制单位。

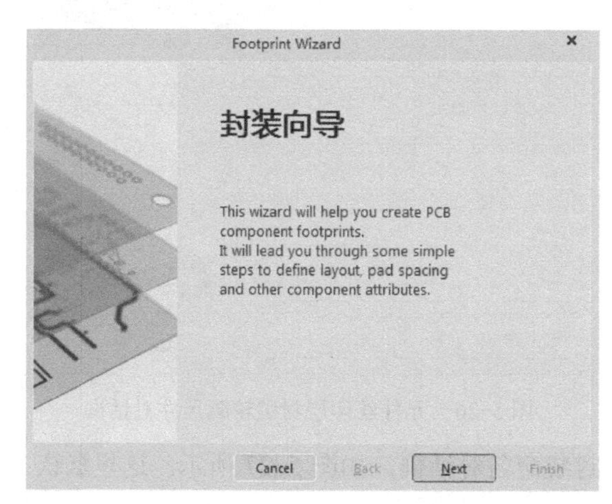

图 5-21　元件封装向导对话框

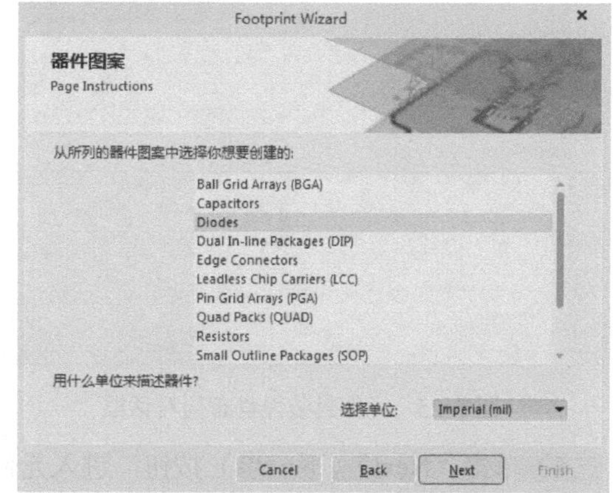

图 5-22　元件封装模式对话框

2）单击“Next”（下一步）按钮，进入元件封装器件类型对话框，如图 5-23 所示。在下拉列表中可以选择“Surface Mount”（表面贴装）和“Through Hole”（通孔）。这里为默认参数“Through Hole”（通孔）。

3）单击“Next”（下一步）按钮，进入元件封装焊盘尺寸对话框，如图 5-24 所示。在此可以设定焊盘的内径尺寸和外径尺寸。这里默认焊盘的内径尺寸为 28mil，外径尺寸为 50mil。

4）单击“Next”（下一步）按钮，进入元件封装焊盘布局对话框，如图 5-25 所示。在此设定两焊盘之间的相对位置。默认两焊盘的相对位置为“500mil”。

5）单击“Next”（下一步）按钮，进入元件丝印层封装轮廓尺寸对话框，如图 5-26 所示。在此设定丝印层封装外框的高度，默认焊盘中心点距元件外框高度为 100mil。可以设定丝印层封装外框线的宽度，默认丝印层封装外框线的宽度为“10mil”。

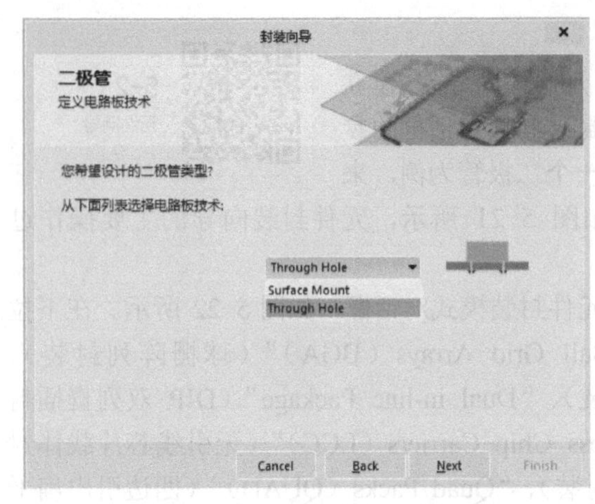

图 5-23 元件封装器件类型对话框

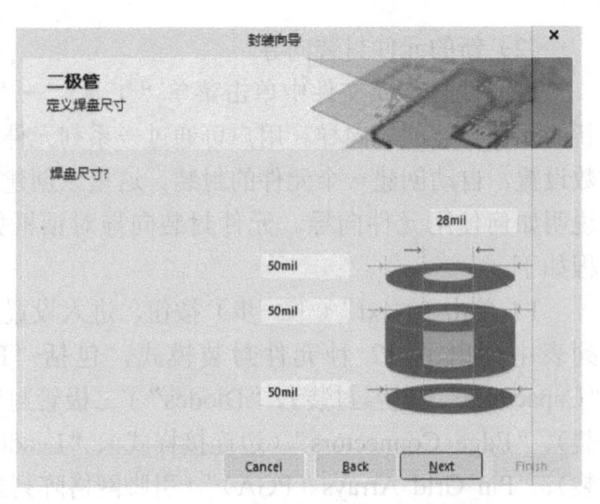

图 5-24 元件封装焊盘尺寸对话框

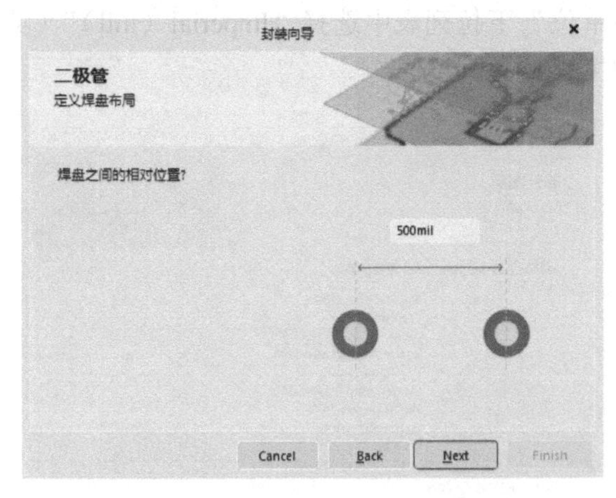

图 5-25 元件封装焊盘布局对话框

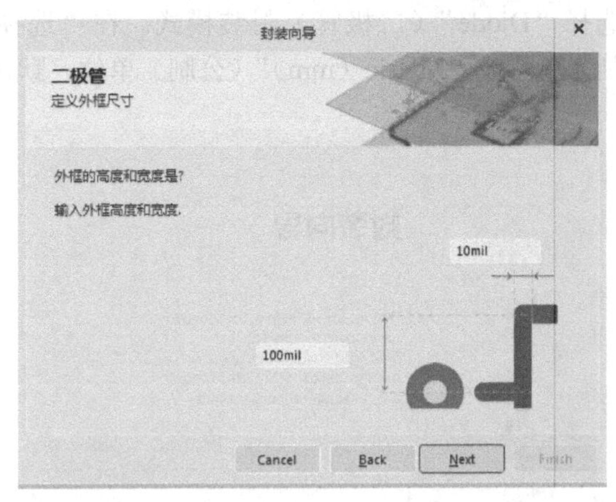

图 5-26 元件丝印层封装轮廓尺寸对话框

6）单击“Next”（下一步）按钮，进入元件封装命名对话框，如图 5-27 所示。这里默认二极管名称为“二极管”。

7）单击“Next”（下一步）按钮，进入元件封装制作完成对话框，如图 5-28 所示。单击“Finish”（完成），完成二极管元件封装制作，并退出封装向导。生成名称为“二极管”的元件封装，如图 5-29 所示。

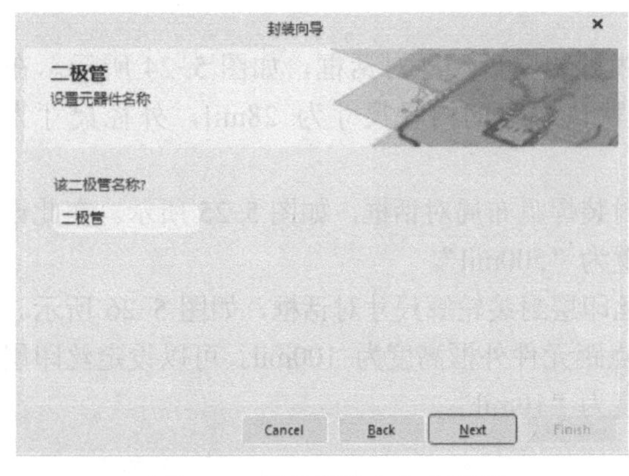

图 5-27 元件封装命名对话框

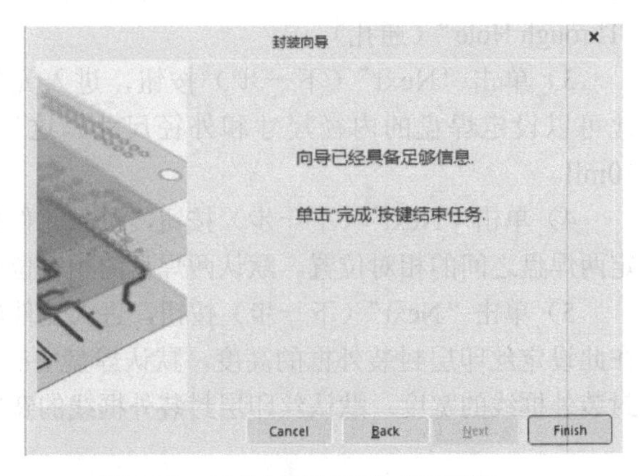

图 5-28 元件封装制作完成对话框

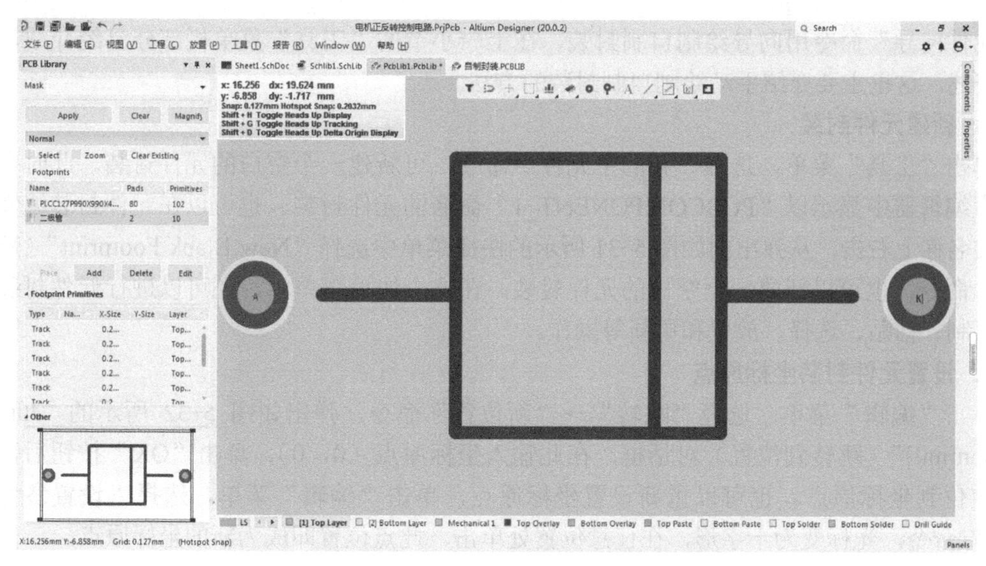

图 5-29　用元件封装向导制作完成的元件封装

3. 快捷工具栏

打开 PCB 元件库，系统自动弹出如图 5-30 所示的快捷工具栏。此工具栏提供了绘制元件封装外形的实用工具和焊盘、坐标相关的功能按钮。此工具栏中按钮功能也可以用菜单“放置”中的子菜单来实现，图标功能与菜单项功能的对应关系如表 5-2 所示。

图 5-30　元件封装库快捷工具栏

表 5-2　元件封装库快捷工具栏与相应的菜单中的命令

按钮图标	功　能	对应的菜单中的命令
	选择过滤器	
	Objects of snapping（捕捉对象）	
	移动对象	编辑→移动
	选择下一个重叠对象	编辑→选中→区域内部
	排列元件	编辑→对齐→对齐
	Place 3D body（放置 3D 实体）	放置→3D Body
	放置焊盘	放置→焊盘
	放置过孔	放置→过孔
	放置字符串	放置→字符串
	放置线条	放置→线条
	放置禁止布线线经	放置→禁止布线→线径
	放置线性尺寸	放置→Dimension（维）→线性尺寸
	放置挖空区域	放置→多边形铺铜挖空

5.1.2　绘制自制封装

在当前项目文件中新建一个元件封装库文件，然后在自动显示出的元件封装库文件窗口中绘制元件封装。选择菜单“工具”中的“IPC Compliant Footprint Wizard”（IPC 兼容封装向导）

和“元件向导”命令用向导绘制自制封装，在上一小节的“工具”菜单栏部分已经介绍，我们不再赘述。这里主要介绍手动绘制自制封装的方法。

1．新建元件封装

单击“工具”菜单，选择“新的空元件”命令，可新建一个空白的元件封装。此时在元件封装库编辑器中显示以“PCBCOMPONENT_1”命名的元件封装。也可以在元件封装编辑器中的封装名称上右击，从弹出的如图 5-31 所示的快捷菜单中选择“New Blank Footprint”（新的空封装）命令，也可以新建一个空白的元件封装。在这个快捷菜单中，还可以进行元件封装的清除、复制、粘贴、选择、放置和更新等操作。

2．设置元件封装坐标原点

单击“编辑”菜单，选择“跳转”→“新位置”命令，弹出如图 5-32 所示的“Jump To Location[mil]”（跳转到位置）对话框。在此输入坐标原点（0，0），单击“OK”按钮后，光标自动定位到坐标原点。也可以重新设置坐标原点，单击“编辑”菜单，选择“设置参考”→“位置”命令，光标变为十字形，在任意位置处单击，此点位置即成为新的坐标原点。

3．绘制元件封装

首先放置元件封装焊盘。单击“Multi-layer”（多层）工作层标签，单击“放置”菜单，选择“焊盘”命令，光标变为十字形且有一个焊盘随光标一同移动。在指定位置处单击，即可放置一个焊盘，右击空白处可结束放置。用同样的方法，放置当前元件封装中其余的焊盘。其次，根据元件引脚实际尺寸来调整各个焊盘间距和焊盘形状与大小。双击放置好的焊盘，弹出如图 5-33 所示的“焊盘属性”对话框，在此设置焊盘属性。最后绘制元件封装外形。单击“Top Overlayer”（顶层丝印层）工作层标签，单击快捷工具栏中按钮，在丝印层上绘制当前元件封装的外形。

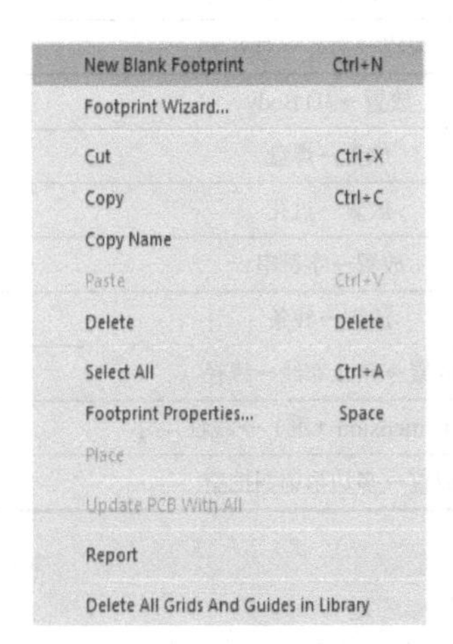

图 5-31 元件封装编辑器快捷菜单

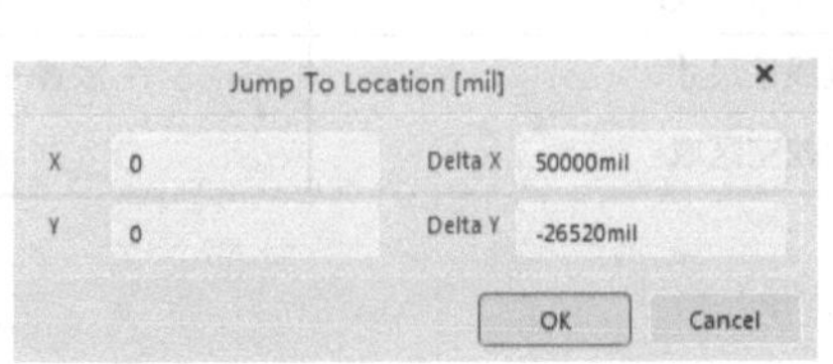

图 5-32 “Jump To Location[mil]”对话框

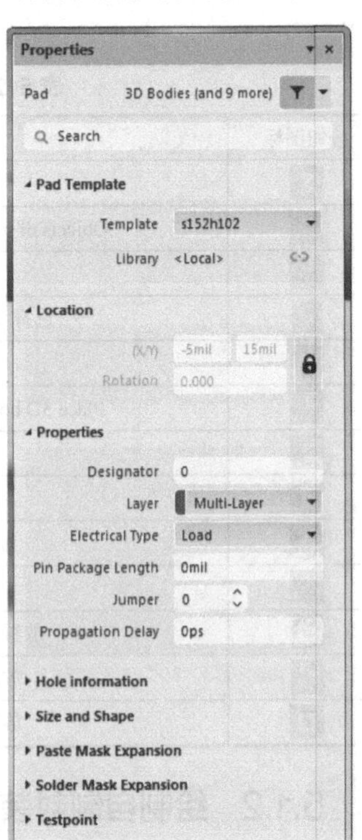

图 5-33 “焊盘属性”对话框

注意：1）元件封装的焊盘序号一定要设置准确且不能有重复现象，元件封装中的焊盘序号与其对应的原理图中元件引脚序号必须一一对应的，否则无法添加到原理图元件的封装模型中。

2）放置焊盘时要注意各个焊盘的水平与垂直间距，一定要与实际元件引脚尺寸一致。绘制元件封装外形时，也要与实际元件外形尺寸一致，否则浪费电路板空间或元件无法安装。

4. 设置元件封装的参考点

单击“编辑”菜单，选择“设置参考”命令，其下拉子菜单中有“1 脚”“中心”和“位置”3 个命令。这三条命令的功能分别是：设置引脚 1 为当前元件封装的参考点；设置当前元件封装的几何中心为参考点；选择一个具体位置作为当前元件封装的参考点。在电路板中移动元件封装时，将以它的参考点为中心点进行移动。

5. 保存元件封装库文件

单击“编辑”菜单，选择“保存”命令，保存此元件封装库文件。

5.1.3　设置自制封装属性

绘制好元件封装后，需要对已绘制好的元件封装进行属性设置，设置的方法有以下 3 种。

1）在元件封装库编辑器中双击此元件名称，弹出如图 5-34 所示的对话框，在“名称”文本框中设置新的封装名称，在“高度”文本框中设置封装高度，在“描述”文本框中设置元件封装的描述信息，在“类型”文本框中设置元件封装的类型，默认选择“Standard”（标准）。单击“确定”按钮结束当前操作。

2）在元件封装库编辑器中选中需要设置自制封装属性的元件名称，单击按钮 Edit，弹出如图 5-34 所示的对话框，在其中设置自制封装属性。

3）在已绘制好的元件封装界面中，单击“工具”菜单，选择“元件属性”命令，弹出如图 5-34 的对话框设置自制封装属性。也可利用快捷键〈T〉或〈E〉，弹出如图 5-34 的对话框，设置自制封装属性。

图 5-34　“PCB 元件封装[mil]”对话框

5.1.4　应用自制封装

在当前元件封装库文件中可以新建多个自制封装，当所有元件封装绘制完成后，单击“文件”菜单，选择“保存”命令，在弹出的对话框中输入原理图元件库文件名称和路径即可。此时，在“PCB Library Document”子目录下会显示 PCB 自制元件库文件的名称。

单击窗口左侧的“PCB Library”面板，单击面板左下角的按钮 Place，可以调用已经编辑好的元件封装到已存在的 PCB 中。或在 PCB 编辑工作区中，单击工作区右侧的“Components”（元件）面板，在元件库选项框中选择当前项目中的原理图元件库文件“XXX.PCBLIB”，再从其下拉列表中选取相应的自制封装元件。

5.1.5　生成项目元件库

项目元件封装库是将当前项目中用到的所有元件封装集合在一个元件封装库文件中，用户在进行当前项目设计时，只要导入此项目元件封装库而不用导入其他元件库。这样方便了项目设计，也方便了设计文件的保存与交换。具体操作方法是：打开当前项目中的电路板文件，单击“设计”菜单，选择“生成 PCB 库”命令，生成的元件封装库以当前项目名来命名，且扩展名为“PcbDoc”，如图 5-35 所示。

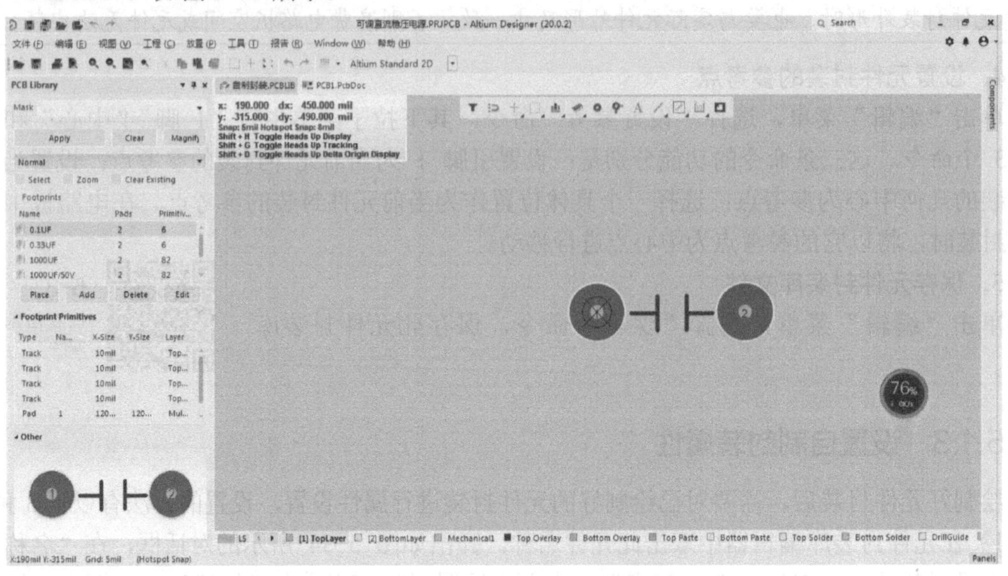

图 5-35　当前项目的元件封装库

5.2 新建双层电路板文件

大多数设计和制造的 PCB 是单面的，即所有元件都在一侧，只需要在一侧进行组装。设计双面电路板的最大好处是将占用空间最小化。如果用户的项目有严格的空间要求，将某些元件移至第二层可能会减少最终产品所占的空间。除此之外，由于增加了铜层，因此增加了散热。双面 PCB 包括顶层（Top Layer）和底层（Bottom Layer）两层，两面铺铜，中间为绝缘层，两面均可以布线，一般需要由过孔或焊盘连通。双面 PCB 可用于比较复杂的电路。

单击菜单“文件”，选择“新的”→“PCB”命令，建立以“Pcb1.PcbDoc”命名的 PCB 文件，单击按钮，可将当前 PCB 文件保存到当前项目中。

单击菜单“设计”，选择“层叠管理器”命令，在弹出的“Pcb1.PcbDoc [stackup]”层叠文件中设置当前印制电路板层数设置，系统默认为双层板，包括 6 个板层，如图 5-36 所示。

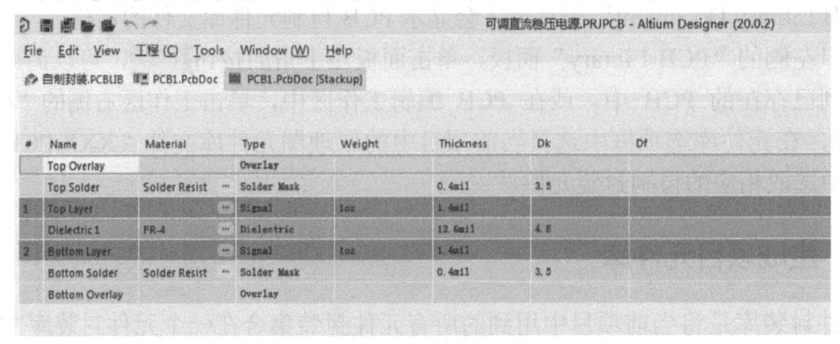

#	Name	Material	Type	Weight	Thickness	Dk	Df
	Top Overlay		Overlay				
	Top Solder	Solder Resist	Solder Mask		0.4mil	3.5	
1	Top Layer		Signal	1oz	1.4mil		
	Dielectric 1	FR-4	Dielectric		12.6mil	4.8	
2	Bottom Layer		Signal	1oz	1.4mil		
	Bottom Solder	Solder Resist	Solder Mask		0.4mil	3.5	
	Bottom Overlay		Overlay				

图 5-36　设置双层电路板层

5.3 编辑双层电路板文件

编辑双层电路文件的操作过程，与 4.3 节编辑单层电路板文件中介绍的操作方法相似。

5.3.1 规划电路板外形

规划印制电路板的基本外形主要是给制板商提供加工电路板形状的依据。也可以在设计时直接修改板形，即在工作窗口中可直接看到设计的电路板的外观形状，然后对板形进行修改，主要要操作过程如下。

1）确定原点：单击“编辑”菜单，选择“原点”→“设置”命令，确定当前电路板左下角任意一点为当前电路板文件的原点。

2）规划外形：单击“设计”菜单，选择“板子形状”→“定义板切割”命令，光标变为十字形，在当前电路板文件工作区中绘制出满足需求的 PCB 形状，保存当前电路板文件。双击绘制好的电路板，在当前窗口右侧弹出的“属性”面板的“Region”（尺寸）选项中（如图 5-37 所示）对外形尺寸进行规划。单击“设计”菜单，选择“板子形状”→“根据板子外形生成线条”命令，软件会根据所选板子外形生成相应的边界线条。规划印制电路板外形前，需要先选中一个封闭的边界，可以单击“Keep-Out Layer”（禁止布线层）标签，单击“放置”菜单，选择“走线”命令，此时光标变为十字形，在当前电路板中绘制出矩形的电气边界。

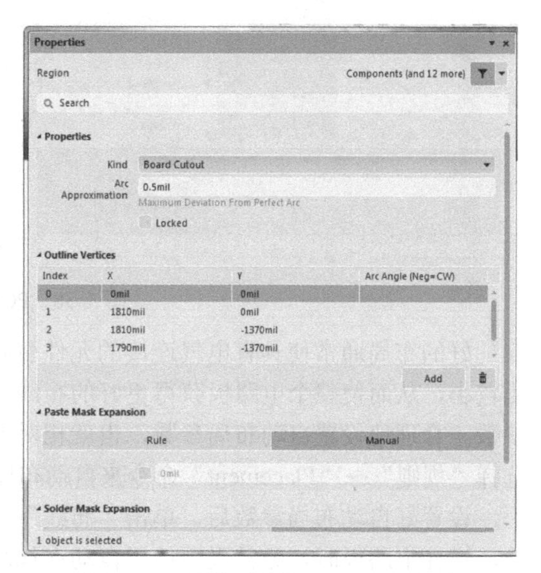

图 5-37　属性面板的“Region”选项

5.3.2 双层电路板布局和布线

常用的电路板有单面板、双面板和多层板 3 种类型。双面板是电路板中很重要的一种类型，当单面板的线路不够用从而转到反面的，相当于是单面板的延伸。除此之外，双面板还有一个重要的特征就是有过孔（导通孔），即铜箔层彼此之间不能互通，每层铜箔之间都铺上了一层绝缘层，所以他们之间需要靠过孔（导通孔）来进行信号连接。因为双面板的面积比单面板大了一倍，而且因为布线可以互相交错（可以绕到另一面），它更适合用在比单面板更复杂的电路中。

元件的布局是指将网络表中的所有元件放置到 PCB 中，是 PCB 设计的关键一步。电路布局的整体要求是整齐、美观、堆成、元件密度均匀，这样才能使电路板的利用率最高，并且降低电路板的制作成本；同时还要考虑电路的机械结构、散热、电磁干扰以及继续的布线方便性等。在 4.3.5 PCB 布局原则及自动布局中，元件布局的功能已经详细介绍了，这里主要介绍双层电路板的布局和布线方法。Altium Designer 20 软件提供了强大的 PCB 自动布局的功能，包括按照 Room 排列、在矩形区域排列、排列板子外的元件等自动布局功能，如图 5-38 所示。

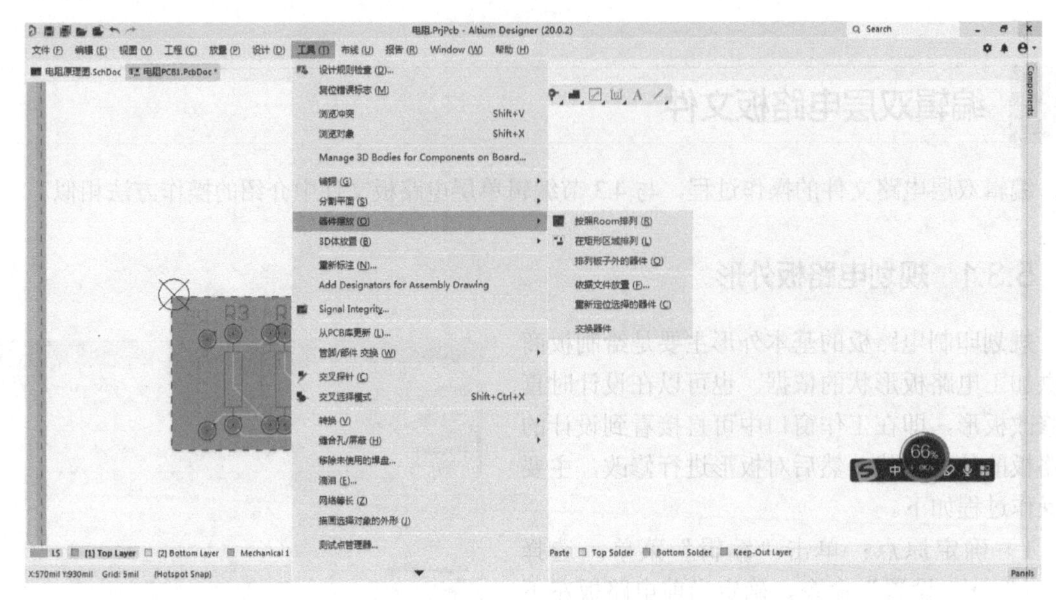

图 5-38 PCB 自动布局的功能

好的布局通常使具有电气连接的元件引脚比较靠近，这样可以使走线距离短，占用的空间比较小，从而使整个电路板获得更好的布线效果。在自动布局前，首先要设置自动布局的约束参数。合理地设置自动布局参数，也就相对的减少了手动布局的工作量。单击“设计”菜单，选择“规则”→“Placement”命令来自动布局。

设置好自动布局参数后，单击“布线”菜单，选择“自动布线”命令即可完成自动布线功能。设计电路板时，经常采用使用自动布线功能。对于纯数字的电路板，尤其是信号电平比较低、电路密度比较小时，采用自动布线是没有问题的。但是，在设计模拟、混合信号或高速电路板时，如果采用 Altium Designer 20 的自动布线命令，可能会出现一些问题，甚至很可能带来严重的电路性能问题。因此对于元件少于 20 个的，可以选择自动布局和布线功能。如果元件较多或一些模拟、混合信号或高速电路时多数采用手动布局布线。

5.3.3 手动布局和布线

手动布局的方式其实就是将各个元件依次选中并移动到 PCB 上。对于双层 PCB 布局的时候，遵照“先大后小，先难后易”的布局原则，即重要的单元电路、核心元件应当优先布局，布局中应以电路原理图为准，根据电路的主信号流向规律安排主要元件。可以按照模块来进行移动，例如电路原理图中的电源模块、驱动模块、检测模块等，可以根据模块的功能完成放置。用户在放置的过程中，可以通过元件封装库编辑器进行元件的修改。

在 PCB 编辑器最上面的下拉框中选择“Components”（元件），可显示每个元件的具体信息，双击元件会弹出此元件的属性对话框。可以重新对元件所在层进行设置，在设置的过程中如果发现属性对话框无法选中、移动或缩小，这是因为 Altium Designer 20 软件对屏幕分辨率有比较高的要求，如果用户计算机的分辨率不支持，则会出现这个问题。如果出现这样的问题，可以利用〈Enter〉键（〈回车〉键）替代“确认”，利用〈Esc〉键替代“取消”完成操作。

手动布线也遵循自动布线时的设置规则。单击“布线”菜单，选择“交互式布线”命令，此时光标变为十字形。移动光标到元件的一个焊盘上，单击放置布线的起点。手动布线模式有任意角度、90° 拐角、90° 弧形拐角、45° 拐角和 45° 弧形拐角 5 种。按快捷键<Shift+Space>即可在 5 种模式间切换，按〈Space〉键可以在每一种模式的开始和结束两种方式间切换。多次单击可确定多个不同的控制点，完成两个焊盘之间的布线。

有时手动布局不够精细，不能整齐地摆放好元件，还可以通过菜单中的命令完成。单击“编辑”菜单，选择“对齐”→“定位器件文本”命令，来调整水平和垂直两个方向上的间距调整。元件间距调整时，可单击“编辑”菜单，选择“对齐”→“水平分布”命令或单击菜单“编辑”菜单，选择“对齐”→“垂直分布”命令，进行水平和垂直两个方向上的间距调整。在使用“水平分布”或“垂直分布”命令前，需要选中要水平（或垂直）分布的元件，然后会以最左侧和最右侧（或最上侧和最下侧）的元件为基准，中间的所有元件均匀分布。

5.4 设计规则检查

电路板布线完毕且文件输出前，还要进行一次完整的设计规则检查。系统会根据用户设计规则的设置，对 PCB 设计的各个方面进行检查和校验，例如导线宽度、安全距离、元件间距、过孔类型等，设计规则检查是 PCB 设计正确和完整性的重要保证。双层板因为所要布置的元件比较多，除了需要对安全距离、布线宽度、布线优先权等方面注意外，对于丝印层文字放置规则、引脚与丝印层的最小间距也需要注意。

有关布线规则设置方法在 4.3.8 节中已详细介绍，这里不再赘述。本项目中双层板的元件较多，在布局过程中元件布局较密集，要确保对元件描述的一些基本信息（包括幅值、标注等）全部展示在电路板上。在布局过程中，丝印层文字描述信息与元件引脚过近而引起电气冲突，而导致设计规则检查不通过。这时可以单击菜单“设计”→“规则”，在弹出的对话框中左侧，单击“Routing”标签中的“Silk To Silk Clearance”（丝印层及丝印层间隙）选项，在弹出的对话框中（如图 5-39 所示）设置丝印层文字到其他丝印层对象的间距，系统默认为“10mil”。

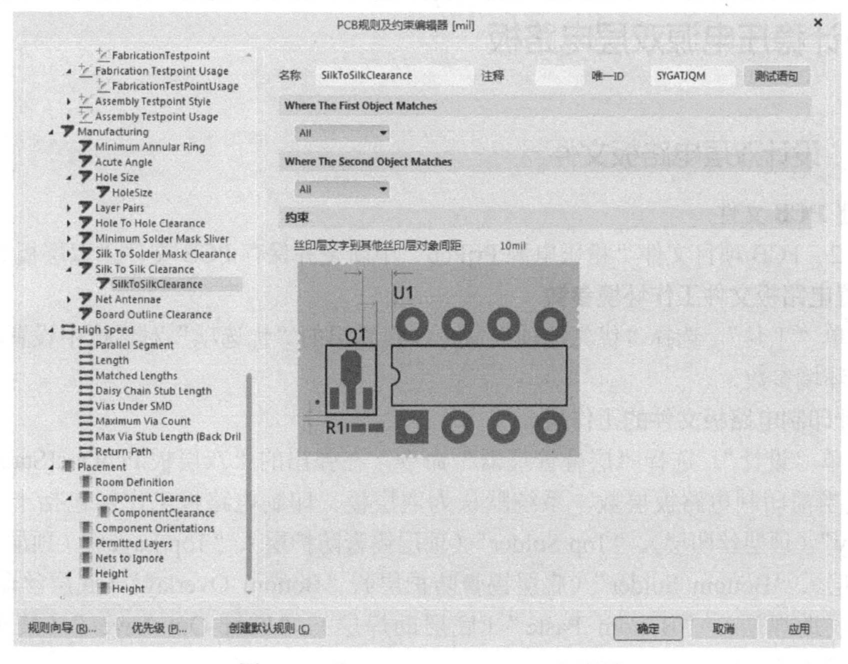

图 5-39 “Silk To Silk Clearance”选项

单击“设计”菜单，选择“规则”命令，单击“Routing”（布线）标签中的“Silk To Solder Mask Clearance”（丝印层及阻焊膜间隙）选项，如图 5-40 所示，设置丝印层文字到阻焊膜的最小间距，系统默认为“10mil”，可以根据实际情况修改。

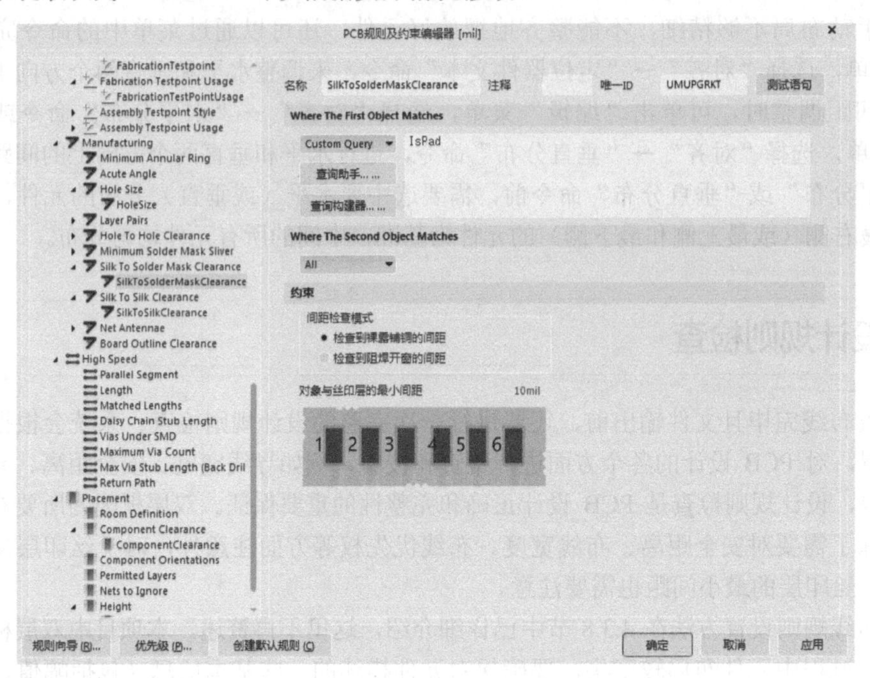

图 5-40 “Silk To Solder Mask Clearance”选项

【项目实施】

5.5 设计稳压电源双层电路板

5.5.1 设计双层电路板文件

1. 新建 PCB 文件

在项目 2 PCB 项目文件“稳压电源.PrjPcb”中新建并保存 PCB 文件“双层板.PcbDoc”。

2. 设置电路板文件工作环境参数

单击菜单“工具”，选择“优先选项”命令，在弹出的“优选项”对话框中设置当前印制电路板文件的环境参数。

3. 设计印制电路板文件的工作层

单击菜单“设计”，选择“层叠管理器”命令，在弹出的“双层板.PcbDoc[Stackup]”层叠文件中设置当前印制电路板层数。系统默认为双层板，印制电路板工作层包括十种，分别是“Top Overlay”（顶层丝印层）、“Top Solder”（顶层锡膏防护层）、“Top Layer”（顶层）、“Bottom Layer”（底层）、“Bottom Solder”（底层锡膏防护层）、“Bottom Overlay”（底层丝印层）、“Top Paste”（顶层助焊层）、“Bottom Paste”（底层助焊层）、“Keep-Out Layer”（禁止布线层）、“Multi-Layer”（多层）。

4．规划印制电路板的基本外形

规划印制电路板外形的主要操作过程如下。

1）确定原点：单击“编辑”菜单，选择“原点”→“设置”命令，确定当前印制电路板左下角任意一点为当前印制电路板文件的原点。

2）规划外形：单击“设计”菜单，选择“板子形状”→“定义板切割”命令，光标变为十字形，在当前电路板文件工作区中绘制出尺寸为 4300mil×3000mil 的矩形区域，保存当前双层电路板文件。

5．绘制电路板电气边界

单击“Keep-Out Layer”（禁止布线层）工作层标签，单击“放置”菜单，选择“Keep out”（禁止布线）→“线径”命令，此时光标变为十字形，在当前电路板工作区中绘制出矩形的电气边界。电气边界 4 个顶点的坐标值分别是（0mil，0mil）、（0mil，3000mil）、（4300mil，3000mil）、（4300mil，0mil）。

6．绘制安装孔

单击“放置”菜单，选择“Keep out”（禁止布线）→“圆弧（中心）”命令，光标变为粉色方块点，绘制电路板文件左下角的安装孔，其中心点坐标为（150mil，150mil），半径为“110mil”。选中左下角的安装孔，单击按钮，再单击按钮，分别以（150mil，2850mil）、（4150mil，2850mil）、（4150mil，150mil）这 3 个坐标值为中心点将该安装孔粘贴到指定位置，成为右下角、右上角和左上角的安装孔。

5.5.2　绘制自制封装

1．新建封装库文件“自制封装.PcbLib”并绘制元件封装

在“Projects”面板中当前项目文件上方右击，从弹出的快捷菜单中选择“添加新的…到工程”→“PCB Library”。此时，在当前项目文件中新建了一个电路板封装库文件“PcbLib1.PcbLib”。光标指向这个新建的文件，右击并从弹出的快捷菜单中选择“保存”，在弹出的保存文件对话框中输入“自制封装”，单击“OK”按钮完成封装库文件的新建。绘制元件封装过程如下。

（1）绘制元件封装 HR

绘制自制元件封装 HR 的操作过程如下。

1）新建一个元件封装：双击“自制封装.PcbLib”名称，在“元件封装库”面板中双击，系统自动新建元件封装名称，在弹出的“PCB 库封装”对话框中的“名称”中输入“HR”，单击“OK”按钮，即将当前元件封装名称改为 HR。

2）设置元件封装参考点：单击菜单“编辑”，选择“设置参考点”→“位置”命令，光标变为十字形，在工作区中任意点处单击，此点设置为当前元件封装的参考点。

3）放置 1 号焊盘：单击“Multilayer”（多层）工作层标签，单击菜单“放置”，选择“焊盘”命令，光标变为十字形且有焊盘随光标一同移动。在元件封装参考点处单击，即在此放置了一个焊盘。双击这个焊盘，在如图 5-41 所示的“属性”面板中的“Pad”（焊盘）选项中，设置当前焊盘的属性。此时仍处于放置焊盘状态，可以连续放置多个焊盘。

注意：每个元件封装中焊盘序号要与原理图中应用这个元件封装的元件符号的引脚编号一致，否则在之后的操作中会出现错误信息。

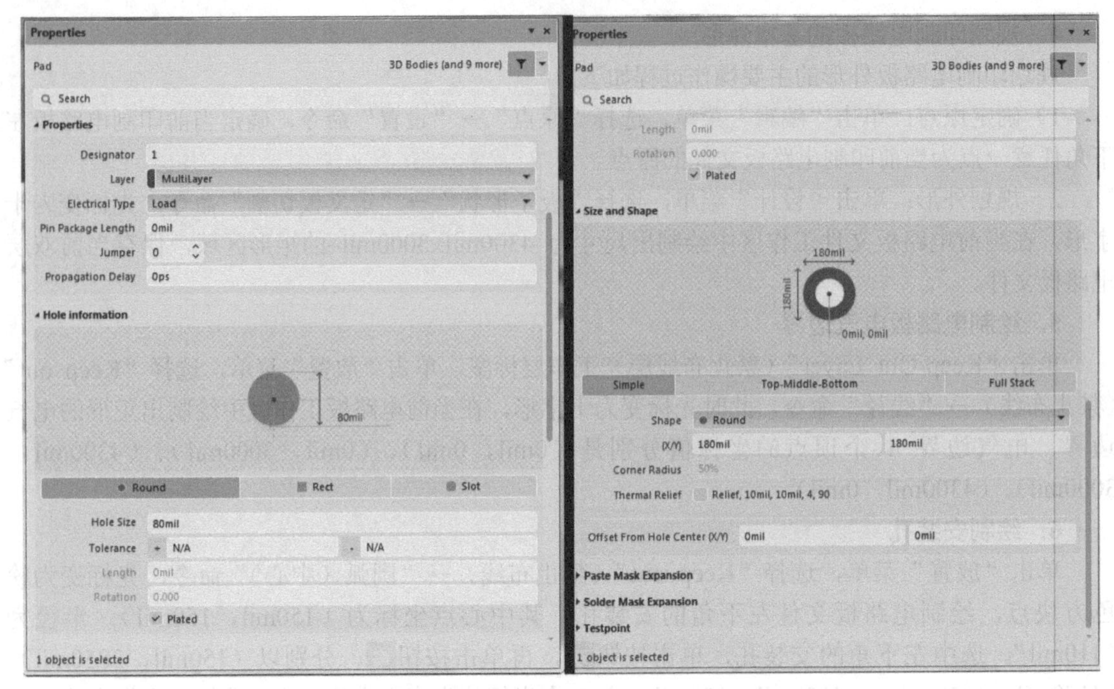

图 5-41　属性面板中 1 号焊盘“Pad”选项

4）放置 2 号和 3 号焊盘：用 3）步的操作方法，再连续放置两个焊盘，按照内径“80mil”，外径“180mil”进行设置。

5）根据表 5-1 中“HR”元件封装信息，调整焊盘的间距：选择菜单“报告”→“测量距离”，箭头式光标下方出现十字形，分别在 1 号和 2 号焊盘上单击，此时会出现一个间距标注。用户可以根据这个间距提示，随时修改两个焊盘的间距。

6）绘制元件封装外形：单击 Top Overlay 工作层标签，单击 PCB Lib 工具栏中的按钮，箭头式光标下方出现十字形。在（-155mil，-395mil）点处单击，确定元件封装外形左下角顶点；向右拖动光标，同时出现一条黄色的预拉线，在（1300mil，-395mil）点处单击确定右下角顶点；在（1300mil，39mil）点处单击确定右上角顶点；在（-155mil，390mil）点处单击确定左上角顶点；在空白处右击，结束当前矩形的绘制。再用该操作方法绘制一个以（1300mil，-150mil）、（1840mil，-150mil）、（1840mil，120 mil）、（1300mil，120mil）四个点为顶点的小矩形。

（2）绘制其余元件封装

光标指向 PCB Library 面板的“HR”元件封装名称处右击，从弹出的快捷菜单中选择命令“New Blank Footprint”。此时在其下方出现一个新的元件封装名称，将其改名为“0.1UF”。用第（1）步的操作方法，根据表 5-1 中其余元件封装图形来放置焊盘和绘制其外形。

（3）保存元件封装

单击常用工具栏中的图标，保存当前制作的元件封装库文件。

注意：*在绘制元件封装时，每个元件封装名称要与原理图中对应元件中添加的元件封装名称一致，否则在之后的操作中会出现错误信息。*

2. 编译当前项目文件

在电路原理图中，单击“Project”菜单，选择“Compile PCB Project 稳压电源.PrjPcb”命令，编译当前项目中的原理图文件“原理图.SCHDOC”和 PCB 元件封装库文件“稳压电源双层板.PcbDoc”。若没有弹出任何对话框，说明当前项目文件中没有错误。如果弹出“信息”对话框，用户可以按照提示信息来进行修改，直至无误后，再重新保存文件，重新编译当前项目文件。

5.5.3 编辑双层电路板文件

1. 将电路板文件导入工程变化订单

在“稳压电源双层板.PcbDoc” PCB 文件中。选择菜单“设计”→“Import Changes Form 可调直流稳压电源. PrjPcb”，弹出“工程变更指令”对话框，主要操作过程如下。

1）单击此对话框中的按钮 验证变更 使工程变化订单生效，当前对话框如图 5-42 所示。此时对话框中“检测”状态栏中有一个错误信息，是“元件 C12 的封装 0.001UF 没有找到”。

工程变更指令

启用	动作	受影响对象		受影响文档	检测	完成	消息
	Add Components(37)						
✓	Add	C1	To	稳压电源双层板.PcbDoc			
✓	Add	C2	To	稳压电源双层板.PcbDoc			
✓	Add	C3	To	稳压电源双层板.PcbDoc			
✓	Add	C4	To	稳压电源双层板.PcbDoc			
✓	Add	C5	To	稳压电源双层板.PcbDoc			
✓	Add	C6	To	稳压电源双层板.PcbDoc			
✓	Add	C7	To	稳压电源双层板.PcbDoc			
✓	Add	C8	To	稳压电源双层板.PcbDoc			
✓	Add	C9	To	稳压电源双层板.PcbDoc			
✓	Add	C10	To	稳压电源双层板.PcbDoc			
✓	Add	C11	To	稳压电源双层板.PcbDoc			
✓	Add	C12	To	稳压电源双层板.PcbDoc			Footprint Not Found 0.001UF
✓	Add	C13	To	稳压电源双层板.PcbDoc			
✓	Add	C14	To	稳压电源双层板.PcbDoc			
✓	Add	C15	To	稳压电源双层板.PcbDoc			
✓	Add	C16	To	稳压电源双层板.PcbDoc			
✓	Add	C17	To	稳压电源双层板.PcbDoc			
✓	Add	C18	To	稳压电源双层板.PcbDoc			
✓	Add	D1	To	稳压电源双层板.PcbDoc			
✓	Add	D2	To	稳压电源双层板.PcbDoc			
✓	Add	Da	To	稳压电源双层板.PcbDoc			

验证变更　执行变更　报告变更(R)...　仅显示错误　关闭

图 5-42 “工程变更指令”对话框

2）切换到原理图编辑环境。双击元件“C12”，在弹出的对话框中找到“Footprint”（封装）选项，单击按钮 对错误的封装信息“0.001UF”进行删除，如果选项中含有“0.1UF”封装选项直接选择就可以，若没有可单击按钮 Add 进行添加即可。

3）保存原理图，再重新编译当前项目文件，再重新导入工程变化订单，此时无错误提示信息。单击“工程变化订单”对话框中的按钮 执行变更 ，执行工程变化订单，如图 5-43 所示。此时当前对话框中“检测”状态栏中的“完成”选项一列图标都是 ，说明当前订单执行结果无误。

4）回到“工程变化订单”对话框，单击“关闭”按钮。按〈PgDn〉键，将当前电路板文件缩小到适合的比例后，此时从当前原理图文件导入的元件、网络等相关信息出现在当前电路板右侧，如图 5-44 所示。

2. 布局电路板中元件

根据原理图摆放元件次序删除 Room 房间，先移动元件至电路板顶层，将元件“T1”移动至电路板中左上角位置，因为此元件是变压器，所以将其放置在电路板的电源输入的位置；再将元件“Da～Dd”移动至元件“T1”的右侧，因为这几个二极管构成一个整流桥；根据原理图中信号流方向，将元件“D-Dh”移动至元件“Da-Dd”的下方；根据产品安装要求，将元件 R2 移至电路板中，放置在 Dh 元件右侧；根据原理图中信号流方向，将输入滤波电容“C3”“C6”“C11”“C12”“C15”“C17”移动电路板中已摆放好位置的元件的右侧，同时根据电路图之间的连接关系将集成电路“U1”“U2”“U11”“U12”依次移动至电路板中间位置，将集成电路“LM1”移至电路板的右下角。从上至下排列在已放置好的元件右侧；将其余元件移至电路板中，根据信号走向合理安排它们的位置。

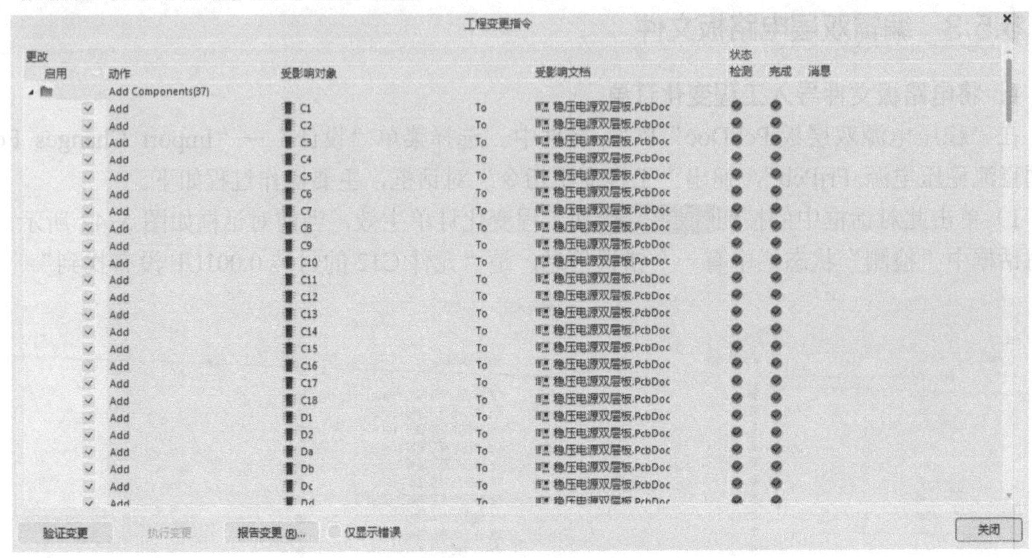

图 5-43 执行变化后的“工程变更指令”对话框

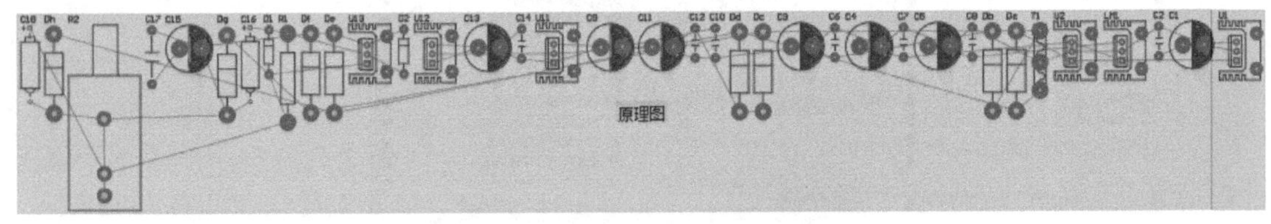

图 5-44 导入工程变化订单后的印制电路板文件

根据元件封装位置和飞线的要求，调整各个元件封装的方向，尽量使飞线连线简单；再调整与元件封装对应的元件组件的位置和方向，元件布局后的电路板如图 5-45 所示。

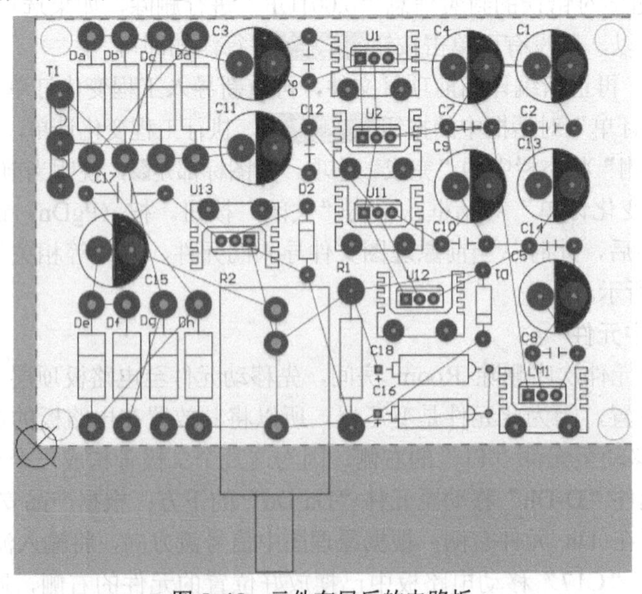

图 5-45 元件布局后的电路板

3．放置电源网络和接地网络焊盘

单击“布线”工具栏中的按钮，光标上出现焊盘图形。在该电路中一共需要放置 8 个焊盘。移动光标至电路板左下角边缘位置，放置第 1 个焊盘，同时按〈Tab〉键设置焊盘属性。在弹出的属性对话框中选择“+15V”网络，设置完成后，结束放置。其余 7 个焊盘放置方式相同，分别与“+12V”“+5V”“-12V”“-15V”“GND1”“GND2”和“VCC”这 7 个网络相连，分别作为电源网络和接地网络的焊盘。

单击“布线”工具栏中的按钮，在这 8 个焊盘附近放置 8 个字符，在空白处右击可结束放置。分别双击这 8 个字符，分别在弹出的“字符属性”对话框中的文本框中输入字符“+15V”“+12V”“+5V”“-12V”“-15V”“GND1”“GND2”和“VCC”，作为 8 个电源网络和接地网络的焊盘文字标识，如图 5-46 所示。

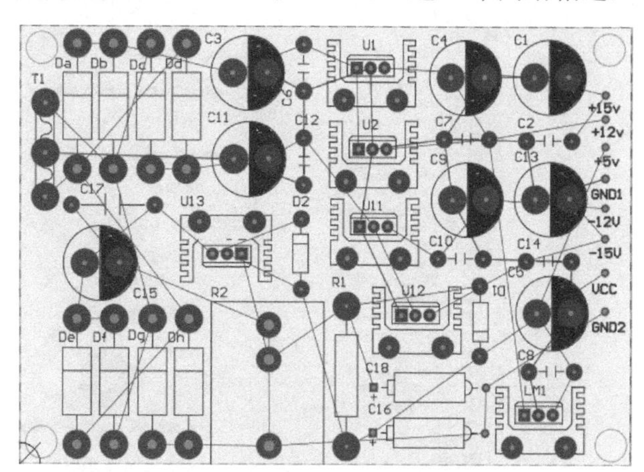

图 5-46　放置好电源的印制电路板文件

4．设置过孔网络

如果用户采用手动布线方式，在手动布线过程中需要添加过孔，可单击“快捷”工具栏中的按钮，箭头式光标下方出现过孔图形时，在需要的地方中添加过孔。

5．设置 PCB 设计规则

单击“设计”菜单，选择“规则”命令，在弹出的“设置电路板规则”对话框中设计如下布线规则，主要操作过程如下。

1）设置安全距离：单击左侧项目栏中“Electrical”（电气）标签中的“Clearance”（清除）选项，将“约束”选项区中的“最小间距”选项值设为 10mil，如图 5-47 所示。

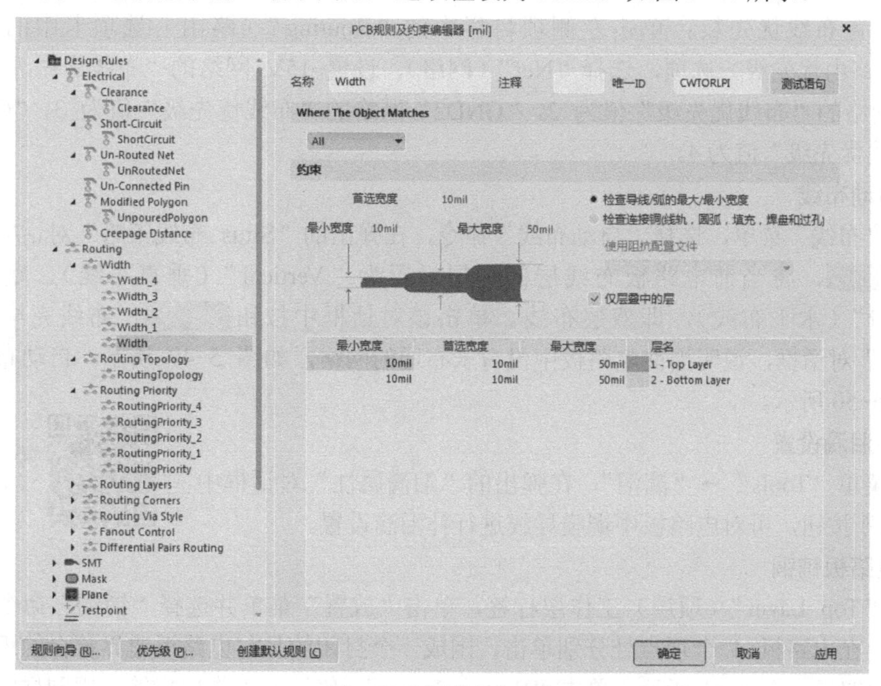

图 5-47　设置安全距离

2）设置布线宽度：单击左侧项目栏中的“Routing”（路由）选项卡中的“Width”（线宽）选项，双击此规则名称，选择“ALL”（全部），设置全部网络的线宽的“最大宽度”值为 50mil、“首选宽度”值为“10mil”，如图 5-48 所示。添加“-15V”“+15V”“GND1”和“GND2”4 个网络并设置其新规则，线宽的最大宽度值为 50mil 和首选优选值都为“20mil”。

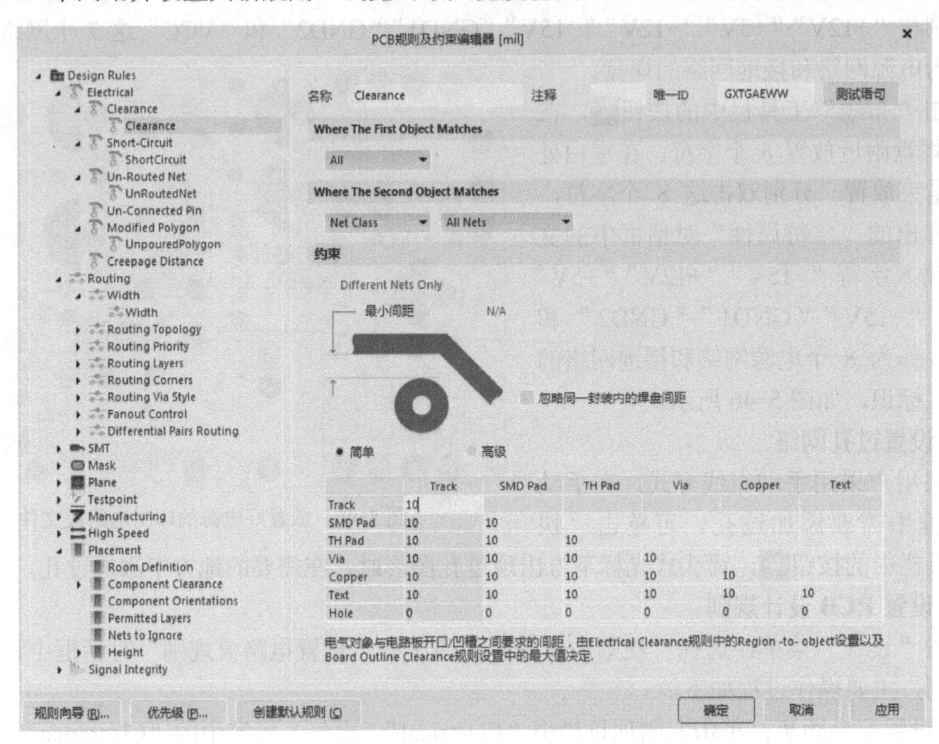

图 5-48　设置布线宽度

3）设置布线优先权：单击左侧项目栏中的“Routing”（路由）选项卡中的“Routing Priority”（路由优先级）选项，选择“Net”（网络），设置-15V 网络的“布线优先级”值为 1，“+15V”网络的“布线优先级”值为 2，“GND2”网络的“布线优先级”值为 3，“GND1”网络的“布线优先级”值为 4。

6．自动布线

单击“布线”菜单，选择“自动布线”命令，在弹出的“Situs 布线策略”对话框中单击按钮 编辑层走线方向... ，将当前电路板布线层的顶层设置为“Vertical”（垂直布线）、底层设置为“Horizontal”（水平布线），即双层布线。单击该对话框中按钮 Route All ，布线完毕后没弹出“Messages”对话框，说明当前电路板中没有未布通的网络，如图 5-49 所示。自动布线后的电路板如图 5-50 所示。

7．补泪滴设置

选择菜单“Tools”→“滴泪”，在弹出的“泪滴属性”对话框中单击“OK”按钮，可对电路板中铜膜导线进行补泪滴设置。

5-5
电路板铺铜

8．电路板铺铜

单击“Top Layer”（顶层）工作层标签，单击“放置”菜单并选择“铺铜”命令。光标变为十字形，在电路板 4 个顶点处分别单击，围成一个封闭的且与电路板边界符合的矩形，铺铜后的顶层电路板如图 5-51 所示。单击“Bottom Layer”（底层）工作层标签，用同样的方法实现对底层铺铜，如图 5-52 所示。

Messages

Class	Document	Source	Message	Time	Date	No.
Situs Event	稳压电源双层板.PcbDo	Situs	Routing Started	23:16:01	2022/4/27	1
Routing Statu	稳压电源双层板.PcbDo	Situs	Creating topology map	23:16:02	2022/4/27	2
Situs Event	稳压电源双层板.PcbDo	Situs	Starting Fan out to Plane	23:16:02	2022/4/27	3
Situs Event	稳压电源双层板.PcbDo	Situs	Completed Fan out to Plane in 0 Seconds	23:16:02	2022/4/27	4
Situs Event	稳压电源双层板.PcbDo	Situs	Starting Memory	23:16:02	2022/4/27	5
Situs Event	稳压电源双层板.PcbDo	Situs	Completed Memory in 0 Seconds	23:16:02	2022/4/27	6
Situs Event	稳压电源双层板.PcbDo	Situs	Starting Layer Patterns	23:16:02	2022/4/27	7
Routing Statu	稳压电源双层板.PcbDo	Situs	50 of 76 connections routed (65.79%) in 1 Second	23:16:03	2022/4/27	8
Situs Event	稳压电源双层板.PcbDo	Situs	Completed Layer Patterns in 0 Seconds	23:16:03	2022/4/27	9
Situs Event	稳压电源双层板.PcbDo	Situs	Starting Main	23:16:03	2022/4/27	10
Routing Statu	稳压电源双层板.PcbDo	Situs	Calculating Board Density	23:16:04	2022/4/27	11
Situs Event	稳压电源双层板.PcbDo	Situs	Completed Main in 1 Second	23:16:05	2022/4/27	12
Situs Event	稳压电源双层板.PcbDo	Situs	Starting Completion	23:16:05	2022/4/27	13
Situs Event	稳压电源双层板.PcbDo	Situs	Completed Completion in 0 Seconds	23:16:05	2022/4/27	14
Situs Event	稳压电源双层板.PcbDo	Situs	Starting Straighten	23:16:05	2022/4/27	15
Routing Statu	稳压电源双层板.PcbDo	Situs	76 of 76 connections routed (100.00%) in 4 Seconds	23:16:05	2022/4/27	16
Situs Event	稳压电源双层板.PcbDo	Situs	Completed Straighten in 1 Second	23:16:06	2022/4/27	17
Routing Statu	稳压电源双层板.PcbDo	Situs	76 of 76 connections routed (100.00%) in 5 Seconds	23:16:06	2022/4/27	18
Situs Event	稳压电源双层板.PcbDo	Situs	Routing finished with 0 contentions(s). Failed to complete 0 connection(s) in 5 Seconds	23:16:06	2022/4/27	19

图 5-49　自动布线“Messages”对话框

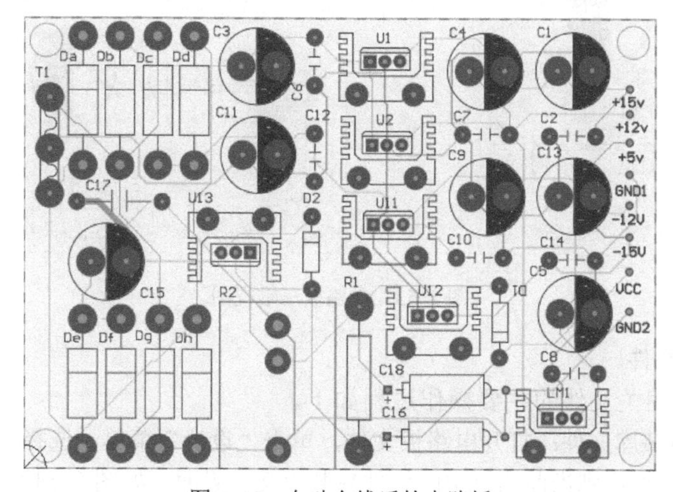

图 5-50　自动布线后的电路板

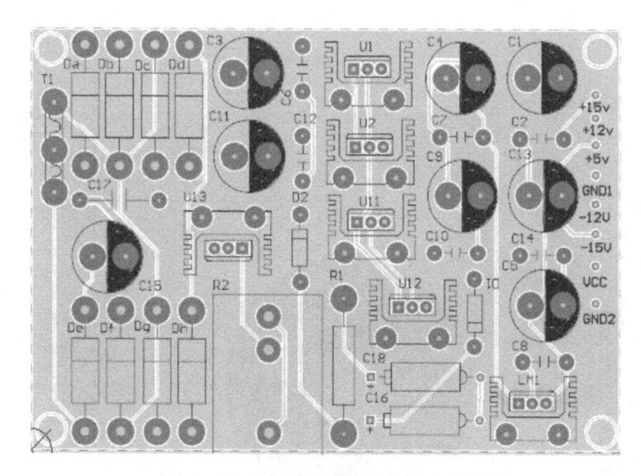

图 5-51　顶层铺铜后的电路板

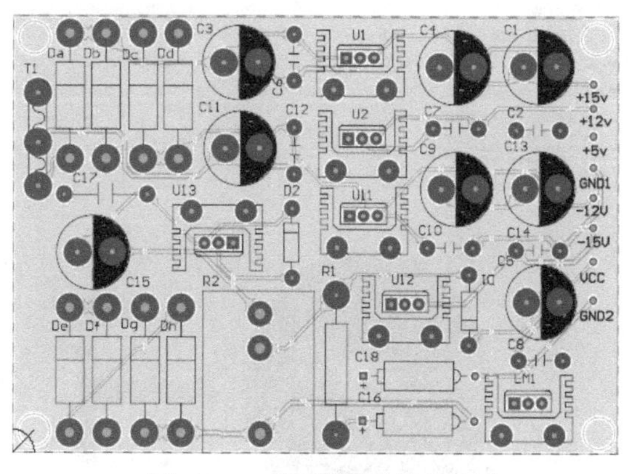

图 5-52　底层铺铜后的电路板

9．设计规则检查

单击“工具”菜单，选择“设计规则检查”命令，在弹出的“设计规则检查器”对话框中单击“运行 DRC”按钮，弹出“信息提示”对话框和“双层板.DRC”文件，可以看到设计规则检查中出现一个“Warnings”（警告），提示为“设计包含搁置或修改（但不重新放置）的多边形，说明 DRC 的结果是不正确的。建议恢复/重新绘制所有多边形并再次运行 DRC”，但在这里不用修改。

10. 三维显示设计效果

单击“视图”菜单，选择“切换到三维模式”，弹出“信息提示”对话框，单击“OK”按钮，出现如图 5-53 所示的电路板三维视图。

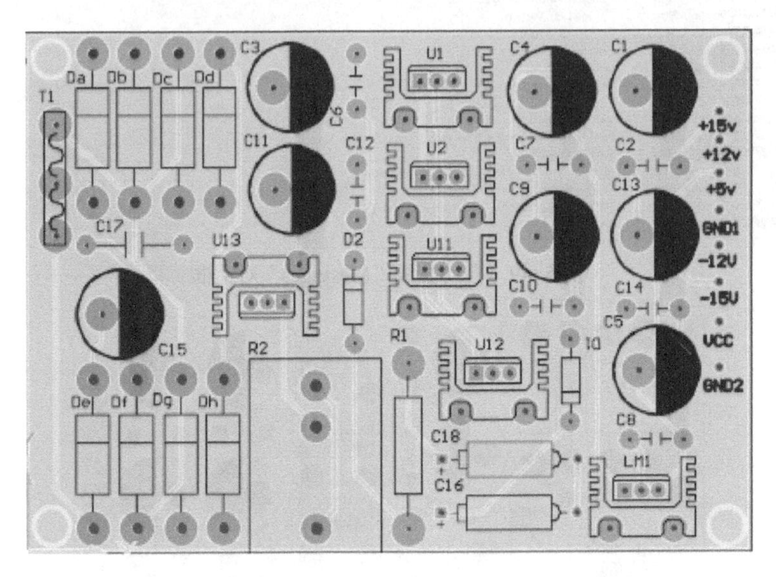

图 5-53　电路板三维视图

11. 生成相关文件

生成当前项目相关文件的主要操作过程如下。

1）生成元件封装库文件：打开电路板文件，单击“设计”菜单，选择“生成 PCB 库”命令，此时系统会自动切换到当前项目中的元件封装库文件界面，如图 5-54 所示。

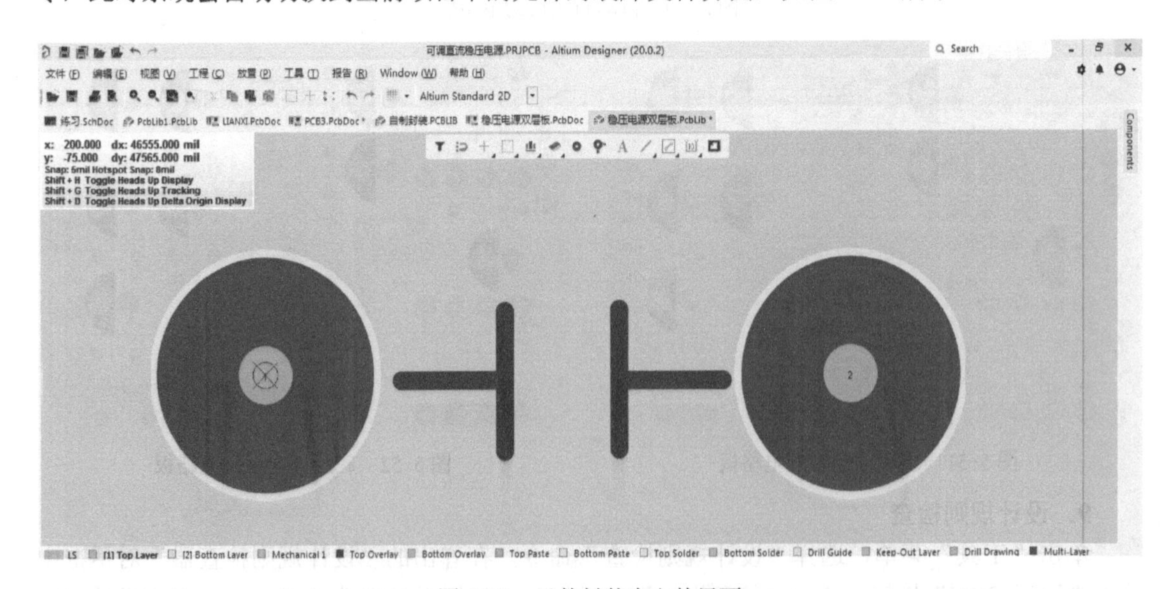

图 5-54　元件封装库文件界面

2）生成 Gerber 文件：单击“File”菜单，选择“制造输出”→“Gerber Files”命令，弹出“Gerber 设置”对话框，在“General”（常规）选项组中选择公制单位的 4∶4 比例选项，在“Layers”选项中选择电路板文件所包含的工作层，单击“OK”按钮，可以打印输出 Gerber 文件。

5.6 思考与练习

【练习 5-1】绘制如图 5-55 所示的电路原理图。新建 PCB 项目文件“练习 5-1.PcbPrj”和原理图文件“练习 5-1 原理图. SchDoc”。根据图 5-55 和表 5-3 所示内容设计当前原理图文件，采用自动标注的方法对电路原理图进行流水号的标注，生成 ERC 报表、网络表和材料清单。

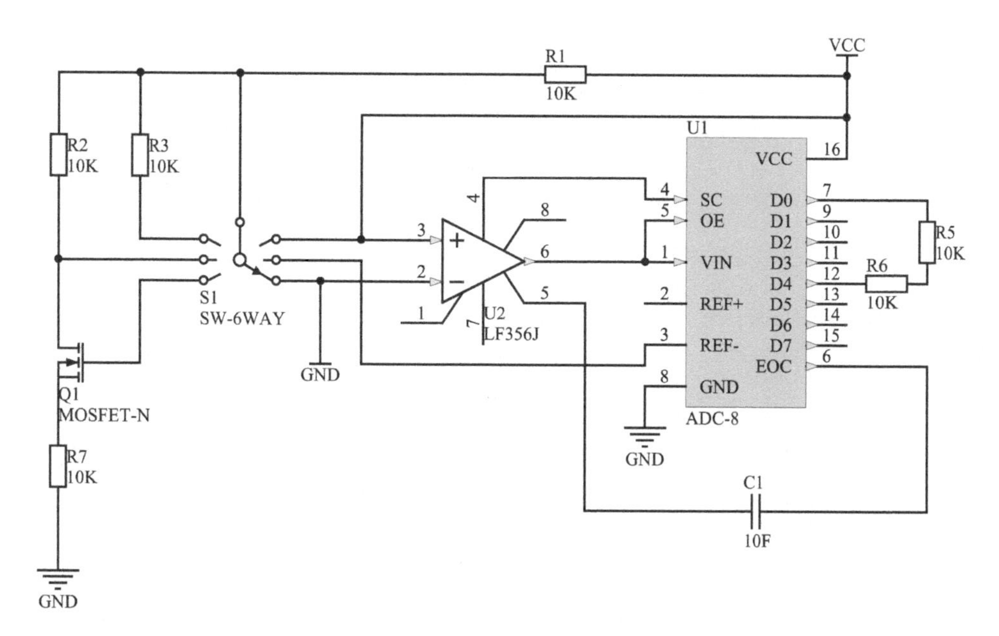

图 5-55　练习 5-1 电路原理图

表 5-3　练习 5-1 电路原理图元件清单

元件标识符	元件名	元件封装	元件标识符	元件名	元件封装
C1	Cap	RAD-0.3	R4	Res2	AXIAL-0.4
Q1	MOSFET-N	E3	R5	Res2	AXIAL-0.4
R1	Res2	AXIAL-0.4	R6	Res2	AXIAL-0.4
R2	Res2	AXIAL-0.4	S1	SW-6WAY	KAI
R3	Res2	AXIAL-0.4	U1	ADC-8	SOT403-1
U2	LF356J	693-02			

【职业素养小课堂】

为了推动中国经济高质量发展，PCB 行业要实现绿色创新、绿色采购、绿色生产、绿色运筹、绿色服务、绿色再生，使 PCB 行业实现碳达峰。保护和改善生态环境，必须加快建设资源节约型、环境友好型社会，这是实现可持续发展的关键。企业在职人员应考虑到获利与环保的关系。我们只有一个地球，只有改善环境、美化环境、保护环境，才能更好地确保人类的发展。因此应该珍惜现在的生活，从点滴做起，将爱护环境的意识付诸行动。

项目 6　数字时钟显示器多层电路板设计

本项目在项目 3 的数字时钟显示器原理图基础上，根据多层电路板设计流程，详细介绍了数字时钟显示器多层电路板设计过程。内容包括设计多层板文件、信号完整性分析、多层电路板设计实施。通过本项目的学习，用户可根据实际订单要求来设计符合电路功能要求的较复杂电路板。

【项目描述】

本项目要求：使用 Altium Designer 20 软件在项目文件“项目 3 数字时钟显示器.PrjPcb”中新建 PCB 文件“多层板.PcbDoc”。设计如图 6-1 所示的多层电路板，包括 2 个内电层，且分别与接地网络和电源网络相连，板子大小为 6800mil×4600mil；根据电子元件布局工艺进行手动布局；添加接地和电源焊盘；设计合理的自动布线规则（电源和地线宽度是 2mm，自动布线与手动布线结合）；进行补泪滴和信号层铺铜设置，要求铺铜与接地网络相连；进行电路信号完整性分析；三维显示电路板效果图；生成元件报表文件。

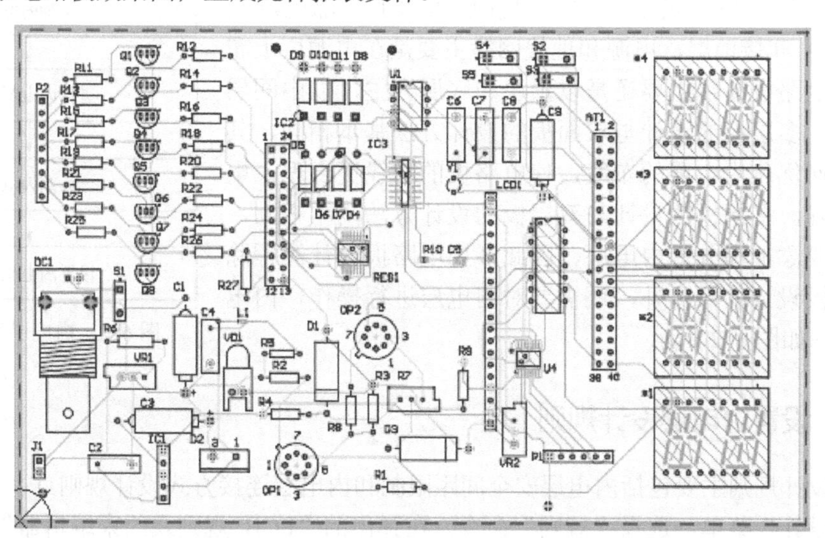

图 6-1　数字时钟显示器多层电路板

【学习目标】

- 能正确设计多层电路板；
- 能根据电路板布局的常用原则合理进行元件布局；
- 能根据要求正确设置布线规则；
- 能正确进行自动布线和手动布线；
- 能正确进行信号完整性分析。

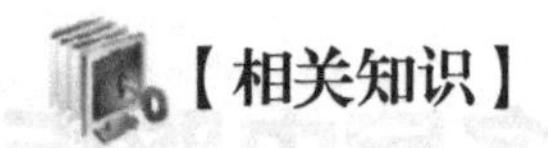

【相关知识】

6.1 设计并制作多层电路板

一般情况下电路板设计成双层板，即走线可以在顶层或者底层进行。但是，当电路板的布线比较复杂或对电磁干扰要求较高和高速 PCB 设计时，就应当考虑采用多层板来设计电路板。在电路板上除了顶层和底层布线外，在顶层与底层之间还需要有其他工作层，如内电层、中间层，本节简单介绍多层电路板的设计方法。

多层电路板指的是 4 层或 4 层以上的电路板，它是在双层板基础上，增加了内部电源层、内部接地层以及若干中间信号层。电路板的工作层面越多，则可布线的区域就越多，使得布线变得更加容易。但是，多层板的制作工艺复杂，制作费用也较高。内电层是内部电源层，简称内电层，属于多层板内部的工作层，是特殊的实心铺铜层。每一个内电层可以为电源网络，也可以为地线网络。一个内电层上可以安排一个电源网络，也可以利用分割电源层的方法使多个电源网络共享同一个电源层。在内电层上有导线的区域，在实物电路板中是刻蚀掉的，即无铜箔；而在电路板设计中没有导线的区域，在实际的电路板上却是铜箔。这与前面顶层信号层和底层信号层上放置导线的结果正好相反。

多层电路板与双面板最大的不同就是增加了内部电源层（保持内电层）和接地层，电源和地线网络主要是在电源层上布线。但是，电路板布线主要还是以顶层和底层为主，以中间层为辅。因此，多层板的设计与双面板的设计方法基本相同，其关键在于如何优化内电层的布线，使电路板的布线更合理，电磁兼容性更好。多层板的设计与双层板的设计方法基本相同，其关键是需要添加和分割内电层，因此多层电路板设计流程除了遵循双层板设计的操作外，还需要对内电层进行操作，内电层设计流程图如图 6-2 所示。

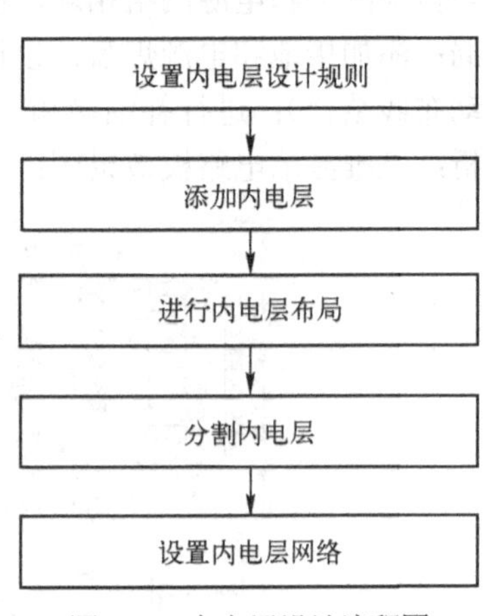

图 6-2　内电层设计流程图

6.1.1 设置内电层设计规则

内电层设计规则主要包括内电层安全间距限制和内电层连接方式设计规则。

单击“设计”菜单，选择“规则”命令，在弹出的“PCB 规则及约束编辑器”对话框中单击“Plane”（内电层）标签，在此设置内电层。

1. 设置内电层连接类型

“Power Plane Connect Style”（内电层连接类型）选项组，用于设置焊盘和过孔与电源层的连接方式，如图 6-3 所示。

1）“连接方式”选项：用于设置内电层和过孔的连接方式。

- “Relief Connect”（发散状连接）。过孔或焊盘与内电层通过几根连接线相连接，是一种可以降低热扩散速度的连接方式，避免因散热太快而导致焊盘和焊锡之间无法良好融合。在此需要选择连接导线的数目（2 或 4），并设置导线宽度、空隙间距和扩展距离。

- “Direct Connect”（直接连接）。焊盘或者过孔与内电层之间阻值比较小，对于一些有特殊导热要求的地方，采用该连接方式。
- “No connect”（不连接）。

6-1 设置内电层设计规则

2）“外扩”选项：设置从过孔到空隙的间隔距离。

3）“空间空隙”选项：设置空隙的间隔宽度。

4）“导体宽度”选项：设置导体宽度。

5）“导体”选项：设置导体数目。

图 6-3　设置“Power Plane Connect Style”（内电层连接类型）选项组

2. 设置内电层安全距离

“Power Plane Clearance”（内电层安全距离）选项组，如图 6-4 所示，设置内电层与不属于电源和接地层网络的过孔之间的安全距离，即避免导线短路的最小距离，系统的默认值是 20mil。

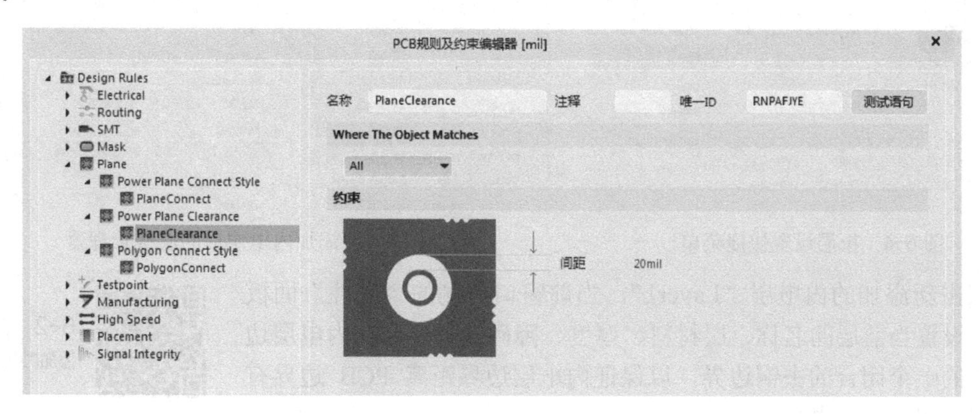

图 6-4　设置“Power Plane Clearance”（内电层安全距离）选项组

3. 设置多边形铺铜区域连接方式

“Polygon Connect style”（多边形铺铜区域连接方式）选项组，用于设置多边形铺铜与属于电源和接地层网络的过孔之间的连接方式。其中各选项内容与“Power Plane Connect Style”（内电层连接类型）选项组中的相同。

6.1.2 添加内电层

1. 打开层叠管理器

通过常规方法创建的 PCB 文件通常不包含内电层，需要通过手动方法为电路板添加内电层。单击“设计”菜单，选择“层叠管理器”命令，在新建的 PCB 文件中打开层叠管理器，默认为双层板，包括两个信号层。在层叠管理器中从上至下的工作层设计顺序要与 PCB 实物保持一致，如图 6-5 所示。

PCB1.PcbDoc [Stackup]

Features

#	Name	Material	Type	Weight	Thickness	Dk	Df
	Top Overlay		Overlay				
	Top Solder	Solder Resist	Solder Mask		0.4mil	3.5	
1	Top Layer		Signal	1oz	1.4mil		
	Dielectric 1	FR-4	Dielectric		12.6mil	4.8	
2	Bottom Layer		Signal	1oz	1.4mil		
	Bottom Solder	Solder Resist	Solder Mask		0.4mil	3.5	
	Bottom Overlay		Overlay				

图 6-5 层叠管理器

2. 添加内电层

右击工作层“Top Layer”，弹出如图 6-6 所示的快捷菜单，选择“Insert layer below”（在当前层下面插入层）→“Plane”（内电层）命令，完成添加内电层后的层叠管理器如图 6-7 所示。在顶层与底层之间同时添加了一对内电层“Layer1”和“Layer2”，并自动在这两个内电层与顶层和底层之间各添加了绝缘层“Dielectric3”和“Dielectric4”。

#	Name	Material	Type	Thickness
	Top Overlay		Overlay	
	Top Solder	Solder Resist	Solder Mask	0.4mil
1	Top Layer			1.4mil
	Dielectric 1			
2	Bottom Layer			
	Bottom Solder			
	Bottom Overlay			

Insert layer above
Insert layer below
Move layer up
Move layer down
Delete layer
Cut Ctrl+X
Copy Ctrl+C
Paste Ctrl+V

Signal
Plane
Core
Prepreg
Surface Finish
Solder Mask
Overlay

图 6-6 板层设置快捷菜单

#	Name	Material	Type	Thickness	Weight
	Top Overlay		Overlay		
	Top Solder	Solder Resist	Solder Mask	0.4mil	
1	Top Layer		Signal	1.4mil	1oz
	Dielectric 4	PP-006	Prepreg	2.8mil	
2	Layer 1	CF-004	Signal	1.378mil	1oz
	Dielectric 1	FR-4	Dielectric	12.6mil	
3	Layer 2	CF-004	Signal	1.378mil	1oz
	Dielectric 5	PP-006	Prepreg	2.8mil	
4	Bottom Layer		Signal	1.4mil	1oz
	Bottom Solder	Solder Resist	Solder Mask	0.4mil	
	Bottom Overlay		Overlay		

图 6-7 添加内电层后的层叠管理器

双击新添加的内电层“Layer1”，当前窗口右侧的“属性”面板中可以设置当前层的名称、层材料、厚度、障碍线宽度（在内电层边缘设置的一个闭合的去铜边界，以保证内电层边界距离 PCB 边界有一个安全间距）等内容。

6-2 添加内电层

6.1.3 设置内电层网络并分割

若电路板较复杂，需要多个网络（一般为电源和接地网络）共享一个内电层时，就需要对内电层进行分割。为了尽量简化内电层的分割，必须对具有电源网络的焊盘和过孔进行重新布局，尽量将具有同一个电源网络的焊盘和过孔放置到一个相对集中的区域，使内电层被分割的数目尽量少且面积尽量大。一个多层板可以指定多个内电层，而一个内电层也可以分割成多个区域，以便设置多个不同的网络。

1. 设置内电层网络

单击“Layer1”工作层标签，使其成为当前层，双击当前层中绿色区域位置，在弹出的“平面分割”对话框中选择需要连接的网络，如图 6-8 所示。与“Layer1”工作层连接的焊盘为图 6-9 中右侧焊盘，其余网络焊盘为图 6-9 中左侧焊盘。

2. 分割内电层网络

单击“Layer1”工作层标签，使其成为当前层。单击“放置”菜单，选择“线条”命令，光标变为十字形，在适当位置处绘制一个封闭区域。双击这个封闭区域，弹出 6-8 所示对话框，在此选择连接到网络的名称后，分割的内电层如图 6-10 所示。

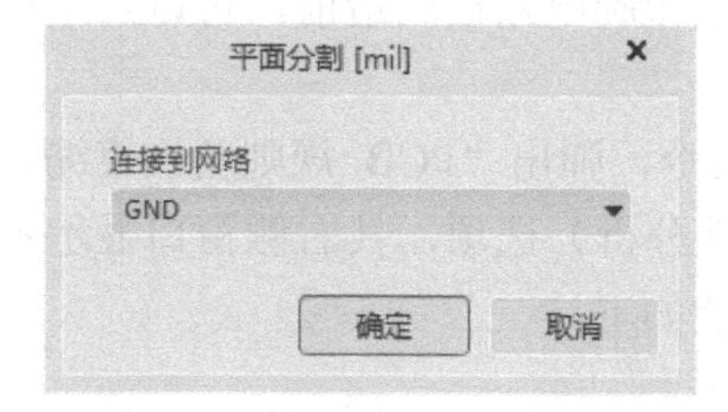

图 6-8 “平面分割”对话框

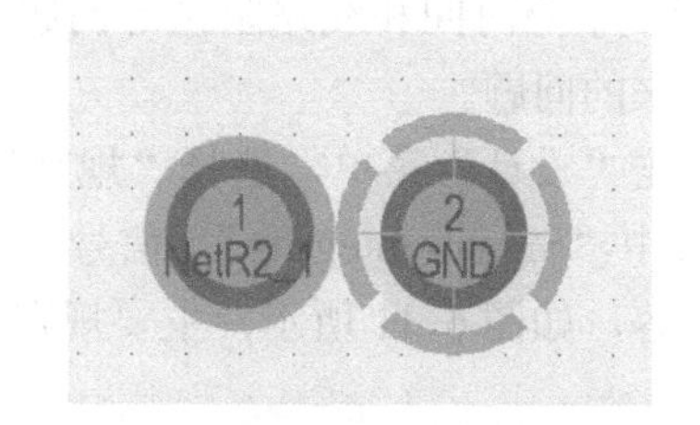

图 6-9 添加内电层后的层叠管理器

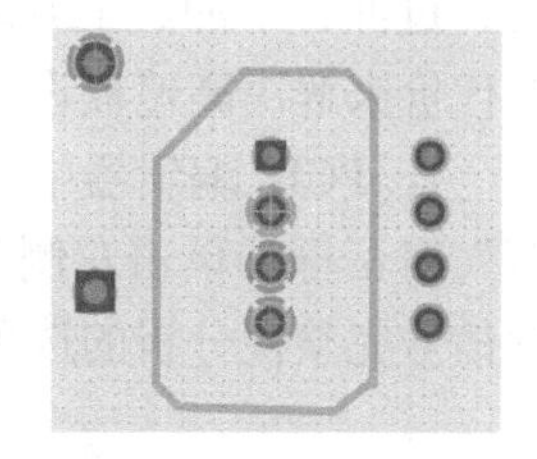

图 6-10 分割的内电层

6.2 信号完整性分析

6.2.1 信号完整性分析概述

信号完整性是指信号通过信号线传输后仍能保持完整，即当电路中的信号能够以正确的时序、要求的持续时间和电压幅度进行传送并到达输出端时，说明该电路具有良好的信号完整性。而当信号不能正常响应时，就说明信号完整性有问题。信号完整性差不是由某一个单一因素导致的，而是由板级设计中的多种因素共同引起的。集成电路的工作速度过高、端接元件布局的不合理、电路连接不合理等都会引发信号完整性问题。常见的信号完整性问题主要有如下几种。

1. 传输延迟

传输延迟是指数据或时钟信号未在规定的时间内以一定的持续时间和幅度到达接收端。主要是由驱动过载、走线过长的传输线效应在传输线上产生等效电容、电感，它们会对信号的数字切换产生延迟，影响集成电路的建立时间和保持时间。在高频电路设计中，信号的传输延迟是一个无法完全避免的问题，因此在保证电路能够正常工作前提下，允许信号有最大时序变化量。

2. 串扰

串扰是指未电气连接的信号线之间产生的感应电压和感应电流所导致的电磁耦合。印制电路板层的参数、信号线的间距、驱动端和接收端的电气特性及信号线的端接方式等都对串扰有一定的影响。

3. 反射

反射是指传输线上的回波，信号功率的一部分经传输线传给负载,另一部分则向源端反射。

在高速板设计中，可以把导线等效为传输线，而不再是集总参数电路中的导线。如果阻抗匹配，则反射不会发生，否则就会导致反射。布线时的不合理的几何形状、端接，会导致信号的反射。进而导致传送信号出现严重的过冲或下冲现象，使波形变形和逻辑混乱。

4. 接地反弹

接地反弹是指由于电路中较大的电流涌动而在电源与接地平面间产生大量噪声的现象。这样的噪声会对高频电路中的网络阻抗、电磁兼容性等产生较大影响。因此，在实际制作印制电路板之前进行信号完整性分析，以提高设计的可靠性、降低设计成本，是非常重要和必要的。

6.2.2 信号完整性分析规则设置

Altium Designer 20 的信号完整性分析模块提供了极其精确的板级分析，能够检查整板的串扰、过冲、下冲、上升时间、下降时间和线路阻抗等问题。在印制电路板制造前，可以用最小的代价来解决高速板设计带来的问题。

在 PCB 编辑器中，单击“设计”菜单，选择“规则”命令，弹出“PCB 规则及约束编辑器”对话框。单击左侧列表中“Signal Integrity”（信号完整性分析）选项，其右侧窗口显示各种信号完整性分析的选项内容，如图 6-11 所示，主要规则功能如下。

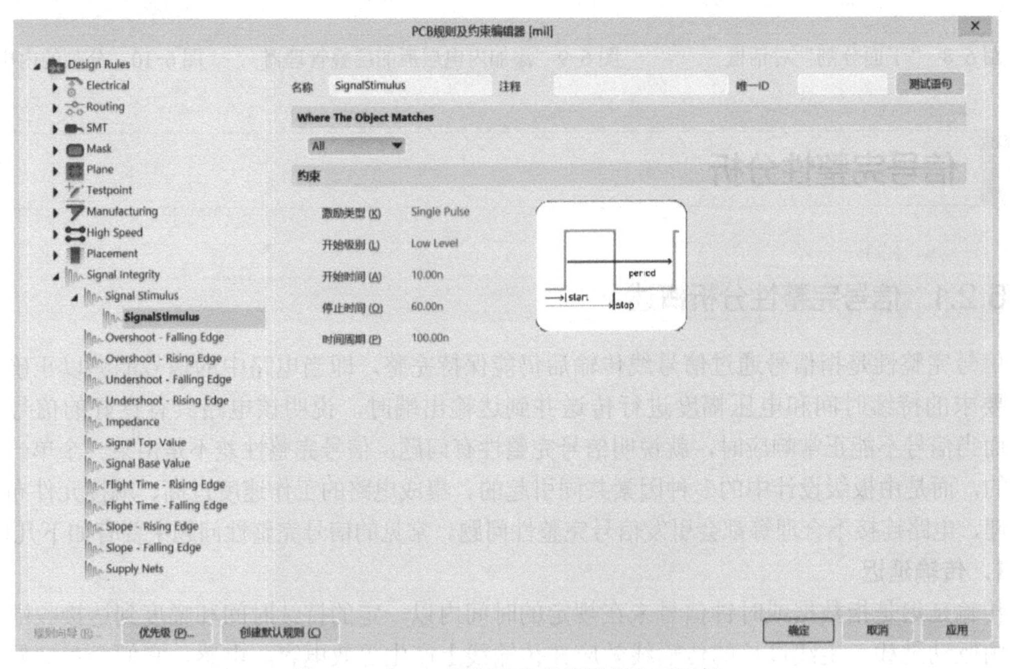

图 6-11 “PCB 规则及约束编辑器”对话框

1. “Signal Stimulus”（激励信号）规则

右击此规则名称，在弹出的快捷菜单中选择“新规则”命令，则在此规则下生成一个新的“Signal Stimulus”规则选项。单击该规则，出现如图 6-12 所示的“Signal Stimulus”（激励信号）对话框，在此设置激励信号的各项参数。

1）名称：规则参数名称。

2）注释：该规则的注释说明。

3）唯一 ID：为该参数提供的一个随机的 ID 号。

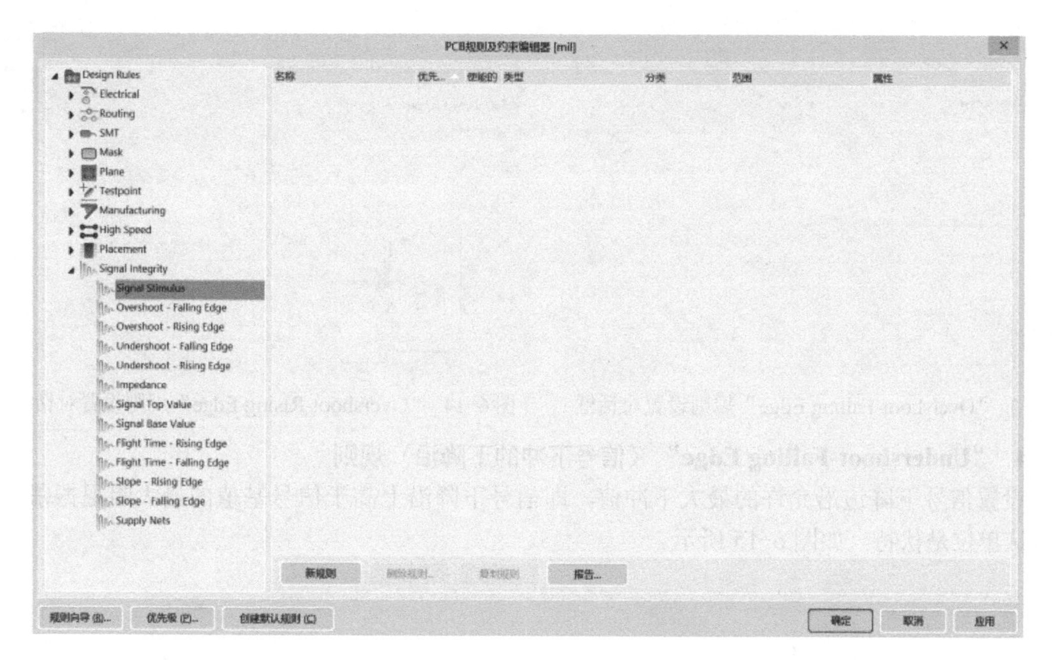

图 6-12 “Signal Stimulus”对话框

4）“Where The Object Matches”（匹配对象的位置）：设置激励信号规则适用范围，包括如下选项内容。

- “All”（所有）。在规定的 PCB 上有效。
- “Net”（网络）。在规定的电气网络中有效。
- “Net Class”（网络类）。在指定的网络类中有效。
- “Layer”（层）。在规定的某一电路板层上有效。
- “Net And Layer”（网络和层）。在规定的网络和电路板层上有效。
- “Custom Query”（自定义查询）。单击“查询构建器”按钮，设置规则使用范围。

5）约束：设置激励信号的具体规则，主要包括如下类型内容。

- 激励类型。设置激励信号的种类，包括 3 个选项，“Constant Level”（固定电平）、“Single Pulse”（单脉冲）、“Periodic Pulse”（周期脉冲）。
- 开始级别。设置激励信号的初始电平，仅对“Single Pulse”（单脉冲）和“Periodic Pulse”（周期脉冲）有效，包括“Low Level”（低电平）和“High Level”（高电平）。
- 开始时间。设置激励信号电平脉冲的起始时间。
- 停止时间。设置激励信号电平脉冲的终止时间。
- 时间周期。设置激励信号的周期和时间参数，在输入数值的时要添加时间单位。

2．“Overshoot-Falling Edge”（信号过冲的下降沿）规则

设置信号下降边沿允许的最大过冲值，即信号下降沿上低于信号基值的最大阻尼振荡，系统默认单位是伏特，如图 6-13 所示。

3．“Overshoot-Rising Edge”（信号过冲的上升沿）规则

设置信号上升边沿允许的最大过冲值，即信号上升沿上高于信号上位值的最大阻尼振荡，系统默认单位是伏特，如图 6-14 所示。

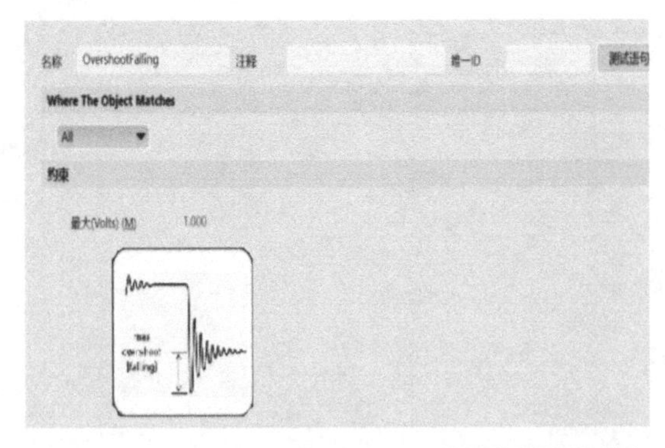

图 6-13 “Overshoot-Falling Edge”规则设置对话框

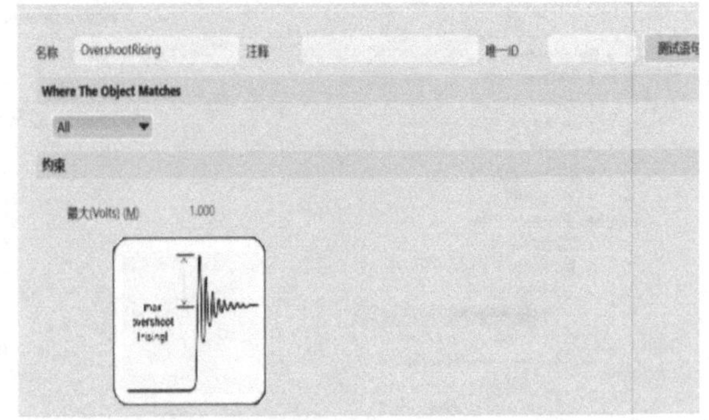

图 6-14 “Overshoot-Rising Edge”规则设置对话框

4. “Undershoot-Falling Edge”（信号下冲的下降沿）规则

设置信号下降边沿允许的最大下冲值，即信号下降沿上高于信号基值的最大阻尼振荡，系统默认单位是伏特，如图 6-15 所示。

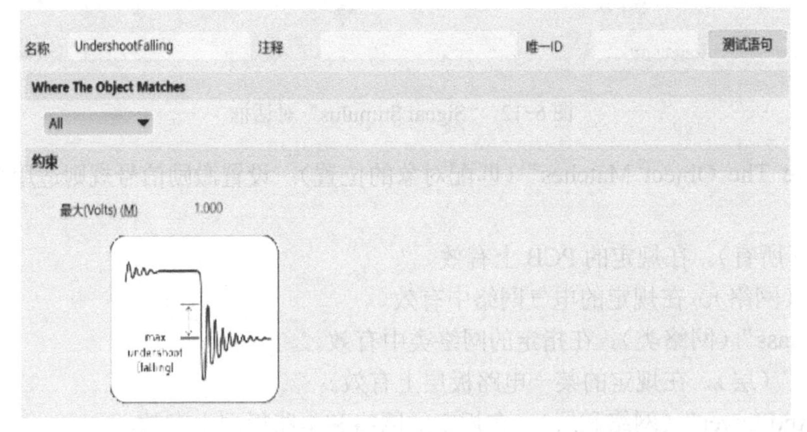

图 6-15 “Undershoot-Falling Edge”规则设置对话框

5. “Undershoot-Rising Edge”（信号下冲的上升沿）规则

设置信号上升边沿允许的最大下冲值，即信号上升沿上低于信号上位值的最大阻尼振荡，系统默认单位是伏特，如图 6-16 所示。

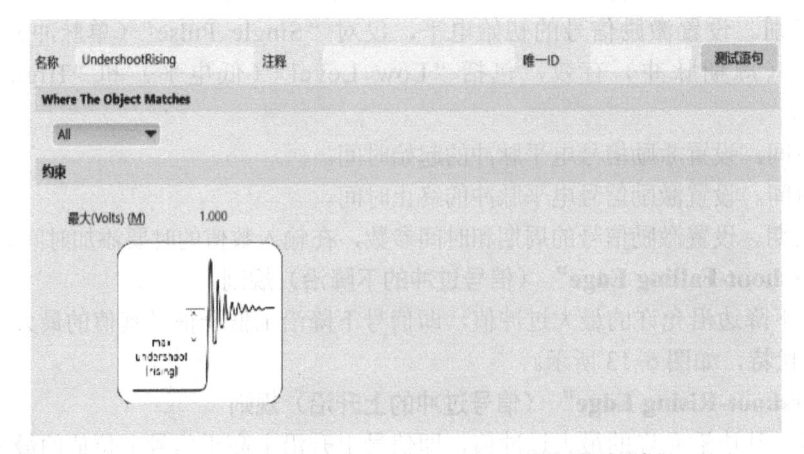

图 6-16 “Undershoot-Rising Edge”规则设置对话框

6．“Impedance”（阻抗约束）规则

设置电路板上所允许的电阻的最大和最小值，系统默认单位是欧姆。阻抗与导体的几何外观、电导率、导体外的绝缘层材料、电路板的物理分布以及导体间在 Z 平面域的距离相关。上述的绝缘层材料包括板的基本材料、多层间的绝缘层以及焊接材料等。

7．“Signal Top Value”（信号高电平）规则

设置电路上信号在高电平状态下所允许的最小稳定电压值，是信号上位值的最小电压，系统默认单位是伏特，如图 6-17 所示。

8．“Signal Base Value”（信号基值）规则

设置电路上信号在低电平状态下所允许的最大稳定电压值，是信号的最大基值，系统默认单位是伏特，如图 6-18 所示。

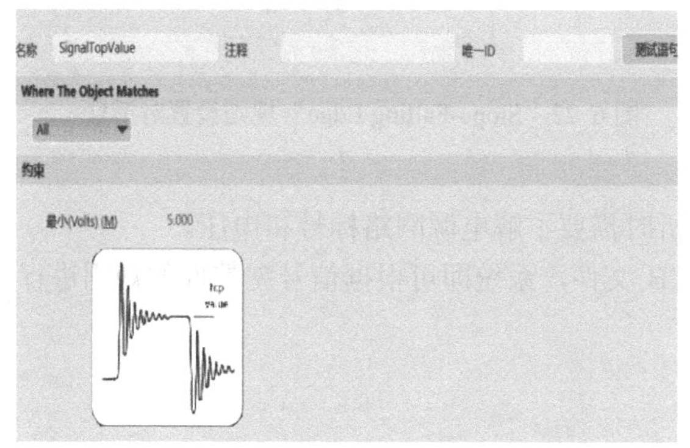

图 6-17　“Signal Top Value”规则设置对话框

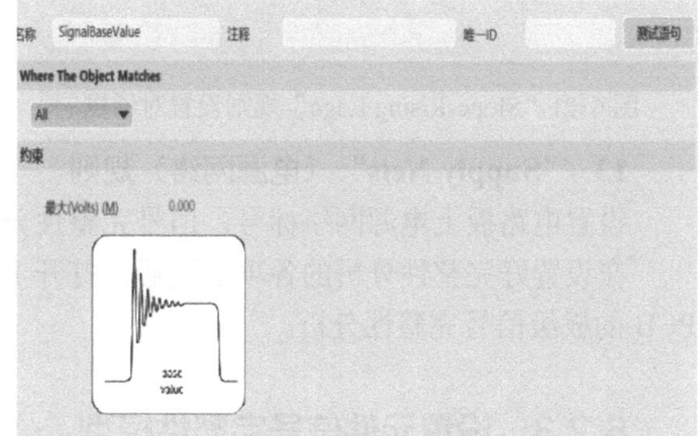

图 6-18　“Signal Base Value”规则设置对话框

9．“Flight Time-Rising Edge”（飞升时间的上升沿）规则

设置信号上升边沿允许的最大飞行时间，是信号上升边沿到达信号设定值 50% 时所需的时间，系统默认单位是秒，如图 6-19 所示。

10．“Flight Time-Falling Edge”（飞升时间的下降沿）规则

设置信号下降边沿允许的最大飞行时间，是信号下降边沿到达信号设定值 50% 时所需的时间，系统默认单位是秒，如图 6-20 所示。

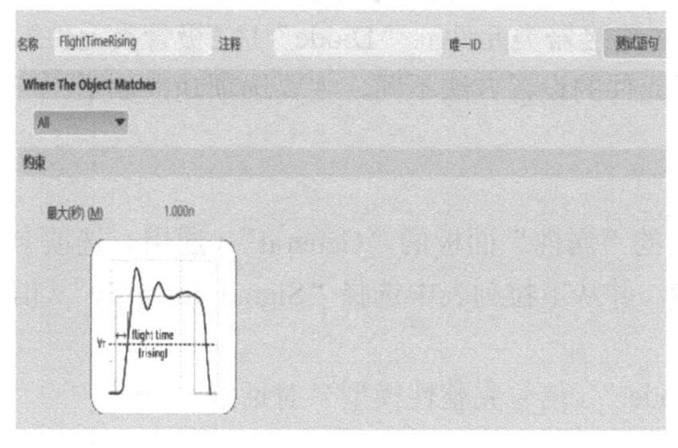

图 6-19　“Flight Time-Rising Edge”规则设置对话框

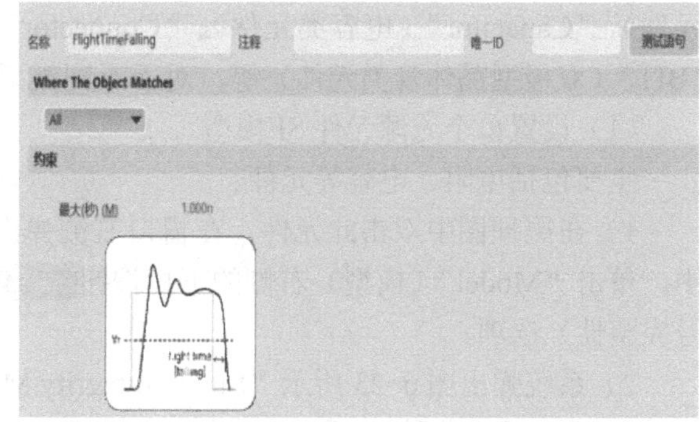

图 6-20　“Flight Time-Falling Edge”规则设置对话框

11．“Slope-Rising Edge”（上升边沿斜率）规则

设置信号从门限电压上升到一个有效的高电平时所允许的最长时间，系统默认单位是秒，如图 6-21 所示。

12. “Slope-Falling Edge”（下降边沿斜率）规则

设置信号从门限电压下降到一个有效的低电平时所允许的最长时间，系统默认单位是秒，如图 6-22 所示。

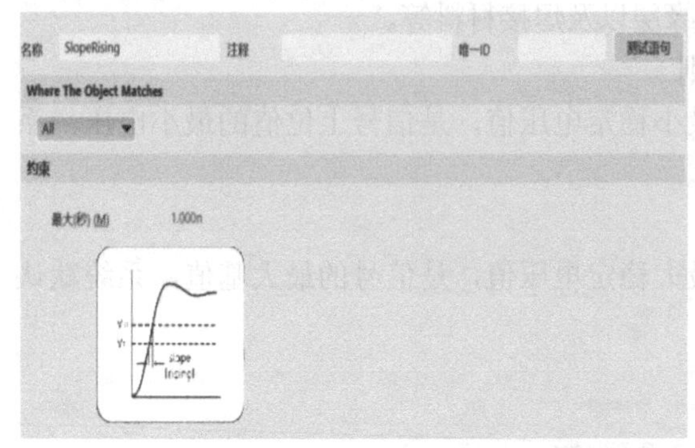

图 6-21 “Slope-Rising Edge” 规则设置对话框

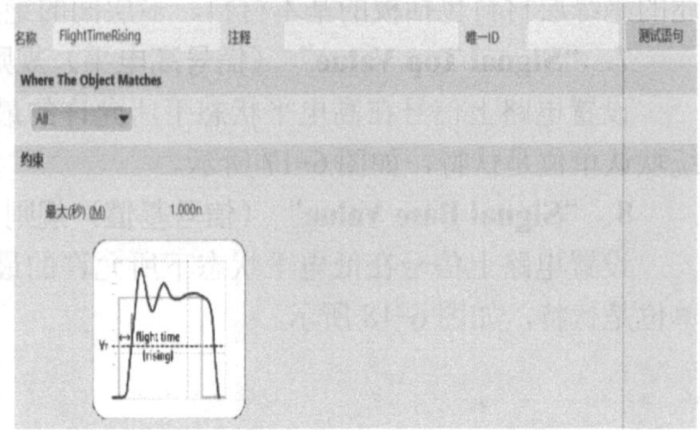

图 6-22 “Slope-Falling Edge” 规则设置对话框

13. “Supply Nets”（电源网络）规则

设置电路板上电源网络标号，信号完整性分析时需要了解电源网络标号和电压。

在设置好完整性分析的各项规则后，打开 PCB 文件，系统即可根据信号完整性的规则进行 PCB 的板级信号完整性分析。

6.2.3 设置元件信号完整性模型

信号完整性分析是建立在模型基础之上的，这种模型就称为信号完整性（Signal Integrity）模型，简称“SI 模型”。与封装模型、仿真模型一样，SI 模型也是元件的一种外在表现形式，很多元件的 SI 模型与相应的原理图符号、封装模型、仿真模型一起，被系统存放在集成库文件中。因此，需要对元件的 SI 模型进行设定。元件的 SI 模型可以在信号完整性分析之前设定，也可以在信号完整性分析的过程中进行设定。

1. 在信号完整性分析前设置元件 SI 模型

软件提供了多种可以设置 SI 模型的元件类型，如“IC”（集成电路）、“Resistor”（电阻类元件）、“Capacitor”（电容类元件）、“Connector”（连接器类元件）、“Diode”（二极管类元件）、“BIT”（双极型晶体管类元件）等，对于不同类型元件的设置方法不同，主要选项功能如下。

（1）设置单个无源元件 SI 模型

主要包括电阻、电容等元件。

1）在原理图中双击此元件，在窗口右侧弹出的“属性”面板的“General”（通用）选项卡中，单击“Model”（模型）右侧的下拉按钮 Add ▾，并从下拉列表中选择“Signal Integrity”（信号完整性）选项。

2）系统弹出图 6-23 所示“Signal Integrity Model”（信号完整性模型）对话框。

- “Type”（类型）。用以选中相应的类型。
- “Value”（值）。用以输入适当的阻容值。

3）单击“OK”按钮，完成当前无源元件的 SI 模型设置操作。

（2）设置 IC（集成电路）类元件 SI 模型

常用属性设置与单个无源元件的操作方法一样，但在特殊电路中，为了更准确地描述引脚的电气特性，还需要设置一些其他属性。单击图6-23中“Pin Models”（引脚模型）下拉列表框可显示当前元件的所有引脚。其中，电源性质引脚是不可编辑的；其他类型引脚可以直接在下拉列表框中选择相应模型即可。对于IC类元件，有些公司提供了元件引脚模型文件IBIS.ibs（输入/输出缓冲器信息规范，Input/Output Buffer Information Specification）。单击图6-23中按钮 Import IBIS，打开已下载的IBIS文件，从中选择合适的SI模型即可。

（3）新建一个引脚模型

单击图6-23“Signal Integrity Model”（信号完整性模型）对话框中的“Add/Edit Model”（添加/编辑模型）按钮，弹出如图6-24所示“Pin Model Editor”（引脚模型编辑器）对话框，设置完后在此单击“OK”按钮可回到图6-23对话框中，即新增一个新的输入引脚模型。

注意： 设置元件的SI模型后，单击“设计”菜单，选择“Update PCB Document”（更新PCB文件）命令，即可完成相应PCB文件的同步更新。

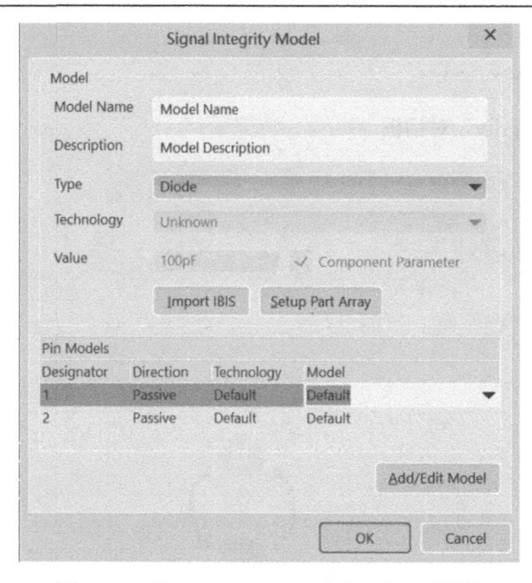

图6-23 “Signal Integrity Model”对话框

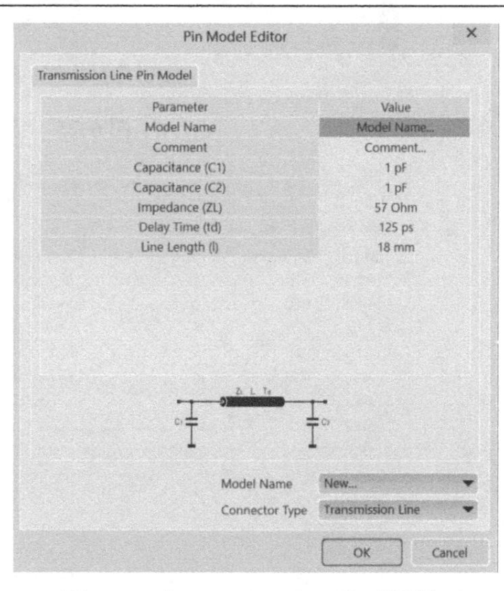

图6-24 “Pin Model Editor”对话框

2. 在信号完整性分析中设置元件SI模型

在当前项目的原理图文件中，单击“工具”菜单，选择“Signal Integrity”（信号完整性）命令，弹出如图6-25所示“Signal Integrity”（信号完整性）对话框。单击“Model Assignments”（模型匹配）按钮，弹出如图6-26所示“Signal Integrity Model Assignments for”（信号完整性模型匹配）对话框，显示所有元件的SI模型设定情况。

- “Type”（类型）。元件SI模型的类型，可根据情况来更改。
- “Valuer/Type”（值/类型）。IC类型元件的工艺类型，对信号完整性分析结果影响较大。
- “Status”（状态）。显示当前模型的状态，包括“Model Found”（找到模型）、“High Confidence”（高可信度）、“Medium Confidence”（中等可信度）、“Low Confidence”（低可信度）、“No Match”（不匹配）、“User Modified”（用户已修改）、“Model Saved”（保存模型）。

完成元件SI模型设置后，可将其保存至原理图的源文件中以便下次使用。勾选要保存元件后面的复选框后，单击Update Models in Schematic（更新模型到原理图中）按钮，即可完成PCB与原理图中SI模型的同步更新和保存。保存后的模型状态信息均显示为“Model Saved”（已保存模型）。

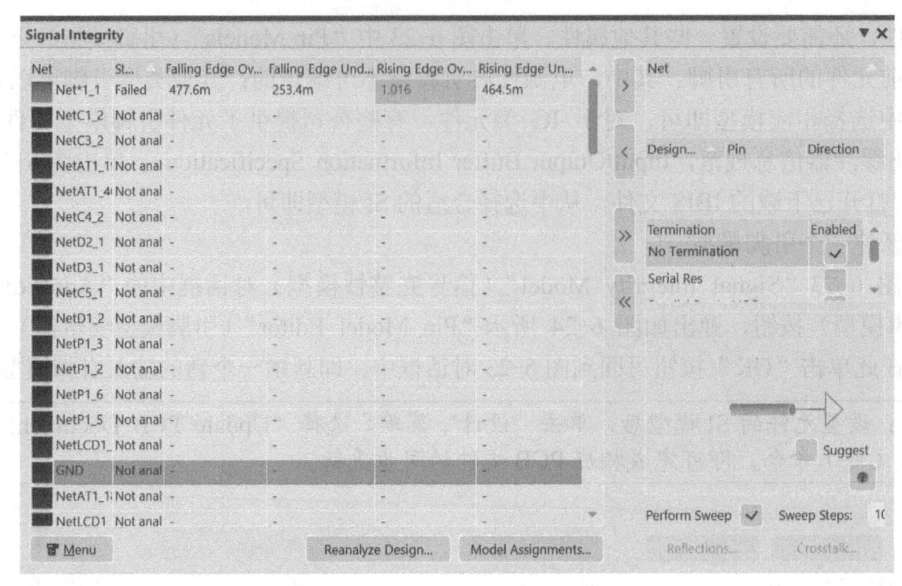

图 6-25 “Signal Integrity”对话框

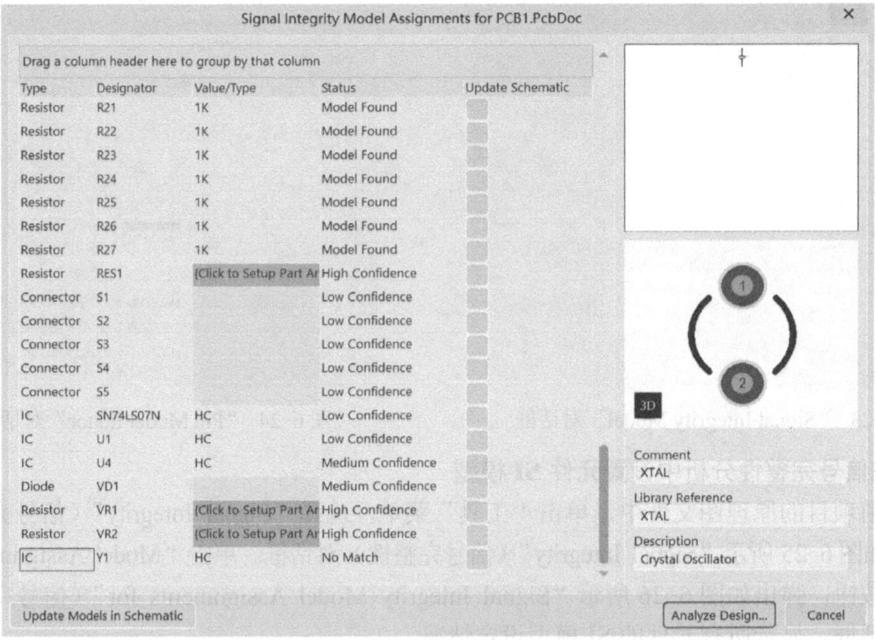

图 6-26 “Signal Integrity Model Assignments for”对话框

6.2.4 设置信号完整性分析器

Altium Designer 20 提供了一个高级的信号完整性分析器，能精确地模拟和分析已布好线的 PCB，可以测试网络阻抗、下冲、过冲、信号斜率等，其设置方式与 PCB 设计规则一样容易实现。通常，信号完整性分析操作分为两步，一是对需要进行分析的网络进行一次初步的分析，从中可以了解信号完整性最差的网络；二是筛选出一些信号进行进一步的分析，这两步操作都是在信号完整性分析器中进行。

在 PCB 文件中，单击“工具”菜单，选择“Signal Integrity”（信号完整性）命令，弹出如图 6-25 所示的“Signal Integrity”（信号完整性）对话框，即信号完整性分析器。

1. Net（网络）列表

网络列表中列出了 PCB 文件中所有需要进行分析的网络，在此选中需要选一步分析的网络，单击 图标将其添加到右边的“Net”下拉列表框中。

2. Status（状态）列表

该列表显示信号完整性分析后的相应网络状态，包括“Passed”（表示通过）、“Not analyzed”（表明由于某种原因对该信号的分析无法进行）、“Failed”（分析失败）。

3. Designator（标识符）列表

该列表显示“Net”下拉列表板中所选中网络的连接元件及引脚和信号的方向。

4. Termination（终端补偿）列表

在对 PCB 进行信号完整性分析时，需要对线路上的信号进行终端补偿测试，使 PCB 中的线路信号达到最优。系统提供了如下 8 种信号终端补偿方式。

1）“No Termination”（无终端）补偿。如图 6-27 所示，直接进行信号传输，对终端不进行补偿，是系统的默认方式。

2）“Serial Res”（串阻）补偿。如图 6-28 所示，在点对点的连接方式中直接串入一个电阻，以减少外来电压波形的幅值，消除接收器的过冲现象。

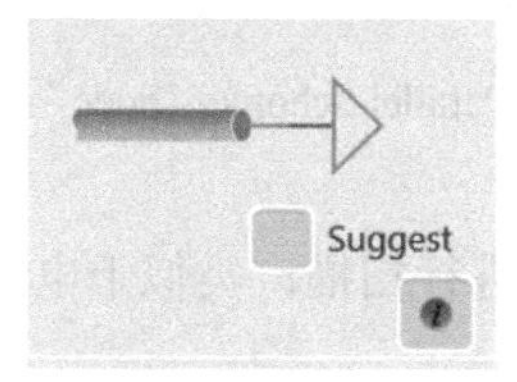

图 6-27 “No Termination”终端补偿方式

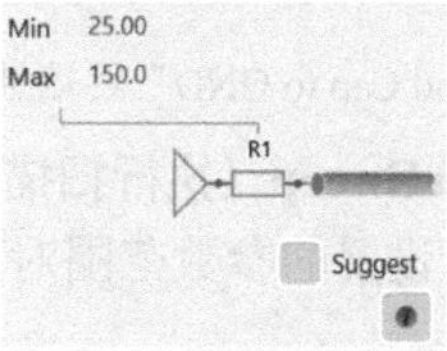

图 6-28 “Serial Res”终端补偿方式

3）“Parallel Res to VCC”（电源 VCC 端并阻）补偿。如图 6-29 所示，在电源 VCC 输入端的并联电阻与传输线阻抗相匹配。由于电阻上电流会增加电源的消耗，导致低电平阈值的升高，该阈值会根据电阻值的变化而变化，有可能超出数据区的定义范围。

4）“Parallel Res to GND”（接地 GND 端并阻）补偿。如图 6-30 所示，在接地输入端的并联电阻与传输线阻抗相匹配，与电源 VCC 端并阻补偿方式类似，有电流流过时会降低高电平阈值。

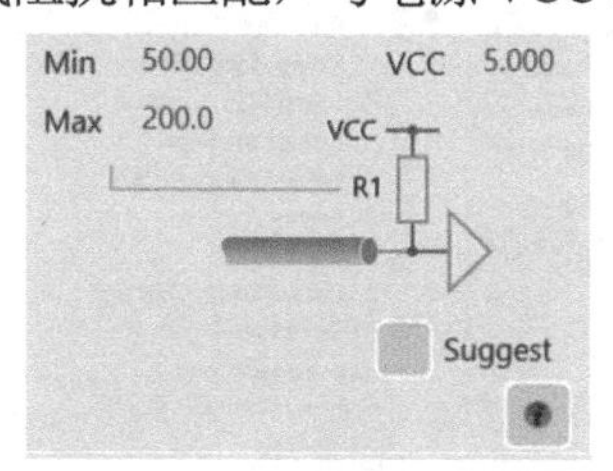

图 6-29 “Parallel Res to VCC”终端补偿方式

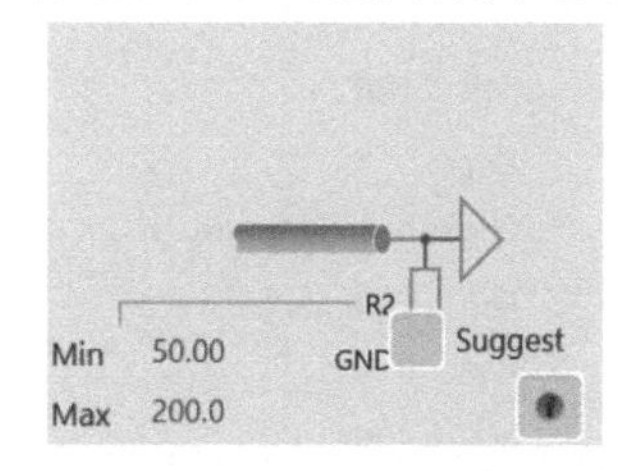

图 6-30 “Parallel Res to GND”终端补偿方式

5）“Parallel Res to VCC & GND”（电源端与接地端同时并阻）补偿。如图 6-31 所示，将电源 VCC 端并阻补偿与接地 GND 端并阻补偿结合，适用于 TTL 总线系统。在电源与地之间直接接入了一个电阻，流过的电流将比较大，因此对于两电阻的阻值分配应折中选择，以防电流过大。

6）“Parallel Cap to GND”（接地端并联电容）补偿。如图 6-32 所示，在接收输入端对地并联一个电容，可以减少信号噪声。这是制作 PCB 时最常用的方式，优点是可有效消除铜膜导线在走线拐弯处所引起的波形畸变，缺点是波形上升沿或下降沿会变得平坦，导致上升时间和下降时间增加。

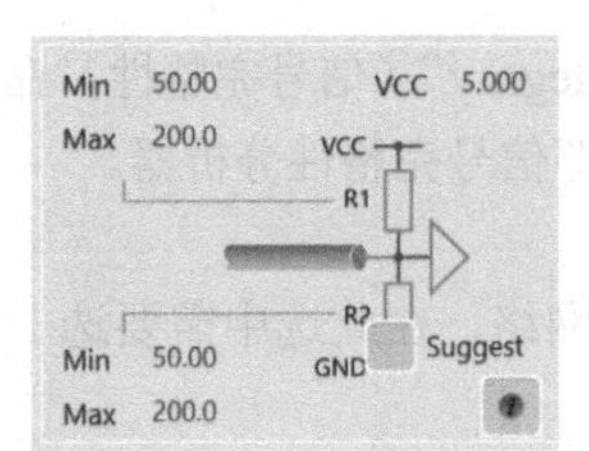

图 6-31 “Parallel Res to VCC & GND”终端补偿方式

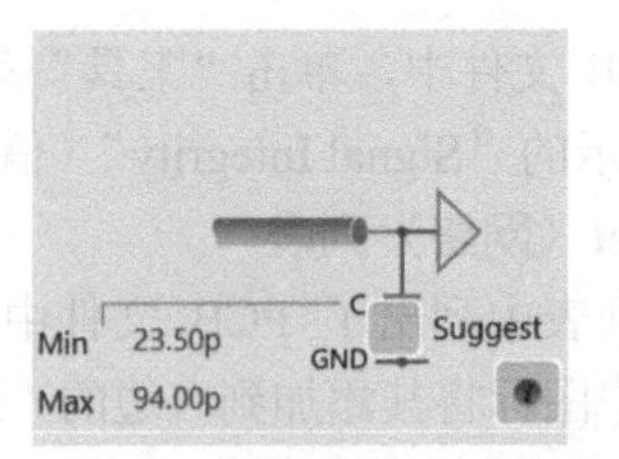

图 6-32 “Parallel Cap to GND”终端补偿方式

7）“Res and Cap to GND”（接地端并阻、并容）补偿。如图 6-33 所示，在接收输入端对地并联一个电容和一个电阻，在终端网络中不再有直流电流流过。使得电路信号的边沿比较平坦，这种补偿方式可以使传输线上的信号被彻底终止。

8）“Parallel Schottky Diode”（并联肖特基二极管）补偿。如图 6-34 所示，在传输线终端的电源和接地端并联肖特基二极管，可以减少接收端信号的过冲和下冲值，大多数标准逻辑集成电路的输入电路都采用了这种补偿方式。

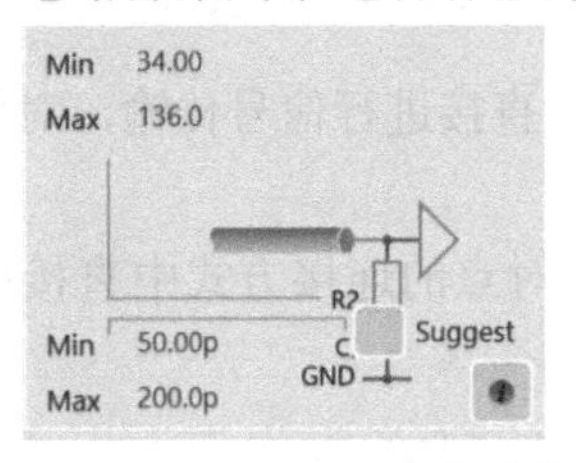

图 6-33 “Res and Cap to GND”终端补偿方式

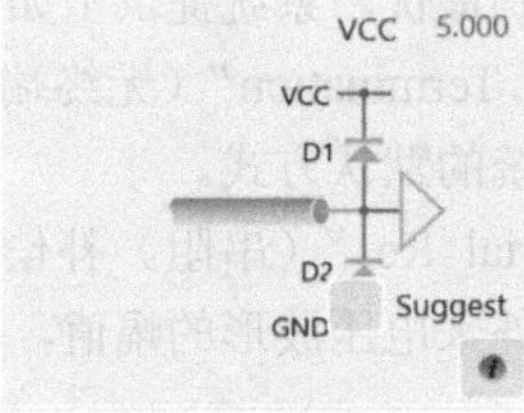

图 6-34 “Parallel Schottky Diode”终端补偿方式

5. Perform Sweep（执行扫描）复选框

按照用户所设置的参数范围对整个系统的信号完整性进行扫描，类似于电路原理图仿真中的参数扫描方式。

6. Menu（菜单）按钮

单击此按钮，弹出图 6-35 所示的菜单命令，主要选项功能如下。

- “Select Net”（选择网络）。将选中的网络添加到右侧的网络栏内。
- “Copy”（复制）。复制所选中的网络，包括“Select”（选择）和“ALL”（所有）。
- “Show/Hide Columns”（显示/隐藏列）。显示或者隐藏纵向列，其命令如图 6-36 所示。

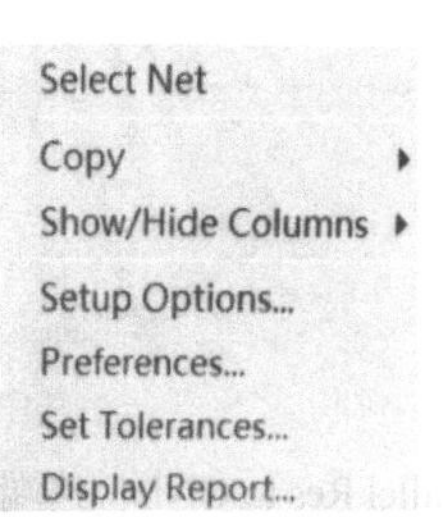

图 6-35 Menu 按钮的菜单命令

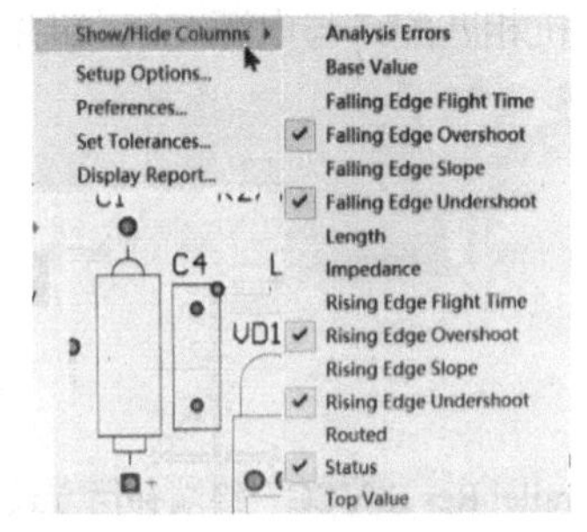

图 6-36 Show/Hide Columns 命令

- “Preferences”（参数）。设置信号完整性分析的相关选项，选中后弹出如图 6-37 所示“Signal Integrity Preferences”（信号完整性参数）对话框。在“Configuration”（配置）选项卡中设置信号完整性分析的时间及步长。
- “Set Tolerances”（设置公差）。选中后弹出图 6-38 所示的“Set Screening Analysis Tolerance”（设置屏蔽分析公差）对话框。“Tolerance”（公差）限定一个误差范围，表示

允许信号变化的最大值和最小值。在进一步分析之前，应先检查一下公差限制是否合适。

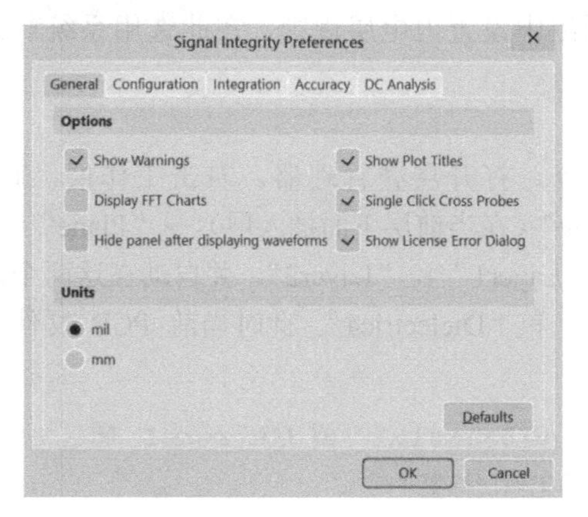

图 6-37 “Signal Integrity Preferences”对话框

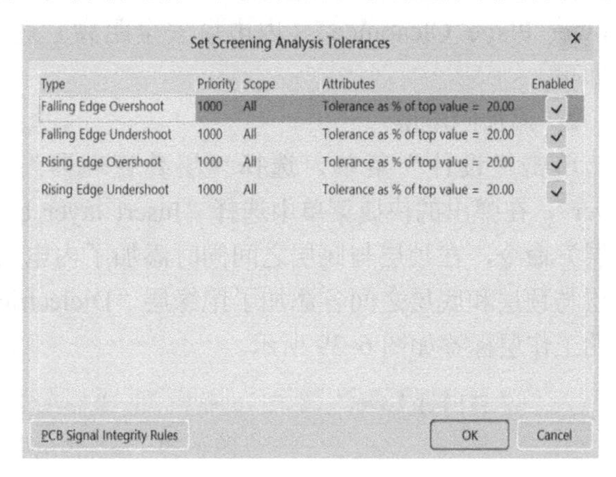

图 6-38 “Set Screening Analysis Tolerance”对话框

● “Display Report”（显示报表）。显示信号完整性分析报表。

【项目实施】

6.3 设计数字时钟显示器多层电路板

启动 Altium Designer 20 软件，打开“项目 3 数字时钟显示器”项目，数字时钟显示器多层板设计实施过程如下。

6.3.1 新建并规划多层电路板外形

1. 新建并保存 PCB 文件

单击“工程”菜单，选择“添加新的到工程”→“PCB”命令，新建的 PCB 文件默认文件名是“多层板.PcbDoc”。

2. 设置 PCB 工作环境

单击“工具”菜单，选择“优先项”命令，可以设置 PCB 工作环境参数。当前项目中 PCB 文件的工作环境使用系统默认值即可。

3. 设置 PCB 属性

在 PCB 文件中单击窗口右侧的“Properties”（属性）面板，在“Board”（板）属性中设置当前 PCB 属性。当前 PCB 文件属性使用系统默认值即可。

4. 设置电路板物理边界与 PCB 形状

单击工作层标签 Mechanical 1，使其成为当前工作层。单击“放置”菜单，选择“线条”命令，绘制长、宽分别为“6800mil、4600mil”的物理边界线。单击“设计”菜单，选择“电路板形状”→“按照选择对象定义”命令，按 PCB 物理边界修改 PCB 形状。

6.3.2 设计多层电路板文件

1. 设置内电层规则

单击“设计”菜单，选择“规则”命令，在弹出的“PCB 规则及约束编辑器”对话框中单击“Plane”（内电层）标签，在“Power Plane Connect Style”（内电层连接类型）选项组和“Power Plane Clearance”（内电层安全距离）选项组中设置内电层规则，在此选用系统默认值即可。

2．添加内电层

单击“设计”菜单，选择“层叠管理器”命令，打开层叠管理器。右击工作层“Top Layer”，在弹出的快捷菜单中选择“Insert layer below”（在当前层下面插入层）→“Plane”（内电层）命令，在顶层与底层之间同时添加了内电层“Layer1”和“Layer2”，并自动在这两个内电层与顶层和底层之间各添加了绝缘层“Dielectric3”和“Dielectric4”。此时当前 PCB 文件下方的工作层标签如图 6-39 所示。

[1] Top Layer [2] Layer 1 [3] Layer 2 [4] Bottom Layer Mechanical 1

图 6-39　添加内电层后的工作层标签

3．分割内电层

单击“Layer1”工作层标签，使其成为当前层，双击当前层中绿色区域位置，在弹出的“平面分割”对话框中选择网络“GND”。

单击“Layer2”工作层标签，使其成为当前层，双击当前层中绿色区域位置，在弹出的“平面分割”对话框中选择网络“VCC”。单击“放置”菜单，选择“线条”命令，光标变为十字形，在适当位置处绘制一个封闭区域。双击这个封闭区域，在弹出的“平面分割”对话框中选择网络“+5V”，如图 6-40 所示。

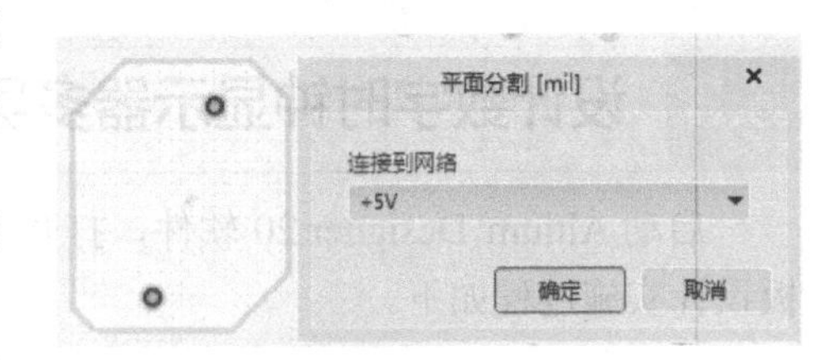

图 6-40　分割内电层

在“PCB”面板下拉列表中选择“Split Plane Editor”（分割内电层编辑器），如图 6-41 所示。在“Layer2”工作层右侧显示“分割数量”是“2”，即将 Layer2 层分割为两部分，分别连接“VCC”网络和“+5V”网络。

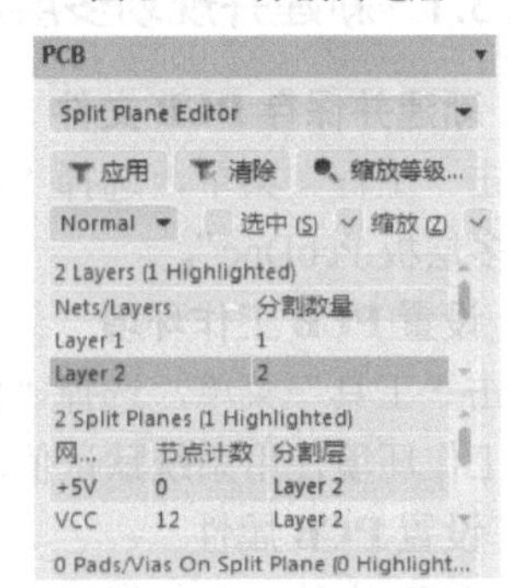

图 6-41　分割内电层后的电路板窗口

4．导入网络表

打开当前项目文件中的原理图文件，单击“设计”菜单，选择“Update PCB Document PCB1.PcbDoc”（更新 PCB 文件）命令，弹出“工程变更指令”对话框。

单击“验证变更”按钮，在“检测”列表中都出现绿色图标时表示无误。单击“执行变更”按钮，系统执行将变更操作，所有成功导入的网络表信息项的“完成”列表栏会出现绿色图标，如图 6-42 所示。单击“关闭”按钮后，当前电路板窗口如图 6-43 所示。

5．手动布局

根据原理图中信号走向与电路模块功能，将连接器件“P2”、电感线圈“DC1”、4 个数码管等，放置在电路板左侧和右侧边缘位置；核心元件“AT1”“IC2”“IC3”放置在电路板核心位置，其周边元件围绕它进行布局；其余元件按照电路板中信号的流向整体安排成从左到右或从上到下放置。元件布局主要使用光标拖动结合旋转元件的方法。元件手动布局后的电路板如图 6-44 所示。

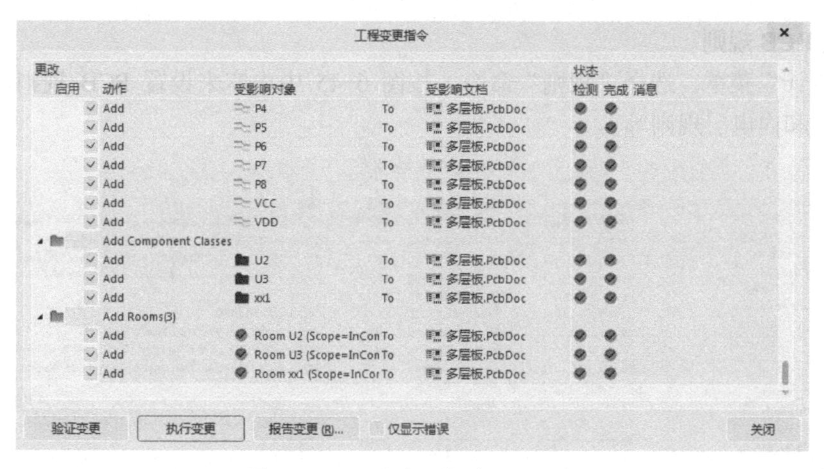

图 6-42　“工程变更指令”对话框

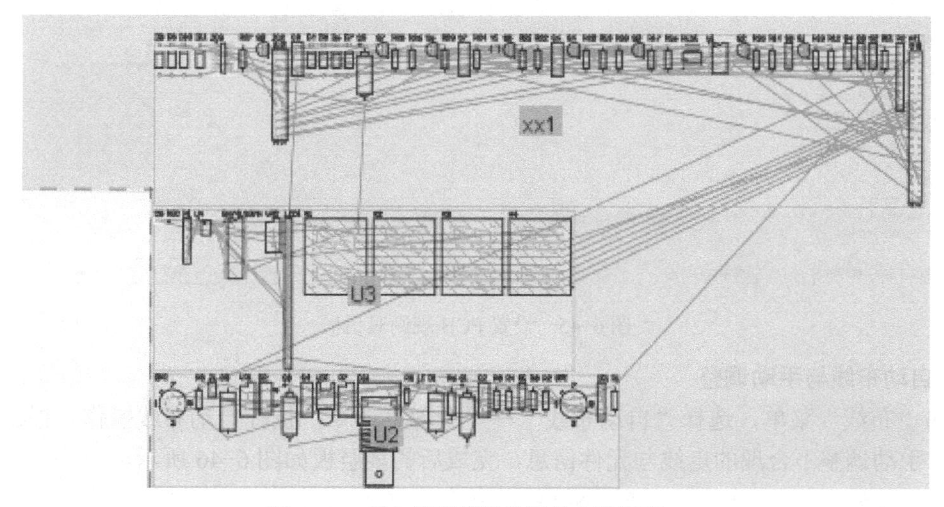

图 6-43　导入原理图后的当前电路板窗口

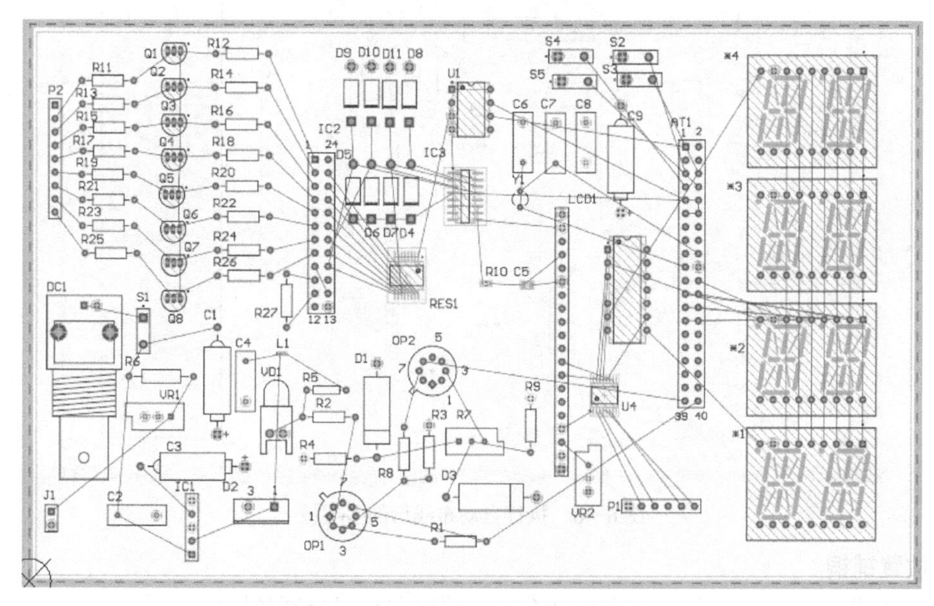

图 6-44　元件手动布局后的电路板

6．设置 PCB 规则

单击“设计”菜单，选择“规则”命令，按图 6-45 中内容来设置 PCB 规则，包括电气规则、布线规则和内电层规则等。

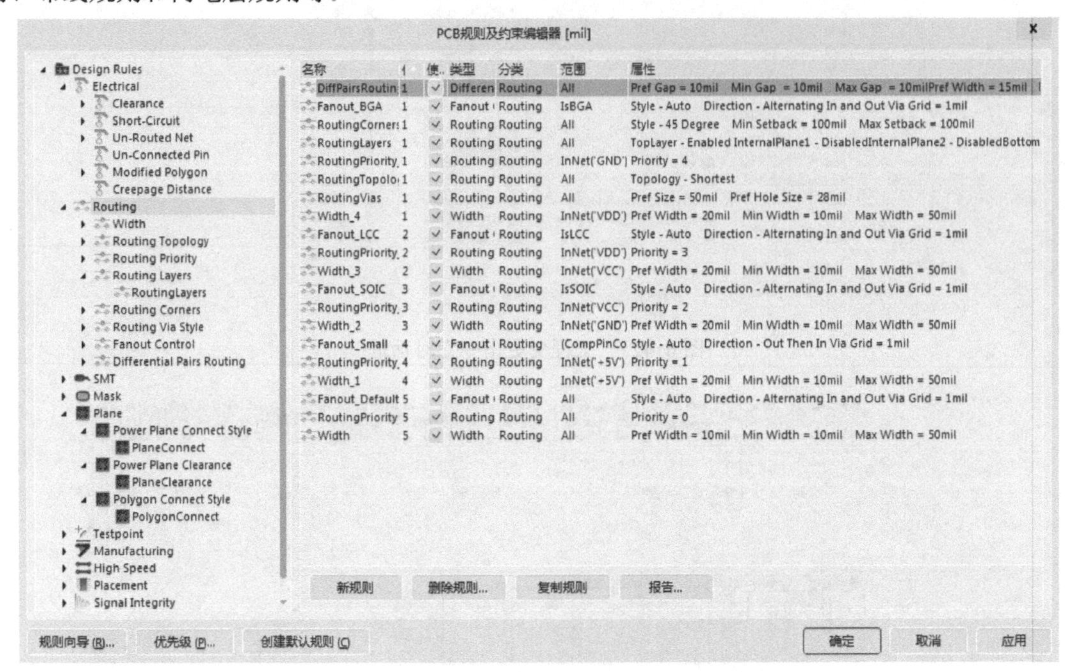

图 6-45　设置 PCB 规则对话框

7．自动布线与手动调整

单击“布线”菜单，选择“自动布线”→“全部”命令，执行自动布线操作。根据实际布线情况，手动调整不合理的走线与元件信息，完成后的多层板如图 6-46 所示。

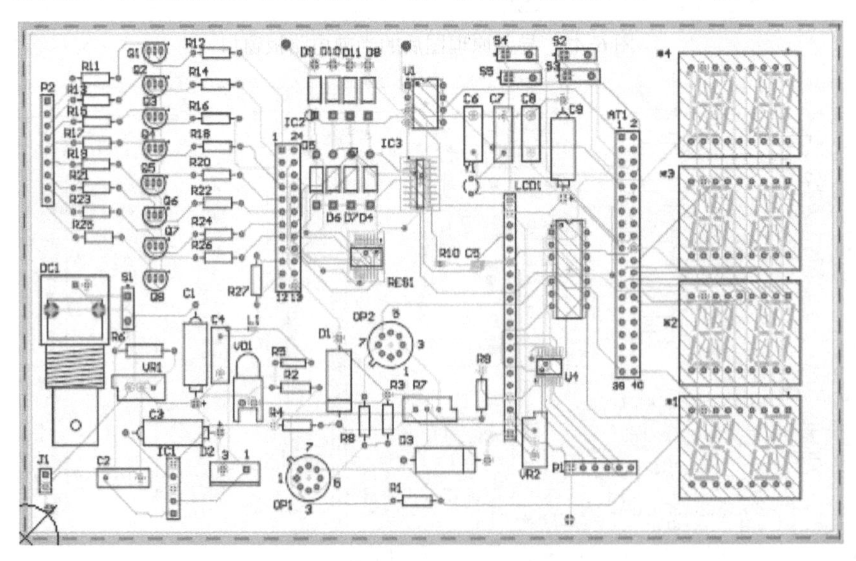

图 6-46　执行自动布线后的多层板

8．放置铺铜

单击“放置”菜单，选择“铺铜”命令，在顶层和底层分别放置铺铜。

9. 设计规则检查并修改

单击“工具”菜单，选择“设计规则检查”命令，在弹出的“设计规则检查器”对话框中单击“运行 DRC”按钮，系统进行 DRC 检查，DRC 检查报告文件如图 6-47 所示。

PCB1.PcbDoc * | Design Rule Verification Report | 多层板.PcbDoc * | xx1.SchDoc | PCB1.PcbDoc [Stackup]

Summary

Warnings	Count
Total	0

Rule Violations	Count
Clearance Constraint (Gap=0mil) (InNet('a4')),(All)	0
Clearance Constraint (Gap=0mil) (InNet('a3')),(All)	0
Clearance Constraint (Gap=0mil) (InNet('a6')),(All)	0
Clearance Constraint (Gap=0mil) (InNet('a5')),(All)	0
Clearance Constraint (Gap=0mil) (InNet('a0')),(All)	0
Clearance Constraint (Gap=10mil) (All),(All)	1
Clearance Constraint (Gap=0mil) (InNet('a2')),(All)	0
Clearance Constraint (Gap=0mil) (InNet('a1')),(All)	0
Clearance Constraint (Gap=0mil) (InNet('a7')),(All)	0

图 6-47　DRC 检查报告

10. 三维显示设计效果

选择菜单“视图”→“切换到三维模式”，多层电路板三维视图如图 6-48 所示。

图 6-48　多层电路板三维视图

6.3.3 生成项目集成库

单击“设计”菜单，选择“生成集成库”命令，此时系统自动生成一个新的项目文件，其项目文件主名与 PCB 项目同名，文件扩展名为“LibPkg”。包括两个库文件，即“项目 3 数字钟显示器.SchLib”和“多层板.PcbLib”。

选择菜单“File”→“制造输出”→“Gerber Files”，弹出“Gerber 设置”对话框，在“General”选项卡中选择公制单位的“4∶4”比例，在“Layers”选项中选择电路板文件所包含的工作层，单击“OK”按钮，用户可以打印输出 Gerber 文件。

6.4 思考与练习

【练习 6-1】使用 Altium Designer 20 软件在项目文件“练习 6-1.PrjPcb”中新建 PCB 文件“练习 6-1 单层电路板.PcbDoc”，添加练习 3-1 中的“练习 3-1 原理图.SchDoc”文件。具体要求：设计多层电路板，电路板布局和布线可参考图 6-49 所示；根据电子元件布局工艺进行手动布局；添加接地和电源焊盘；设计合理的自动布线规则（电源和地线宽度是“30mil”，自动布线）；进行补泪滴和信号层铺铜设置，要求铺铜与接地网络相连；设计规则并确保检查无误；三维显示电路板效果图；生成元件报表文件。

【练习 6-2】使用 Altium Designer 20 软件在项目文件“练习 6-2.PrjPcb”中新建 PCB 文件“练习 6-2 单层电路板.PcbDo”，添加练习 3-2 中的“练习 3-2 原理图.SchDoc”文件。要求：设计多层电路板，电路板布局和布线可参考图 6-50 所示；根据电子元件布局工艺进行手动布局；添加接地和电源焊盘；设计合理的自动布线规则（电源和地线宽度是“20mil”，自动布线）；进行补泪滴和信号层铺铜设置，要求铺铜与接地网络相连；设计规则并确保检查无误；三维显示电路板效果图；生成元件报表文件。

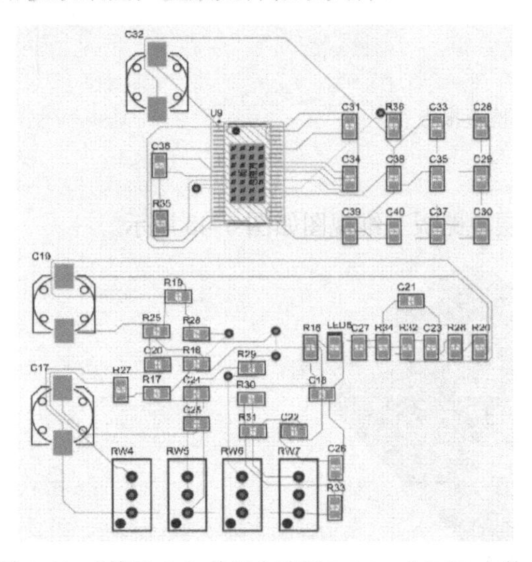

图 6-49 “练习 6-1 单层电路板.PcbDoc”PCB 文件

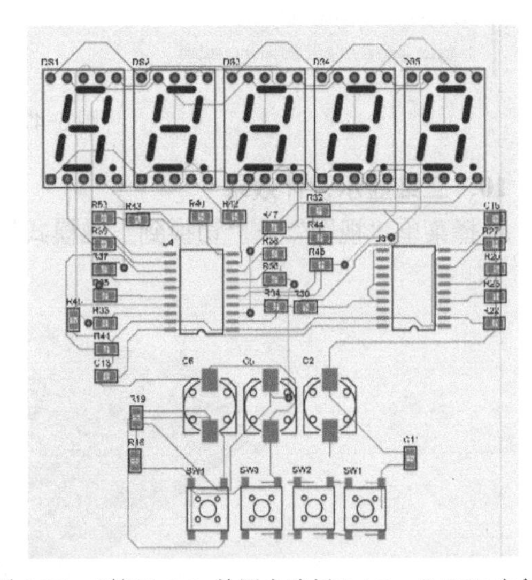

图 6-50 “练习 6-2 单层电路板.PcbDoc”PCB 文件

【职业素养小课堂】

我国自古就是一个具有创新传统和工匠精神的国度。三国时期的“名巧”——马钧虽不善言辞，却心灵手巧，擅长解决实际的技术难题。宋代的韩公廉成为将工匠传统与运算知识结合的工程师。明朝的宋应星，虽没能考中进士，却撰写出《天工开物》。这种创新精神和能力正是现代中国制造业的从业者们更需要继承的精神。

附　　录

附录 A 常用快捷键

原理图键盘快捷键	功能	原理图键盘快捷键	功能
Enter	选取或启动	V+d	缩放视图以显示整张电路图
Esc	放弃或取消	V+f	缩放视图以显示所有电路部件
Tab	启动浮动对象的属性窗口	Home	以光标位置为中心刷新屏幕
PgUp	放大窗口显示比例	Esc	终止当前正在进行的操作，返回待命状态
PgDn	缩小窗口显示比例	Backspace	放置导线或多边形时，删除最末一个顶点
End	刷新屏幕	Delete	放置导线或多边形时，删除最末一个顶点
Del	删除点取的元件（1 个）	Ctrl+Tab	在打开的各个设计文件文档之间切换
Ctrl+Del	删除选取的元件（2 个或 2 个以上）	Alt+Tab	在打开的各个应用程序之间切换
X+a	取消所有被选取对象的选取状态	左箭头	光标左移 1 个电气栅格
X	将浮动对象左右翻转	Shift+左箭头	光标左移 10 个电气栅格
Y	将浮动对象上下翻转	右箭头	光标右移 1 个电气栅格
Space	将浮动对象旋转 90°	Shift+右箭头	光标右移 10 个电气栅格
Ctrl+Ins	将选取对象复制到编辑区里	上箭头	光标上移 1 个电气栅格
Shift+Ins	将剪贴板里的对象贴到编辑区里	Shift+上箭头	光标上移 10 个电气栅格
Shift+Del	将选取对象剪切后放入剪贴板里	下箭头	光标下移 1 个电气栅格
Alt+Backspace	恢复上一次的操作	Shift+下箭头	光标下移 10 个电气栅格
Ctrl+Backspace	取消上一次的恢复	Shift+F4	将打开的所有文档窗口平铺显示
Ctrl+g	跳转到指定位置	Shift+F5	将打开的所有文档窗口层叠显示
Ctrl+f	寻找指定文字	Shift+单击	选定单个对象
Space+Shift	缩放视图以显示整张电路图	Shift+Ctrl+单击	移动单个对象
PCB 键盘快捷键	**功能**	**PCB 键盘快捷键**	**功能**
Backspace	删除布线过程中最后一个布线角	Q	切换公制和英制单位
Ctrl+G	启动捕获网络设置对话框	Shift+R	在 3 种布线模式之间进行切换
Ctrl+H	选取连接的铜膜走线	Shift+E	打开或关闭电气网络
Ctrl+Shift+单击	断开走线	Shift+Space	切换布线过程中布线拐角的模式
Ctrl+M	测量距离	Shift+S	打开或关闭单层显示模式
G	弹出捕获网络菜单	Space	切换布线过程中的开始/结束模式
L	启动工作板层及颜色设置对话框	+	将工作层切换到下一个工作层
M+V	以垂直移动方式分割内电层	-	将工作层切换到上一个工作层
N	在移动元件同时隐藏预拉线		

附录 B　书中非标准符号与国标符号的对照表

元器件名称	书 中 符 号	图 标 符 号
电解电容	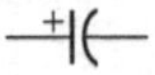	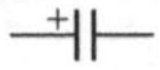
普通二极管		
稳压二极管		
发光二极管		
线路接地		
非门	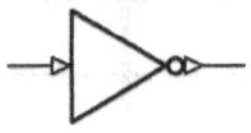	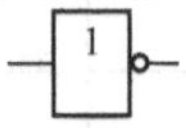
与非门	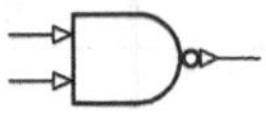	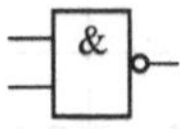
与门	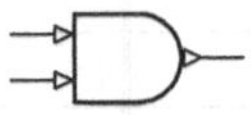	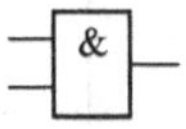
变压器		
电位器	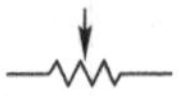	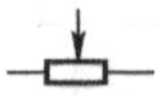

参考文献

[1] 高锐．印制电路板设计与制作[M]．北京：机械工业出版社，2012．

[2] 孟培，段荣霞．Altium Designer 20 电路设计与仿真从入门到精通[M]．北京：人民邮电出版社，2021．

[3] 高锐，高芳．电子 CAD 绘图与制版项目教程[M]．北京：电子工业出版社，2012．

[4] 苏立军，闫聪聪．Altium Designer 20 电路设计与仿真[M]．北京：机械工业出版社，2020．

[5] 李瑞，孟培，胡仁喜．Altium Designer 20 中文版电路设计标准实例教程[M]．北京：机械工业出版社，2021．

[6] 杜中一．电子制造与封装[M]．北京：电子工业出版社，2010．

[7] 韩雪涛．电子产品印制电路板制作技能演练[M]．北京：电子工业出版社，2009．

[8] 孟祥忠．电子线路制图与制版[M]．北京：电子工业出版社，2009．

Altium Designer 原理图与 PCB 设计项目教程

工作手册

姓　　名____________________

专　　业____________________

班　　级____________________

任课教师____________________

机 械 工 业 出 版 社

目　　录

板级设计工程师认证标准

目前进行的认证考试主要有两项：电子设计工程师认证、板级设计初级工程师认证。

电子设计工程师认证的宗旨是着力提高被认证学员对所学专业知识的综合运用能力，着力提高被认证学员的实际动手能力，以满足企业及市场对电子工程设计人员的要求为最终目的；电子设计中级、高级认证的宗旨是着力考查被认证学员的电子技术综合运用能力（含独立进行产品开发的能力、自我学习能力、分析问题和解决问题能力）。

板级设计工程师的专业认证，要求被认证学员首先具备电子技术基本知识，这就要求学员首先要通过电子设计工程师认证考试，但是作为专业板级设计，还要进行板级设计初级工程师认证。

板级设计初级工程师认证标准如下。

1）具备依据元器件数据手册，绘制元器件符号和封装模型的能力。

2）熟悉板级设计流程，能依据设计方案的各种简略描述形式，例如电路原理草图，绘制精确的电路原理图、PCB 图并创建元器件清单。

3）具备针对常见不同电平信号，如 TTL 电平与 CMOS 电平，设计其转换电路的能力。

4）具备识别基本电路设计错误的能力，能排除电气连接和功能设计的常规错误。

5）掌握基础电气设计规则，能结合功能设计的性能指标，单独设置局部电气约束规则和全局约束规则。

6）具备根据电路板设计指标，进行对应 PCB 的形状、板层设置的能力。

7）可以按照电源设计的要求，合理划分内源层的能力。

8）具备输出 CAM 设计数据的能力。

板级设计工程师认证是根据企业及市场的需求量身打造的专业认证，它定位明确，就是从事 PCB 设计的人员，在市场上有相对应的岗位，而认证标准也是和企业共同制定的，完全满足企业和社会对 PCB 设计人才的需求，所以可以获得专门从事 PCB 设计的 Altium 公司的认可。本书内容满足板级设计初级工程师认证所需的知识与技能，也可作为认证考试的参考书。

项目 1　收音机电路原理图设计工作单

1.1　练习 1-1 工作单

根据绘制原理图的基本操作流程，完成练习 1-1 工作单中具体工作过程与内容。

1.1.1　工作单基本信息

项目名称：____________________项目小组：____________________

同组成员：____________________指导教师：____________________

工作地点：__________建议完成时间：________实际完成时间：________

1.1.2　工作要求

1．练习 1-1 原理图设计要求

使用 Altium Designer 20 软件新建项目文件“练习 1-1.PrjPcb”、原理图文件“练习 1-1 原理图.SchDoc”。原理图文件格式设置为：图纸大小设为 B4；图纸方向设为横向放置；图纸底色设为粉色；标题栏设为 ANSI 形式；网络形式设为点状且颜色设为 17 色号，边框颜色设为红色。

“练习 1-1 原理图.SchDoc”文件如图 1-1 所示，原理图元件清单如表 1-1 所示。使用软件提供的系统元件库中的元件，可对原理图中元件进行简单修改；根据实际元件选择原理图元件封装；进行原理图编译并修改，保证原理图正确；生成原理图元件清单和网络表文件；编译原理图文件并生成材料清单报表文件。

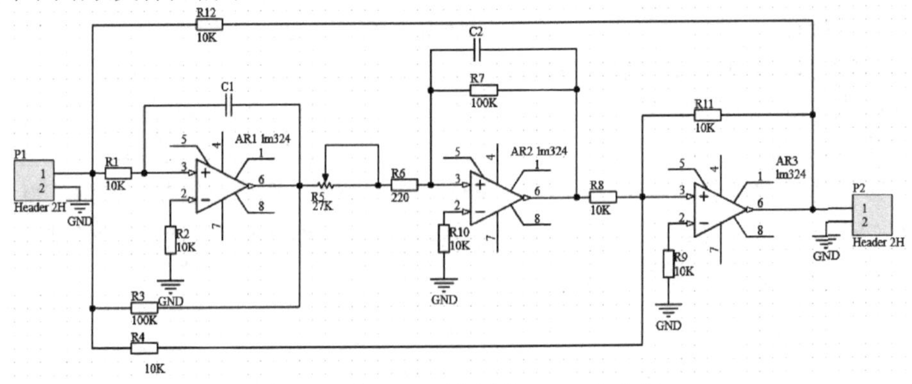

图 1-1 “练习 1-1 原理图.SchDoc”文件

2．练习 1-1 原理图元件清单

练习 1-1 的原理图元件清单如表 1-1 所示。

表 1-1　原理图元件清单

元件标识符	元件名	元件封装	元件标识符	元件名	元件封装
AR1, AR2, AR3	Op Amp	H-08A	R1, R2, R3, R4, R6, R7, R8, R9, R10, R11, R12	Res2	AXIAL-0.4
C1, C2	Cap	RAD-0.3	R5	RPot	VR5
P1, P2	Header 2H	HDR1X2H			

1.1.3　工作计划

工作计划主要包括：完成项目所需任务的个数、每个任务完成的具体内容、每个任务预期成果与完成的时间、同组人员中每个人的具体任务等内容。可以在工作计划后根据实际情况增加或删减计划内容。

1．分析并确定工作流程

2．工作流程中每个工作任务的名称与时间

3．根据设计工艺要求对应在每个任务中需要完成的内容

4．每个任务的预期成果与完成时间

5．同组人员中每个人的具体任务

6．工作质量检查的工作内容与人员分配

1.1.4 工作过程

1．任务 1：________________________工作过程

详细工作过程：

2．任务 2：________________________工作过程

详细工作过程：

3．任务 3：________________________工作过程

详细工作过程：

1.1.5 工作情况记录

记录并检查工作过程中各个任务阶段的重点内容，如表 1-2 所示。

表 1-2 工作情况记录表

工作实施检查	检查记录	修改记录
1. 熟悉板级设计流程并依据项目要求设计工作计划和流程		
2. 新建和保存项目文件及原理图文件		
3. 设置系统和原理图工作环境参数		
4. 放置原理图中基本对象		
5. 设置原理图中基本对象属性		
6. 连接原理图中线路		
7. 编译原理图		
8. 修改原理图中错误直至无误		
9. 原理图整体正确美观，符合作图规范		
10. 具备依据元器件数据手册绘制元器件符号和封装模型的能力		
工作效果检查	检查记录	修改记录
1. 是否能如实填报检查单		
2. 任务实施是否独立完成		
3. 是否在规定的时间内完成任务		
4. 小组成员协作情况		
工作总结：		

1.2 练习 1-2 工作单

根据绘制原理图的基本操作流程，完成练习 1-2 工作单中具体工作过程与内容。

1.2.1 工作单基本信息

项目名称：________________项目小组：________________

同组成员：________________指导教师：________________

工作地点：__________建议完成时间：__________实际完成时间：__________

1.2.2 工作要求

1. 练习 1-2 原理图设计要求

使用 Altium Designer 20 软件新建项目文件“练习 1-2.PrjPcb”、原理图文件“练习 1-2 原理图.SchDoc”。原理图文件格式设置为：图纸大小设为 A4；图纸方向设为横向放置；图纸底色设为白色；不使用标题栏；网格形式设为线状且颜色设为 17 色号，边框颜色设为黑色。

“练习 1-2 原理图.SchDoc”文件如图 1-2 所示，原理图元件清单如表 1-3 所示。使用系统元件库中的元件，可对原理图中元件进行简单修改；根据实际元件选择原理图元件封装；进行原理图编译并修改，保证原理图正确；生成原理图元器件清单和网络表文件；编译原理图文件并生成材料清单报表文件。

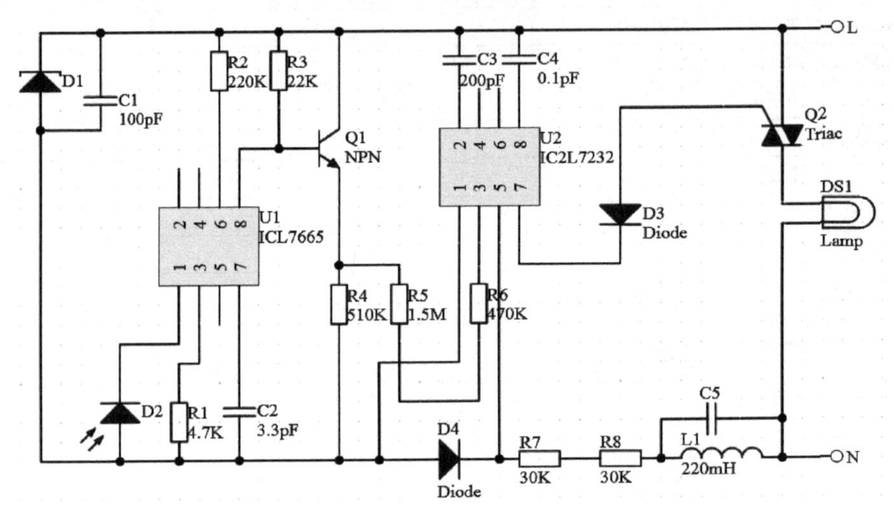

图 1-2 “练习 1-2 原理图.SchDoc”文件

2. 练习 1-2 原理图元件清单

练习 1-2 的原理图元件清单如表 1-3 所示。

表 1-3 原理图元件清单

元件标识符	元件名	元件封装	元件标识符	元件名	元件封装
C1, C2, C3, C4, C5	Cap	RAD-0.3	L1	Inductor	0402-A
D1	D Tunnel1	3.2X1.6X1.1	Q1	NPN	TO-226-AA
D2	Photo Sen	PIN2	Q2	Triac	369-03
D3, D4	Diode	SMC	R1, R2, R3, R4, R5, R6, R7, R8	Res2	AXIAL-0.4
DS1	Lamp	PIN2	U1, U2	MHDR2X4	MHDR2X4

1.2.3 工作计划

工作计划主要包括：完成项目所需任务的个数、每个任务完成的具体内容、每个任务预期成果与完成的时间、同组人员中每个人的具体任务等内容。可以在工作计划后根据实际情况增加或删减计划内容。

1. 分析并确定工作流程

2. 工作流程中每个工作任务的名称与时间

3. 根据设计工艺要求对应在每个任务中需要完成的内容

4. 每个任务的预期成果与完成时间

5. 同组人员中每个人的具体任务

6. 工作质量检查的工作内容与人员分配

1.2.4 工作过程

1. 任务1：________________________工作过程

详细工作过程：

2．任务 2：______________________工作过程

详细工作过程：

3．任务 3：______________________工作过程

详细工作过程：

1.2.5 工作情况记录

记录并检查工作过程中各个任务阶段的重点内容，如表 1-4 所示。

表 1-4 工作情况记录表

工作实施检查	检查记录	修改记录
1．熟悉板级设计流程并依据项目要求设计工作计划和流程		
2．新建和保存项目文件及原理图文件		
3．设置系统和原理图工作环境参数		
4．放置原理图中基本对象		
5．设置原理图中基本对象属性		
6．连接原理图中线路		
7．编译原理图		
8．修改原理图中错误直至无误		
9．原理图整体正确美观，符合作图规范		

（续）

工作实施检查	检查记录	修改记录
10．具备依据元器件数据手册绘制元器件符号和封装模型的能力		
工作效果检查	检查记录	修改记录
1．是否能如实填报检查单		
2．任务实施是否独立完成		
3．是否在规定的时间内完成任务		
4．小组成员协作情况		

工作总结：

项目 2　稳压电源原理图设计工作单

2.1　练习 2-1 工作单

根据绘制原理图的基本操作流程，完成练习 2-1 工作单中具体工作过程与内容。

2.1.1　工作单基本信息

项目名称：______________________项目小组：______________________

同组成员：______________________指导教师：______________________

工作地点：____________建议完成时间：_________实际完成时间：_________

2.1.2　工作要求

1．练习 2-1 原理图设计要求

使用 Altium Designer 20 软件新建项目文件，文件名称为“练习 2-1.PrjPcb”，建立“练习 2-1 自制元件.SchLib”文件并保存。需新建以下自制元件。

（1）触发器名称为 JK。要求：JK 触发器各引脚功能如图 2-1 所示，其中 1 引脚和 5 引脚为名称隐藏。

（2）自制含有子部件的元器件，并把它保存到 NewLib.SchLib 中。要求：集成块名称为 LF353-1，各引脚功能如图 2-2 所示，其中 4 引脚和 8 引脚为名称隐藏。

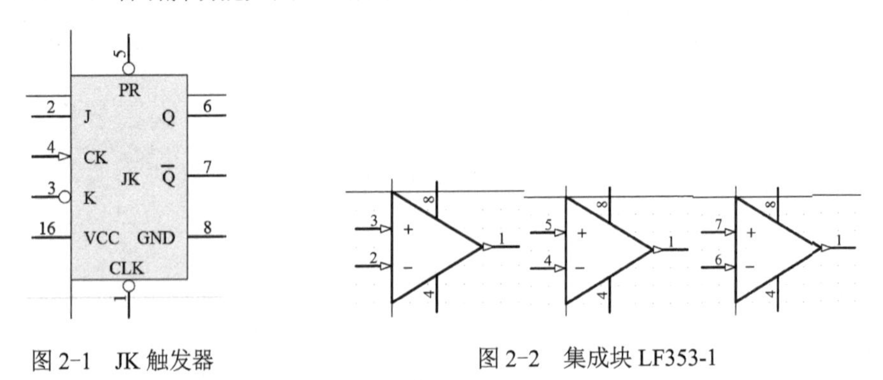

图 2-1　JK 触发器　　　　图 2-2　集成块 LF353-1

2．练习 2-1 自制元件引脚图

自制元件 JK 触发器的引脚属性如图 2-3 所示，自制元件集成块 LF353-1 的引脚属性如图 2-4 所示。

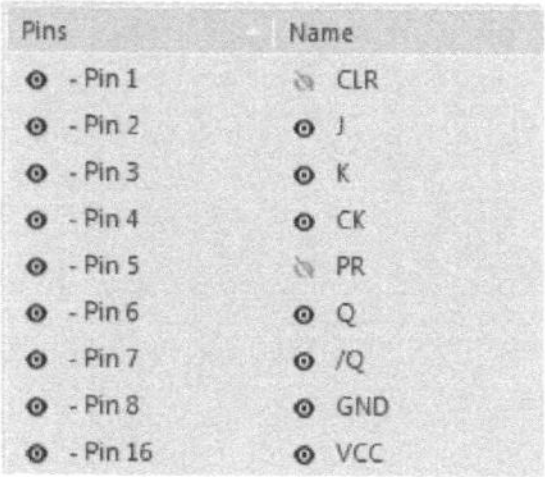

Pins	Name
- Pin 1	CLR
- Pin 2	J
- Pin 3	K
- Pin 4	CK
- Pin 5	PR
- Pin 6	Q
- Pin 7	/Q
- Pin 8	GND
- Pin 16	VCC

图 2-3　自制元件 JK 触发器的引脚属性

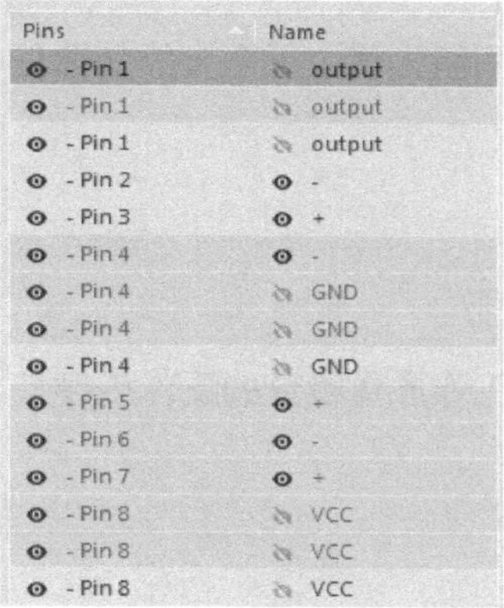

Pins	Name
- Pin 1	output
- Pin 1	output
- Pin 1	output
- Pin 2	-
- Pin 3	+
- Pin 4	-
- Pin 4	GND
- Pin 4	GND
- Pin 4	GND
- Pin 5	+
- Pin 6	-
- Pin 7	+
- Pin 8	VCC
- Pin 8	VCC
- Pin 8	VCC

图 2-4　自制元件集成块 LF353-1 的引脚属性

2.1.3　工作计划

工作计划主要包括：完成项目所需任务的个数、每个任务完成的具体内容、每个任务预期成果与完成的时间、同组人员中每个人的具体任务等内容。可以在工作计划后根据实际情况增加或删减计划内容。

1．分析并确定工作流程

2．工作流程中每个工作任务的名称与时间

3．根据设计工艺要求对应在每个任务中需要完成的内容

4．每个任务的预期成果与完成时间

5．同组人员中每个人的具体任务

6．工作质量检查的工作内容与人员分配

2.1.4 工作过程

1．任务 1：________________________工作过程

详细工作过程：

2．任务 2：________________________工作过程

详细工作过程：

3．任务 3：________________________工作过程

详细工作过程：

2.1.5 工作情况记录

记录并检查工作过程中各个任务阶段的重点内容，如表 2-1 所示。

表 2-1 工作情况记录表

工作实施检查	检查记录	修改记录
1．熟悉板级设计流程并依据项目要求设计工作计划和流程		
2．新建和保存项目文件及原理图元件库文件		
3．设计原理图自制元件外形		
4．设置原理图自制元件引脚		
5．修改自制元件错误直至无误		
6．自制元件正确美观，符合作图规范		
7．具备依据元器件数据手册绘制元器件符号的能力		
工作效果检查	检查记录	修改记录
1．是否能如实填报检查单		
2．任务实施是否独立完成		
3．是否在规定的时间内完成任务		
4．小组成员协作情况		
工作总结：		

2.2 练习 2-2 工作单

根据绘制原理图的基本操作流程，完成练习 2-2 工作单中具体工作过程与内容。

2.2.1 工作单基本信息

项目名称：________________项目小组：________________

同组成员：________________指导教师：________________

工作地点：__________建议完成时间：__________实际完成时间：__________

2.2.2 工作要求

1．练习 2-2 原理图设计要求

在项目“练习 2-1.PrjPcb”中建立原理图文件“练习 2-2 原理图.SchDoc”并保存。要求图纸大小为 A4 类型，图纸方向为横向，标题栏为隐藏。边框颜色设为 9 的紫色。绘制如图 2-5 所示的电路原理图，根据实际元件选择原理图元件封装。采用自动注释的方法对元器件进行注释。进行 ERC 电气规则检查，并生成元器件材料清单。如果有缺项需在电路原理图中进行修改并重新生成 ERC 报表和材料清单。

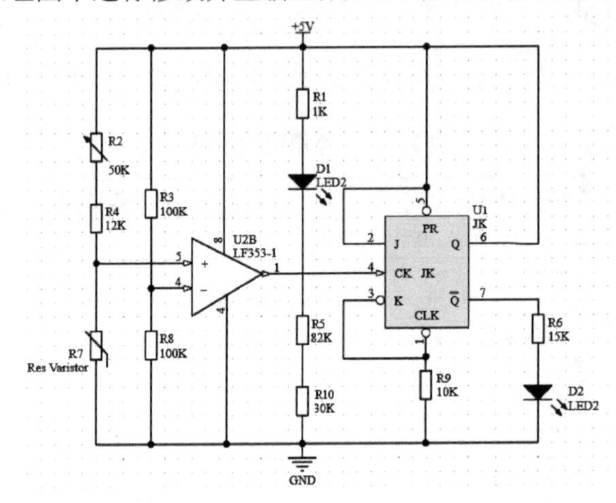

图 2-5 “练习 2-2 原理图.SchDoc”文件

2．练习 2-2 原理图元件清单

练习 2-2 的原理图元件清单如表 2-2 所示。

表 2-2　原理图元件清单

元件标识符	元件名	元件封装	元件标识符	元件名	元件封装
D1, D2	LED2	3.2X1.6X1.1	R7	Res Varistor	6-0805
R1, R3, R4, R5, R6, R8, R9, R10	Res2	AXIAL-0.4	U1	JK	
R2	AXIAL-0.6	Res Adj2	U2	LF353-1	

2.2.3　工作计划

工作计划主要包括：完成项目所需任务的个数、每个任务完成的具体内容、每个任务预期成果与完成的时间、同组人员中每个人的具体任务等内容。可以在工作计划后根据实际情况增加或删减计划内容。

1．分析并确定工作流程

2．工作流程中每个工作任务的名称与时间

3．根据设计工艺要求对应在每个任务中需要完成的内容

4．每个任务预期成果与完成时间

5．同组人员中每个人的具体任务

6．工作质量检查的工作内容与人员分配

2.2.4 工作过程

1．任务 **1**：________________________工作过程

详细工作过程：

2．任务 **2**：________________________工作过程

详细工作过程：

3．任务 3：______________________工作过程

详细工作过程：

2.2.5 工作情况记录

记录并检查工作过程中各个任务阶段的重点内容，如表 2-3 所示。

表 2-3 工作情况记录表

工作实施检查	检查记录	修改记录
1．熟悉板级设计流程并依据项目要求设计工作计划和流程		
2．新建和保存项目文件及原理图文件		
3．设置系统和原理图工作环境参数		
4．绘制原理图中自制元件		
5．设置原理图中基本对象属性		
6．连接原理图中线路		
7．原理图编译		
8．修改原理图中错误直至无误		
9．原理图整体正确美观，符合作图规范		
10．具备依据元器件数据手册绘制元器件符号和封装模型的能力		
工作效果检查	**检查记录**	**修改记录**
1．是否能如实填报检查单		
2．任务实施是否独立完成		
3．是否在规定的时间内完成任务		
4．小组成员协作情况		

工作总结：

项目 3　数字时钟显示器层次原理图设计工作单

3.1　练习 3-1 工作单

根据绘制原理图的基本操作流程，完成练习 3-1 工作单中具体工作过程与内容。

3.1.1　工作单基本信息

项目名称：__________________________项目小组：__________________________

同组成员：__________________________指导教师：__________________________

工作地点：______________建议完成时间：__________实际完成时间：__________

3.1.2　工作要求

1. 练习 3-1 原理图设计要求

使用 Altium Designer 20 软件创建项目文件“练习 3-1.PrjPcb”、原理图文件“练习 3-1 主图.SchDoc”“练习 3-1 子图 1.SchDoc”“练习 3-1 子图 2.SchDoc”，分别如图 3-1～图 3-3 所示；要求：原理图的图纸大小设为 A4；图纸方向设为横向放置；图纸底色设为白色；标题栏设为 ANSI 形式；网格形式设为点状的且颜色设为 20 色号，边框颜色设为黑色；保证层次原理图正确；完成编译并生成集成库文件。

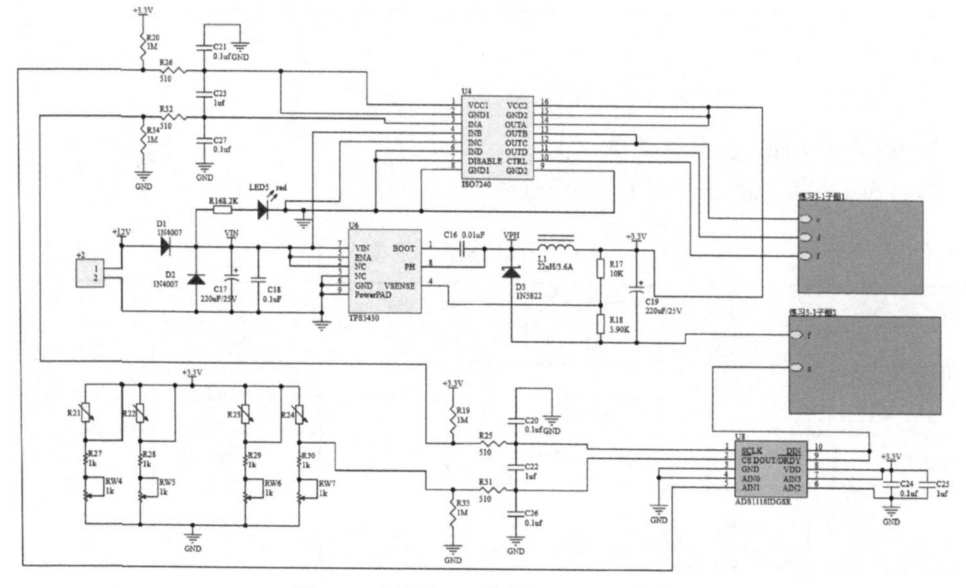

图 3-1　“练习 3-1 主图.SchDoc”文件

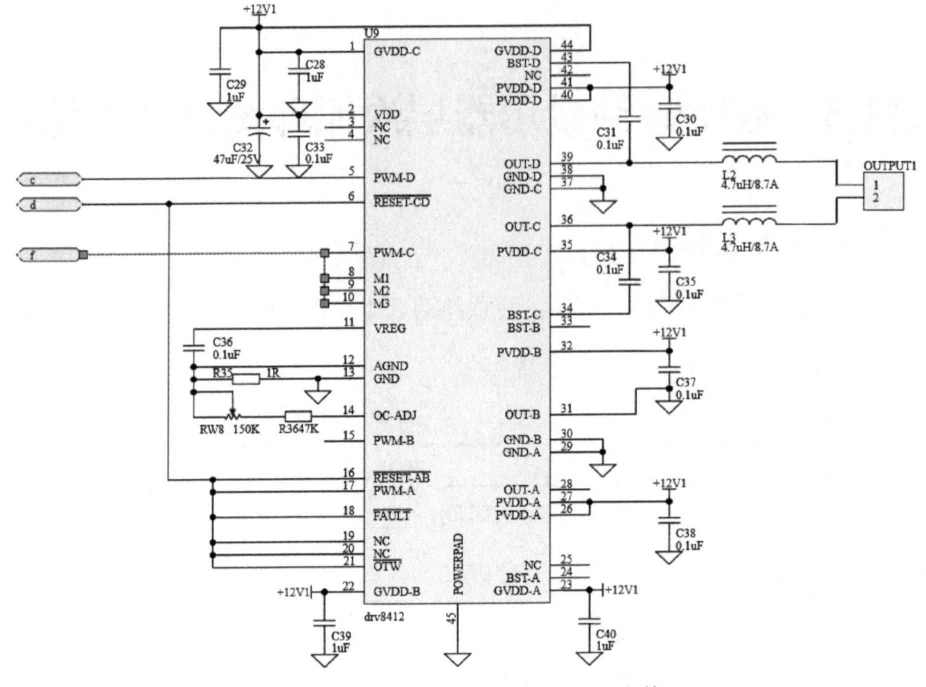

图 3-2 “练习 3-1 子图 1.SchDoc”文件

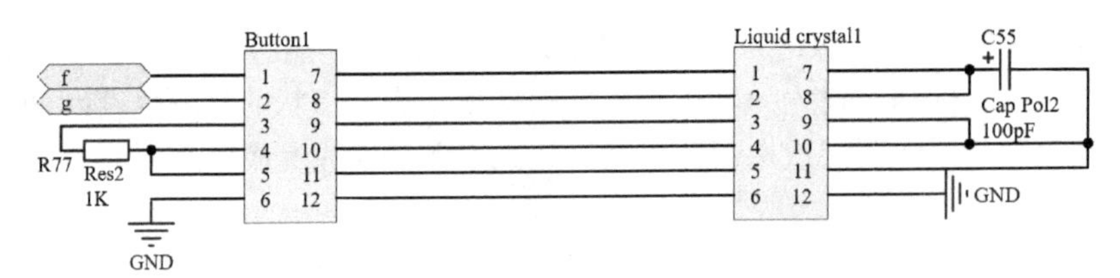

图 3-3 “练习 3-1 子图 2.SchDoc”文件

2. 练习 3-1 原理图元件清单

练习 3-1 的原理图元件清单如表 3-1 所示。

表 3-1 原理图元件清单

元件标识符	元件名	元件封装	元件标识符	元件名	元件封装
AN1	Key_2	AN6X6	Q2	PNP1	TIP132-1
C1,C3,C4,C24,C25, C27,C13,C20, C23,C22	Cap	0805C	R1-R62	RES2, Res1	0805R
C2, C5, C6	Cap Pol1	CD-220uF-25V	RW1, RW2, RW3, RW4	Res adj1	3362P
C7,C8,C9, C10, C11, C14, C15, C16, C17, C18, C19, C21, C26, C28, C29, C30, C31, C32	Cap, CC_0.01U_16 V_X7R_0603	0805C	SW1,SW2, SW3, SW4	SW-PB	AN6X6

（续）

元件标识符	元件名	元件封装	元件标识符	元件名	元件封装
C12	Cap Pol1	3216EC[1206]	U1, U3	74LS244	SO-20
D1, D2, D4, D5, D7, D8	DIODE	3528D	U2	TPS5430	SOIC127P600X170_HS-8N
D3	D Schottky	SMB	U4	LM1117T-3.3	SOT223
D6	LED	0805LED	U5	LM4050	SOT23
J4	PIN3	CON-3	U6	MSP430F5438AIPZ	TSQFP50P1600X1600X160-100N
DS1, DS2, DS3, DS4, DS5	DPY_7-SEG		U7	TLV5613	SOIC20
JTAG1	Header 7X2	HDR2X7	U8, U9	LF353M	SOIC8
L1	Inductor Iron	CDRH127	VT1, VT2, VT3, VT4, VT5	PNP_1	QPNP
LED1	LED2	0805LED	XTAL1	XTAL	XTAL-B
Q1	NPN1	TIP132-1	XTAL2	XTAL	XTAL-A

3.1.3 工作计划

工作计划主要包括：完成项目所需任务的个数、每个任务完成的具体内容、每个任务预期成果与完成的时间、同组人员中每个人的具体任务等内容。可以在工作计划后根据实际情况增加或删减计划内容。

1．分析并确定工作流程

2．工作流程中每个工作任务的名称与时间

3．根据设计工艺要求对应在每个任务中需要完成的内容

4．每个任务预期成果与完成时间

5．同组人员中每个人的具体任务

6．工作质量检查的工作内容与人员分配

3.1.4 工作过程

1．任务 1：________________________工作过程

详细工作过程：

2．任务 2：________________________工作过程

详细工作过程：

3．任务 3：________________________工作过程

详细工作过程：

3.1.5 工作情况记录

记录并检查工作过程中各个任务阶段的重点内容，如表 3-2 所示。

表 3-2 工作情况记录表

工作实施检查	检查记录	修改记录
1．熟悉板级设计流程并依据项目要求设计工作计划和流程		
2．新建和保存项目文件及原理图文件		
3．设置系统和原理图工作环境参数		
4．放置原理图中页面符、端口、其余对象属性		
5．生成子图文件并编辑		
6．连接原理图中线路		
7．编译原理图		
8．修改原理图中错误直至无误		
9．原理图整体正确美观，符合作图规范		
10．具备依据元器件数据手册绘层次原理图的能力		
工作效果检查	**检查记录**	**修改记录**
1．是否能如实填报检查单		
2．任务实施是否独立完成		
3．是否在规定的时间内完成任务		
4．小组成员协作情况		
工作总结：		

3.2 练习 3-2 工作单

根据绘制原理图的基本操作流程，完成练习 3-2 工作单中具体工作过程与内容。

3.2.1 工作单基本信息

项目名称：______________________________项目小组：____________________________

同组成员：______________________________指导教师：____________________________

工作地点：_______________建议完成时间：___________实际完成时间：__________

3.2.2 工作要求

1．练习 3-2 原理图设计要求

使用 Altium Designer 20 软件创建项目文件“练习 3-2.PrjPcb”、原理图文件“练习 3-2 主图.SchDoc”“练习 3-2 子图 1.SchDoc”“练习 3-2 子图 2.SchDoc”，1 个主图和 2 个子图分别如图 3-4、图 3-5、图 3-6 所示。要求：原理图的图纸大小设为 A4；图纸方向设为横向放置；图纸底色设为白色；标题栏设为 ANSI 形式；网格形式设为点状的且颜色设为 20 色号，边框颜色设为黑色。保证层次原理图正确；完成编译工作，并生成集成库文件。

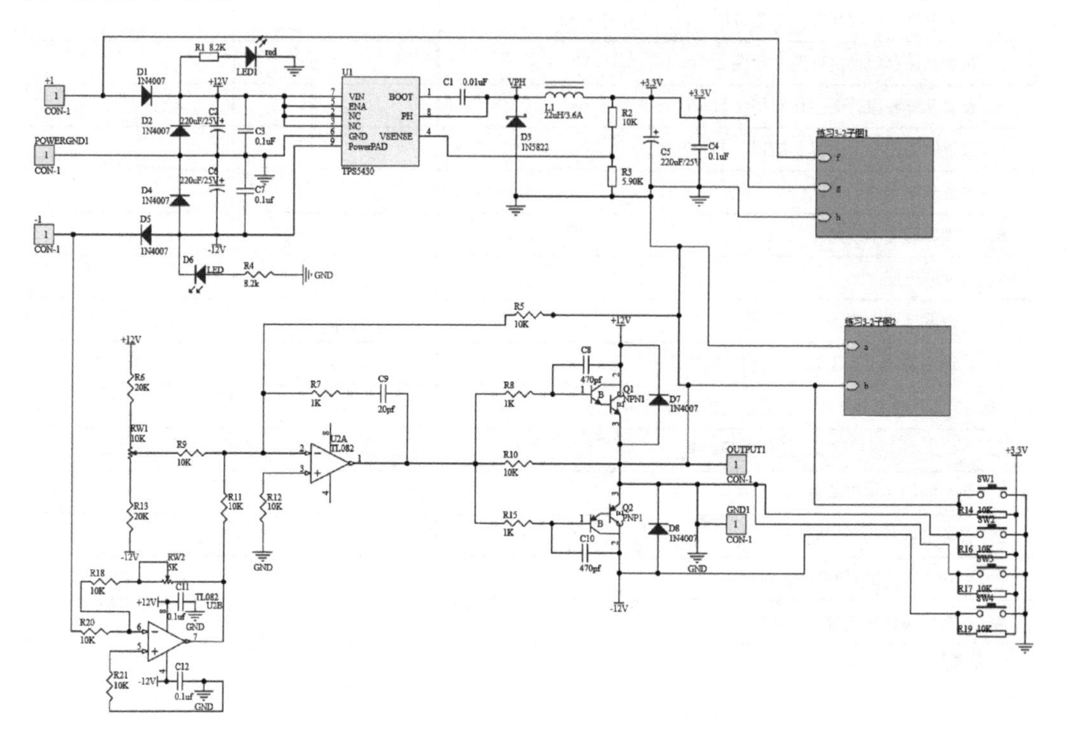

图 3-4 “练习 3-2 主图.SchDoc”文件

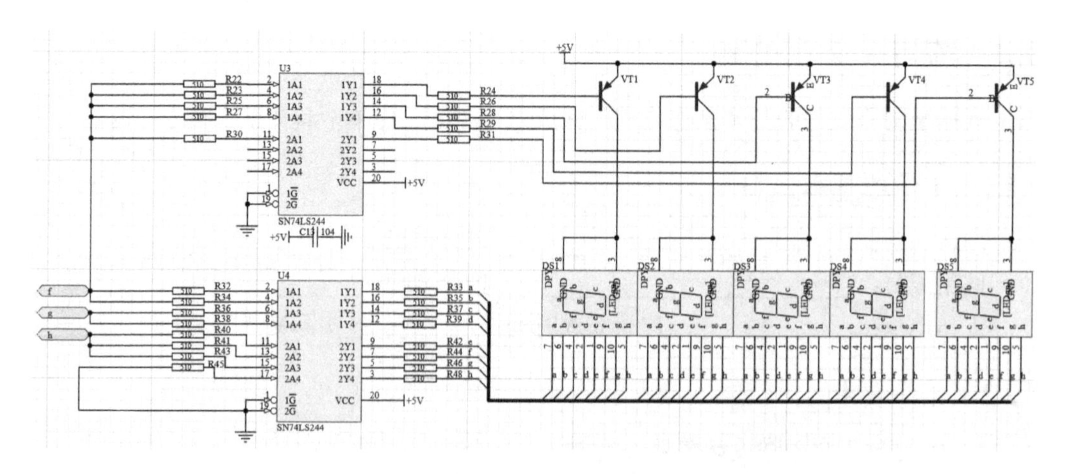

图 3-5 “练习 3-2 子图 1.SchDoc”文件

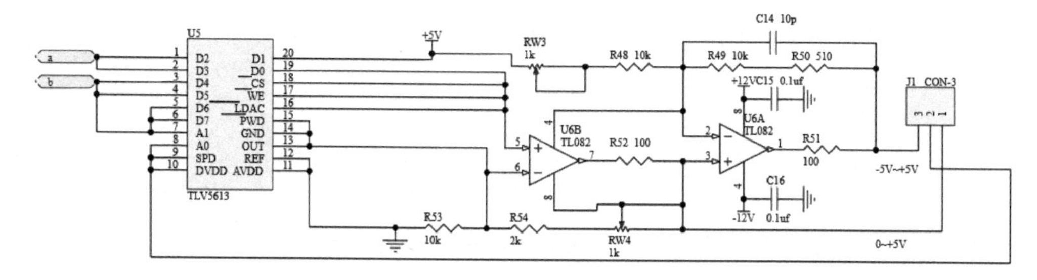

图 3-6 “练习 3-2 子图 2.SchDoc”文件

2．练习 3-2 原理图元件清单

练习 3-2 的原理图元件清单如表 3-3 所示。

表 3-3 原理图元件清单

元件标识符	元件名	元件封装	元件标识符	元件名	元件封装
C1, C3, C4,C7,C8, C9,C10 C11, C12, C13,C14,C15, C16	Cap	0805C	Q2	PNP1	TIP132-1
C2, C5, C6	Cap Pol1	CD-220uF-25V	R1-R54	Res1, RES2	0805R
D1, D2, D4, D5, D7, D8	DIODE	3528D	RW1,RW2,RW3, RW4	Res adj1	3362P
D3	D Schottky	SMB	SW1, SW2, SW3, SW4	SW-PB	AN6X6
D6	LED	0805LED	U1	TPS5430	SOIC127P600X170_HS-8N
DS1, DS2, DS3, DS4, DS5	DPY_7-SEG	DPY_7-SEG	U2, U6	LF353M	SOIC8
J1	CON-3	PIN3	U3, U4	74LS244	SO-20
L1	Inductor Iron	CDRH127	U5	TLV5613	SOIC20
LED1	LED2	0805LED	VT1, VT2, VT3, VT4, VT5	QPNP	PNP_1
Q1	NPN1	TIP132-1			

3.2.3 工作计划

工作计划主要包括：完成项目所需任务的个数、每个任务完成具体内容、每个任务预期成果与完成的时间、同组人员中每个人的具体任务等内容。可以在工作计划后根据实际情况增加或删减计划内容。

1．分析并确定工作流程

2．工作流程中每个工作任务的名称与时间

3．根据设计工艺要求对应在每个任务中需要完成的内容

4．每个任务的预期成果与完成时间

5．同组人员中每个人的具体任务

6．工作质量检查的工作内容与人员分配

3.2.4 工作过程

1．任务 1：________________________工作过程

详细工作过程：

2. 任务 2：________________________工作过程

详细工作过程：

3. 任务 3：________________________工作过程

详细工作过程：

3.2.5 工作情况记录

记录并检查工作过程中各个任务阶段的重点内容，如表 3-4 所示。

表 3-4 工作情况记录表

工作效果检查	检查记录	修改记录
1．熟悉板级设计流程并依据项目要求设计工作计划和流程		
2．新建和保存项目文件及原理图文件		
3．设置系统和原理图工作环境参数		
4．放置原理图中基本对象		
5．设置原理图中基本对象属性		
6．连接原理图中线路		
7．编译原理图		
8．修改原理图中错误直至无误		
9．原理图整体正确美观，符合作图规范		
10．具备依据元器件数据手册且绘制元器件符号和封装模型的能力		
工作效果检查	**检查记录**	**修改记录**
1．是否能如实填报检查单		
2．任务实施是否独立完成		

（续）

工作效果检查	检查记录	修改记录
3．是否在规定的时间内完成任务		
4．小组成员协作情况		

工作总结：

项目 4　收音机单层电路板设计工作单

4.1　练习 4-1 工作单

根据绘制 PCB 的基本操作流程，完成练习 4-1 工作单中具体工作过程与内容。

4.1.1　工作单基本信息

项目名称：______________________________项目小组：______________________________

同组成员：______________________________指导教师：______________________________

工作地点：________________建议完成时间：____________实际完成时间：____________

4.1.2　工作要求

使用 Altium Designer 20 软件在项目文件“练习 4-1.PrjPcb”中新建 PCB 文件“练习 4-1 单层电路板.PcbDoc”，添加练习 4-1 中的“练习 4-1 原理图.SchDoc”文件。要求：设计尺寸为 2000mil×3000mil 的单层印制电路板，电路板布局、布线可参考图 4-1；根据电子元件布局工艺进行手工布局；添加接地和电源焊盘；设计合理的自动布线规则（电源和地线宽度是 1mm，自动布线）；进行补泪滴和信号层铺铜设置，要求铺铜与接地网络相连；对设计规则检查且确保无误；三维显示电路板效果图；生成元件报表文件和光绘文件。

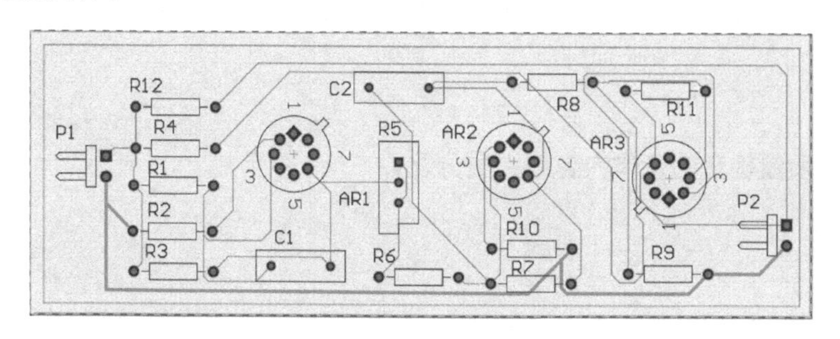

图 4-1　“练习 4-1 单层电路板.PcbDoc”文件

4.1.3　工作计划

工作计划主要包括：完成项目所需任务的个数、每个任务完成的具体内容、每个任务预期成果与完成的时间、同组人员中每个人的具体任务等内容。可以在工作计划后根据实际情况增加或删减计划内容。

1．分析并确定工作流程

2．工作流程中每个工作任务的名称与时间

3．根据设计工艺要求对应在每个任务中需要完成的内容

4．每个任务预期成果与完成时间

5．同组人员中每个人的具体任务

6．工作质量检查的工作内容与人员分配

4.1.4 工作过程

1．任务1：______________________工作过程

详细工作过程：

2．任务 2：________________________工作过程

详细工作过程：

3．任务 3：________________________工作过程

详细工作过程：

4.1.5　工作情况记录

记录并检查工作过程中各个任务阶段的重点内容，如表 4-1 所示。

表 4-1　工作情况记录表

工作实施检查	检查记录	修改记录
1．熟悉板级设计流程并依据项目要求设计工作计划和流程		
2．新建和保存项目文件及 PCB 文件		
3．设置 PCB 工作环境参数与属性		
4．设置板子物理边界与 PCB 形状		
5．设置 PCB 板层与电气边界		
6．导入网络表		
7．手动布局、添加接地焊盘		

（续）

工作实施检查	检查记录	修改记录
8．设置布线规则		
9．执行自动布线、调整元件信息		
10．设置补泪滴、铺铜		
11．显示 PCB 三维视图		
12．设计规则检查并修改		
13．生成单层板报表		
工作效果检查	检查记录	修改记录
1．是否能如实填报检查单		
2．任务实施是否独立完成		
3．是否在规定的时间内完成任务		
4．小组成员协作情况		

工作总结：

4.2 练习 4-2 工作单

根据绘制 PCB 的基本操作流程，完成练习 4-2 工作单中具体工作过程与内容。

4.2.1 工作单基本信息

项目名称：________________项目小组：________________

同组成员：________________指导教师：________________

工作地点：__________建议完成时间：__________实际完成时间：__________

4.2.2 工作要求

使用 Altium Designer 20 软件在项目文件“练习 4-2.PrjPcb”中新建 PCB 文件“练习 4-2 单层电路板.PcbDoc”，添加练习 4-2 中的“练习 4-2 原理图.SchDoc”文件。要求：设计尺寸为 5000mil×3000mil 的单层印制电路板，电路板布局、布线可参考图 4-2 所示；根据电子元件布局工艺进行手工布局；添加接地和电源焊盘；设计合理的自动布线规则（电源和地线宽度是 50mil，自动布线）；进行补泪滴和信号层铺铜设置，要求铺铜与接地网络相连；对设计规则检查且确保无误；三维显示电路板效果图；生成元件报表文件和光绘文件。

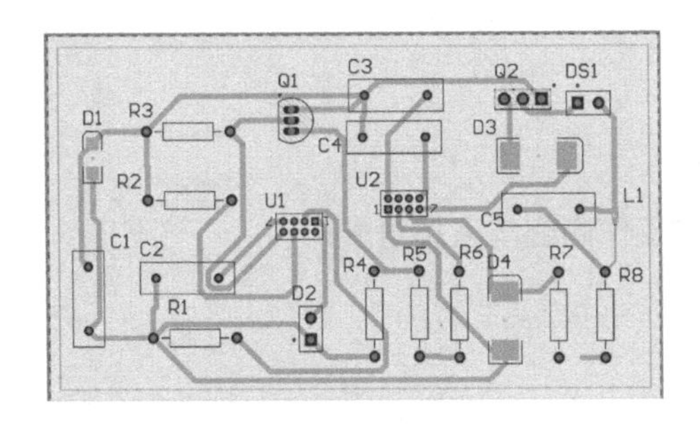

图 4-2 “练习 4-2 单层电路板.PcbDoc” PCB 文件

4.2.3 工作计划

工作计划主要包括：完成项目所需任务的个数、每个任务完成的具体内容、每个任务预期成果与完成的时间、同组人员中每个人的具体任务等内容。可以在工作计划后根据实际情况增加或删减计划内容。

1. 分析并确定工作流程

2. 工作流程中每个工作任务的名称与时间

3. 根据设计工艺要求对应在每个任务中需要完成的内容

4. 每个任务的预期成果与完成时间

5. 同组人员中每个人的具体任务

6．工作质量检查的工作内容与人员分配

4.2.4 工作过程

1．任务 1：________________________工作过程

详细工作过程：

2．任务 2：________________________工作过程

详细工作过程：

3．任务 3：________________________工作过程

详细工作过程：

4.2.5 工作情况记录

记录并检查工作过程中各个任务阶段的重点内容，如表 4-2 所示。

表 4-2 工作情况记录表

工作实施检查	检查记录	修改记录
1．熟悉板级设计流程并依据项目要求设计工作计划和流程		
2．新建和保存项目文件及 PCB 文件		
3．设置 PCB 工作环境参数与属性		
4．设置板子物理边界与 PCB 形状		
5．设置 PCB 板层与电气边界		
6．导入网络表		
7．手动布局、添加接地焊盘		
8．设置布线规则		
9．执行自动布线、调整元件信息		
10．设置补泪滴、铺铜		
11．显示 PCB 三维视图		
12．设计规则检查并修改		
13．生成单层板报表		
工作效果检查	**检查记录**	**修改记录**
1．是否能如实填报检查单		
2．任务实施是否独立完成		
3．是否在规定的时间内完成任务		
4．小组成员协作情况		
工作总结：		

项目 5　稳压电源双层电路板设计工作单

5.1　练习 5-1 工作单

根据绘制 PCB 的基本操作流程，完成练习 5-1 工作单中具体工作过程与内容。

5.1.1　工作单基本信息

项目名称：____________________项目小组：____________________

同组成员：____________________指导教师：____________________

工作地点：__________建议完成时间：________实际完成时间：________

5.1.2　工作要求

新建 PCB 项目文件“练习 5-1.PcbPrj”，在完成练习 5-1 中原理图文件“练习 5-1 原理图. SchDoc”的基础上，此项目中新建元件封装库文件“练习 5-1 元件封装.PcbLib”，绘制如图 5-1 中所示的“KAI”的元器件封装形式，并添加至原理图元件 S1 的封装。在此项目中新建电路板文件“练习 5-1 PCB. PcbDoc”，板卡尺寸长为 1400mil，宽为 1000mil；将其 Inner Cutoff（内部位置开口）去掉，采用插针式元件，元器件焊盘间允许走两条导线；过孔的类型为通孔；铜膜线走线的最小宽度为 10mil，电源地线的铜膜导线宽度为 50mil；布置元件；手动布线或自动布线；添加 GND 电源和 VCC 电源；进行 DRC 检测，参考 PCB 如图 5-2 所示。

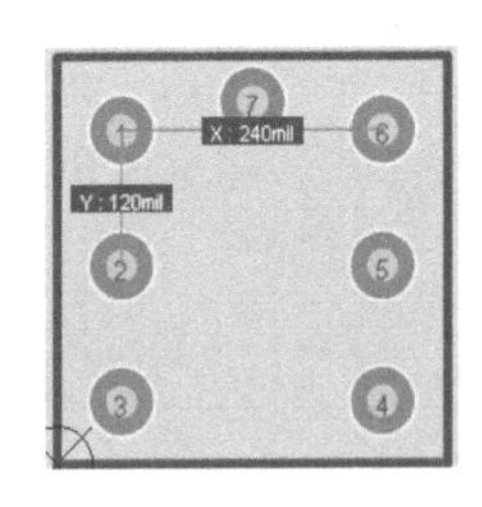

图 5-1　元件 S1 的封装

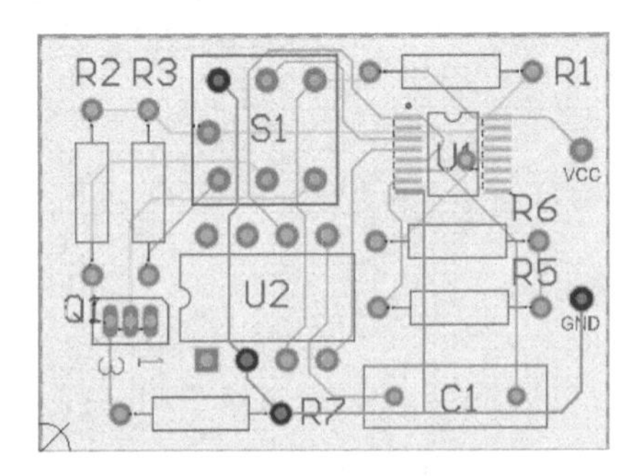

图 5-2 “练习 5-1 双层电路板.PcbDoc”文件

5.1.3 工作计划

工作计划主要包括：完成项目所需任务的个数、每个任务完成的具体内容、每个任务预期成果与完成的时间、同组人员中每个人的具体任务等内容。可以在工作计划后根据实际情况增加或删减计划过程内容。

1．分析并确定工作流程

2．工作流程中每个工作任务的名称与时间

3．根据设计工艺要求对应在每个任务中需要完成的内容

4．每个任务预期成果与完成时间

5．同组人员中每个人的具体任务

6．工作质量检查的工作内容与人员分配

5.1.4 工作过程

1．任务 1：________________________工作过程

详细工作过程：

2．任务 2：________________________工作过程

详细工作过程：

3．任务 3：________________________工作过程

详细工作过程：

5.1.5 工作情况记录

记录并检查工作过程中各个任务阶段的重点内容与过程，如表 5-1 所示。

表 5-1 工作情况记录表

工作实施检查	检查记录	修改记录
1．熟悉板级设计流程并依据项目要求设计工作计划和流程		
2．新建和保存项目文件及 PCB 文件		
3．设置 PCB 工作环境参数与属性		
4．设置板子物理边界与 PCB 板形		

（续）

工作实施检查	检查记录	修改记录
5．设置 PCB 板层与电气边界		
6．导入网络表		
7．设计自制封装并设置其属性		
8．设置布线规则		
9．执行自动布线、调整元件信息		
10．设置补泪滴、铺铜		
11．显示 PCB 三维视图		
12．设计规则检查并修改		
13．生成单层板报表		
工作效果检查	检查记录	修改记录
1．是否能如实填报检查单		
2．任务实施是否独立完成		
3．是否在规定的时间内完成任务		
4．小组成员协作情况		
工作总结：		

项目 6　数字时钟显示器多层电路板设计工作单

6.1　练习 6-1 工作单

根据绘制 PCB 的基本操作流程，完成练习 6-1 工作单中具体工作过程与内容。

6.1.1　工作单基本信息

项目名称：＿＿＿＿＿＿＿＿＿＿＿＿＿＿项目小组：＿＿＿＿＿＿＿＿＿＿＿＿＿

同组成员：＿＿＿＿＿＿＿＿＿＿＿＿＿＿指导教师：＿＿＿＿＿＿＿＿＿＿＿＿＿

工作地点：＿＿＿＿＿＿＿建议完成时间：＿＿＿＿＿实际完成时间：＿＿＿＿＿

6.1.2　工作要求

使用 Altium Designer 20 软件在项目文件“练习 6-1.PrjPcb”中新建 PCB 文件“练习 6-1 单层电路板.PcbDoc”，添加练习 3-1 中的“练习 3-1 原理图.SchDoc”文件。要求：设计多层电路板，电路板布局和布线可参考图 6-1 所示；根据电子元件布局工艺进行手动布局；添加接地和电源焊盘；设计合理的自动布线规则（电源和地线宽度是 30mil，自动布线）；进行补泪滴和信号层铺铜设置，要求铺铜与接地网络相连；设计规则检查并确保无误；三维显示电路板效果图；生成元件报表文件。

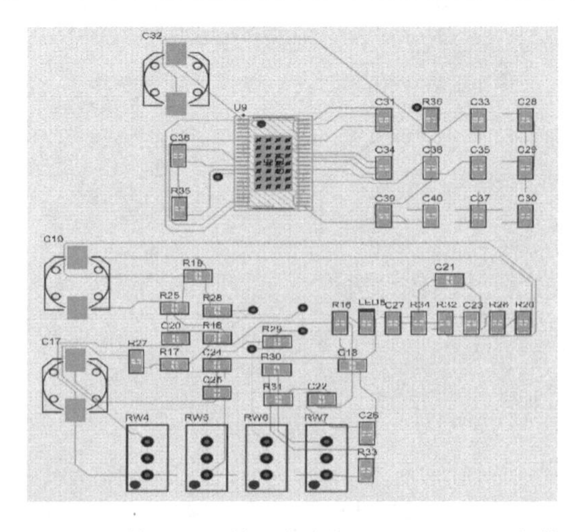

图 6-1 “练习 6-1 单层电路板.PcbDoc”PCB 文件

6.1.3 工作计划

工作计划主要包括：完成项目所需任务的个数、每个任务完成的具体内容、每个任务预期成果与完成的时间、同组人员中每个人的具体任务等内容。可以在工作计划后根据实际情况增加或删减计划过程内容。

1．分析并确定工作流程

2．工作流程中每个工作任务的名称与时间

3．根据设计工艺要求对应在每个任务中需要完成的内容

4．每个任务预期成果与完成时间

5．同组人员中每个人的具体任务

6．工作质量检查的工作内容与人员分配

6.1.4 工作过程

1. 任务 1：________________________工作过程

详细工作过程：

2. 任务 2：________________________工作过程

详细工作过程：

3. 任务 3：________________________工作过程

详细工作过程：

6.1.5 工作情况记录

记录并检查工作过程中各个任务阶段的重点内容与过程，如表 6-1 所示。

表 6-1 工作情况记录表

工作实施检查	检查记录	修改记录
1. 熟悉板级设计流程并依据项目要求设计工作计划和流程		
2. 新建和保存项目文件及 PCB 文件		
3. 设置 PCB 工作环境参数与属性		
4. 设置板子物理边界与 PCB 形状电气边界		

（续）

工作实施检查	检查记录	修改记录
5．设置 PCB 多层板		
6．导入网络表、手动布局、添加接地焊盘		
7．设置布线规则、执行自动布线、调整元件信息		
8．设计规则检查并修改		
9．生成单层板报表		
工作效果检查	检查记录	修改记录
1．是否能如实填报检查单		
2．任务实施是否独立完成		
3．是否在规定的时间内完成任务		
4．小组成员协作情况		

工作总结：

6.2 练习 6-2 工作单

根据绘制 PCB 的基本操作流程，完成练习 6-2 工作单中具体工作过程与内容。

6.2.1 工作单基本信息

项目名称：______________________________项目小组：____________________________

同组成员：______________________________指导教师：____________________________

工作地点：________________建议完成时间：___________实际完成时间：__________

6.2.2 工作要求

使用 Altium Designer 20 软件在项目文件“练习 6-2.PrjPcb”中新建 PCB 文件“练习 6-2 单层电路板.PcbDoc”，添加练习 3-2 中的“练习 3-2 原理图.SchDoc”文件。要求：设计多层电路板，电路板布局和布线可参考图 6-2 所示；根据电子元件布局工艺进行手动布局；添加接地和电源焊盘；设计合理的自动布线规则（电源和地线宽度是 20mil，自动布线）；进行补泪滴和信号层铺铜设置，要求铺铜与接地网络相连；设计规则检查并确保无误；三维显示电路板效果图；生成元件报表文件。

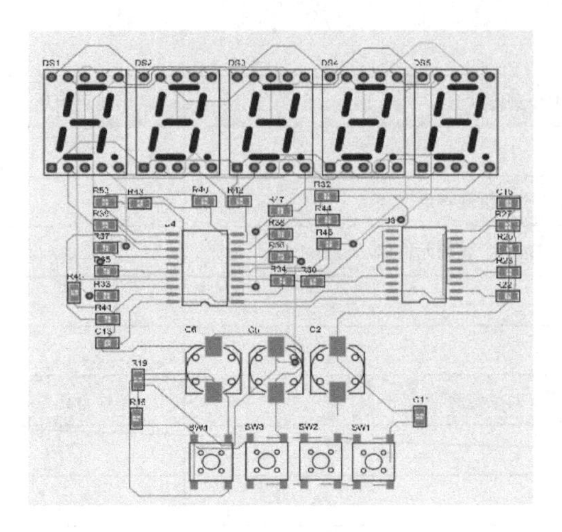

图 6-2 “练习 6-2 单层电路板.PcbDoc”PCB 文件

6.2.3 工作计划

工作计划主要包括：完成项目所需任务的个数、每个任务完成的具体内容、每个任务预期成果与完成的时间、同组人员中每个人的具体任务等内容。可以在工作计划后根据实际情况增加或删减计划过程内容。

1．分析并确定工作流程

2．工作流程中每个工作任务的名称与时间

3．根据设计工艺要求对应在每个任务中需要完成的内容

4．每个任务预期成果与完成时间

5．同组人员中每个人的具体任务

6．工作质量检查的工作内容与人员分配

6.2.4 工作过程

1．任务 1：______________________工作过程

详细工作过程：

2．任务 2：______________________工作过程

详细工作过程：

3．任务 3：______________________工作过程

详细工作过程：

6.2.5 工作情况记录

记录并检查工作过程中各个任务阶段的重点内容与过程，如表 6-2 所示。

表 6-2 工作情况记录表

工作实施检查	检查记录	修改记录
1．熟悉板级设计流程并依据项目要求设计工作计划和流程		
2．新建和保存项目文件及 PCB 文件		
3．设置多层 PCB 文件		
4．设置板子物理边界与 PCB 形状电气边界		
5．设置布线规则、手动布局、添加接地焊盘		
6．设计规则检查并修改		
7．生成多层板报表		
工作效果检查	检查记录	修改记录
1．是否能如实填报检查单		
2．任务实施是否独立完成		
3．是否在规定的时间内完成任务		
4．小组成员协作情况		
工作总结：		